DIGITAL SERIES
未来へつなぐ
デジタルシリーズ

半導体LSI技術

牧野博之
益子洋治
山本秀和　著

共立出版

Connection to the Future with Digital Series
未来へつなぐ デジタルシリーズ

編集委員長： 白鳥則郎（東北大学）

編集委員： 水野忠則（愛知工業大学）
　　　　　 高橋　修（公立はこだて未来大学）
　　　　　 岡田謙一（慶應義塾大学）

編集協力委員：片岡信弘（東海大学）
　　　　　　　松平和也（株式会社 システムフロンティア）
　　　　　　　宗森　純（和歌山大学）
　　　　　　　村山優子（岩手県立大学）
　　　　　　　山田圀裕（東海大学）
　　　　　　　吉田幸二（湘南工科大学）
　　　　　　　　　　（50音順，所属はシリーズ刊行開始時）

未来へつなぐ デジタルシリーズ　刊行にあたって

　デジタルという響きも，皆さんの生活の中で当たり前のように使われる世の中となりました．20世紀後半からの科学・技術の進歩は，急速に進んでおりまだまだ収束を迎えることなく，日々加速しています．そのようなこれからの21世紀の科学・技術は，ますます少子高齢化へ向かう社会の変化と地球環境の変化にどう向き合うかが問われています．このような新世紀をより良く生きるためには，20世紀までの読み書き（国語），そろばん（算数）に加えて「デジタル」（情報）に関する基礎と教養が本質的に大切となります．さらには，いかにして人と自然が「共生」するかにむけた，新しい科学・技術のパラダイムを創生することも重要な鍵の1つとなることでしょう．そのために，これからますますデジタル化していく社会を支える未来の人材である若い読者に向けて，その基本となるデジタル社会に関連する新たな教科書の創設を目指して本シリーズを企画しました．

　本シリーズでは，デジタル社会において必要となるテーマが幅広く用意されています．読者はこのシリーズを通して，現代における科学・技術・社会の構造が見えてくるでしょう．また，実際に講義を担当している複数の大学教員による豊富な経験と深い討論に基づいた，いわば"みんなの知恵"を随所に散りばめた「日本一の教科書」の創生を目指しています．読者はそうした深い洞察と経験が盛り込まれたこの「新しい教科書」を読み進めるうちに，自然とこれから社会で自分が何をすればよいのかが身に付くことでしょう．さらに，そういった現場を熟知している複数の大学教員の知識と経験に触れることで，読者の皆さんの視野が広がり，応用への高い展開力もきっと身に付くことでしょう．

　本シリーズを教員の皆さまが，高専，学部や大学院の講義を行う際に活用して頂くことを期待し，祈念しております．また読者諸賢が，本シリーズの想いや得られた知識を後輩へとつなぎ，元気な日本へ向けそれを自らの課題に活かして頂ければ，関係者一同にとって望外の喜びです．最後に，本シリーズ刊行にあたっては，編集委員・編集協力委員，監修者の想いや様々な注文に応えてくださり，素晴らしい原稿を短期間にまとめていただいた執筆者の皆さま方に，この場をお借りし篤くお礼を申し上げます．また，本シリーズの出版に際しては，遅筆な著者を励まし辛抱強く支援していただいた共立出版のご協力に深く感謝いたします．

　　　　「未来を共に創っていきましょう．」

編集委員会
白鳥則郎
水野忠則
高橋　修
岡田謙一

はじめに

　ここ数十年の間に，コンピュータや携帯電話をはじめとする様々な電子機器が新たに登場し，飛躍的な性能および機能の向上が進められてきた．また，それらの機器をつなぐネットワーク技術の発展も目覚ましく，現在では世界中の様々な機器が接続され情報がやり取りされることによって高度情報化社会が形成されている．これらの進歩を支えているのが半導体 LSI (Large Scale Integration) 技術であり，電子機器の進歩は LSI の進歩そのものであるといっても過言ではない．半導体素子を多数集積して作られる LSI は，微細加工技術の進歩によって指数関数的にその性能と規模が向上するという特長があり，今や世界中のあらゆる電子機器に用いられ，人類に多大な恩恵をもたらしている．LSI の適用範囲は極めて広く，様々な産業分野で使われているため，今後エンジニアを目指す人にとってその技術全般を把握しておくことは大変有意義である．

　本書は，半導体 LSI 技術に関し，物性や素子に関する説明から始まり，大規模集積回路の設計および製造に至る技術全体を網羅している．LSI は，極めて広範な知識および技術を総動員して作られるものであり，現在もなお進歩し続けているが，本書では主要な技術ごとに，基本となる普遍的な事柄だけでなく最新技術や将来動向も交えながら，簡潔明瞭に分かり易く説明を行っている．本書を一通り理解すれば，半導体 LSI 技術全般の基礎的な知識を得ることができるとともに，その最新動向を知ることができる．

　本書の構成は以下の通りである．
　まず第 1 章においては，半導体 LSI 技術の全体像を掴むために，「LSI とはなにか」と題して LSI の歴史や種類，および応用分野について述べ，LSI を概観する．続く二つの章では半導体の物理的側面について説明する．第 2 章においては，半導体の結晶構造から半導体中のキャリアの動きに基づく電気特性について述べる．第 3 章では pn 接合ダイオード，バイポーラトランジスタ，ショットキーダイオードの各種半導体素子について動作原理と電気特性を述べ，さらに現在の LSI の大半を構成する MOS (Metal Oxide Semiconductor) 型電界効果トランジスタの構成，原理および電気特性について説明する．第 4～8 章の五つの章では LSI の設計技術について述べる．まず，第 4 章において MOS トランジスタを組み合わせて任意のデジタル回路を構成する手法について説明し，第 5 章において，さらにそれを進めて，与えられた機能から論理式を作成して最終的に CMOS デジタル回路として実現する方法について説明する．第 6 章では，現在大規模で複雑な LSI を設計する際に実際に用いられている設計フローについて紹介し，CAD (Computer Aided Dsign) ツールによる自動化を駆使することによって複雑な LSI がど

のように設計されるかについて述べる．また，LSI設計の中核をなすRTL (Register Transfet Lebel) 設計について実例を交えて紹介する．第7章では，設計した回路を物理的なLSIチップの形に実現するレイアウト設計について説明し，さらに設計の最終段階で性能をチェックするために行われるタイミング検証技術について説明する．第8章では，LSIの性能指標であるスピードと消費電力についてその原理を明らかにするとともに，性能向上のための手法を紹介する．続く第9章以降はLSIの製造技術について説明する．まず，第9章において多額の開発投資を伴う半導体製造産業の特徴について述べるとともに，LSI製造工程の概要について説明し，LSI製造技術全体を概観する．次に第10章において，LSI製造の元となるシリコンウェーハの製造技術ならびに高品質化技術について説明する．第11章においては，微細加工を実現する主要な要素技術として，リソグラフィ技術，エッチング技術および洗浄技術について説明する．さらに第12章においてトランジスタの形成技術，第13章において配線の形成技術について詳しく述べ，シリコンウェーハ上にどのようにしてLSIが形成されるかを順次説明する．第14章では，LSIをパッケージに収めて製品として完成させるためのパッケージング技術について述べ，最近のLSIパッケージの動向について紹介する．最後に第15章において，LSIの安定生産ならびに高信頼性の実現に必須となる製造ラインにおける計測・検査・評価技術とクリーン化技術について説明する．

　本書では，各章の最初において，その章の主旨や意義を述べ，狙いを箇条書きにまとめることで，読者に内容を分かり易く伝え，目的意識を喚起するようにしている．またキーワードを列挙して，その章で用いられる主要な語句を明確にしている．さらに各章末おいて演習問題を出題しており，読者の理解度をチェックできるようにしている．

　本書は，半導体LSI技術全般について，基礎的かつ汎用的な事柄から最先端の知識に至る実践的で幅広い内容が書かれたものであり，これから電気，電子，情報系のエンジニアを目指す大学生だけでなく，幅広い分野で活躍されている技術者にとっても有意義な一巻となっています．是非とも幅広い分野の人々にご活用いただけることを切に願っております．

　最後に，本書を作成するにあたってひとかたならぬご協力を賜りました，"未来へつなぐデジタルシリーズ"編集委員長の白鳥則郎先生，編集委員の水野忠則先生，高橋修先生，岡田謙一先生，編集協力委員の松平和也先生，片岡信弘先生，村山優子先生，山田囧裕先生，吉田幸二先生，宗森純先生，ならびに共立出版編集部の島田誠氏，他の方々に深く御礼申し上げます．

2012年1月

牧野　博之
益子　洋治
山本　秀和

目次

刊行にあたって　i
はじめに　iii

第1章 LSIとはなにか　1

- 1.1 LSIとは　1
- 1.2 LSIの歴史と発展　2
- 1.3 スケーリング則　4
- 1.4 LSIの分類　7
- 1.5 LSIの利用分野　8

第2章 半導体の物性　12

- 2.1 半導体とは　12
- 2.2 原子構造　14
- 2.3 化学結合と結晶　16
- 2.4 エネルギーバンド構造　19
- 2.5 半導体中のキャリア　24
- 2.6 半導体中の電気伝導　28

第3章 半導体デバイス　32

- 3.1 半導体デバイスとは　32
- 3.2 pn接合とpn接合ダイオード　33

3.3 バイポーラトランジスタ	36
3.4 ショットキー接触とショットキーダイオード	39
3.5 MOS構造とMOS型FET	42

第4章 CMOSデジタル回路　53

4.1 CMOSデジタル回路とは	53
4.2 MOSトランジスタの構造と表記	54
4.3 MOSトランジスタの電気特性	55
4.4 CMOSインバータの動作	59
4.5 CMOS論理ゲートの構成	61

第5章 CMOS論理設計　77

5.1 CMOS論理設計とは	77
5.2 組合せ回路の設計	78
5.3 順序回路の設計	86

第6章 LSI設計フロー　98

6.1 LSI設計フローとは	98
6.2 LSI設計フローと各工程の内容	99
6.3 セルライブラリ	102

| | 6.4 RTL 設計 | 109 |

第7章
レイアウト設計　119

	7.1 レイアウト設計とは	119
	7.2 レイアウトの基礎	120
	7.3 配置配線	130
	7.4 タイミング検証	137

第8章
LSI の性能　143

	8.1 LSI の性能とは	143
	8.2 CMOS 回路の動作速度	144
	8.3 CMOS 回路の消費電力	153

第9章
LSI の製造　162

	9.1 LSI の製造と産業について	162
	9.2 LSI デバイスの構造	163
	9.3 LSI 製造の流れ	167

第10章
シリコンウェーハ製造技術　177

| | 10.1 シリコンウェーハとは | 177 |
| | 10.2 単結晶シリコン結晶育成 | 178 |

	10.3 ウェーハ加工	181
	10.4 シリコンウェーハの種類	184
	10.5 ウェーハ仕様	187
	10.6 ゲッタリング技術	193

第11章 微細パターン形成技術　198

	11.1 フォトマスク作製技術	198
	11.2 リソグラフィ技術	200
	11.3 エッチング技術	208
	11.4 洗浄技術	214

第12章 トランジスタ形成技術　218

	12.1 トランジスタの構造	218
	12.2 接合形成技術	221
	12.3 ゲート絶縁膜および成膜技術	228
	12.4 ゲート電極形成技術	230

第13章 配線形成技術　236

	13.1 LSIにおける配線形成	236
	13.2 配線構造とデバイス性能	238

	13.3 配線形成プロセスとダマシンプロセス	240
	13.4 金属膜形成技術	243
	13.5 CMP技術	246
	13.6 層間絶縁膜と形成技術	247
第14章 パッケージング技術 250	14.1 実装とパッケージング技術について	250
	14.2 ウェーハからパッケージングまで	252
	14.3 パッケージの種類と進化	255
	14.4 マルチチップパッケージとSiPそして3次元実装へ	258
第15章 計測・検査・評価技術とクリーン化技術 262	15.1 LSIの製造における歩留り向上と製造管理	262
	15.2 クリーン化技術	270

付　　録　277

索　　引　281

第1章
LSI とはなにか

　現在の IT 社会において，LSI は必要不可欠の存在であり，数多くの LSI がシステムの主要な部分で使われ，人類に多大な恩恵をもたらしている．この章では，本書のイントロダクションとして，LSI について概観し，それがどのようなもので，どのような社会的役割を担っているかについて説明する．まず，LSI の定義とその歴史について述べ，LSI 発展の原理となっているスケーリング則について説明する．さらに，LSI を分類し，各種 LSI の特徴について述べる．最後に LSI の様々な応用分野を紹介し，社会における役割を示す．本書では，第 2 章以降において半導体デバイス，LSI 設計および LSI 製造プロセスについて順に学んでいくが，それらに先だって LSI の全体像を掴んでおくことは有意義である．

□ **本章のねらい**

- LSI という言葉の定義を理解する．
- LSI の発展の歴史を理解する．
- スケーリング則と微細化の意義を理解する．
- LSI の種類にはどのようなものがあるかを理解する．
- LSI がどのような分野でどのように貢献しているかを知り，社会における役割を理解する．

□ **キーワード**

　LSI，大規模集積回路，シリコン，微細加工技術，高速化，低消費電力化，高機能化，IC，チップ，システム LSI，SoC，スケーリング則，ムーアの法則，バイポーラ・トランジスタ，MOS トランジスタ，CPU，メモリ，RAM，ROM，ASIC，IP，ユビキタス・ネットワーク社会，

1.1　LSI とは

　LSI は "Large Scale Integration" の略で，半導体素子を 1 つの小さなチップ上に極めて多数集積することによって形成された大規模な電子回路である．もともと集積回路を IC (Integrated Circuits) とよぶところから始まり，IC が大規模化されて Large Scale IC (大規模集積回路) の略として LSI という言葉が用いられるようになった．その後，半導体産業が最新の科学技術を駆使した知識集約型の産業であることから，広範囲な知識や技術を集積したものという意味

で，"Large Scale Integration" の略として LSI という言葉が用いられるようになった．微細加工技術の進歩によって，半導体素子のサイズが縮小され，高速化，低消費電力化および高機能化がいずれも飛躍的な進歩を続け，従来は実現不可能であった様々な機能が次々に実現可能となり，人類に多大な恩恵をもたらしている．

1.2 LSI の歴史と発展

　LSI の歴史は，1947 年に米国 AT&T ベル研究所のショックレー，バーディーン，ブラッデンによって半導体 (ゲルマニウム) によるトランジスタが発明されたことから始まる．トランジスタには 3 本の足 (端子) があり，1 本を接地して別の 1 本に入力信号を与えると，残りの 1 本から増幅された出力信号を得ることができる．それまでは，真空管によってこの機能が実現されていたが，半導体素子に変わることで，劇的に小さく，また高速かつ低消費電力になった．それと同時に素子の信頼性も飛躍的に向上し，真空管に比べてはるかに長時間安定に動作させることが可能となった．トランジスタの増幅作用を利用することで様々なアナログ回路やデジタル回路を実現することができ，1 つの半導体結晶上に複数の素子を作り込むことによって，非常に小型の電子回路が実現できるようになった．これが，IC (Integrated Circuits) とよばれるもので，テキサス・インストルメンツ社のジャック・キルビーにより研究され，1959 年に特許化された．この特許は，後に"キルビー特許"とよばれて，日本の半導体業界を脅かすことになる．IC の発明後，半導体材料はゲルマニウムから安価なシリコンに変わり，素子をいかに小さく作り，それをシリコン結晶上にいかに多数集積するかに世界中の力が注がれ，徐々に製造方法が確立された．その結果，高機能かつ高性能の素子が次々に製造されるようになった．

　図 1.1 に半導体素子の変遷を示す．1947 年にトランジスタが発明された後，1960 年代までは単体トランジスタの時代で，3 本足のトランジスタを中心に抵抗，コンデンサ，コイルなどを組み合わせていろいろな電子回路が作られ，ラジオやテレビなどの電気製品に利用された．トランジスタにはバイポーラ型のものと MOS 型のものがあり，バイポーラ型はアナログ回路に適しており，MOS 型はデジタル回路に適している．現在の LSI においては，一部のアナログ回路はバイポーラ・トランジスタで構成されるが，大部分の回路は MOS トランジスタによるデジタル回路で構成される．1960 年代半ばごろから複数のトランジスタが集積された IC が作られるようになり，これらを組み合わせることによって複雑な機能を持つ様々な電子回路が小面積かつ容易に実現できるようになった．図 1.1 では，2 つの AND 回路が 1 つのチップに入った IC が示されているが，その他様々な論理回路やもっと複雑な機能を持った IC が作られた．1970 年代半ばになるとさらに集積規模が大きくなり，コンピュータの心臓部である CPU (Central Processing Unit) が 1 つのチップに収まるようになった．これが，いわゆる LSI の始まりである．これに伴って，コンピュータを動かす上で必要なメモリや，様々な機能を持った ASIC (Application Specific IC) も作られ始めた．ASIC とは，用途に応じて専用に作られる IC である．1980 年代になると 1 チップのトランジスタ数が 10 万個を超えるようになり，本格的な LSI の時代となった．この後も集積規模はますます大きくなり，1990 年代末までに CPU のビット幅は 8〜16 ビット，さらには 32 ビットと大きくなり，メモリも 1 チッ

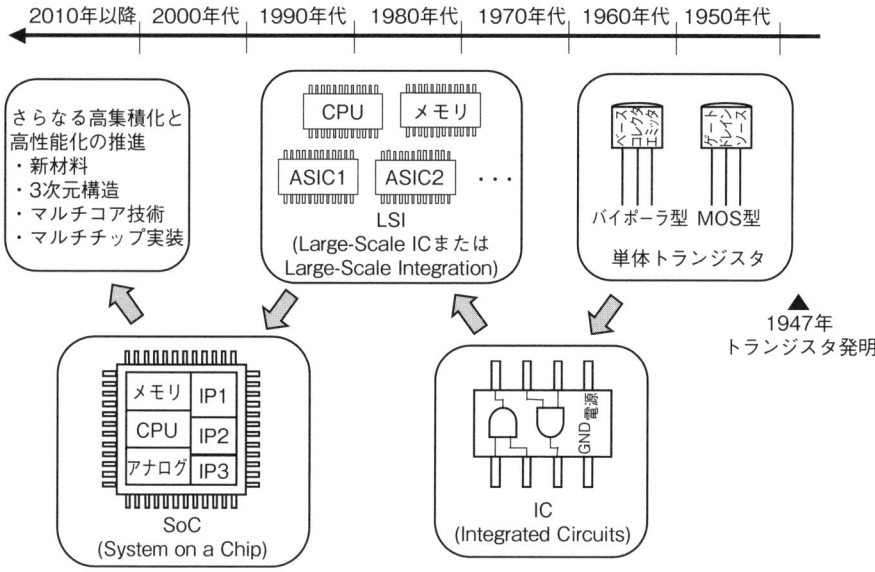

図 1.1　半導体素子の変遷

プ当たり数キロバイトであったものが，数十メガバイトまで搭載されるようになった．これにつれて，LSI の呼び名もメモリを中心に VLSI (Very Large Scale IC) や ULSI (Ultra Large Scale IC) という言葉が使われるようになった．これによってコンピュータの性能は指数関数的に向上し，同時に小さく，価格も安くなったため，様々な分野で世の中に急速に浸透した．パソコンの普及がその代表例である．

1990 年代後半になると，さらに集積度が高くなり，1 平方センチメートル程度のチップの上に，CPU だけでなく，様々な周辺回路が搭載可能となり，電子システムを構成するほぼ全ての回路がワンチップ上に載るようになった．このような高機能チップは"システム LSI"あるいは"SoC (System on a Chip)"とよばれる．図 1.1 に書かれている"IP"とは，Intellectual Property の略で，特定の機能を持った回路ブロックを既製品として流通可能としたもので，回路規模の大きい SoC では，これらを回路部品として活用することにより設計を容易にしている．それまでは複数のチップでシステムが構成されていたのに対して，SoC が実現されることにより，システム全体が劇的に小型化されただけでなく，チップ間の信号のやり取りが不要となったために，劇的な高速化および低消費電力化が達成された．これにより，携帯電話やデジタルカメラなどのモバイル製品の性能が飛躍的に高まり，デジタルテレビや DVD レコーダなどの AV 機器も実現された．

SoC の高性能化および高機能化に対する要求は止まるところを知らないが，2010 年代に入ると，物理的な制約によりこれまでのような急速な高性能化や高集積化を進めることが徐々に困難になり始めている．これを克服するために，2000 年代半ばからトランジスタに新材料や 3 次元構造を導入する技術 (第 12 章参照) や，1 つのチップ上に複数の CPU を搭載する"マルチコア技術"などの開発が進められ，さらなる高性能化が図られている．また，複数のチップを高密度に実装する"マルチチップ実装技術" (第 14 章参照) の開発も進められ，さらなる高

集積化が図られている．今後とも，これらを含む新たな技術の開発により，SoC の高性能化および高機能化は継続的に進められていくものと考えられる．

このように，LSI の進歩は現代社会における技術的進歩の大きな一端を担っており，今後も継続的に進歩し人類に恩恵を与え続けることが強く期待されている．

1.3 スケーリング則

LSI の進歩を支える最も重要な法則がスケーリング則である．これは，一言で言えば，「縦，横，高さ方向に一律に小さくすれば，全てが良くなる」という法則である．図 1.2 に MOS トランジスタを小さくする様子を示す．MOS トランジスタの構造については，平面構造を第 7 章，断面構造を第 3 章で説明するが，要するに上から見ても断面を見ても全て一律に $k(>1)$ 分の 1 に比例縮小するというものである．これを半導体の世界では，"$1/k$ 倍にスケーリングする" あるいは "$1/k$ 倍にシュリンクする" という表現を使う．このとき，回路の諸特性は，表 1.1 に示すような変化を見せる．この表で与えられる変数は k であるが，その他にパラメータとして電源電圧 V が与えられており，ここでは "V が一定の場合" と "V/k が一定の場合" の 2 つが示されている．V/k が一定というのはスケーリングによってサイズが小さくなると同時に，電圧も低下させて電界を一定に保つことを意味する．半導体素子を動作させる際に，電界強度が強すぎると絶縁が壊れて故障してしまうため，V を一定とするスケーリングには限界がある．

V が一定の場合は，電流 I は k 倍に増加し（電流の式については第 3 章 3.5.4 節参照），容量 C は $1/k$ となるので遅延時間 $T_d(=CV/I)$ は $1/k^2$ に減少し，その逆数である動作周波数は k^2 倍と大幅に高速化される．しかしその反面，消費電力（$V \times I$）が k 倍に増加し，単位面積当たりの電力密度が k^3 倍に増大する．現在の LSI チップは概ね $5 \times 5 \sim 10 \times 10$ [mm^2] 程度

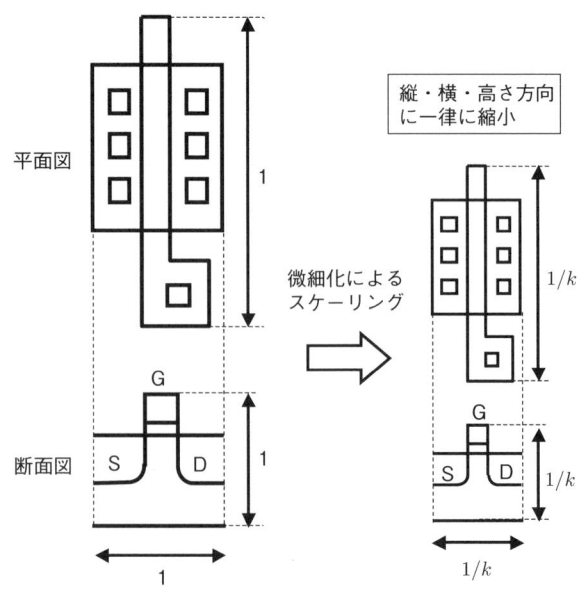

図 1.2 スケーリングによる微細化

表 1.1 スケーリングによる LSI の性能の変化

	V (電圧) が一定	V/k (電界) が一定
一辺方向のサイズ (X)	$1/k$	$1/k$
電源電圧 (V)	1	$1/k$
電界強度 (E)	k	1
容量 (C)	$1/k$	$1/k$
電流 (I)	k	$1/k$
遅延時間 (T_d)	$1/k^2$	$1/k$
動作周波数 (F)	k^2	k
消費電力 (P)	k	$1/k^2$
電力密度 (P/X^2)	k^3	1

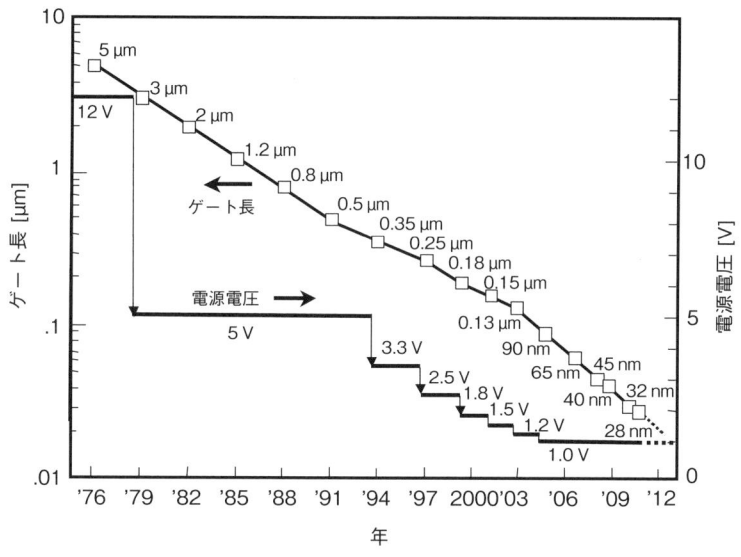

図 1.3 微細化の推移と電源電圧の変遷

の面積で作られるので，単位面積当たりの消費電力が重要となるが，多くの LSI において，現在消費電力の抑制が大きな課題となっており，V が一定のスケーリングは消費電力が急速に増大するため望ましくない．また，電界強度も急速に強くなり，絶縁膜が壊れてしまうという問題もある．これに対して V/k が一定の場合，すなわち電界強度が一定の場合は，電流 I が $1/k$ に減少し，容量 C は同じく $1/k$ なので遅延時間が $1/k$ に減少し，動作周波数は k 倍に高速化される．高速化の効果は V が一定の場合よりも劣るが，その代わりに消費電力が $1/k^2$ に減少し，その結果単位面積当たりの消費電力は 1 となり，一定に保たれる．すなわち，スケーリングを行っても，同じ面積に回路を詰め込むかぎり，チップとしての消費電力は増大しない．したがって，V/k を一定とするスケーリングが望ましく，現在はこれに基づいて半導体技術開発が行われている．なお，実際の半導体開発においては，k の値として約 1.4 が一般に用いられている．これによって，世代が進むごとに集積度を約 2 倍に向上させている．

図 1.3 にこれまでの微細化と電源電圧の推移を示す．微細化の指標として一般にゲート長が用いられる．ゲート長は，トランジスタのゲート電極の長さのことで，通常は LSI の中で最も

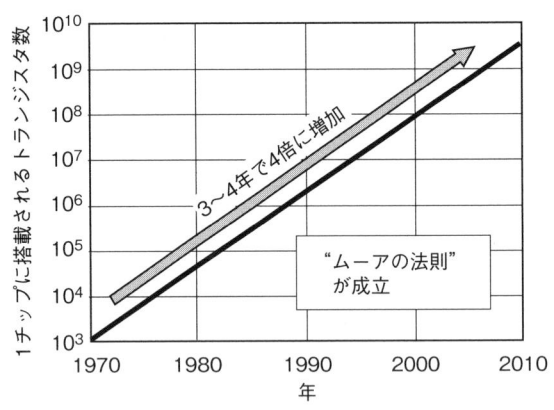

図 1.4　LSI の集積度の変遷

線幅の細い部分に当たるため，これが半導体の世代を表す指標となっている．ただし，90 [nm] 世代以降は，世代を表す数値と実際のゲート長の値は必ずしも一致しなくなっており，単に業界で世代を示すために用いられる統一的な数値という性格が強くなっている．図 1.3 から分かるように，ここ 30 数年にわたってほぼ指数関数的にゲート長が短縮されており，スケーリング則に沿った微細化が進められている．これに対して，電源電圧については 5 [μm] 世代までは 12 [V] で一定，その後の 3〜0.5 [μm] 世代は 5 [V] で一定となっている．すなわち，これらの期間は表 1.1 の V が一定の場合に当たり，急激な高速化が実現されている．しかし，消費電力および絶縁膜の絶縁限界の制約から，0.35 [μm] 以降は，世代ごとに電源電圧も低下しており，V/k が一定のスケーリングが行われている．ただし，世代が 90 [nm] になると電源電圧が 1 [V] まで低下し，その後は再び一定となっている．これは，トランジスタのしきい値電圧 (第 4 章 4.3 節参照) がスケーリングされないことや，回路のノイズ耐性あるいはトランジスタ特性のばらつきなど様々な要因から電源電圧をこれ以上下げることができなくなったためである．したがって，最近は再び V が一定の場合になっており，2012 年現在においてこれを打破するための様々な研究が行われている．

　図 1.4 に 1 チップ上に搭載されるトランジスタ数のおおよその推移を示す．スケーリング則に従ってトランジスタ数は指数関数的に増加し，その速度はおよそ 3.6 年ごとに 4 倍となっている．インテル社の創始者の一人であるゴードン・ムーアが 1965 年に"1 チップのトランジスタ数は 3〜4 年ごとに 4 倍になる"と予言しており，これは"ムーアの法則"とよばれる．驚くべきことに，これまで 30 数年にわたってこれが成立し続けており，これによってチップの性能・機能が飛躍的に向上して SoC が実現されるに至っている．

　スケーリング則の意味するところは，とにかく物理的なサイズを小さくすることで，詰め込む回路の規模が大きくなると同時に，スピードが速くなり，消費電力も小さくなるということである．しかも，それらは，全て指数関数的に向上する．微細化という単純な目的を達成し続けることで，きわめて大きな恩恵を享受し続けることができることこそが，半導体技術の成功の歴史であったといえる．

1.4 LSIの分類

LSIの種類は実に様々なものがあるが，現在よく使われている主なものを図 1.5 にまとめる．呼び名が複数ある場合もあり，明確に区別できないケースもあるが，概ね図 1.5 のようになる．まず，大きく分けて，メモリ，マイクロプロセッサ，アナログおよびそれらを複合した複合型LSIに分類される．

メモリはデータの記憶および読み書きを行うLSIで，さらに RAM (Random Access Memory) と ROM (Read Only Memory) に分けられる．RAM は，アドレス信号によって指定された任意の記憶ビットに自由に読み書きが行えるメモリで，プロセッサの主記憶を始めとして広く使われている．RAM には第 6 章 6.3.3 節で示すように DRAM (Dynamic RAM) と SRAM (Static RAM) がある．ROM はあらかじめデータが書き込まれた読み出し専用のメモリで，通常は書き換えができず，また電源を切ってもデータが消えない性質を持つため，OS (オペレーティングシステム) などシステムを動かすための基本プログラムを格納するために広く用いられる．よく使われる ROM としてマスク ROM とフラッシュメモリがある．マスクROM は，製造過程ですでに "1" と "0" のデータが書き込まれたもので，書き変えが不可能なものである．これに対してフラッシュメモリは，一括消去という形でデータを全て消去して新たにデータを書くことができるもので，プログラム格納用以外に USB メモリなど携帯用のメモリカードとして広く使われている．

マイクロプロセッサは，インテル社や AMD 社の汎用マイクロプロセッサが CPU (Central Processing Unit) もしくは MPU (Micro-Processing Unit) として，パソコンを始めとするコンピュータに広く用いられている．また，様々な電子機器に組み込まれて制御を行うマイクロプロセッサは，マイコン (MCU：Micro-Controller Unit) とよばれ，我々の身の回りの至る所で活躍している．その他に，用途に応じたデータ処理を行う専用マイクロプロセッサがある．

現在様々な回路が小面積化や設計容易化のためにデジタル化されつつあるが，デジタル化できないものもあり，アナログ LSI もシステムの重要なパーツとして多数用いられている．自然界はアナログ信号であるため，音声や画像をデジタル処理する際にはアナログとデジタルを相

LSI	メモリ	RAM (Random Access Memory)	DRAM(Dynamic RAM)
			SRAM(Static RAM)
		ROM (Read Only Memory)	マスクROM
			フラッシュメモリ
	マイクロプロセッサ	汎用マイクロプロセッサ(CPU, MPU)	
		マイコン(MCU)	
		その他専用プロセッサ	
	アナログ （A/D、D/Aコンバータ、アンプなど）		
	複合型LSI	アナ・デジ混載LSI	
		システムLSI(SoC)	
		マルチコアプロセッサ	
	プログラマブルLSI (FPGA)		

図 **1.5** LSI の分類

互に変換する必要があり，A/Dコンバータおよび D/Aコンバータが用いられる．また，高速通信のための送受信機やアンプ (増幅器) などもアナログ回路が用いられる．

近年は1チップに搭載される回路規模が非常に大きくなっており，上記の種々の LSI は単体としてよりも，複数のものが複合的に1つのチップ上に搭載される．アナログ回路とデジタル回路を混載したアナ・デジ混載 LSI や，システムに必要な主要回路を全て搭載したシステム LSI (SoC)，あるいはマイクロプロセッサにおいても複数の CPU を1チップに集積したマルチコア LSI などが一般的に製造され利用されている．

また，製造後に論理回路の構成を自由に変更することができるプログラマブル LSI として FPGA (Field Programmable Gate Array) があり，LSI の試作時に用いられるほか，低コストの ASIC として広く利用されている．

1.5 LSI の利用分野

現在，LSI は世の中のあらゆるところで用いられ，人類に恩恵をもたらしている．先端の IT 機器に留まらず，家電製品や乗り物，あるいはオフィスや工場にも多数用いられ，我々の生活に広く浸透している．このように，身の回りの至る所にコンピュータが存在し，それらがネットワークで接続されて人間の目には直接見えないところで活躍することを"ユビキタス・コンピューティング"とよび，そのような社会は"ユビキタス・ネットワーク社会"とよばれる．LSI の主な利用分野は図 1.6 に示すとおりで，それぞれの内容は以下の通りである．

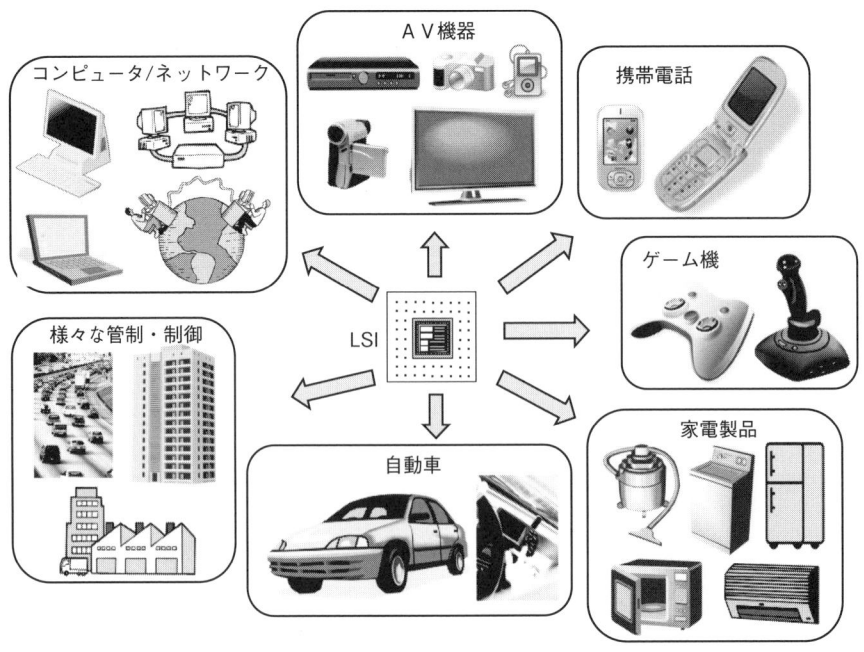

図 1.6　LSI の様々な利用分野

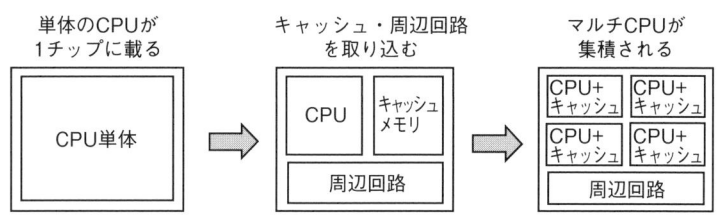

図 1.7 CPU チップの変遷

(1) コンピュータとネットワーク

LSI の進歩とともにコンピュータが急速に進歩し，現在では安価なパソコン (Personal Computer) として誰でも簡単に利用できるようになった．パソコンは，CPU，メモリ，マザーボード，グラフィックエンジンなどから構成されるが，それら全てが LSI により実現されている．図 1.7 に CPU チップの変遷を示す．当初は単純な CPU 機能を持った単体チップであったものが，次第に周辺回路を取り込んで高機能化され，さらに現在では複数の CPU と多数の周辺機能を集積した極めて高性能・高機能のチップとなっている．これとともにメモリの集積度やグラフィックエンジンなど周辺機器の性能も向上し，全体として飛躍的な性能の進歩を維持し続けている．コンピュータの性能とともにデータ通信の速度も急速に向上し，現在では家庭でも 1 秒間に 100 M (1 億) ビット以上の通信速度を手に入れることができるようになった．これによってインターネットが発展し，世界中のコンピュータがネットワークでつながれ，Web ブラウザによる情報の入手や物品の販売などが世界規模で瞬時に行われるようになり，社会が大きく変貌している．

(2) 携帯電話

携帯電話も，LSI の進歩によって実現された．まず 1991 年 4 月にアナログ方式の携帯電話 (アナログムーバ) が売り出され，急速に普及していった．それ以前にも大型の携帯電話は存在したが，LSI の進歩によって必要な機能が小型・軽量化され，小さな筐体に実装可能となった．その後，LSI の機能がさらに向上し，1993 年 3 月にデジタル方式の携帯電話が発売された．デジタル化によって音質や秘匿性が向上したが，何よりも普及に拍車をかけたのが，1999 年 2 月に始まった NTT ドコモ社による i-mode とよばれるインターネットサービスの追加である．これによって電子メールや Web の閲覧が可能になり，単なる電話ではなく携帯端末として使われるようになった．LSI の高機能化はさらに進み，デジタルカメラ，音楽再生，動画再生，ワンセグ視聴，GPS (Global Positioning System) などが搭載されるようになり，最近ではユーザインターフェースに優れたスマートフォンが主流になりつつある．

(3) AV 機器

AV 機器の進歩もめざましい．LSI の性能向上とともに動画像の処理性能が飛躍的に高まり，圧縮・伸長方式も MPEG1 から MPEG2，さらに MPEG4 あるいは H.264/AVC へと進化した．これによって，デジタルテレビが進歩し，2011 年 7 月 24 日に地上波デジタル放送への移行が完了した．録画媒体もビデオ CD から DVD，さらにはブルーレイと高画質かつ大画面の画像処理がリアルタイムで可能になり，DVD レコーダやビデオムービーなどの機器が家庭に

普及した．音楽再生に関しても，mp3などの音声圧縮・伸長がリアルタイムで可能となり，小型で大容量の携帯音楽再生機が普及している．また，デジタルカメラも小型化・大容量化が進むとともに，動画の取り込みや手振れ防止，顔認識などの高機能化が進んでいる．

(4) 自動車

LSIは自動車にも多数使用されている．ハンドルやエンジン，ブレーキなどは，以前は機械的に制御されていたが，現在では電子による制御に変わりつつあり，このために高性能のマイコンが自動車の各部に使われるようになっている．特に最近は，従来のガソリン自動車からハイブリッド自動車や電気自動車への移行が進められており，これに伴ってますます多くのLSIが使用されるようになっている．エンジン制御やパワーステアリング，アンチロックブレーキを始めとして，あらゆる部分にLSIが組み込まれ，より安全かつ快適に走行することができるようになっている．また，カー・ナビゲーションシステム（カーナビ）にも高性能のSoCが使用され，その他ワイパー，パワーシート，パワーウインドウなどの細かい部分の制御にもLSIが使用されている．ただし，自動車に使われるLSIの多くは，直接人命にかかわるような働きを行うため，高い信頼性が要求される．

(5) その他

LSIの進歩によって社会に大きな影響を与えたものとしてゲーム機がある．もともとインベーダゲームのような2次元画面の単純なものから始まり，LSIの進歩とともに次第に画質と動作速度が向上して，現在では3次元の高精細な画面による様々なゲームが家庭で楽しめるようになっている．パソコンで高性能のゲームを楽しむためにグラフィックエンジンとよばれる画像処理用の超高性能LSIが開発されており，家庭用ゲーム機も次々に高性能な機種が販売されている．今日の生活においてコンピュータゲームは切り離せないものとなっており，功罪含めて人類に大きな影響を与えている．

また，今日ではエアコン，冷蔵庫，洗濯機，掃除機，電子レンジといった家電製品においてもマイコンが組み込まれて，きめ細かい制御を行うことで低消費電力化や機能の向上が継続的に進められている．その他，交通管制，ビル管理，工場管理などにおいても，様々なセンサーやマイコンがネットワークで接続され，きめ細かい管制や制御が行われており，まさにユビキタス・ネットワーク社会が実現されようとしている．

演習問題

設問1 スケーリングのメリットを3点挙げよ．

設問2 0.5 [μm] 以後の世代では，電圧もスケーリングされ，V/k が一定のスケーリングが行われている（k はスケーリング率）．0.5 [μm] 世代に作られたある LSI の動作周波数 F が 100 [MHz]，消費電力 P が 1.0 [W]，チップの一辺 L が 1.0 [cm] の正方形であったとする．このチップを 45 [nm] プロセスで作ると，動作周波数 F，消費電力 P，チップの一辺の長さ L はそれぞれいくらになるか答えよ．答えは3ケタ目を四捨五入して2ケタの精度で答えること．

さらに，45 [nm] 世代の技術で 0.5 [μm] 世代のときと同じサイズのチップを作ると，トランジスタ数は何倍になり，消費電力は何倍になるか答えよ．答えは2ケタの精度で答えること．

設問3 上の問題で，0.5 [μm] プロセスで作った場合のチップのトランジスタ数が100万個であったとする．携帯電話の機能を1チップに搭載するためには，最低5千万個のトランジスタを1チップに集積しなければならないとすると，微細化のレベルを 0.5 [μm] から何 μm まで進めなければならないか答えよ．さらに，1億個のトランジスタが集積できるようになるには，微細化レベルをいくらまで進めなければならないか答えよ．ただし，チップのサイズは変えないものとする．

設問4 半導体産業は，同じチップを大量生産すればするほど製造コストが下がり利益が莫大になるという顕著な特徴がある．本章で学んだように，LSI には様々な種類のものがあるが，メモリやマイクロプロセッサのように汎用性の高いものと，用途別に専用に作られる AISC などとを比べると，どちらが利益を得やすいか答えよ．また，その理由を30字以内で答えよ．さらに，大量生産できない LSI を作る場合に利益を上げるためにはどのようなことをすれば良いか，その方法を自分なりに考えて答えよ．

設問5 身の回りで LSI が活躍している先端電子機器を，固有名詞を使わずに5個挙げよ．

第2章
半導体の物性

本章では，第3章で述べる半導体デバイスの動作を理解するために必要な，半導体物性の基礎について解説する．半導体となり得る元素および化合物の候補とその理由を，原子構造と原子間の結合の考え方から説明する．次に，半導体デバイスの動作を説明するために欠かせないエネルギーバンド構造について説明する．さらに，半導体中での電気伝導を担う自由電子と正孔の生成メカニズムとそれらの統計，それを用いた密度の算出方法について説明する．

□ **本章のねらい**
- 半導体の特徴を理解する．
- エネルギーバンド構造を理解する．
- 真性半導体，n型半導体およびp型半導体を理解する．
- 金属，半導体，絶縁体のエネルギーバンド構造の違いを理解する．
- 半導体の電気伝導を理解する．

□ **キーワード**

半導体，ダイヤモンド構造，共有結合，エネルギーバンド構造，価電子帯，伝導帯，禁制帯，禁制帯幅（バンドギャップ），真性半導体，n型半導体，p型半導体，自由電子，正孔，状態密度関数，分布関数，フェルミ準位，pn積，ドリフト電流，拡散電流，発生，再結合，キャリア連続の式

2.1 半導体とは

一般に半導体は，電気伝導率が電気の良導体である金属と電気を通さない絶縁体の中間の値 ($10^{-4} \sim 10^2$ [S/m]) を有する物質と定義される．ただし，これだけが半導体の性質ではない．表2.1に半導体の優れた物性をまとめた．半導体は，様々な接合を利用して，電気的な能動デバイスが実現可能である．増幅回路，発振回路，論理演算回路等が半導体デバイスで構成されている．

半導体を用いて，光から電気，電気から光への変換が可能である．光を電気に変換するデバイスとして，デジタルカメラ，家庭用ビデオカメラ，携帯電話等に内蔵される撮像デバイスは全て半導体光電変換デバイスである．半導体は電気から光への変換も可能であり，LED (Light

表 2.1　半導体の特徴

物　性	具体的な効果	適用例
電気的性質	・金属と絶縁体の中間の導電率 $10^{-4} \sim 10^2$ [S/m] ・異種接合での電気的非線形性	ダイオード，トランジスタ，サイリスタ
光電変換	・光→電気 (電流) への変換 ・電気 (電流) →光への変換	撮像素子，LED，レーザー
熱電効果	・ゼーベック効果：熱→電気 ・ペルチエ効果：電気→熱	温度センサー 電子冷却
構造敏感性	・圧電効果 (ピエゾ効果)	ピエゾ素子
磁界による効果	・ホール効果	ホール素子

表 2.2　半導体の分類

分類項目		分類結果
構成元素 による分類	元素半導体	Si, Ge, C
	化合物半導体	III-V 族：GaAs, InP, GaP, InGaAsP, GaN II-VI 族：ZnS, ZnSe, CdS, CdTe IV-IV 族：SiC, SiGe
	酸化物半導体	SnO_2, ZnO, In_2O_3
結晶構造による分類		単結晶，多結晶，非晶質 (アモルファス)
キャリアによる分類		電子半導体，イオン半導体
無機，有機による分類		無機物半導体，有機物半導体

Emitting Diode) 照明，DVD やブルーレイディスク等は半導体発光デバイスがあって初めて実用化された．さらに，太陽電池により，光のエネルギーを電気のエネルギーに変換可能であり，自然エネルギー利用拡大の切り札として期待されている．

　半導体は，熱やひずみに対しても敏感である．ゼーベック効果により熱から電気への変換，逆にペルチエ効果により電気から熱への変換が可能である．また，圧電効果 (ピエゾ効果) により，機械的ひずみを電気に変換することができる．今後，エネルギーハーベスト技術用のデバイスとしての利用拡大が期待される．

　ホール効果は，磁気と電気との相互作用によるものであり，ホールデバイスとして実用化されている．また，ホール効果を利用して，半導体の導電型や半導体中の電子の動きやすさ (移動度 μ) を測定できる．

　半導体は様々な項目で分類することができる．表 2.2 に分類例を示す．半導体を構成元素で分類すると，大きく元素半導体と化合物半導体に分類できる．元素半導体には，ゲルマニウム，シリコン，炭素 (ダイヤモンド，フラーレン，カーボンナノチューブ，グラフェン等の構造をとる) の IV 族元素半導体[1]がある．化合物半導体としては，一般に，"族数を平均して IV" となる組合せの化合物が半導体としての物性を発現させる．III-V 族化合物半導体としては，GaAs, InP, GaP, GaN 等が光電変換デバイスや高周波デバイスとして実用化されている．II-VI 族化合物半導体としては，ZnS, ZnSe, CdS 等が太陽電池等の光電変換デバイスに適用されている．IV-IV 族化合物半導体としては，SiC が光電変換デバイスやパワーデバイスとして，SiGe がシリコン LSI の高性能化に用いられている．その他に酸化物半導体があり，透明電極等に用

---

[1] 長周期律では 14 族である．ここでは，慣例に従い短周期律での族名である IV 族を使用する．

いられる．

結晶構造により，単結晶，多結晶および非晶質 (アモルファス) に分類できる．高性能デバイスには，基本的に単結晶半導体が用いられている．単結晶は，物質全域で原子が規則的に配列している．多結晶は，部分的な単結晶が集合した物質である．また，非晶質は原子の配列は不規則であるが，極めて短い距離での原子の結合は結晶に近く，半導体の性質が現れる．多結晶および非晶質半導体は，低コストが要求される太陽電池等に用いられている．

その他に，伝導キャリアや有機物と無機物による分類も可能である．有機半導体は，フレキシブルな半導体が実現可能である．タッチパネルや有機薄膜太陽電池への適用等，近年大いに注目されている．

2.2 原子構造

2.2.1 元素の周期性

原子は，プラスの電荷を持った原子核と同数のマイナスの電荷を持った電子で構成されている．プラスの電荷を持った粒子は陽子とよばれ，原子核は陽子と電荷を持たない中性子で構成されている．地球上には同位体とよばれる，陽子数 (原子番号) は同じであるが，中性子数が異なる原子が存在する．原子の主要な性質は陽子数 (つまり電子数) で決まるため，同じ陽子数を持つ原子の集まりをまとめて元素とよぶ．つまり，同位体は同じ原子番号の元素のグループに属するが，異なる原子[2]である．一般に，原子の構造として陽子と中性子は原子核に集中して存在し，電子が原子核の周囲を回るモデルが描かれる．この表現は厳密には正しくないが，以下で述べる元素の性質や元素の周期性，さらには結晶の形成を理解する上では大いに有効である．

元素を，原子核の電荷量 (陽子の数) の順に並べると，周期的に似た性質のものが現れる．それを表にまとめたものが元素の周期律表である．周期律表 (付録参照) に記載されている原子量は，同位体の地球上での存在比を考慮して平均化したものである．周期律表では，縦方向に性質の似た元素が現れる．元素半導体である炭素，シリコン，ゲルマニウムは短周期律表のIV族bに並ぶ．

図 2.1 は，炭素，シリコン，ゲルマニウムの原子構造を，原子核の周囲を電子が回るモデルで表したものである．これらの原子に共通しているのは，最外殻の電子が 4 個あることである．元素の化学的な性質は，最外殻電子が決定的な役割をはたすため，これらの原子が結晶を形成したとき，半導体という同一の物性が発現する．

2.2.2 原子内電子の運動の量子力学的制約

原子のようなミクロな世界の運動はニュートン力学では説明できず，20 世紀になって確立してきた量子力学で説明される．したがって，人類が原子の世界を説明できるようになったのは，ここ 100 年ということである．量子力学に従うと，原子核の周囲を回る電子の軌道 (殻) は量子数で規定される．そして，量子数で規定される 1 つの量子状態には 1 個の電子しか存在でき

---

[2] 中性子の数が異なるため，質量が異なる．

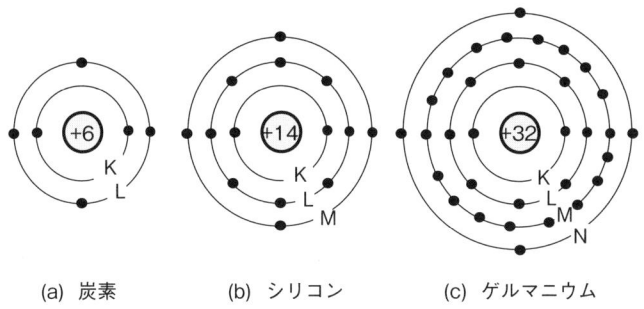

(a) 炭素　　(b) シリコン　　(c) ゲルマニウム

図 2.1　炭素，シリコン，ゲルマニウムの原子構造

表 2.3　量子数の量子力学的な意味

量子数	量子力学的意味
主量子数 n $1, 2, \cdots$	電子殻の主殻の長軸，運動エネルギーを定める． $n = 1, 2, 3, 4, 5$ に対応する電子殻を K,L,M,N,O で表す．
方位量子数 l $0, 1, 2, \cdots, n-1$	主殻をいくつかの副殻に分け，電子の角運動を定める． $l = 0, 1, 2, 3, 4$ に相当する軌道を s,p,d,f,g で表す．
磁気量子数 m $0, \pm 1, \pm 2, \cdots, \pm l$	外部磁場に対して軌道面のなす角を定める． 磁場がない状態では縮退している．
スピン量子数 s $\pm 1/2$	粒子（電子）の持つ磁気モーメントが軌道による磁気モーメントと同方向であるか否かを示す．

表 2.4　電子軌道 (殻) と存在可能な電子数

殻名	K	L		M			N				O				
主量指数 (n)	1	2		3			4				5				
方位量指数 (l)	0	0	1	0	1	2	0	1	2	3	0	1	2	3	4
エネルギー準位名	1s	2s	2p	3s	3p	3d	4s	4p	4d	4f	5s	5p	5d	5f	5g
電子数	2	2	6	2	6	10	2	6	10	14	2	6	10	14	18
殻内総電子数 ($2n^2$)	2	8		18			32				50				

ないというパウリの排他律に従って，原子内電子の配置が決定される．

表 2.3 に量子数の量子力学的な意味を示した．原子内電子の運動は，4 つの量子数で規定される．主量子数 n は自然数の値をとり，電子のエネルギーを定める．$n = 1, 2, 3, 4, 5 \cdots$ に対応する電子殻を K, L, M, N, O $\cdots$ で表す．方位量子数 l は電子の角運動を定め，$0, 1, 2, \cdots, n-1$ の値をとる．$l = 0, 1, 2, 3, 4$ に相当する軌道 (エネルギー準位) を s, p, d, f, g で表す．磁気量子数 m は，外部磁場に対して軌道面のなす角を定め，$0, \pm 1, \pm 2, \cdots, \pm l$ の合計 $(2l+1)$ 個の値をとる．スピン量子数 s は電子のスピンの方向を表し，$+1/2$ と $-1/2$ の 2 つの値をとる．

表 2.4 に，O 殻までの電子殻と存在可能な電子数を示す．各エネルギー準位は，スピンを含め，$2(2l+1)$ 個の電子を収納可能であり，各電子殻には総数 $2n^2$ 個の電子が入り得る．基本的に，電子はエネルギーの低い準位から埋まっていく．各エネルギー準位のエネルギー値は，主量子数 n が大きい程大きいが，方位量子数 l に関しても l の値が大きい程大きい．そのため，n の値が大きくなると，電子軌道間でのエネルギーの逆転が発生する．図 2.2 に，各エネルギー

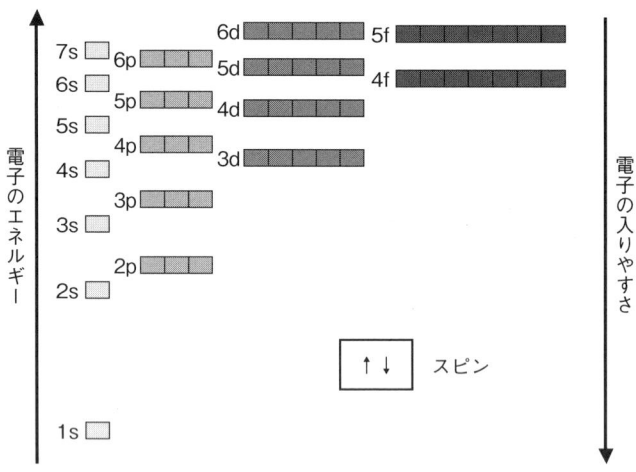

図 2.2　各エネルギー準位における電子のエネルギー

準位における電子のエネルギーを模式的に示す．1つの□には，スピンを考慮して2個の電子が入ることができる．図から分かるように，4sより3dのエネルギー値の方が大きい．そのため，カリウムおよびカルシウムの最外殻電子は，3dではなく4sの準位を占める．

図2.3に，原子番号118までの元素における電子の埋り方と長周期律表との関係を示す．電子は，1s → 2s → 2p → 3s → 3p → 4s → 3d → 4p → 5s → 4d → 5p → 6s → 4f → 5d → 6p → 7s → 5f → 6d → 7p の順に埋まっていく．6sの次に4fが埋まっていくのが，ランタノイド[3]で，7sの次に5fが埋まっていくのが，アクチノイドとよばれる元素群である．こうして，118番元素で，1s〜7pまでの準位が埋まることになる．電子配置を含む長周期律表と短周期律表を付録に示した．

2.3　化学結合と結晶

2.3.1　化学結合

原子/分子間の結合の種類と特徴を表2.5に示す．共有結合とは，2原子間で電子を共有することによる結合である．共有結合は結合力が最も大きい結合である．半導体となるIV族結晶における原子間の結合は，共有結合である．そのため，半導体結晶は非常に硬く，ダイヤモンドは地球上で最も硬い物質である．また，化学反応を起こしにくく，安定している．

イオン結合とは，原子間で電子の授受が行われることにより原子がイオン化し，その結果生じた静電引力による結合である．イオン結合は共有結合の次に結合力が強い．身近で良く知られている物質には，塩化ナトリウム等のハロゲン化アルカリ (I-VII族化合物) がある．また，化合物半導体はイオン結合性と共有結合性の両方を有する．

結合力が強く，常温で安定して固体となる結合に金属結合がある．ただし，共有結合やイオン結合ほどは結合力が強くないので，展性や延性がある．そのため，薄く引き伸ばすことが可

---

[3] スカンジウム (Sc)，イットリウム (Y) とランタノイドを合わせた17元素をレアアースとよぶ．

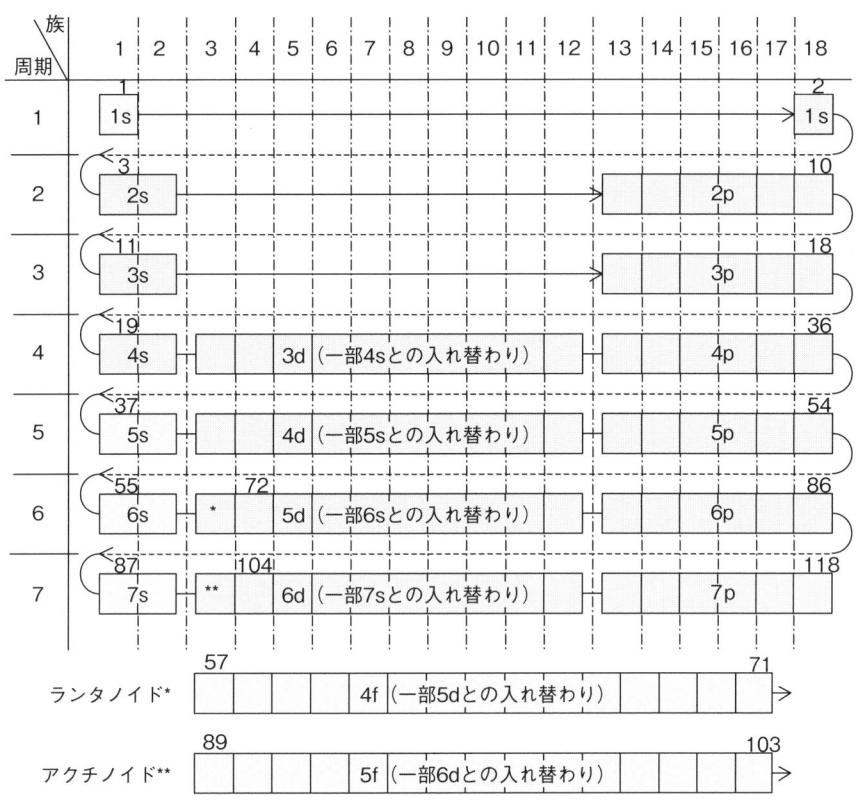

図 2.3 電子の埋り方と長周期律表との関係
(升の上の数字は原子番号)

表 2.5 化学結合の種類

結晶	結合エネルギ (大きい順)	原始間距離 (小さい順)	特徴	例
イオン結合結晶	2	3	赤外領域に特性吸収を示す，低温で導電率が小さい	NaCl 等の I-VII 族化合物，MgO，CaO のような酸化物
共有結合結晶	1	1〜2	かたい，化学的に安定 低温で導電率が小さい	ダイヤモンド，シリコン，ゲルマニウム，SiC
金属結晶	3		導電率，熱伝導率が大きい，塑性を示す，容易に合金化	鉄や銅のような各種金属，各種合金
水素結合を持つ結晶	4	4	重合しやすい	氷，KH2PO4(KDP)，結晶水を含む化合物
分子結晶	5	5	柔らかい，融点・沸点が低い，しばしば相転移が見られる	酸素，窒素，アルゴン，メタン，アンモニア

能であり，金箔ができるのはそのためである．金属結晶は，電気や熱を伝えやすい．あるものは，低温で超伝導性を示す．

その他に，結合力は弱いが，水素結合を持つ結晶と分子結晶がある．水素結合は，原子と共有結合した水素が他の原子と非共有性の結合を形成するものであり，良く知られた例として氷がある．分子結晶は，ファンデルワールス力とよばれる力によるものであり，最も結合力が弱

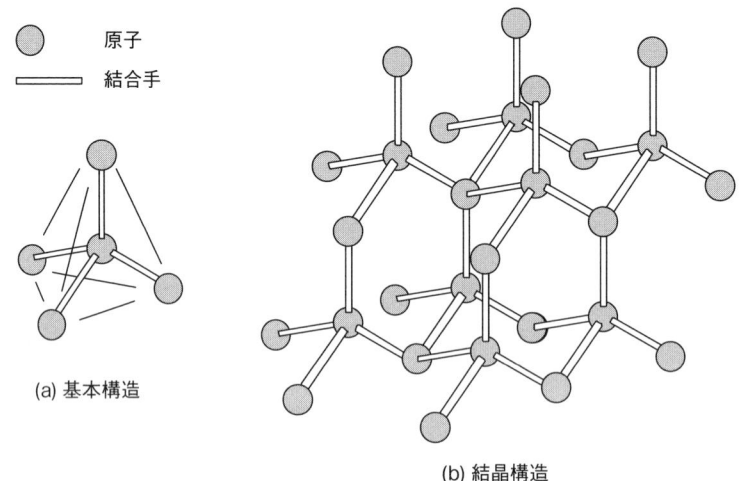

図 2.4 IV 族原子からなる結晶

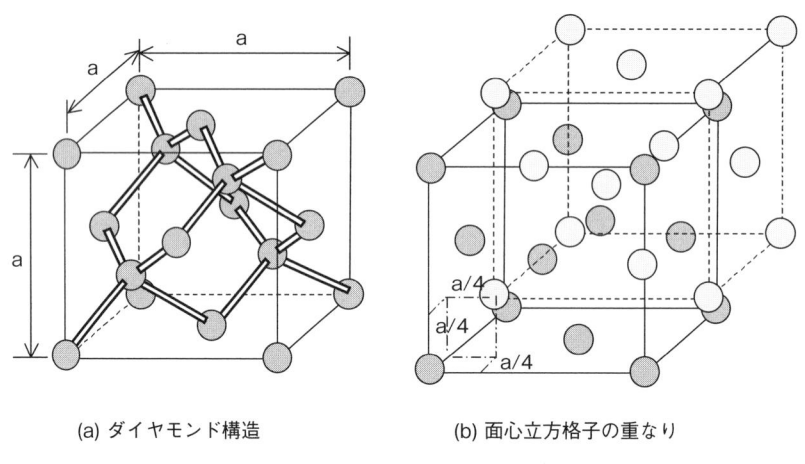

図 2.5 別方向から見たダイヤモンド構造

く低温，高圧で結晶となる．

2.3.2 ダイヤモンド構造

IV 族原子の 4 つの価電子 (最外殻電子) は，結晶化のための"結合の手"を形成する．この時の結合手の向きは，図 2.4(a) に示したように，正四面体の 4 つの頂点の向きである．IV 族原子の価電子は，s 軌道と p 軌道に 2 個ずつ存在する．次節で説明するように，IV 族原子が結晶化する際には，s 軌道と p 軌道が混ざり合う．その結果混成軌道が形成され，等価な 4 つのエネルギーを持つようになり，方向も等価な方向となる．この混成軌道は sp^3 混成軌道とよばれる．この正四面体構造が規則的に並んで，図 2.4(b) に示したような結晶構造を作る．この結晶構造は，一般にダイヤモンド構造とよばれている．

図 2.5(a) はダイヤモンド構造を別の方向から見たものである．図中の a を格子定数とよび，

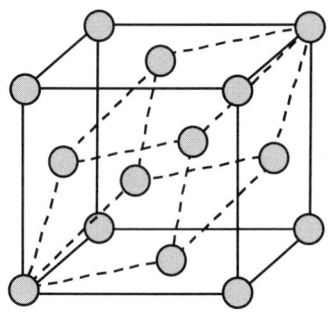
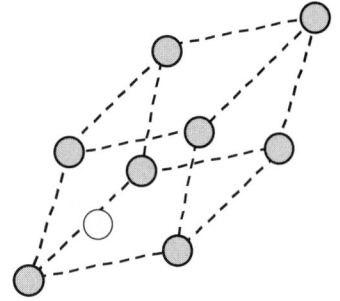

(a) 面心立方の慣用単位格子（実線）　　(b) ダイヤモンド構造の基本単位格子
　　と基本単位格子（破線）

図 2.6　単位格子

シリコン単結晶では 0.543 [nm] である．ダイヤモンド構造は，図 2.5 (b) に示したように，2個の面心立方格子[4]が対角の方向に (a/4 a/4 a/4) だけずれて重なった構造となっている．このずれがダイヤモンド構造の原子間距離であり，格子定数 a を用いると，$\sqrt{3}a/4$ となる．シリコン単結晶では，0.235 [nm] となる．

化合物半導体の中にはダイヤモンド構造と同様の結晶構造をとるものがあり，その場合は，2つの面心立方格子が別原子となる．この場合の結晶構造は，せん亜鉛鉱構造とよばれる．その他に，六方晶系のウルツ鉱構造とよばれる結晶構造をとるものがある．

結晶構造の基本構造を単位格子または単位胞 (unit cell) という．図 2.6 (a) は面心立方格子の単位格子である．実線は良く用いられる慣用単位格子である．体積が最小の単位格子を基本単位格子とよび，面心立方格子においては図 2.6 (a) の破線となり，基本単位格子に含まれる原子は 1 個である．図 2.6 (b) は，ダイヤモンド構造の基本単位格子である．基本単位格子内には，(a/4 a/4 a/4) ずれた原子が含まれるため，2 個の原子が含まれる．

2.4　エネルギーバンド構造

2.4.1　エネルギーバンドの生成

電子が取り得るエネルギーは，その環境により異なる．それを図 2.7 に模式的に示す．自由空間にある電子は，図 2.7 (a) に示したように，どのようなエネルギーもとり得る．一方，図 2.7 (b) に示したように，原子中の電子は最も束縛の強い状態であり，離散的なエネルギーしかとることができない（これが前述のエネルギー準位である）．結晶中の電子は，2.7 (c) に示したように，これらの中間的な状態であり，とり得るエネルギーが幅を持つ．このエネルギーの広がりをエネルギーバンド（エネルギー帯）とよび，電子が存在可能なエネルギー帯（許容帯）と存在できないエネルギー帯（禁制帯）が順に形成される．ミクロに見ると，エネルギーバンドは，結晶を構成する原子の数に分裂している．

---
[4] 立方体の各頂点と各面の中央に原子が存在する結晶構造．

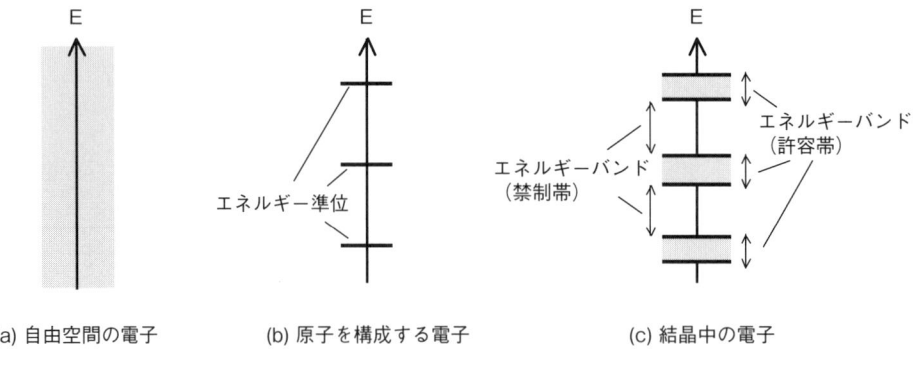

(a) 自由空間の電子　(b) 原子を構成する電子　(c) 結晶中の電子

図 2.7　電子の取り得るエネルギー

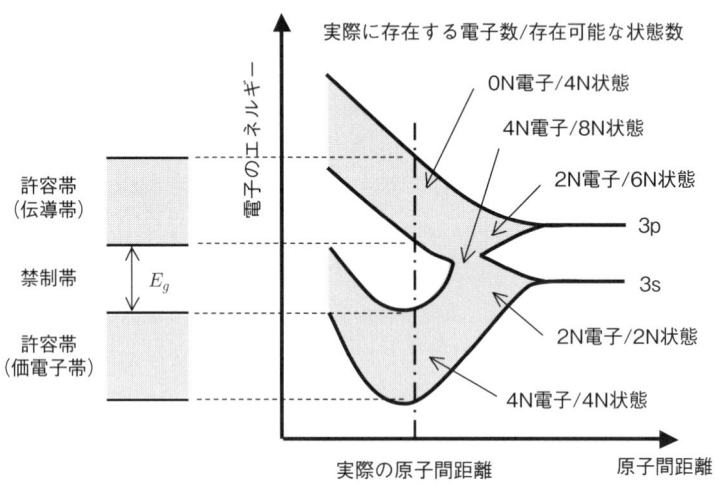

図 2.8　シリコンのエネルギーバンドの形成

図 2.8 に，シリコンにおけるエネルギーの広がりと原子間距離の関係を示す．3s と 3p のエネルギー準位は，原子間の距離が小さくなると分裂する．そして，さらに原子間距離が小さくなると，3s と 3p の準位が混合し，新しい 2 つの準位に分裂する．この場合の価電子で充満した許容帯を価電子帯，その直上の空の許容帯を伝導帯とよぶ．また，価電子帯と伝導帯の間の電子の存在しない部分を禁制帯とよび，シリコンの禁制帯幅のエネルギー E_g は，室温で 1.1 [eV] である．

実際のシリコン結晶の原子間距離においては，N を結晶を構成している原子数として，価電子帯は 4N 個の準位を 4N 個の電子が占める状態になっている．一方，伝導帯は，準位の数は 4N 個あるが，電子は存在せず，空の状態になっている．

2.4.2　半導体中のキャリアとエネルギーバンド図

図 2.9 は，不純物を含まない真性半導体における共有結合を 2 次元的に表した図とエネルギーバンド図である．図 2.9 (a) は絶対零度における状態である．電子は原子に束縛されており，伝導キャリアは存在しない．

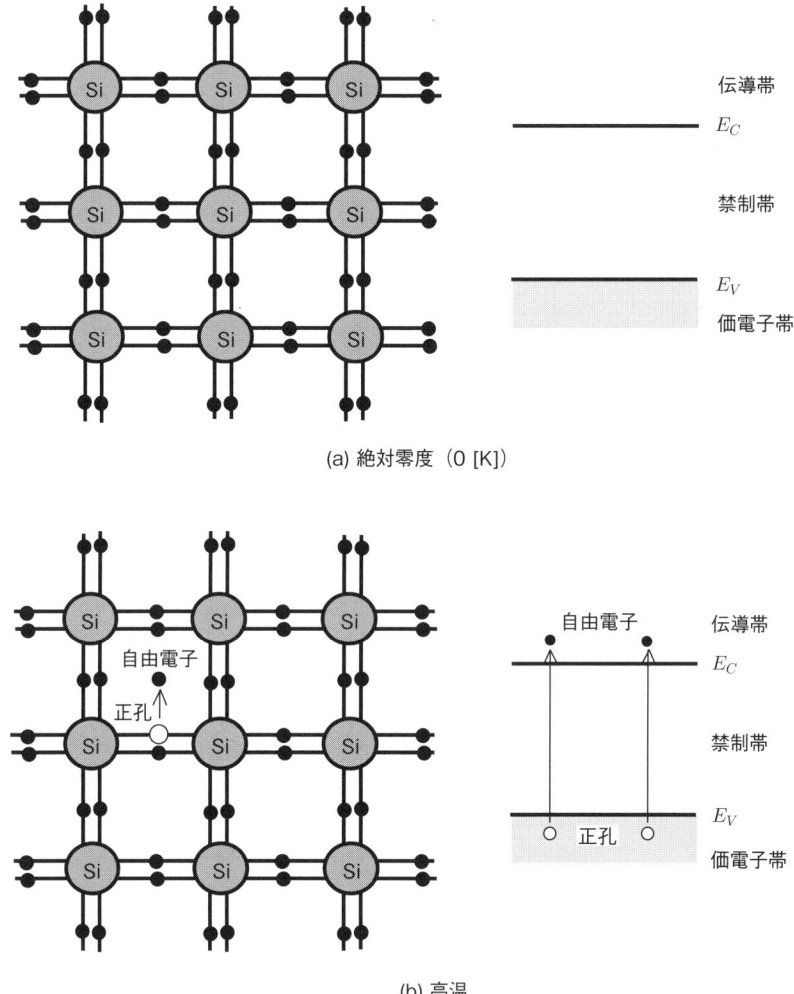

図 2.9 真性半導体の伝導キャリアの生成

図 2.9(b) は高温における伝導に寄与するキャリアの生成を表したものである．価電子帯の電子は熱的なエネルギーを得ると，ある確率で禁制帯幅以上のエネルギーを得て，原子の束縛を脱し自由電子となる．自由電子は，結晶中を自由に動き回ることができるため，マイナス粒子として電気伝導を担うことができる．一方，電子の抜けた部分は，プラス粒子として電気伝導に寄与し，正孔（ホール）とよばれる．自由電子と正孔を合わせて，伝導キャリアあるいは単にキャリアとよぶ．当然，真性半導体における自由電子と正孔の数は等しい．

図 2.10(a) は，IV 族のシリコン中に V 族のリンを添加した場合の模式図である．リンがシリコンの格子位置に置換すると，余分な電子が自由電子となり，電気伝導を引き起こす．このような自由電子がキャリアの半導体を，n 型半導体とよぶ．この時のリンはドナーとよばれ，自由電子が離れると自分自身はプラスにイオン化する．シリコンに対する n 型不純物としては，リンの他，ヒ素やアンチモンも導入される．

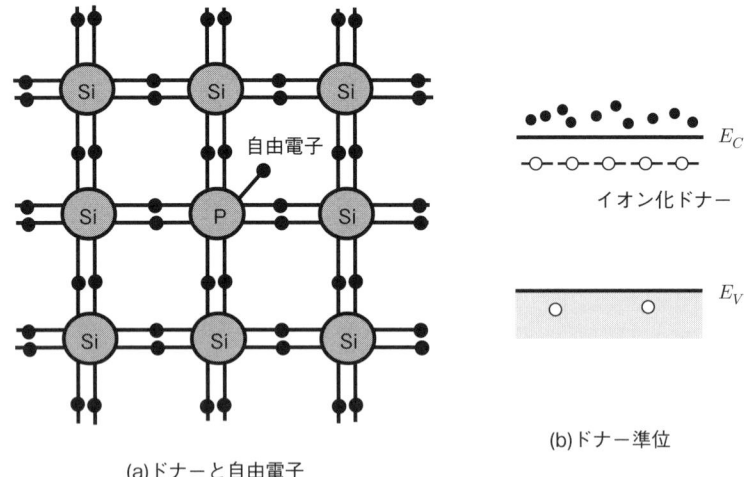

(a) ドナーと自由電子　　(b) ドナー準位

図 2.10　n 型半導体のエネルギーバンド図 (室温程度)

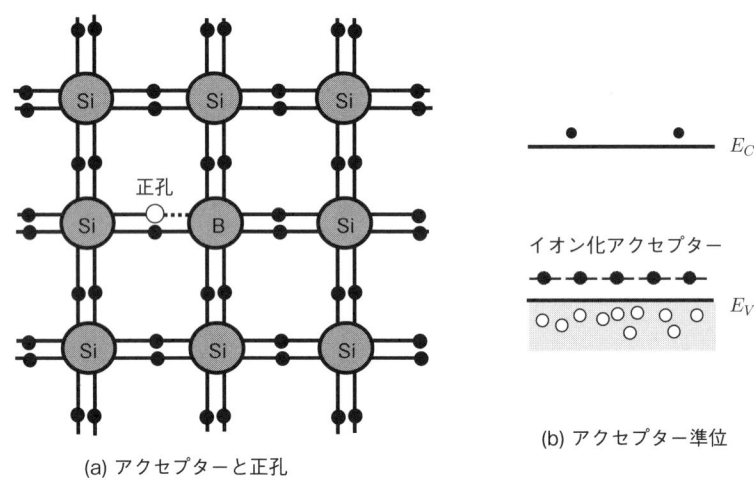

(a) アクセプターと正孔　　(b) アクセプター準位

図 2.11　p 型半導体のエネルギーバンド図 (室温程度)

　図 2.10 (b) はエネルギーバンド図であり，ドナー (この場合リン) のエネルギー準位は伝導帯の少し下にできる．したがって，電子は室温程度の熱エネルギーによって容易に伝導帯に励起し，自由電子となる．伝導帯の自由電子は，電気伝導を担うことができる．なお，n 型半導体においても，価電子帯から熱励起された電子とその結果としての正孔は存在する．ただし，室温程度においては，圧倒的に電子の方が数が多い．n 型半導体においては，電子を多数キャリア，正孔を少数キャリアとよぶ．

　図 2.11 (a) は，IV 族のシリコン中に III 族のボロンを添加した場合である．この場合は，価電子帯の電子が不足することにより正孔が生成し，電気伝導を引き起こす．このような正孔がキャリアの半導体を，p 型半導体とよぶ．この時のボロンはアクセプターとよばれ，正孔が離れると自分自身はマイナスにイオン化する．シリコンに対する p 型不純物としてはボロンが一般的であるが，アルミニウムやガリウムもアクセプターになり得る．

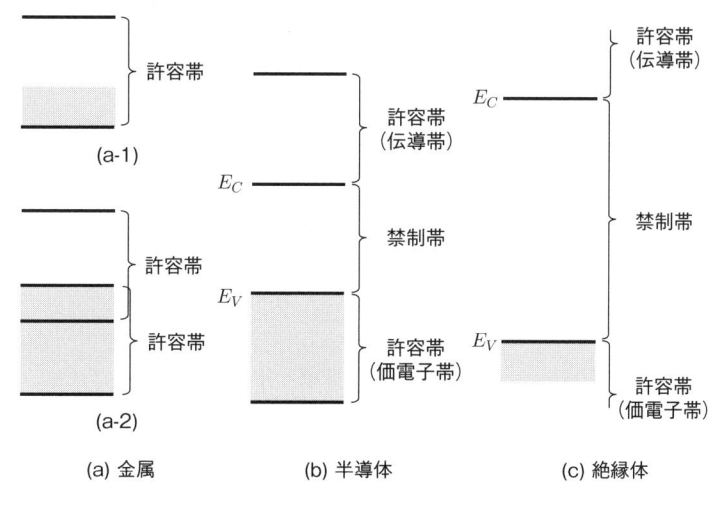

図 2.12 金属，半導体，絶縁体のエネルギーバンド図

図 2.11 (b) はエネルギーバンド図であり，アクセプター (この場合ボロン) のエネルギー準位は価電子帯の少し上にできる．したがって，価電子帯の電子は室温程度の熱エネルギーによって容易にアクセプター準位に励起し，価電子帯に正孔ができる．価電子帯の正孔は，電気伝導を担うことができる．p 型半導体においては，正孔が多数キャリア，電子が少数キャリアである．

なお，n 型不純物と p 型不純物を合わせて，ドーパント不純物あるいは単にドーパントとよぶ．上記の説明から明らかなように，ドーパントはシリコンの格子位置に置換して初めてキャリアを発生させる．一般に，単結晶シリコンにおいては，ドーパントが結晶格子位置に入るには 800 [℃] 以上の熱が必要である．ドーパントを結晶格子位置に入れる行為を，ドーパントの活性化とよぶ．

2.4.3 金属/半導体/絶縁体のエネルギーバンド構造

図 2.12 に，エネルギーバンド構造からみた金属，半導体，絶縁体の違いを示した．図 2.12 (a) は金属のエネルギーバンド構造である．(a)-1 では許容帯の途中まで電子が埋まっており，この電子は電気伝導を担うことができる．また，(a)-2 は電子で満たされた許容帯と空の許容帯が重なった状態であり，この場合も電気伝導を担える電子が許容帯中に存在する．

図 2.12 (b) は半導体のエネルギーバンド構造である．半導体の禁制帯幅 E_g は 1~3 [eV] 程度であり，絶対零度では伝導キャリアは存在しないが，室温程度では少数のキャリアが存在する．逆に，室温程度では電気伝導に充分なほどはキャリアが励起していないので，不純物ドーピングによる伝導度制御が有効となる．これが，半導体が電子デバイス用材料として有効な最大の理由である．

一般に，金属の電気伝導率は，温度が上がると格子振動が大きくなり，電子が散乱を受けて小さくなる．一方，半導体の電気伝導率は，温度上昇による励起キャリアの増加数が散乱による効果を上回り，温度が上がる程大きくなる．この違いも，エネルギーバンド構造の違いから

理解できる．

図 2.12 (c) は絶縁体のエネルギーバンド構造であり，禁制帯幅が 5 [eV] 程度以上ある．そのため，室温程度あるいはある程度の高温 (固体として存在できる温度) ではほとんど伝導キャリアは存在しない．ただし，伝導帯あるいは価電子帯近くに準位を形成できる不純物 (ドーパント) があると半導体になり得る．たとえば，透明電極材料はそのような物質である．

2.5 半導体中のキャリア

2.5.1 キャリア密度の算出法

許容帯に実際に存在する電子の数は，状態密度関数と分布関数を用いて計算できる．状態密度関数とは，電子が存在可能な"座席数"のエネルギーに対する分布を表し，伝導帯の電子に対し，以下で表される．

$$N_n(E) = \frac{4\pi}{h^3}(2m_e^*)^{3/2}(E-E_C)^{1/2} \tag{2.1}$$

ここで，h はプランク定数，m_e^* は電子の有効質量，E_C は伝導帯の下端のエネルギーである．つまり，$N_n(E)$ は $E=E_C$ でゼロであり，エネルギーの増加に従ってエネルギーの平方根に従って増加する．

また，価電子帯の正孔に対しては，以下で表される．

$$N_p(E) = \frac{4\pi}{h^3}(2m_h^*)^{3/2}(E_V-E)^{1/2} \tag{2.2}$$

ここで，m_h^* は正孔の有効質量，E_V は価電子帯の上端のエネルギーである．$N_p(E)$ は $E=E_V$ でゼロであり，エネルギーの減少に従ってエネルギーの平方根に従って増加する．

分布関数とは粒子の存在確率を表すもので，電子の場合はフェルミ―ディラックの分布関数[5]で表され，以下となる．

$$f(E) = \frac{1}{1+\exp\{(E-E_F)/kT\}} \tag{2.3}$$

ここで，E_F はフェルミ準位，k はボルツマン定数，T は絶対温度である．$f(E)$ は，$E=E_F$ において $f(E_F)=1/2$ となり，温度が上がるほどエネルギーに対する広がりが大きくなる．$f(E)$ の温度依存性を図 2.13 (a) に示す．$E-E_F \gg kT$ のときは，$\exp\{(E-E_F)/kT\} \gg 1$ であるから，式 (2.3) は以下のマックスウェル―ボルツマンの分布関数で近似できる．

$$f(E) = \exp\left(-\frac{E-E_F}{kT}\right) \tag{2.4}$$

また，正孔の分布関数は，電子の存在しない確率であることから，以下となる．

$$1-f(E) = \frac{1}{1+\exp\{(E_F-E)/kT\}} \tag{2.5}$$

---

[5] ミクロな粒子は，フェルミ―ディラックの分布関数またはボーズ―アインシュタインの分布関数に従う．前者をフェルミオン (フェルミ粒子)，後者をボゾン (ボーズ粒子) とよぶ．ただし，詳細はここでは立ち入らない．

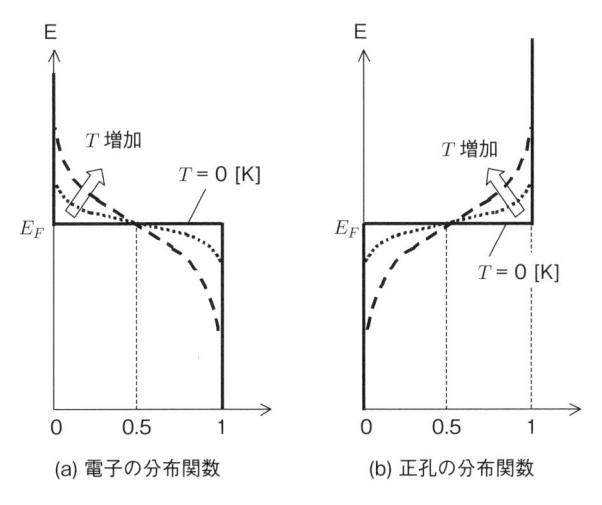

図 2.13 フェルミ-ディラックの分布関数

正孔の分布関数の温度依存性を図 2.13(b) に示す．$E_F - E \gg kT$ のときは，次式で近似できる．

$$1 - f(E) = \exp\left(\frac{E - E_F}{kT}\right) \tag{2.6}$$

状態密度関数 $N_n(E)$ と分布関数 $f(E)$ の積をエネルギーで積分することにより，許容帯の電子密度 n が計算でき，結果は次式となる．

$$n = N_C \exp\left(-\frac{E_C - E_F}{kT}\right) \tag{2.7}$$

ここで，N_C は伝導帯の有効状態密度とよばれ，次式で表される．

$$N_C = 2\left(\frac{2\pi m_e^* kT}{h^2}\right)^{3/2} \tag{2.8}$$

価電子帯の正孔の数は，価電子帯における正孔の状態密度関数 $N_p(E)$ と正孔の分布関数 (電子の存在しない確率) $\{1 - f(E)\}$ の積をエネルギーで積分することにより求まり，次式となる．

$$p = N_V \exp\left(-\frac{E_F - E_V}{kT}\right) \tag{2.9}$$

ここで，N_V は価電子帯の有効状態密度とよばれ，次式で表される．

$$N_V = 2\left(\frac{2\pi m_h^* kT}{h^2}\right)^{3/2} \tag{2.10}$$

2.5.2 真性半導体のキャリア密度

図 2.14 に，真性半導体中のキャリア密度の算出ステップを示す．前項で示したように，状態密度関数と分布関数の積をエネルギーで積分することにより，キャリア密度を求めることができる．真性半導体においては，$n = p$ であるから，真性半導体のキャリア密度を $n_i (= n = p)$ とすると，式 (2.7) と式 (2.9) より，次式が得られる．

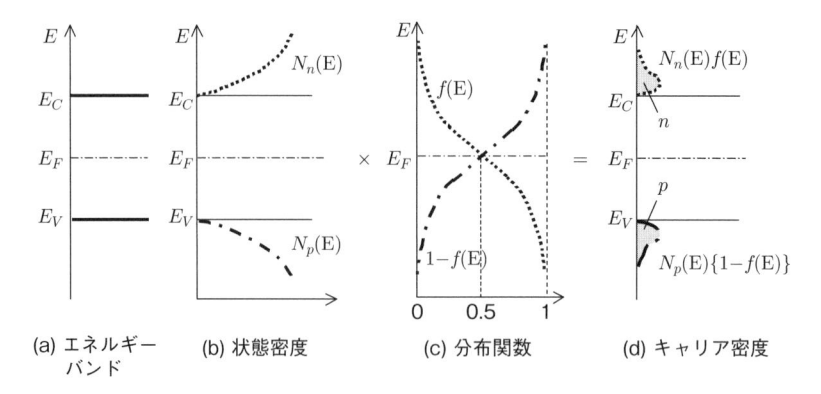

(a) エネルギー
バンド　　(b) 状態密度　　(c) 分布関数　　(d) キャリア密度

図 2.14　真性半導体中のキャリア密度の算出ステップ

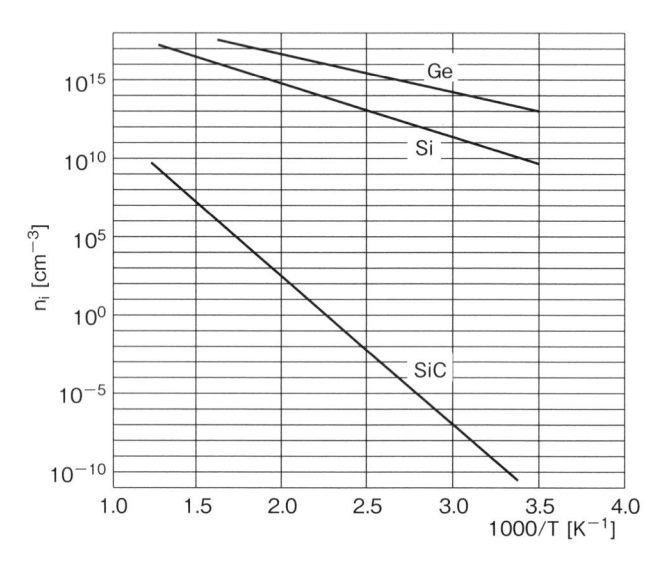

図 2.15　真性キャリア密度の温度変化

$$n_i = \sqrt{N_C N_V} \exp\left(-\frac{E_g}{2kT}\right) \tag{2.11}$$

図 2.15 に各種半導体の真性キャリア密度の温度依存性を示す．ゲルマニウムの E_g は 0.67 [eV]，SiC の E_g は 3.26 [eV] であり，シリコンの $E_g = 1.1$ [eV] との違いを反映している．この結果，E_g の大きい半導体ほど，高温まで半導体の状態を維持できる．

また，真性半導体のフェルミ準位を真性フェルミ準位 E_i とよび，式 (2.7) と式 (2.9) で $E_F = E_i$ とおいて次式が得られる．

$$E_i = \frac{E_C + E_V}{2} + \frac{kT}{2} \ln\left(\frac{N_V}{N_C}\right) = \frac{E_C + E_V}{2} + \frac{3kT}{4} \ln\left(\frac{m_h^*}{m_e^*}\right) \tag{2.12}$$

一般に，電子の有効質量は正孔の有効質量より小さいので，真性半導体のフェルミ準位は，禁制帯中央より少し上に存在する．

2.5.3 不純物半導体のキャリア密度

つぎに，不純物半導体中のキャリア密度について考える．禁制帯中のエネルギー E_D の位置に濃度 N_D のドナー，エネルギー E_A の位置に濃度 N_A のアクセプターが存在するとする．ドナー準位に存在する電子密度を n_D，アクセプター準位に存在する正孔密度を n_A とすれば，正にイオン化しているドナー濃度は $N_D - n_D$，負にイオン化しているアクセプター濃度は $N_A - n_A$ となる．伝導帯にある電子密度を n，価電子帯にある正孔密度を p とすると，電気的中性条件より，次式が得られる．

$$(N_D - n_D) + p = n + (N_A - n_A) \tag{2.13}$$

n 型半導体の場合は $N_D \gg N_A$，p 型半導体の場合は $N_A \gg N_D$ と考えれば良い．

まず，n 型半導体の場合，イオン化したドナー濃度は次式で求めることができる．

$$N_D - n_D = N_D \left[1 - \frac{1}{1 + g \times \exp\{(E_D - E_F)/kT\}} \right] \tag{2.14}$$

ここで，g は縮退因子で，ドナー準位の場合スピン縮退のため $1/2$ となる．式 (2.14) を式 (2.13) に代入して次式が得られる．この関係より，E_F は一義的に求まる．

$$N_C \exp\left(\frac{E_F - E_C}{kT}\right) = N_D \frac{1}{1 + 2\exp\{(E_F - E_D)/kT\}} + N_V \exp\left(\frac{E_V - E_F}{kT}\right) \tag{2.15}$$

次に，p 型半導体の場合，イオン化したアクセプター濃度は次式で求めることができる．

$$N_A - n_A = N_A \frac{1}{1 + g \times \exp\{(E_A - E_F)/kT\}} \tag{2.16}$$

アクセプター準位の場合，縮退因子 g は価電子帯の縮退のため 2 となる．式 (2.16) を式 (2.13) に代入して次式が得られる．

$$N_V \exp\left(\frac{E_V - E_F}{kT}\right) = N_A \frac{1}{1 + 2\exp\{(E_A - E_F)/kT\}} + N_C \exp\left(\frac{E_F - E_C}{kT}\right) \tag{2.17}$$

図 2.16 に n 型半導体の電子密度の温度依存性を示す．温度が上がると，ドナー準位から伝導帯に電子が励起され自由電子となり，ドナーは正にイオン化する．この領域を不純物領域とよぶ．室温程度では，ドナー準位の電子はほぼ全て励起される．この領域を出払い領域または枯渇領域とよぶ．

さらに温度が上がると，価電子帯から伝導帯に電子が励起され，電子—正孔対が生成されるようになる．温度が上がるに従い，ドナーから励起された電子が無視できるほど電子—正孔対の数が増加し，真性半導体の状態に近づく．この領域を真性領域とよぶ．この領域では，自由電子密度は n_i に，フェルミ準位は E_i に近づく．この状態では，もはや半導体とはいえず，金属に近い状態である．

図 2.17 にフェルミ準位の温度依存性を示す．絶対零度ではドナー準位の電子は励起されず存在確率は 1 である．また，伝導帯に電子は存在しないので自由電子の存在確率は 0 である．フェルミ準位は電子の存在確率が 0.5 となるエネルギーであるから，フェルミ準位はドナー準

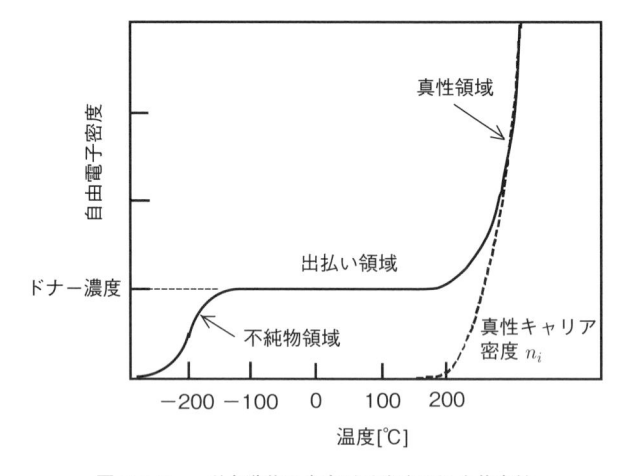

図 2.16　n 型半導体の自由電子密度の温度依存性

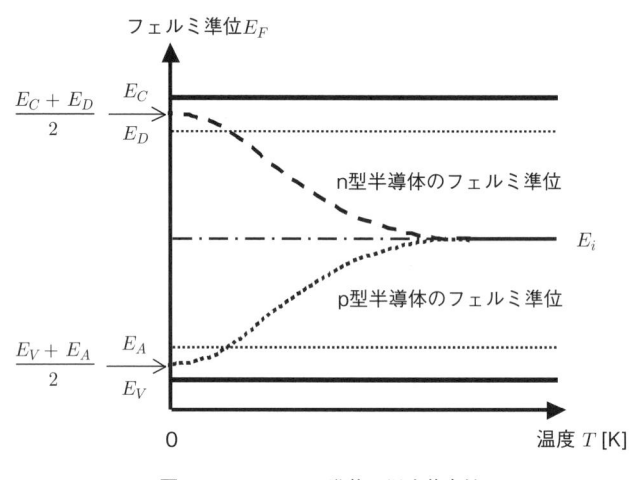

図 2.17　フェルミ準位の温度依存性

位 E_D と E_C の中間である．

2.6 半導体中の電気伝導

2.6.1 ドリフト電流と拡散電流

　半導体に電圧を印加すると，キャリアは電界によって加速されるが，結晶格子や不純物との衝突・散乱によって減速される．このような電界による加速と原子との衝突・散乱の過程を繰り返えした移動をドリフトとよび，このときのキャリアの移動速度の時間平均をドリフト速度とよぶ．ドリフト速度 v は，電界が小さい場合は電界 E に比例し，その比例定数をドリフト移動度 μ といい，次式で表される．

$$v = \mu E \tag{2.18}$$

図 2.18 に示す p 型半導体を例にドリフト電流密度を求める．断面積 S，長さ l の半導体に電界

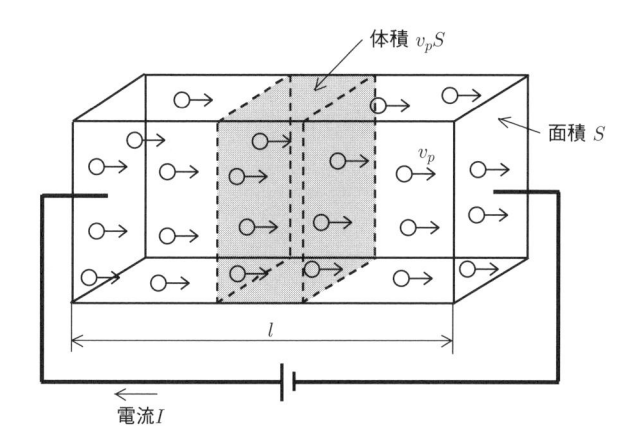

図 2.18 ドリフト電流

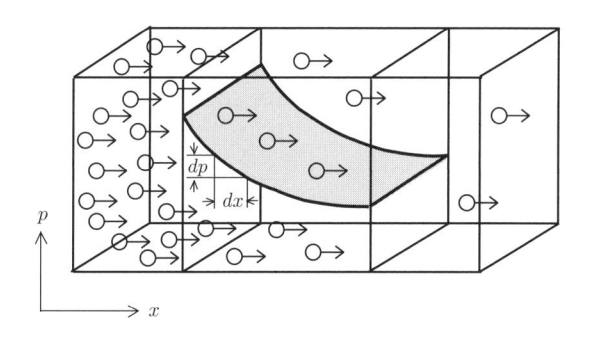

図 2.19 拡散電流

E が印加されている．正孔密度 p，正孔のドリフト速度 v_p，正孔移動度 μ_p とすると，単位時間に断面積 S を通過する正孔数は，pv_pS である．これに q を掛けた qpv_pS が，単位時間に通過した電荷量であり，ドリフト電流 I である．よって，正孔によるドリフト電流密度 $J_p(=I/S)$ は次式となる．

$$J_p = qpv_p = qp\mu_p E \tag{2.19}$$

キャリアが電子の場合も同様にして，電子密度 n，電子のドリフト速度 v_n，電子移動度 μ_n として，ドリフト電流密度 J_n は次式となる．

$$J_n = qnv_n = qn\mu_n E \tag{2.20}$$

全電流密度 J は，正孔と電子の電流密度の和であり，次式で表される．

$$J = J_p + J_n = q(p\mu_p + n\mu_n)E \tag{2.21}$$

半導体中の電気伝導は拡散現象によっても起こる．図 2.19 に示したように，p 型半導体中に正孔の密度差がある場合を考える．このとき正孔は，熱運動によって高密度側から低密度側に移動し，均一になろうとする．このような密度勾配による流れを拡散とよぶ．拡散によって単位時間に単位面積を通過する正孔の数は，正孔の密度勾配に比例し，拡散の方向は低密度方向

(勾配の符号と逆) である．よって，正孔による拡散電流密度 J_p は次式となる．

$$J_p = qD_p\left(-\frac{dp}{dx}\right) = -qD_p\frac{dp}{dx} \tag{2.22}$$

ここで，D_p は正孔の拡散定数である．

同様に，電子による拡散電流密度 J_n は次式となる．

$$J_n = -qD_n\left(-\frac{dn}{dx}\right) = qD_n\frac{dn}{dx} \tag{2.23}$$

ここで，D_n は正孔の拡散定数である．

正孔と電子の両方が拡散する場合の全拡散電流密度 J は次式となる．

$$J = J_p + J_n = q\left(D_n\frac{dn}{dx} - D_p\frac{dp}{dx}\right) \tag{2.24}$$

拡散は熱運動であるため，高温ほど拡散しやすい．また，ドリフトと同様に結晶格子や不純物の散乱を受ける．したがって移動度と関係しており，拡散係数と移動度は次式で結ばれている．

$$D_n = \frac{kT}{q}\mu_n \tag{2.25}$$

$$D_p = \frac{kT}{q}\mu_p \tag{2.26}$$

これらの式をアインシュタインの関係という．

2.6.2 キャリア連続の式

半導体デバイスの電気特性にとっては，少数キャリアのふるまい (流れ，変化) が重要である．少数キャリアのふるまいとして考えなければならないのは，ドリフトおよび拡散電流による変化と光照射等によるキャリアの発生および発生した少数キャリアの多数キャリアとの再結合による消滅である．

p 型半導体中の単位体積当たりの少数キャリア (電子) 密度 n の時間変化率は次式となる．

$$\frac{\partial n}{\partial t} = D_n\frac{\partial^2 n}{\partial x^2} + \mu_n\frac{\partial n}{\partial x}E + G_n - \frac{n - n_0}{\tau_n} \tag{2.27}$$

ここで，G_n は電子の発生率，n_0 は熱平衡時の電子密度，τ_n は電子の寿命である．

また，n 型半導体中の単位体積当たりの正孔密度 p の時間変化率は次式となる．

$$\frac{\partial p}{\partial t} = D_p\frac{\partial^2 p}{\partial x^2} - \mu_p\frac{\partial p}{\partial x}E + G_p - \frac{p - p_0}{\tau_p} \tag{2.28}$$

ここで，G_p は正孔の発生率，p_0 は熱平衡時の正孔密度，τ_p は正孔の寿命である．

式 (2.27) と式 (2.28) はキャリア連続の式とよばれ，右辺の第 1 項が拡散，第 2 項がドリフト，第 3 項が発生，そして第 4 項が再結合に関する項である．半導体デバイスの電気特性は，これらの連続の式を適当な境界条件に基づいて解くことにより求まる．

演習問題

設問1 シリコン結晶に関し，格子定数で囲まれた立方体中のシリコン原子の数を求めよ．

設問2 シリコンの格子定数 a が 0.543 [nm] であることから，シリコンの原子密度 (1 [m³] の原子数) を求めよ．

設問3 300 [K] におけるシリコンの真性フェルミ準位は，禁制帯中からどの位のエネルギーずれているか求めよ．ただし，電子の有効質量 $m_e^* = 0.33 m_0$，正孔の有効質量 $m_h^* = 0.52 m_0$，ボルツマン定数 $k = 8.617 \times 10^{-5}$ [eV/K] とする．

設問4 化合物半導体の結晶構造に関する以下の説明に関し，() に当てはまる語句を答えよ．

III-V族化合物半導体では，(①) 原子と (②) 原子の間で電子の授受が行われ，(①) 原子は正にイオン化し，(②) 原子は負にイオン化する．その結果，ともに4個の価電子を有する状態になり，(③) 結合する．また，イオン化した原子の間の (④) により，(⑤) 結合する．

設問5 自由空間，原子中および結晶中の電子がとり得るエネルギーについて説明せよ．

第3章
半導体デバイス

本章では，半導体デバイスの基本となる pn 接合，金属–半導体接触，金属–絶縁体–半導体構造のエネルギーバンド構造と電気的なふるまいについて解説する．次に，基本的かつ重要な半導体デバイスであるダイオードとバイポーラトランジスタおよび MOS (Metal Oxide Semiconductor) 型電界効果トランジスタの動作について解説する．さらに，論理回路の低消費電力化に有効な CMOS インバータについて解説する．

―□ 本章のねらい ―
- pn 接合とその整流性を理解する．
- バイポーラトランジスタの動作原理を理解する．
- ショットキー接触とその整流性およびオーム性接触を理解する．
- MOS 型電界効果トランジスタの動作原理を理解する．

―□ キーワード ―
pn 接合，ショットキー接触，MOS 構造，空乏層，空間電荷層，バイポーラ，ユニポーラ，整流性，バイポーラトランジスタ，電流増幅率，電界効果トランジスタ，蓄積，空乏，反転，フラットバンド電圧，CMOS インバータ

3.1 半導体デバイスとは

半導体の物性を生かして，様々な電子デバイスが実現されている．ごく一部を除いて，半導体デバイスは，異種の半導体あるいは半導体と金属および絶縁体の接合あるいは接触さらにそれらを効果的に組み合わせて実現される．基本となるのは pn 接合と金属-絶縁体-半導体構造 (MOS 構造) であり，これらの電気的なふるまいを知ることで，大部分の半導体デバイスの動作が理解できる．本章では，第 2 章で述べた内容をもとに，pn 接合，金属-半導体接触，MOS 構造の電気的なふるまいについて述べる．さらに，バイポーラトランジスタと MOS 型電界効果トランジスタの動作を解説する．

半導体デバイスには，その他に pnpn 接合構造を有するサイリスタや MOS 構造を有するバイポーラトランジスタである IGBT (Insulated Gate Bipolar Transistor) などの半導体デバ

イスも実用化させているが，本章で取り上げたデバイスを組み合わせた等価回路を考えることにより，これらのデバイスの動作が説明可能である．

3.2 pn 接合と pn 接合ダイオード

3.2.1 pn 接合のエネルギーバンド構造

図 3.1 に pn 接合の構造と pn 接合ダイオードの回路記号を示す．pn 接合の界面には，キャリアの存在しない領域が形成される．pn 接合ダイオードは，アノード (A) とカソード (K) の 2 端子を持つ．図 3.2 に，接合前の p 型半導体と n 型半導体のエネルギーバンド図を示す．p 型半導体では，フェルミ準位が価電子帯付近に存在し，価電子帯における電子の空きの確率が高いので，価電子帯に多数の正孔が存在する．一方，n 型半導体では，フェルミ準位が伝導帯付近に存在し，伝導帯における電子の存在確率が高いので，伝導帯に多数の自由電子が存在する．

図 3.3 は pn 接合のエネルギーバンド図である．接合形成後は，電圧印加なしの熱平衡状態では p 型半導体と n 型半導体のフェルミ準位が一致する．p 型半導体には正孔が，n 型半導体には電子が多量に存在する．これらは移動可能な粒子であり，高密度側から低密度側に拡散する．p 型半導体から n 型半導体に拡散した正孔は，n 型半導体の多数キャリアである電子と再結合して消滅する．同様に，p 型半導体に拡散した電子は，正孔と再結合して消滅する．その結果，pn 接合界面近傍には，イオン化したアクセプターとドナーのみが残存する．

イオン化したアクセプターは負の，そしてドナーは正の固定電荷であり，pn 接合界面に電位差が生じる．これを拡散電位または内蔵電位 V_{bi} とよび，V_{bi} による電界により正孔と電子の拡

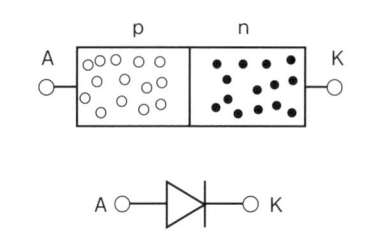

図 3.1 pn 接合の構造と pn 接合ダイオードの記号

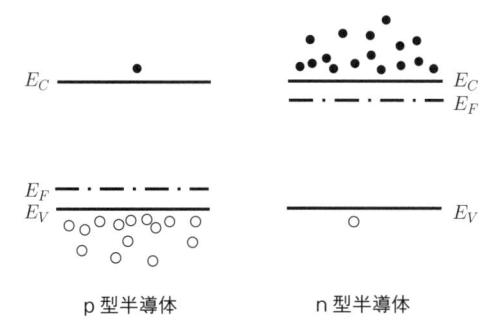

図 3.2 接合形成前の p 型/n 型半導体のエネルギーバンド図

散はある平衡状態で抑えられる．また，この時 pn 接合界面に生じたキャリアの存在しない領域を空乏層あるいは空間電荷層とよび，空乏層の長さを空乏層幅 W とよぶ．

3.2.2 pn 接合ダイオードの電流—電圧特性

図 3.4 は，バイアス印加時の pn 接合のエネルギーバンド図である．電子のエネルギーを上方に取っているので，正バイアスが印加された側が下にさがる．したがって，p 型半導体にプラスを，n 型半導体にマイナスを印加した順バイアス時には，図 3.4(a) に示したようにエネルギー障壁が減少する．その結果，電子が p 型半導体側に，正孔が n 型半導体側に注入される．そして，注入されたキャリアは多数キャリアとの再結合で消滅する．電子および正孔は外部印加バイアスにより供給され続けるため，順バイアス時には電流が流れ続ける．

図 3.4(b) は，n 型半導体がプラス，p 型半導体がマイナスの逆バイアスを印加した状態である．この場合は，実質的にエネルギー障壁が増加する．そのため，逆バイアス印加時には電流は流れない．このように，pn 接合ダイオードでは電気伝導に電子と正孔の両方がかかわっている．このようなデバイスをバイポーラデバイスとよぶ．

pn 接合ダイオードの電流—電圧特性は，少数キャリアの拡散が主要因であるとして，次式のように求まる．

$$j = j_s \left\{ \exp\left(\frac{qV}{kT}\right) - 1 \right\} \tag{3.1}$$

ここで，j_s は逆方向飽和電流密度とよばれ，次式で表される．

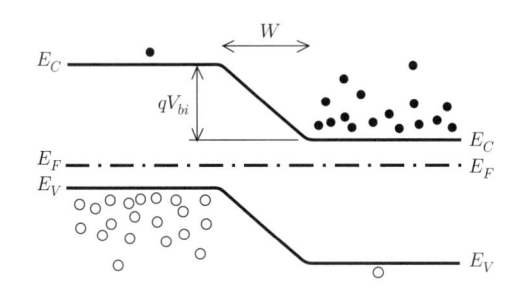

図 3.3 pn 接合のエネルギーバンド図

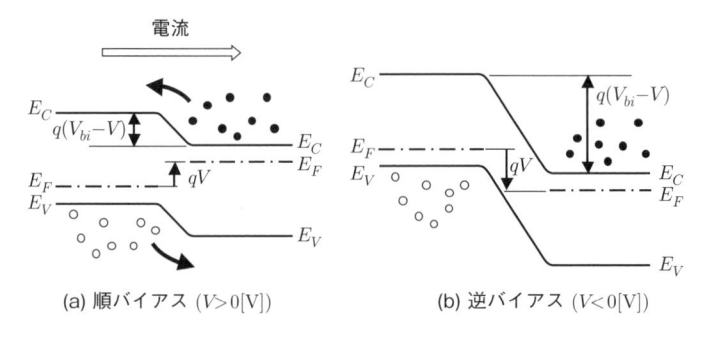

図 3.4 バイアス印加時のエネルギーバンド図

(a) 低電圧印加時　　　　(b) 高電圧印加時

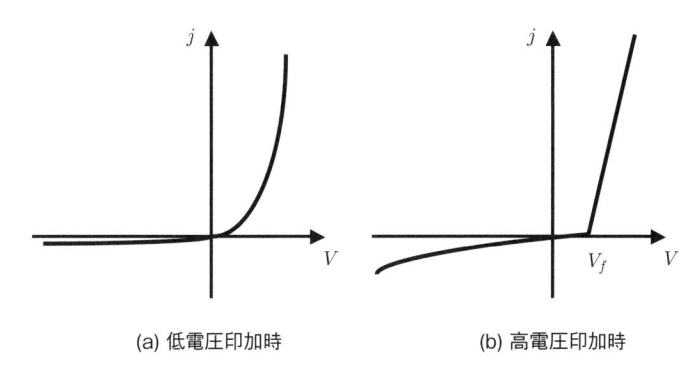

図 3.5　pn 接合ダイオードの電流—電圧特性

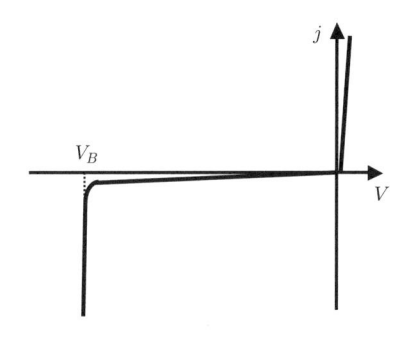

図 3.6　pn 接合の降伏現象

$$j_s = q\left(\frac{D_n n_{p0}}{L_n} + \frac{D_p p_{no}}{L_p}\right) \tag{3.2}$$

ここで，n_{p0} および p_{n0} は p 型半導体中での電子の熱平衡密度および n 型半導体中での正孔の熱平衡密度である．L_n および L_p は電子および正孔の拡散長であり，次式で与えられる．

$$L_n = \sqrt{D_n \tau_n} \tag{3.3}$$

$$L_p = \sqrt{D_p \tau_p} \tag{3.4}$$

　図 3.5 (a) は，(3.1) 式に従った場合の pn 接合の電流—電圧特性である．順バイアスでは電流が流れ，逆バイアスでは電流が流れない整流性を示している．図 3.5 (b) は，電圧が高い場合の電流—電圧特性である．電圧が低い場合は，印加された電圧のほとんどが空乏層にかかる．一方，電圧が V_f 以上になると，p 型半導体および n 型半導体自体に電圧がかかるようになり，半導体の抵抗値で決まるオームの法則に従った電流が流れるようになる．そのため，リニア表示において直線的な特性となる．この時の V_f を立ち上がり電圧とよぶ．pn 接合ダイオードの V_f の値は，$V_f \fallingdotseq V_{bi} = E_g - \{(E_C とドナー準位の差) + (E_V とアクセプター準位の差)\}$ となる．リンとボロンが不純物の場合，シリコン pn 接合ダイオードの V_f は 0.7 [V] 程度となる．

　pn 接合にさらに大きな逆方向バイアスが印加されると，図 3.6 に示したように急激に大電流が流れだす．この現象を pn 接合の降伏現象とよび，2 種類の降伏機構で説明される．それぞれ，アバランシェ降伏およびツェナー降伏とよばれる．

(a) アバランシェ降伏 (b) ツェナー降伏

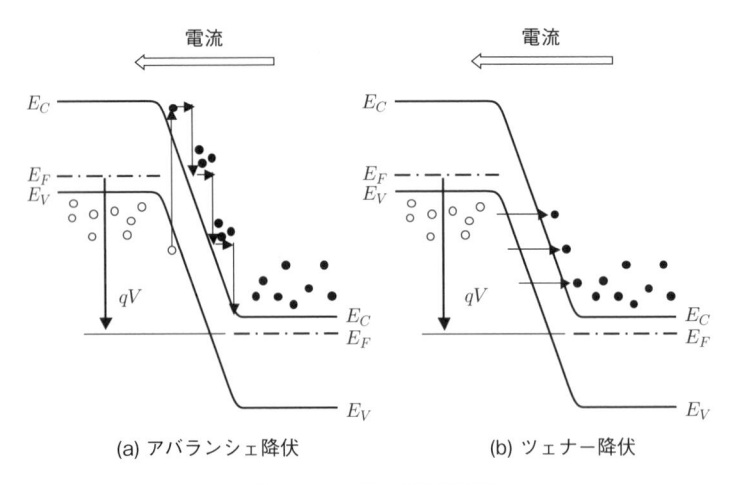

図 3.7 pn 接合の降伏機構

図 3.7 (a) は，アバランシェ降伏機構を模式的に示したものである．大きな逆方向バイアスが印加されると，空乏層に大きな電界がかかる．空乏層においても熱的に励起されるキャリアは存在する．このキャリアは，高電界によって加速され大きなエネルギーを持つようになり，結晶格子と衝突して電子—正孔対を発生させる．この現象の繰り返しにより，高電界の空乏層内にキャリアが雪崩 (アバランシェ) 式に発生する．こうして，逆方向に大電流が流れるようになる．

図 3.7 (b) は，ツェナー降伏機構を模式的に示したものである．逆バイアスが大きくなるほど，空乏層の空間的な幅が狭くなる．そして，ある幅以下になると，p 型半導体の価電子帯の電子が，ミクロな世界特有のトンネル効果により n 型半導体の伝導帯に移動できるようになる．こうして，大電流が流れるようになる．

降伏状態では，ほぼ一定電圧 (V_B) で電流が流れるため，定電圧ダイオードとして実用化されている．

3.3 バイポーラトランジスタ

3.3.1 バイポーラトランジスタの電流—電圧特性

バイポーラトランジスタは，npn 型か pnp 型かどちらかの 3 層構造をとる．図 3.8 (a) に npn 型バイポーラトランジスタ，図 3.8 (b) に pnp 型のバイポーラトランジスタの構造と回路記号を示す．バイポーラトランジスタは，エミッタ (E)，ベース (B)，コレクタ (C) の 3 端子を持つ．デバイス特性に対し，ベース幅の制御が非常に重要である．また，エミッタとコレクタの導電型は同じであるが，エミッタの方が高濃度にドーピングされる．

実使用においては，バイポーラトランジスタの 3 端子のうち 1 つの端子を共通にして，入力 2 端子，出力 2 端子で使用する．図 3.9 に npn 型のバイポーラトランジスタの場合を示したように，ベースを共通端子とした場合をベース接地 (図 3.9 (a))，エミッタを共通端子とした場合をエミッタ接地 (図 3.9 (b))，コレクタを共通端子とした場合をコレクタ接地 (図 3.9 (c)) と

(a) npnトランジスタ   (b) pnpトランジスタ

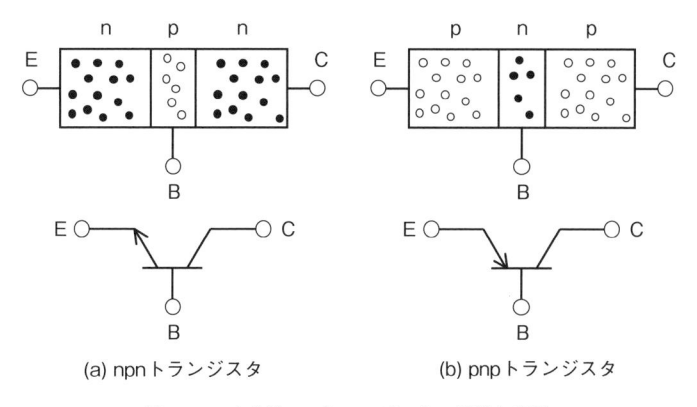

図 3.8　バイポーラトランジスタの構造と記号

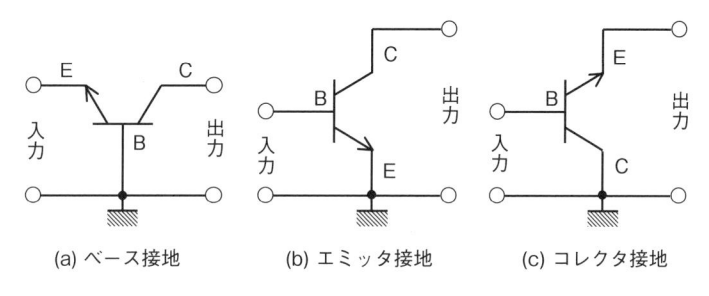

(a) ベース接地　　(b) エミッタ接地　　(c) コレクタ接地

図 3.9　トランジスタの接地方式

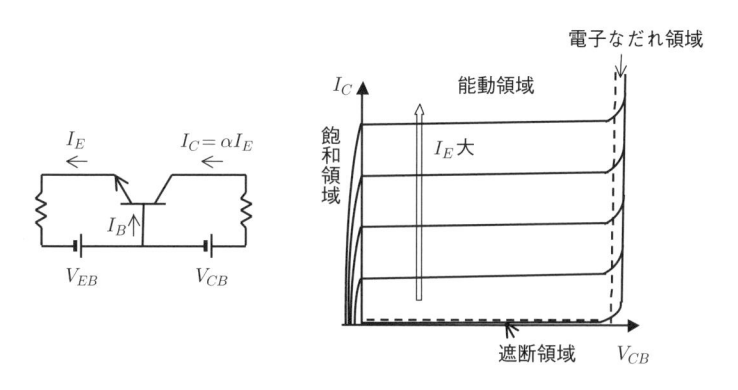

図 3.10　ベース接地におけるバイポーラトランジスタの電流—電圧特性

よぶ．

　図 3.10 は npn 型バイポーラトランジスタのベース接地における電流—電圧特性である．ベース接地における電流増幅率 α は，入力であるエミッタ電流 I_E と出力であるコレクタ電流 I_C との比として次式により定義される．

$$\alpha = \frac{I_C}{I_E} \tag{3.5}$$

通常のバイポーラトランジスタでは，$0.99 < \alpha < 1$ つまり $I_C \fallingdotseq I_E$ となるように設計されている．バイポーラトランジスタにおけるデバイスの構造設計は，エミッタ，ベースおよびコレクタの不純物濃度とベース幅の最適化によって行う．$\alpha \leqq 1$ ($I_C \fallingdotseq I_E$) のため，ベース接地では

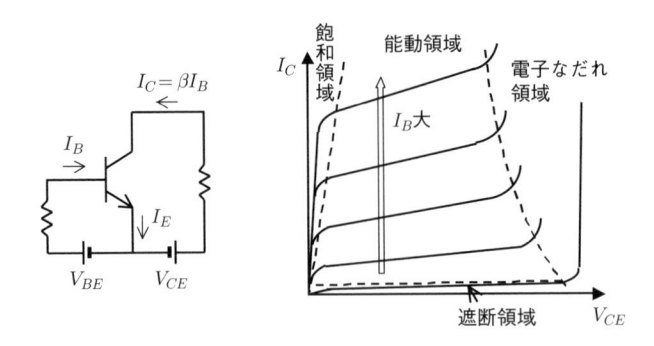

図 3.11 エミッタ接地におけるバイポーラトランジスタの電流—電圧特性

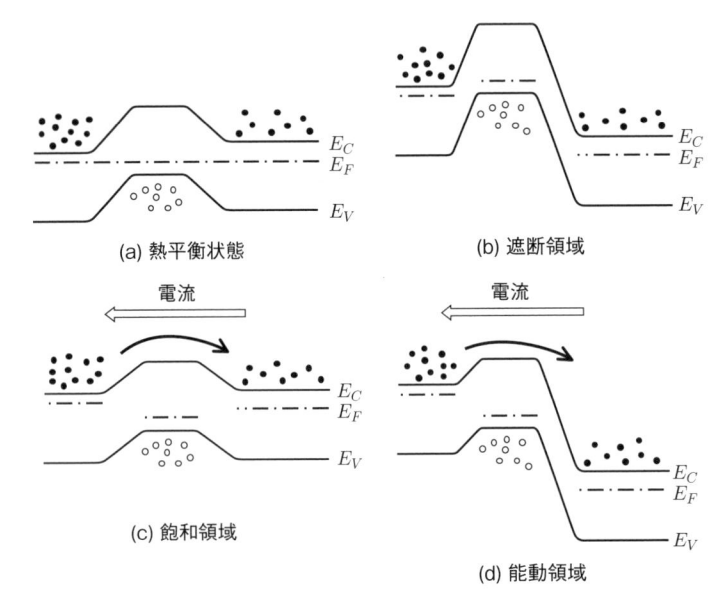

図 3.12 バイポーラトランジスタのエネルギーバンド図

電流は増幅されない．ただし，大きな負荷抵抗を接続することにより，電圧増幅が可能である．

図 3.11 はエミッタ接地の場合の電流—電圧特性であり，入力であるベース電流 I_B と出力であるコレクタ電流 I_C との比率をエミッタ接地電流増幅率 β とよぶ．$I_E = I_C + I_B$ であることを考慮して，β は α を用いて以下のように表される．

$$\beta = \frac{I_C}{I_B} = \frac{\alpha}{1-\alpha} \tag{3.6}$$

α が 1 に近いので，β は数十～数百の大きな値となる．したがって，エミッタ接地回路では大きな電流増幅が可能である．

3.3.2 バイポーラトランジスタのエネルギーバンド図

図 3.12 にバイポーラトランジスタの電流—電圧特性の各動作領域でのエネルギーバンド図を示す．図 3.12 (a) は，電圧印加のない熱平衡状態のエネルギーバンド図である．図 3.12 (b) の遮断領域では，エミッタ—ベース接合およびベース—コレクタ接合とも逆バイアス状態であ

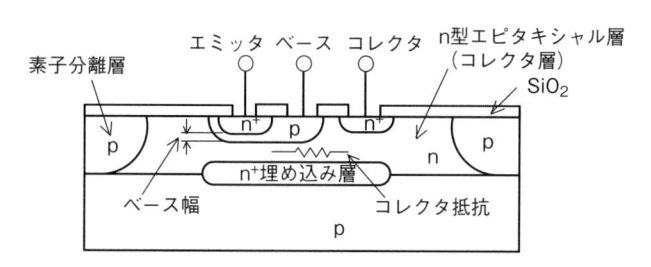

図 3.13 集積回路内蔵バイポーラトランジスタの構造

り，電流は流れない．

図 3.12 (c) の飽和領域では，エミッタ—ベース接合およびベース—コレクタ接合とも順バイアスされている．この場合は，基本的にトランジスタは短絡状態となっており，V_{CE} に対応して I_C が流れる．また，この領域では，I_B を増加しても I_C が増加することはない．

図 3.12 (d) の能動領域では，エミッタ—ベース接合は順バイアス，ベース—コレクタ接合は逆バイアスされている．この場合は，エミッタからベースにキャリア (この場合電子) が注入され，障壁を超えてコレクタに到達しコレクタからエミッタに電流が流れる．エミッタ接地における能動領域で V_{CE} が増加した場合に I_C が増加するのは，V_{CE} の増加によりベース—コレクタ接合の空乏層が広がるためであり，アーリー効果とよばれる．

電子なだれ領域では，能動領域の場合以上にベース—コレクタ接合に大きな逆バイアスが印加されている．この状態では，ベース—コレクタの pn 接合がアバランシェ降伏しており，急激にコレクタ電流が増加する．

バイポーラトランジスタは，pn 接合ダイオードと同様，電子と正孔の両方が電流の流れに関与している．したがって，名前の通りバイポーラデバイスである．

3.3.3　集積回路内蔵バイポーラトランジスタの構造

図 3.13 に実際のバイポーラ型集積回路に内蔵される npn 型バイポーラトランジスタの断面構造を示す．ベースとなる p 層内にエミッタとなる高濃度の n^+ 層を形成している．ベース幅は不純物の拡散深さで制御している．p 型の素子分離層は，個々のデバイスを電気的に分離するための層である．

n^+ 埋め込み層は，低不純物濃度のコレクタ層の抵抗を下げるために形成されている．この構造は，後述のエピタキシャル成長技術 (第 10 章 10.4 節参照) を用いて形成できる．p 型基板に n^+ 層を形成した後に n 型エピタキシャル層を成長させる．

3.4　ショットキー接触とショットキーダイオード

3.4.1　ショットキー接触の電流—電圧特性

図 3.14 に，金属と n 型半導体および p 型半導体のエネルギーバンド図を示す．図 3.14 (a) は金属のエネルギーバンド図であり，フェルミ準位が許容帯中に存在する．そのため金属にお

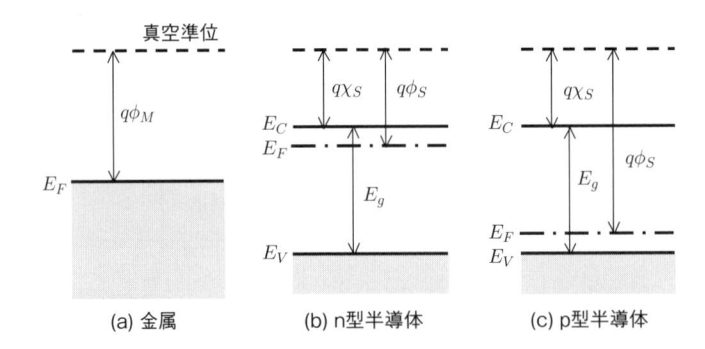

図 3.14　金属，n 型半導体，p 型半導体のエネルギーバンド図

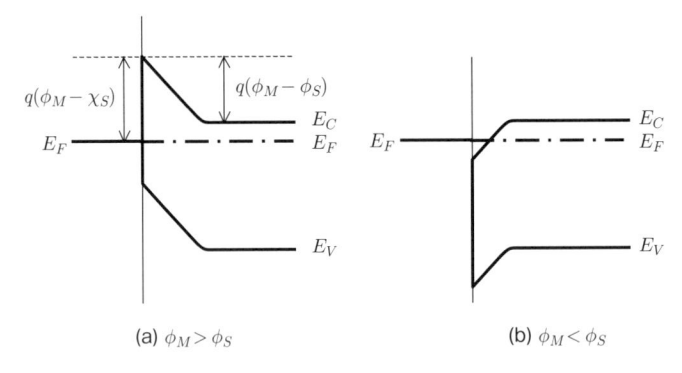

図 3.15　金属—n 型半導体接触のエネルギーバンド図

いては，フェルミ準位近傍に多くの自由電子が存在し，電気伝導を引き起こす．フェルミ準位と真空準位（自由空間）とのエネルギー差 $q\phi_M$ は仕事関数とよばれ，$q\phi_M$ 以上のエネルギーを金属に与えると，金属から電子が放出される．図 3.14(b)，(c) に示したように，半導体においてもフェルミ準位と真空準位とのエネルギー差 $q\phi_S$ を仕事関数とよぶ．また，伝導帯の下端と真空準位のエネルギー差が $q\chi_S$ であり，電子親和力とよぶ．

金属と n 型半導体の接触において，金属の仕事関数が n 型半導体の仕事関数より大きい場合 ($\phi_M > \phi_S$) のエネルギーバンド図を図 3.15(a) に示す．この場合は，pn 接合の場合と同様空乏層が形成される．このように，空乏層が形成されるような金属と半導体の接触をショットキー接触とよぶ．一方，金属の仕事関数が n 型半導体の仕事関数より小さい場合 ($\phi_M < \phi_S$) のエネルギーバンド構造を図 3.15(b) に示す．この場合は空乏層は形成されず，両方向に電流が流れることが可能であり，オーム性接触とよばれる．

図 3.16(a) には，金属と p 型半導体の接触において，金属の仕事関数が p 型半導体の仕事関数より 小さい場合 ($\phi_M < \phi_S$) のエネルギーバンド図を示す．この場合は，ショットキー接触となる．図 3.16(b) に金属と p 型半導体の接触において，金属の仕事関数が p 型半導体の仕事関数より大きい場合 ($\phi_M > \phi_S$) のエネルギーバンド図を示す．この場合は，オーム性接触となる．

図 3.17 は，熱平衡状態およびバイアス印加時の金属—n 型半導体ショットキー接触のエネ

(a) $\phi_M < \phi_S$ (b) $\phi_M > \phi_S$

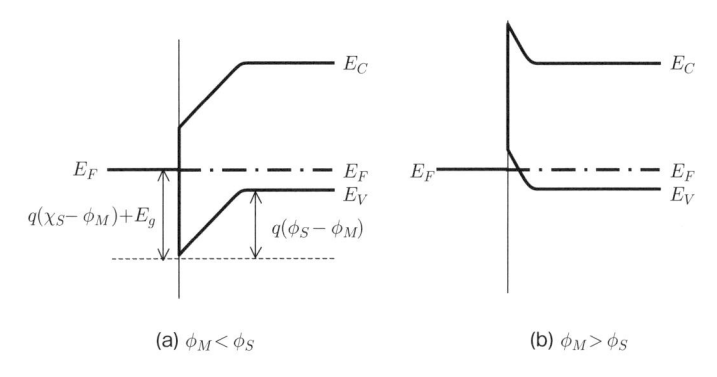

図 **3.16**　金属—p 型半導体接触のエネルギーバンド図

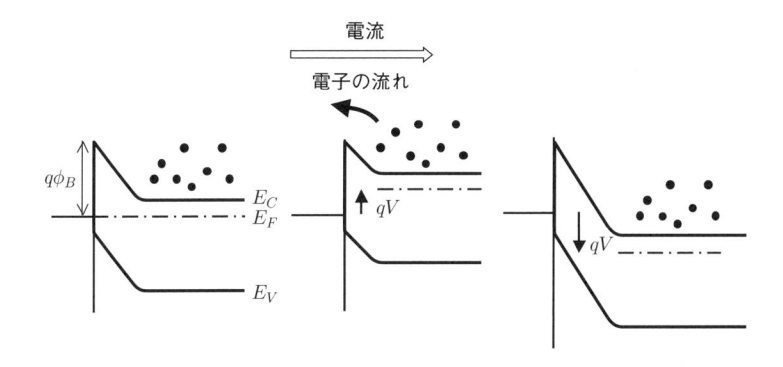

(a) 熱平衡状態(V=0[V])　(b) 順バイアス(V>0[V])　(c) 逆バイアス(V<0[V])

図 **3.17**　金属—n 型半導体ショットキー接触におけるバイアス印加時のエネルギーバンド図

ルギーバンド図である．図 3.17 (a) は，熱平衡状態のエネルギーバンド図である．図 3.17 (b) は順バイアス印加時，図 3.17 (c) は逆バイアス印加時のエネルギーバンド図である．ショットキー接触においては，pn 接合ダイオード同様整流性が発生する．n 型半導体に負バイアス，または p 型半導体に正バイアスを印加する場合が順方向バイアスである．

電流—電圧特性は pn 接合と同様 (3.1) 式で表されるが，エネルギー障壁が pn 接合と比較して小さいため，立ち上がり電圧 V_f が低く，逆方向飽和電流密度 j_s が大きくなる．ショットキーダイオードの V_f の値は，$|\phi_m - \chi_s|$ 程度であり，シリコンショットキーダイオードの場合通常 0.6 [V] 以下の値である．また，j_s は多数キャリアがエネルギー障壁を超える熱電子放出が主要因となり，次式で表される．

$$j_s = \frac{4\pi q m^* k^2}{h^3} T^2 \exp\left(-\frac{q\phi_B}{kT}\right) \tag{3.7}$$

ここで，m^* は多数キャリアの有効質量，$\phi_B (= \phi_M - \chi_S)$ はショットキー障壁の高さである．

ショットキー接触においては，電気伝導に電子あるいは正孔のどちらか一方しか関与していない．このようなデバイスをユニポーラデバイスとよぶ．

(a) 熱平衡状態 ($V=0$[V]) (b) 順バイアス ($V>0$[V]) (c) 逆バイアス ($V<0$[V])

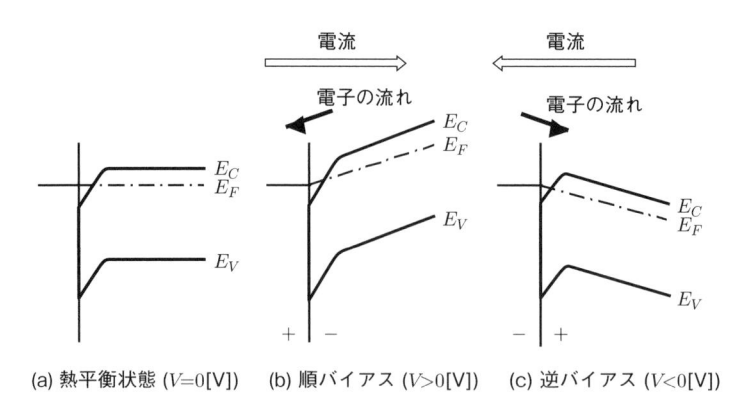

図 3.18　金属—n 型半導体オーム性接触におけるバイアス印加時のエネルギーバンド図

(a) 金属-n^{++}型半導体 ($\phi_M>\phi_S$)　　(b) 金属-p^{++}型半導体 ($\phi_M<\phi_S$)

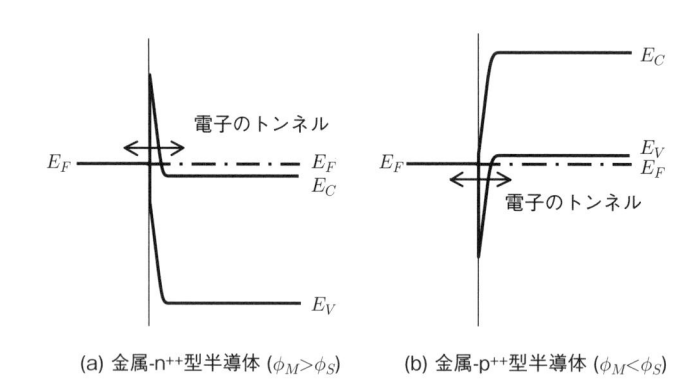

図 3.19　金属—n^{++} 型半導体，p^{++} 半導体接触のエネルギーバンド図

3.4.2　オーム性接触

図 3.18 は，バイアス印加時の金属—n 型半導体オーム性接触のエネルギーバンド図である．空乏層は存在せず，電子は順バイアス時には n 型半導体から金属へ (図 3.18 (b))，逆バイアス時には金属から n 型半導体へ (図 3.18 (c)) 流れることができる．この場合は，電界は半導体にかかり，半導体の抵抗が現れる．

図 3.19 は，ショットキー接触となるような設定であるが，高濃度にドーピングされた半導体の場合のエネルギーバンド図である．この場合には，空乏層幅が空間的に狭くなり，ツェナー降伏の場合と同様キャリアがトンネル効果で移動できるようになる．この場合もオーム性の接触となる．通常の半導体デバイスにおけるコンタクト形成は，高濃度ドーピング層に対して行うのは，この原理を活用している．

3.5　MOS 構造と MOS 型 FET

3.5.1　MOS 構造のエネルギーバンド構造と反転現象

金属—半導体接触の金属と半導体の間に絶縁物を挿入した構造を MIS (Metal Insulator Semi-

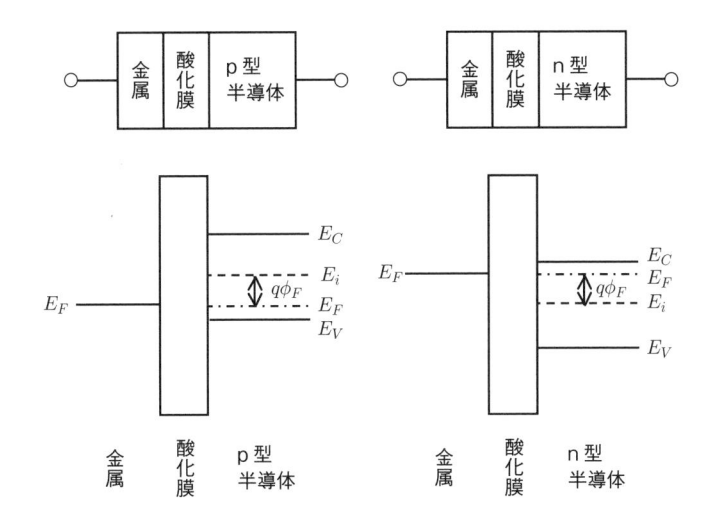

(a) 金属-酸化膜-p型半導体MOS構造　　(b) 金属-酸化膜-n型半導体MOS構造

図 3.20　MOS 構造のエネルギーバンド図

(a) 金属を負にバイアス　(b) 金属を正にバイアス　(c) 金属をさらに正にバイアス

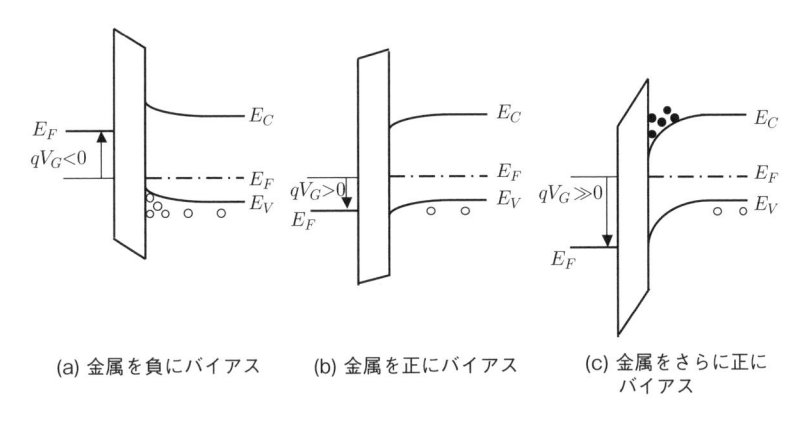

図 3.21　金属―酸化膜―p 型半導体 MOS 構造におけるバイアス印加時のエネルギーバンド図

conductor) 構造とよび，特に絶縁物が酸化物 (酸化膜) である場合を MOS 構造という．図 3.20 (a) に，半導体が p 型の場合の MOS 構造の模式図とエネルギーバンド図を示す．同様に，図 3.20 (b) は，半導体が n 型の場合の MOS 構造の模式図とエネルギーバンド図である．どちらの図とも，E_i は真性半導体のフェルミ準位，$q\phi_F$ はフェルミ準位 E_F と E_i の差である．簡単のため，図はともに，金属と半導体の仕事関数が等しい場合を示した．

図 3.21 に，金属―酸化膜―p 型半導体 MOS 構造の金属側にバイアス電圧 V_G を印加した場合のエネルギーバンド図を示す．図 3.21 (a) は金属に負の電圧を印加した場合 (順バイアス) である．この場合は，金属の負電位によって半導体表面に正孔が引き寄せられる．この状態を蓄積状態とよぶ．図 3.21 (b) は金属に正の電圧を印加した場合 (逆バイアス) である．この場合は，金属の正電位によって半導体表面から正孔が遠ざけられる．この状態を空乏状態とよぶ．さらに金属に大きな正の電圧を印加した場合のエネルギーバンド図が図 3.21 (c) である．この

(a) 金属を正にバイアス　　(b) 金属を負にバイアス　　(c) 金属をさらに負にバイアス

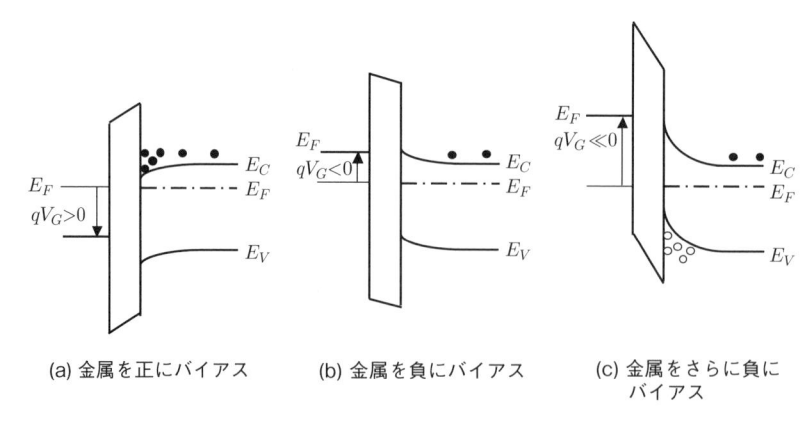

図 3.22　金属―酸化膜―n 型半導体 MOS 構造におけるバイアス印加時のエネルギーバンド図

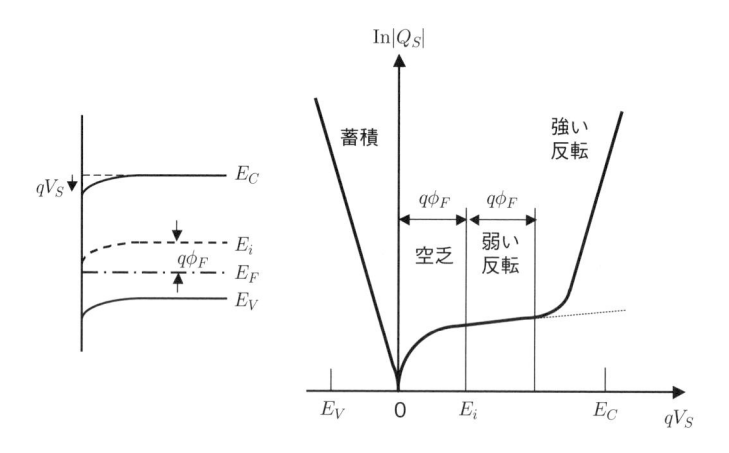

図 3.23　金属―酸化膜―p 型半導体 MOS 構造における表面電位 V_S と空間電荷密度 Q_S の関係

場合は，E_C がフェルミ準位に近づき，伝導帯に電子が誘起される．これが MOS 構造における特徴的なふるまいで，p 型半導体の表面が n 型になっており，反転状態とよぶ．

図 3.22 は，金属―酸化膜―n 型半導体 MOS 構造におけるバイアス印加時のエネルギーバンド図である．図 3.22 (a) の蓄積状態では，半導体表面に電子が蓄積される．図 3.22 (c) に示したように，反転により n 型半導体表面に正孔が誘起される．

図 3.23 は，金属―酸化膜―p 型半導体 MOS 構造における，半導体の表面電位 V_S と半導体の空間電荷 Q_S の関係である．V_S が $2\phi_F$ 以上で強い反転が起こり，酸化膜―半導体界面に反転キャリアが誘起される．つまり，蓄積状態における $|Q_S|$ の増加は正孔により，空乏状態における $|Q_S|$ の増加はイオン化したアクセプターによる．そして，反転状態における $|Q_S|$ の増加は，電子による．反転の開始する V_G をしきい値電圧 V_{th} とよび，次式で表される．

$$V_{th} = -\frac{Q_B}{C_{ox}} + 2\phi_F \tag{3.8}$$

ここで，Q_B は，空乏層中のイオン化したアクセプター原子による電荷面密度，C_{ox} は酸化膜容量である．

図 3.24 は，金属―酸化膜―n 型半導体 MOS 構造における，半導体の表面電位 V_s と半導体

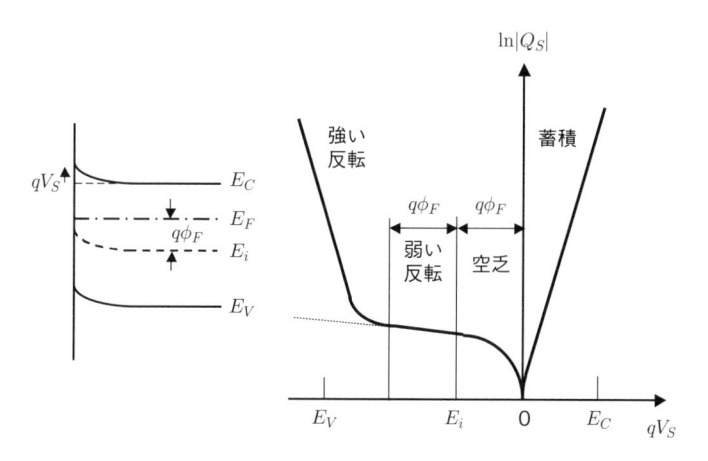

図 3.24 金属—酸化膜—n 型半導体 MOS 構造における表面電位 V_S と空間電荷密度 Q_S の関係

の空間電荷 Q_S の関係である．金属—酸化膜—p 型半導体 MOS 構造の場合と対称的な特性を示す．この場合は，蓄積状態における $|Q_S|$ の増加は電子により，空乏状態における $|Q_S|$ の増加はイオン化したドナーによる．そして，反転状態における $|Q_S|$ の増加は，正孔による．

3.5.2 MOS 構造の容量—電圧特性

MOS 構造の容量 C は，次式で定義される．

$$C = \left|\frac{dQ_G}{dV_G}\right| = \left|\frac{dQ_S}{dV_G}\right| \tag{3.9}$$

ここで，Q_G はゲート電極上の電荷である．なお，dV_G は印加直流電圧 V_G に重畳する交流成分の変化分である．また，半導体表面の電荷による容量 C_S は，次式で定義される．

$$C_S = \left|\frac{dQ_S}{dV_S}\right| \tag{3.10}$$

C は C_S と酸化膜容量 C_{ox} の直列接続であり，次式で計算される．

$$\frac{1}{C} = \frac{1}{C_S} + \frac{1}{C_{ox}} \tag{3.11}$$

反転層のキャリアの発生には時間を要するため，MOS 構造の容量の電圧依存性は測定周波数によって異なる．図 3.25 に，金属—酸化膜—p 型半導体 MOS 構造の電荷状態と等価回路および容量—電圧特性を示す．図中の Q_I は反転層の電荷である．

図 3.25 (a) は蓄積状態 ($V_G < 0$) であり，この状態では酸化膜のみの容量 C_{ox} となり，次式で表される．

$$C = C_{ox} = \frac{\varepsilon_{ox}}{d_{ox}} \tag{3.12}$$

ここで，ε_{ox} は酸化膜の誘電率，d_{ox} は酸化膜の厚さである．

図 3.25 (b) は空乏状態 ($V_G > 0$) であり，MOS 構造の容量は酸化膜の容量 C_{ox} と空乏層容量 C_d の直列容量となり，次式で表される．

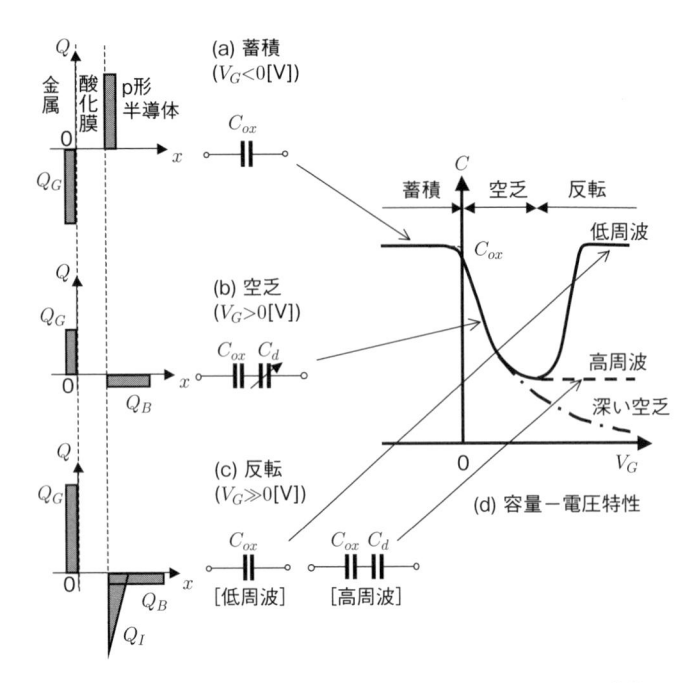

図 3.25　金属―酸化膜―p 型半導体 MOS 構造の容量―電圧特性

$$C = \frac{C_{ox}C_d}{C_{ox}+C_d} \tag{3.13}$$

ここで，空乏層容量 C_d は次式で表される．

$$C_d = \frac{\varepsilon_S}{W_d} \tag{3.14}$$

ここで，ε_S はシリコンの誘電率，W_d は空乏層幅であり，次式で表される．

$$W_d = \sqrt{\frac{2\varepsilon_S V_S}{qN_A}} \tag{3.15}$$

ゲート電圧が増加すると空乏層幅 W_d が増加し，結果として MOS 構造の容量は，図 3.25 (d) のように減少する．

さらにゲート電圧が増加し，図 3.25 (c) の反転状態になると，反転層が形成され空乏層幅 W_d は変化しない．高周波では反転層の電荷 Q_I が dV_G に追随できず，C は空乏層の電荷によって決定されるため，図 3.25 (d) の破線ように一定値となる．一方，低周波では反転層の電荷が dV_G に追随し，反転層電荷の変化のみで決まる．その結果，反転層による容量が増加し，MOS 構造の容量は最終的に酸化膜容量 C_{ox} と等価になる (図 3.25 (d) の実線)．

図 3.25 (d) の一点鎖線は，反転キャリアが誘起できない速さで電圧 V_G を掃引した場合の容量―電圧特性である．この場合は空乏層が伸び続けるため，容量も下がり続ける．このような状態を深い空乏 (deep depletion) とよぶ．得られた容量―電圧特性をもとにした $1/C^2 - V_G$ プロットから半導体のドーパント濃度 (N_A, N_D) を求めることができる．

図 3.26 は，金属―酸化膜―n 型半導体 MOS 構造における，容量―電圧特性である．ゲー

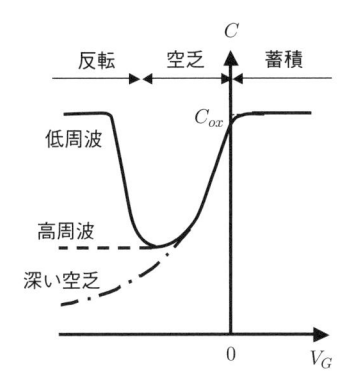

図 3.26 金属—酸化膜—n 型半導体 MOS 構造の容量—電圧特性

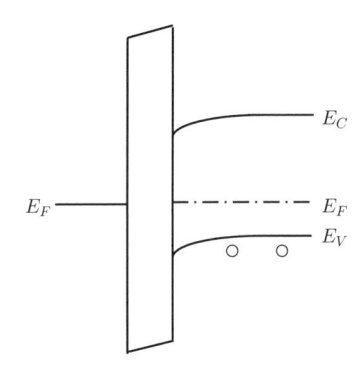

図 3.27 金属と半導体の仕事関数に差がある場合の MOS 構造のエネルギーバンド図
($\phi_M < \phi_S$ の場合の金属—酸化膜—p 型半導体 MOS 構造の例)

ト電圧が正の場合に蓄積状態となる．ゲート電圧を負で大きくしていくと，空乏から反転状態となり，金属—酸化膜—p 型半導体 MOS 構造の場合と同様の特性を示す．

3.5.3 フラットバンド電圧

ここまでは，金属と半導体の仕事関数が等しい理想的なフラットバンド状態の MOS 構造に関しての説明である．一般には，金属と半導体間には仕事関数の差がある．その場合のエネルギーバンド図は，図 3.27 に示したように，V_G が 0 [V] の場合にもエネルギーバンドの曲りが生じる．このエネルギーバンドの曲りをなくすための V_G をフラットバンド電圧 V_{FB} とよび，次式で表される．

$$V_{FB} = \phi_M - \phi_S \tag{3.16}$$

エネルギーバンドの曲りは，酸化膜中の固定電荷や酸化膜と半導体界面の結晶性の乱れに起因した界面準位によっても発生し，V_{FB} に反映される．

3.5.4 MOS 型 FET の構造と電流—電圧特性

図 3.28 に示したように，MOS 型 FET (Field Effect Transistor：電界効果トランジスタ)は MOS 構造の両側に，反転時にゲート下に誘起されるキャリアと同じ導電型の高濃度不純物

(a) nチャネルMOS型FET   (b) pチャネルMOS型FET

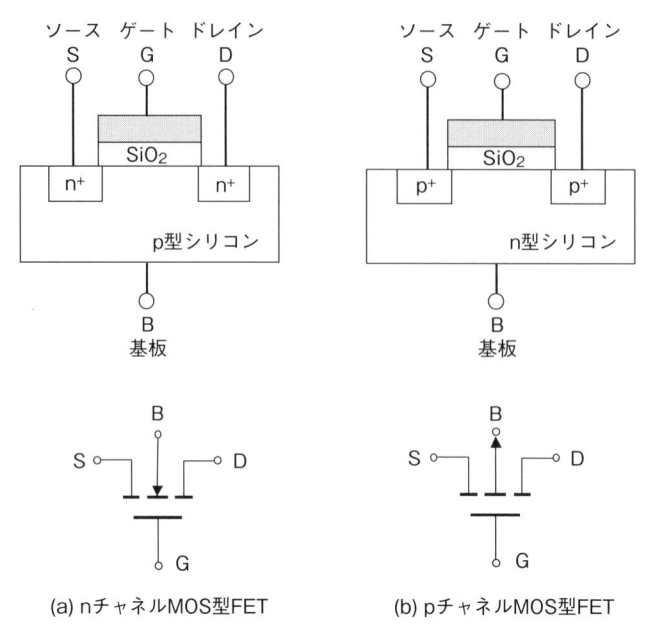

図 3.28 MOS 型 FET の構造と記号

層を形成した構造をとっている．MOS 型 FET は，ゲート端子 (G) と高濃度不純物層とつながったソース (S) およびドレイン (D) とよばれる端子を持つ．

MOS 型 FET においては，反転層を介してソース―ドレイン間に電流を流すことができるが，このときの反転層による電流通路をチャネルとよぶ．電子によるチャネルを n チャネル，正孔によるチャネルを p チャネルとよぶ．キャリアが流れ出る高濃度不純物層がソース，キャリアが流れこむ高濃度不純物層がドレインである．

MOS 構造に大きな逆バイアスを印加したときに生じる反転層中の少数キャリアの誘起には，通常 1 [ms]～100 [s] 程度の時間を要する[1]．しかしながら，ソースおよびドレインには反転層中の少数キャリアと同じ導電型のキャリアが多数存在しているので，MOS 型 FET の反転層にただちにキャリアを供給することができる．

MOS 型 FET はデバイス動作に電子あるいは正孔のどちらか一方しか関与していない．したがって，MOS 型 FET はユニポーラデバイスである．また，バイポーラトランジスタがベース電流を流して動作する電流駆動型デバイスであるのに対し，MOS 型 FET はチャネルをゲート電圧で制御する電圧駆動型デバイスである．したがって動作時に流す必要があるのは過渡電流のみであり，高速動作が可能である．

図 3.29 に，nチャネル MOS 型 FET の動作状態と電流―電圧特性を示す．いずれの場合も，$V_G > V_{th}$ で反転層が形成されているとする．図では，反転層 (チャネル) を黒の塗りつぶしで示した．この場合は，ドレイン電圧 V_{DS} を印加すると，ドレイン電流 I_D が流れる．V_{DS} を 0 から増加させていくと，チャネルにかかる電界が大きくなり I_D が増加する．この領域を線形領域とよぶ (図 3.29 (a))．

---

[1] この現象を巧みに利用したデバイスに，CCD (Charge Coupled Device) がある．

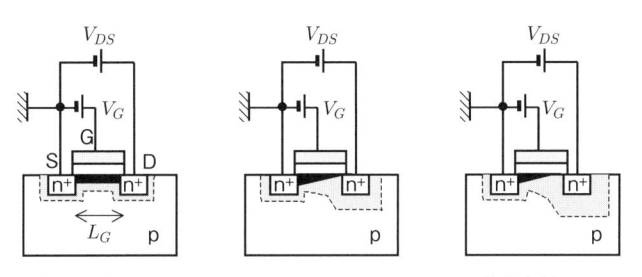

(a) 線形領域($V_{DS}<V_P$)　(b) ピンチオフ($V_{DS}=V_P$)　(c) 飽和領域($V_{DS}>V_P$)

(d) I_D–V_G特性　(e) I_D–V_{DS}特性

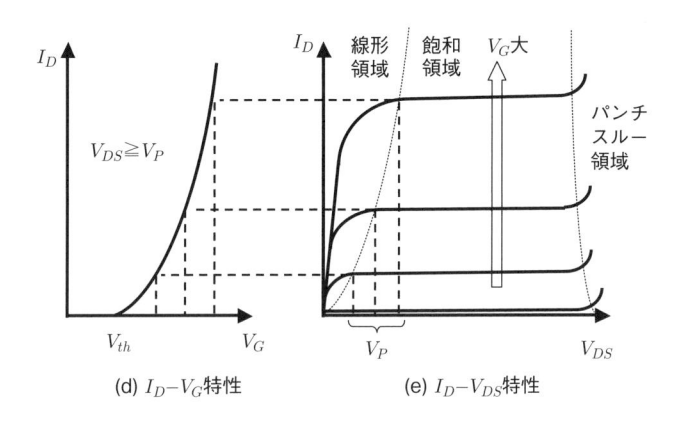

図 3.29　n チャネル MOS 型 FET の電流—電圧特性

さらに V_{DS} を増加させると，p 型半導体基板とドレインとの間が逆バイアスされ，空乏層が増加し，ドレイン近傍のチャネルが消滅する (図 3.29 (b))．すると I_D が飽和し一定値となる．この点をピンチオフ点とよび，このときの V_{DS} をピンチオフ電圧 V_P とよぶ．

V_P 以上に V_{DS} を増加させると，ドレイン近傍の空乏層はさらに広がり，チャネルが消滅する点がソース側に移動する (図 3.29 (c))．この領域を飽和領域とよび，I_D は変化せず，一定値となる．さらに V_{DS} が大きくなると，チャネルが全て消滅する．この場合は，ゲート電圧によるドレイン電流の制御がきかなくなる．この状態をパンチスルーとよぶ．

線形領域 ($V_{DS} \leqq V_P$) のドレイン電流 I_D は，反転層に誘起されるキャリアを積分することにより求まり，次式となる．

$$I_D = \frac{\mu_n C_{ox} W_G}{L_G} \left\{ (V_G - V_{th}) V_{DS} - \frac{1}{2} V_{DS}^2 \right\} \tag{3.17}$$

ここで，L_G はゲート長 (図 3.29 (a) 参照)，W_G はゲート幅 (図の奥行方向) である．この $I_D - V_{DS}$ 特性は，図 3.29 (e) となる．

また，飽和領域 ($V_{DS} \geqq V_P$) のドレイン電流 I_D は，V_{DS} に $V_P = V_G - V_{th}$ を代入して次式となる．

$$I_D = \frac{\mu_n C_{ox} W_G}{2 L_G} (V_G - V_{th})^2 \tag{3.18}$$

(3.18) 式は V_{DS} に依存しない．この $I_D - V_G$ 特性は，図 3.29 (d) となる．

図 3.30 は，V_G が V_{th} 以下での $\log I_D - V_G$ 特性である．この特性をサブスレショルド特

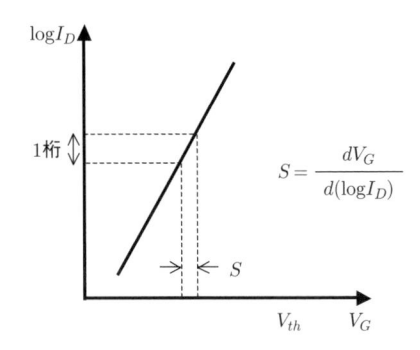

図 3.30 サブスレショルド特性 (n チャネル MOS 型 FET)

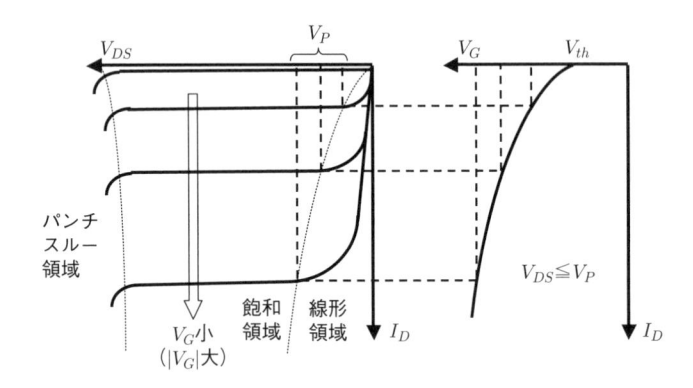

図 3.31 p チャネル MOS 型 FET の電流—電圧特性

性とよぶ．このときの傾きの逆数を S 値 [V/decade] とよび，次式で定義される．

$$S = \frac{dV_G}{d(\log I_D)} \tag{3.19}$$

この S 値はスイッチング特性の指標となる．S 値は小さい程良いが，その原理的限界値は 60 [mV/decade] であり，通常は 70〜100 [mV/decade] の値となる．

MOS 型 FET の増幅器としての性能指数として，以下の式で定義した相互コンダクタンス g_m が用いられる．

$$g_m = \left. \frac{dI_D}{dV_G} \right|_{V_{DS}=一定} \tag{3.20}$$

g_m は入力電圧 V_G の変化に対する出力電流 I_D の増加量を表し，(3.20) に (3.18) を代入して，次式が得られる．

$$g_m = \frac{\mu_n C_{ox} W_G}{L_G}(V_G - V_{th}) \tag{3.21}$$

図 3.31 は，p チャネル MOS 型 FET の電流—電圧特性である．V_G が V_{th} 以下の負バイアスで，n 型半導体表面に反転層が形成される．p チャネル MOS 型 FET においては，ドレインを負バイアスにすると正孔をキャリアとして電流が流れる．

図 3.32 (a) CMOSインバータ回路　(b) CMOSの断面構造

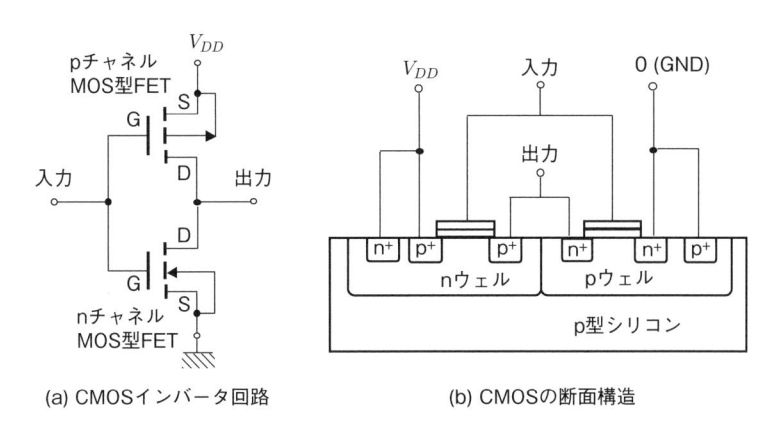

図 3.32 CMOS インバータの構成と構造

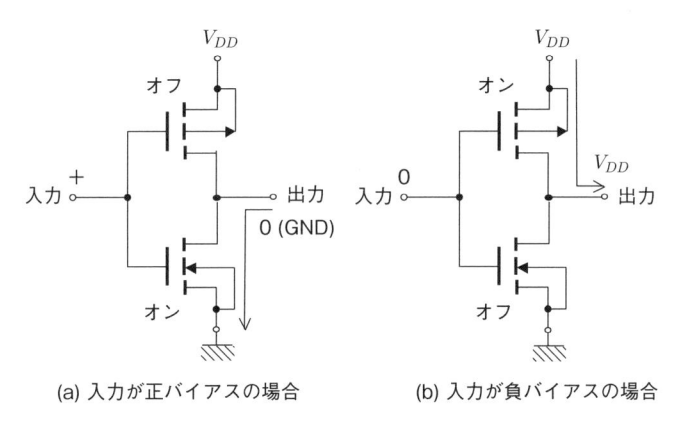

(a) 入力が正バイアスの場合　(b) 入力が負バイアスの場合

図 3.33 CMOS インバータの動作

3.5.5 CMOS の構造と動作

図 3.32 (a) に示した n チャネル MOS 型 FET (nMOS) と p チャネル MOS 型 FET (pMOS) で構成された回路を CMOS (Complimentary MOS) インバータとよぶ．インバータ[2]とは，"1" と "0" の論理回路において，入力が "1" に対し "0" が出力され，入力が "0" に対し "1" が出力される回路である．図 3.32 (b) に実際の構造を示す．V_{DD} は正の電源電圧である．

図 3.33 に CMOS インバータの動作を示す．図 3.33 (a) に示したように，入力に正電圧が印加されると，pMOS がオフ状態，nMOS がオン状態になり，出力側はゼロ電圧 (GND) となる．一方，図 3.33 (b) に示したように，入力にゼロ電圧が印加されると，pMOS がオン状態，nMOS がオフ状態となり，出力側には正電圧 (V_{DD}) が現れる．正電圧を "1"，ゼロ電圧を "0" に対応させて，インバータ (論理回路) が構成されている．

CMOS の場合，定常状態では電流が流れず，消費電力の小さな回路が構成できる．そのため，CMOS はシリコン集積回路の主流となっている．ただし，CMOS は構造上 n^+ ソース-p ウェル-n ウェルおよび p^+ ソース-n ウェル-p ウェルでバイポーラトランジスタが形成される．こ

---

[2] エアコンなどの直流を交流に変換する装置もインバータとよばれるが，全く別の装置である．

れらの寄生バイポーラトランジスタがオンすることで誤動作する場合がある．この現象はラッチアップとよばれ，対策が必要である．ラッチアップを含め，CMOSデバイスの様々な改善策は，本シリーズの「品質・信頼性技術」で詳しく取り扱っているので参照頂きたい．

演習問題

設問1 pn接合の空乏層形成について説明せよ．

設問2 ベース接地電流増幅率 $\alpha = 0.996$ のトランジスタのエミッタ接地電流増幅率 β を求めよ．

設問3 半導体デバイスに関する以下の説明に関し，()に当てはまる語句を答えよ．

半導体デバイスには，電子あるいは正孔の一方だけで動作する (①) デバイスと，電子と正孔の両方が動作に関与する (②) デバイスがある．(③) ダイオードおよび (④) トランジスタは (①) デバイスであり，(⑤) ダイオードおよび (②) トランジスタは (②) デバイスである．

設問4 MOS構造の容量—電圧特性に関する以下の説明に関し，()に当てはまる語句を答えよ．

金属—酸化膜—p型半導体MOS構造において，$V_G < 0$ の (①) 状態では，酸化膜のみの容量となる．$V_G > 0$ の (②) 状態では，MOS構造の容量は酸化膜の容量と空乏層容量の直列容量となり容量は減少する．さらにゲート電圧が増加し，(③) 状態になると (③) 層が形成される．(④) では (③) 層の電荷が追随できず，MOS構造の容量は空乏層の電荷によって決定される．(⑤) では (③) 層の電荷が追随し，最終的に酸化膜容量と等価になる．

設問5 ゲート長 $L_G = 5.0\ [\mu\mathrm{m}]$，ゲート幅 $W_G = 10.0\ [\mu\mathrm{m}]$，酸化膜の厚さ $d_{ox} = 0.1\ [\mu\mathrm{m}]$，酸化膜の誘電率 $\varepsilon_{ox} = 3.9\varepsilon_0$，電子移動度 $\mu_n = 0.05\ [\mathrm{m^2/Vs}]$，しきい値電圧 $V_{th} = 1\ [\mathrm{V}]$ のnチャネルMOS型FETに関し，以下の問いに答えよ．ただし，真空の誘電率 $\varepsilon_0 = 8.85 \times 10^{-12}\ [\mathrm{F/m}]$ とする．
(1) ゲート酸化膜の静電容量を求めよ．
(2) ゲート電圧が 3 [V] の場合のピンチオフ電圧を求めよ．
(3) ゲート電圧が 3 [V]，ドレイン電圧が 1 [V] の場合のドレイン電流を求めよ．
(4) ゲート電圧が 2 [V]，ドレイン電圧が 5 [V] の場合のドレイン電流を求めよ．
(5) ゲート電圧が 2 [V]，ドレイン電圧が 5 [V] の場合の相互コンダクタンスを求めよ．

第4章
CMOSデジタル回路

　LSIの大部分は，CMOSデジタル回路により構成される．したがって，CMOSデジタル回路がMOSトランジスタによってどのように構成され，どのように動作するかを理解することは重要である．この章ではCMOSデジタル回路の動作と構成方法について説明する．まず，MOSトランジスタの表記方法について述べ，次にMOSトランジスタの電気特性について説明する．さらに，CMOSインバータの動作を説明し，どのように論理反転が行われるかを示す．最後に，MOSトランジスタを用いて任意の論理が実現できることを示し，その構成手順について実例を交えて詳しく説明する．

□ 本章のねらい
- MOSトランジスタの表記方法を理解する．
- MOSトランジスタの電気特性を理解する．
- CMOSインバータの動作を理解する．
- CMOS論理ゲートの基本構造と一般的な構成方法を理解する．
- 論理式から複合ゲートを構成する方法を理解し，実際に回路を組めるようになる．

□ キーワード

　CMOS，CMOSデジタル回路，4端子表記，3端子表記，ドレイン電流，ゲート電圧，しきい値電圧，線形領域，飽和領域，サブスレショルド電流，オフリーク電流，基本ゲート，インバータ，NAND，NOR，複合ゲート，排他的論理和回路，ド・モルガンの法則

4.1　CMOSデジタル回路とは

　CMOSとは"Complementary Metal Oxide Semiconductor"の頭文字をとったもので，nMOSトランジスタとpMOSトランジスタを組み合わせて互いに相補的(Complementary)に動作させることで実現される論理回路をCMOSデジタル回路という．MOSトランジスタを組み合わせることであらゆる論理回路を構成することができ，どんな複雑な機能も実現することができる．微細化の進歩によって1チップに集積できるMOSトランジスタの数が指数関数的に増大し，SoCとよばれる非常に高機能かつ高性能のチップが実現されるようになったが，

どんな複雑な LSI も中を細かく見れば，全て MOS トランジスタによる単純な CMOS デジタル回路で構成されている．

4.2 MOSトランジスタの構造と表記

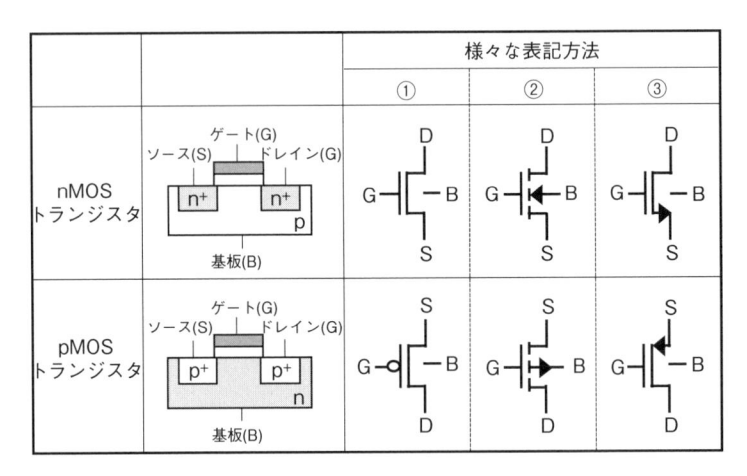

図 4.1 に MOS トランジスタの構造と表記方法を示す．構造については第 3 章 3.5.4 節で示した通りで，nMOS トランジスタおよび pMOS トランジスタは，それぞれ互いに n 型半導体と p 型半導体の位置が入れ替わった構造を有し，いずれもソース (S)，ドレイン (D)，ゲート (G) および基板 (B) の 4 つの端子からなる．MOS トランジスタの表記には様々なものがあり，ここに示した ① 〜 ③ がよく用いられるが，本章では論理回路を直感的に捉えるのに適した ① の表記を用いる．また，MOS トランジスタの端子数に関する表記においては，図 4.2 に示すように 4 端子表記と 3 端子表記が用いられる．本来 MOS トランジスタは 4 つの端子を持っているが，通常の回路においては，nMOS トランジスタの基板端子は接地され，pMOS トランジスタの基板端子は電源に接続されるため，そのような場合は基板端子が省略されてソース，ドレイン，ゲートの 3 端子で表現される．つまり，MOS トランジスタが 3 端子で記述されているときは，nMOS のトランジスタの基板端子は接地され，pMOS トランジスタの基板端子は電源に接続されていると考える必要があり，決して基板がどこにも接続されずにオープンになっ

図 4.1 MOS トランジスタの構造と表記方法

図 4.2 MOS トランジスタの 4 端子表記と 3 端子表記

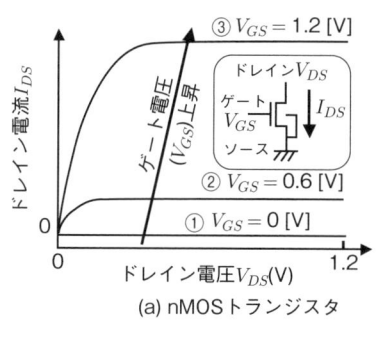

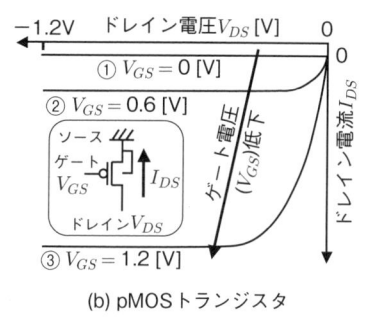

図 4.3 MOSトランジスタの電流特性

ているわけではない点に注意する必要がある．このように3端子表現を使用することによって，回路図を単純化し見易くしている．

4.3 MOSトランジスタの電気特性

第3章3.5節でMOSトランジスタの動作原理と電気特性について説明したが，回路動作を理解するために，MOSトランジスタの特性について今一度もう少し詳しく説明する．この章では，電源電圧は1.2 [V] とする．図4.3(a)にnMOSトランジスタの電流特性を示す．nMOSトランジスタは，通常ソース端子と基板端子を接地して，ゲート電圧とドレイン電圧を正方向に変化させて用いるので，

① ゲートを0 [V] として，ドレインを0～1.2 [V] に変化させる
② ゲートを0.6 [V] として，ドレインを0～1.2 [V] に変化させる
③ ゲートを1.2 [V] として，ドレインを0～1.2 [V] に変化させる

の3つの場合の電流特性について示している．ここで，V_{DS} はドレイン・ソース間の電圧，I_{DS} はドレインからソースへ流れる電流，V_{GS} はゲート・ソース間の電圧をそれぞれ表している．また，ゲートが0.6 [V] 以下でソース・ドレイン間にチャネル (反転層) ができると仮定している．①の場合は，ゲート電圧が低く，ソース・ドレイン間にチャネルができないため，ドレイン電圧を上昇させてもドレインからソースに電流は流れない．次に②の場合は，ゲート電圧が0.6 [V] まで上昇することによって，上で仮定したようにソース・ドレイン間にチャネルができ，ドレイン電圧を上げるとドレインからソースに向かって電流が流れる．この電流は図の曲線で示すように，途中まで増加してその後は飽和して一定となる．さらに③の場合は，ゲート電圧が1.2 [V] まで上昇するため反転層のキャリア密度が高くなりチャネルが低抵抗化されるため，ドレインからソースへ流れる電流量は増える．この場合も途中まで増加してその後飽和する特性を示す．

第3章3.5.4節で示したように，電流の式は以下のようになる．

$$0 \leq V_{DS} \leq V_{GS} - V_{thn} \text{のとき：} \quad I_{DS} = \beta_n \left\{ (V_{GS} - V_{thn})V_{DS} - \frac{1}{2}V_{DS}^2 \right\} \quad (4.1)$$

$$V_{DS} > V_{GS} - V_{thn} \text{のとき} \quad : \quad I_{DS} = \frac{\beta_n}{2}(V_{GS} - V_{thn})^2 \tag{4.2}$$

すなわち，V_{DS} の値が $V_{DS} = V_{GS} - V_{thn}$ を境にして小さいときは上に凸な放物線として増加し，大きいときは V_{DS} にはよらない一定値となる．ここで β_n は，

$$\beta_n = \frac{\mu_n C_{OX} W_G}{L_G} \tag{4.3}$$

で与えられる係数で，μ_n は電子の移動度，C_{OX} はゲート酸化膜の単位面積当たりの容量，W_G はゲート幅，L_G はゲート長である．また，V_{thn} は nMOS トランジスタのしきい値 (閾値) 電圧で，ゲート電圧がこれ以下では，ソース・ドレイン間には電流が流れず，ゲート電圧がこれを超えるとゲートの直下に反転層ができてソース・ドレイン間に電流が流れる．すなわちトランジスタの ON と OFF の境界となる電圧である．

図 4.3(b) に pMOS トランジスタの電流特性を示す．pMOS の場合は nMOS と丁度電圧の正負が反転した特性となる．ここでもソース端子と基板端子を接地するが，ゲート電圧とドレイン電圧を負の方向に変化させて用いる．図 4.3(b) では，

① ゲートを 0 [V] として，ドレインを 0～−1.2 [V] に変化させる
② ゲートを −0.6 [V] として，ドレインを 0～−1.2 [V] に変化させる
③ ゲートを −1.2 [V] として，ドレインを 0～−1.2 [V] に変化させる

の 3 つの場合について電流特性が示されている．nMOS トランジスタとは電流の正負が逆になるだけで，全く同様の特性を持つことが分かる．pMOS トランジスタの電流の式は，以下のとおりである．

$$0 \geq V_{DS} \geq V_{GS} - V_{thp} \text{のとき}: \quad I_{DS} = -\beta_p \left\{ (V_{GS} - V_{thp})V_{DS} - \frac{1}{2}V_{DS}^2 \right\} \tag{4.4}$$

$$V_{DS} < V_{GS} - V_{thp} \text{のとき} \quad : \quad I_{DS} = -\frac{\beta_p}{2}(V_{GS} - V_{thp})^2 \tag{4.5}$$

ただし，pMOS トランジスタの場合は，nMOS トランジスタと電圧の向きが逆となるために，V_{DS}，V_{GS}，I_{DS}，V_{thp} とも負の値となる．ここで β_p は，

$$\beta_p = \frac{\mu_p C_{OX} W_G}{L_G} \tag{4.6}$$

で与えられる係数で，μ_p は正孔の移動度．また，V_{thp} は pMOS トランジスタのしきい値電圧である．

図 4.3 から分かるように，nMOS トランジスタと pMOS トランジスタの電流特性は互いに 180° 回転させたものとなる．また，nMOS トランジスタでは V_{DS} が $V_{GS} - V_{thn}$ を超えるとドレイン電流が飽和し．pMOS トランジスタでは V_{DS} が $V_{GS} - V_{thp}$ を下回るとドレイン電流が飽和する．V_{DS} に対して電流が変化する領域を線形領域または三極管領域とよび，一定となる領域を飽和領域または五極管領域とよぶ．

次に，CMOS 回路を理解する上で重要なしきい値電圧 V_{th} について説明する．しきい値電圧とは，トランジスタのソース・ドレイン間を ON させるのに必要なゲート電圧であり，その

4.3 MOSトランジスタの電気特性 ◆ 57

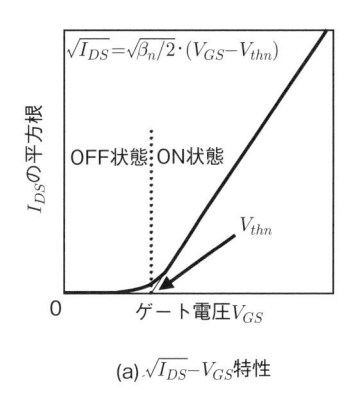

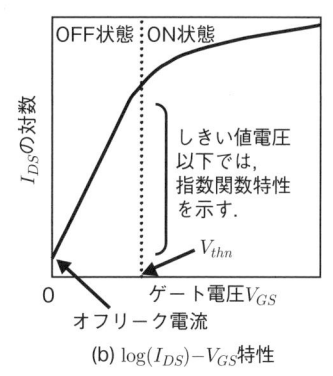

図 4.4 飽和領域におけるドレイン電流 I_{DS} とゲート電圧 V_{GS} の関係

値は，以下のように定義される．飽和領域におけるドレイン電流の式は nMOSトランジスタでは式 (4.2) で表され，横軸をゲート電圧 V_{GS}，縦軸をドレイン電流 I_{DS} とした場合の特性は第 3 章の図 3.29(d) に示した通りである．さらにこれを，縦軸をドレイン電流の平方根 $\sqrt{I_{DS}}$ としてプロットすると，図 4.4(a) のグラフとなる．このとき，式 (4.2) より，

$$\sqrt{I_{DS}} = \sqrt{\frac{\beta_n}{2}}(V_{GS} - V_{thn}) \tag{4.7}$$

となるので，V_{GS} が V_{thn} 以上では，図 4.4(a) のグラフは直線となる．また V_{GS} が V_{thn} 以下ではトランジスタは OFF となり，電流はほとんど流れなくなるため，ほぼ 0 となる．したがって，グラフは $V_{GS} = V_{thn}$ で角を持つ折れ線となるが，実際は図 4.4(a) のようにやや丸みを持った特性となる．しきい値 V_{thn} は，図のように直線部分を外挿したときの横軸との切片として定義される (外挿法)．あるいは，ドレイン電流が一定値を超えたところの V_{GS} を V_{thn} として定義する場合もある (定電流法)．

ドレイン電流 I_{DS} とゲート電圧 V_{GS} の関係において，縦軸をドレイン電流の対数とした場合のグラフを図 4.4(b) に示す．ここで注目すべき特性は，第 3 章の図 3.30 で示したように，ゲート電圧 V_{GS} がしきい値電圧 V_{thn} 以下のサブスレショルド領域においても，微小ではあるが指数関数的に変動するドレイン電流 I_{DS} (サブスレショルド電流) が流れる点である．すなわち，MOSトランジスタは OFF 状態であっても電流は完全に 0 にはならず，微小な電流が流れる．図 4.4(b) に示すように，ゲート電圧 V_{GS} が 0 [V] のときのドレイン電流を "オフリーク電流" とよぶ．

MOSトランジスタのしきい値は，トランジスタの電流特性に大きな影響を与える．図 4.5 に高低 2 種類のしきい値電圧を持つトランジスタの電流特性を示す．図 4.4(b) と同様に縦軸をドレイン電流 I_{DS} の対数，横軸をゲート電圧 V_{GS} としている．2 つのしきい値電圧 $V_{th}1$ と $V_{th}2$ は $V_{th}1 < V_{th}2$ とする．しきい値の違いによって，電流特性はほぼ左右に平行移動する．しきい値が高いほど右側にシフトし，同じゲート電圧においてはドレイン電流が小さくなる．ゲート電圧が 1.2 [V] の際のドレイン電流 $I_{DS\_max}1$ および $I_{DS\_max}2$ は，トランジスタが流すことのできる最大電流であり，$I_{DS\_max}1 > I_{DS\_max}2$ であることから，しきい値の低

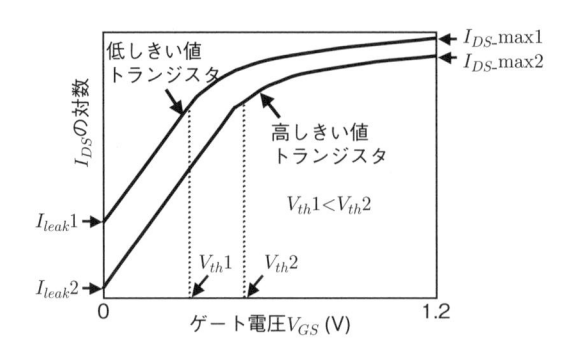

図 4.5　2 種類のしきい値のトランジスタの電流特性

いトランジスタほど駆動電流が大きく高速に動作することが分かる．また，ゲート電圧が 0 [V] の際のオフリーク電流 $I_{leak}1$ および $I_{leak}2$ は $I_{leak}1 > I_{leak}2$ となるので，しきい値が低いトランジスタほどオフリーク電流が大きくなる．上でも述べたように，オフリーク電流は微小であり，通常使用されるトランジスタでは 1 個当たりせいぜい nA 以下のものであるが，近年のLSIにおいては 1 億個以上のトランジスタが 1 チップ上に搭載されるため，チップ全体では無視できない電流となっている．オフリーク電流は回路が動作していないときにも流れる電流であり，たとえば，携帯電話の待ち受け時においても電池を減らす要因となるため，極力低減することが望ましい．つまり，しきい値を下げて動作を高速化しようとするとオフリークが増えるというトレードオフの関係になっている．第 3 章で述べたように，しきい値は MOS トランジスタの製造時に不純物の量によって設定することができるため，LSI の用途に応じて最適なしきい値の設定が行われている．なお，ここではしきい値電圧の説明を nMOS トランジスタについて行ったが，pMOS トランジスタの場合でも正負の極性が逆になるだけで全く同様に考えることができる．

ここで，pMOS トランジスタの実使用時の電流特性について説明する．これまで，pMOS の電流特性は，ソース端子を接地してドレインやゲートに負の電圧を与えた際のものを示してきたが，実際に使用されるときは，ソース端子は接地されるのではなく，電源電圧 V_{DD} に接続される．2 つの場合の違いを図 4.6 に示す．図の左側はこれまでに説明したソース端子を接地した場合であり，これに対して図の右側はソース端子を V_{DD}(1.2 [V]) に接続した場合を示している．ここでは，ゲートおよびドレインの電圧は，ソースを起点として表すのではなく，GND を起点とした電位として表し，V_G および V_D と表記している．V_G および V_D はいずれも 0〜1.2 [V] の正の電位となる．また，電流についても，これまでとは逆にソースからドレインに向かって流れる方向を正として I_D と表記している．このように表記すると，図 4.6 の右側のグラフのように，左側のグラフを横軸に対して上下反転した形となる．左右のグラフは，同じ pMOS トランジスタを単に見方を変えて表示したもので本質的な違いはないが，CMOS 回路で用いられる場合はソースを電源に接続する右側のグラフとなるので，以後はこちらを使って説明を行う．

最後に，図 4.7 に nMOS トランジスタおよび pMOS トランジスタのゲート電圧に対する

図 4.6　pMOS トランジスタの実使用時の電流特性

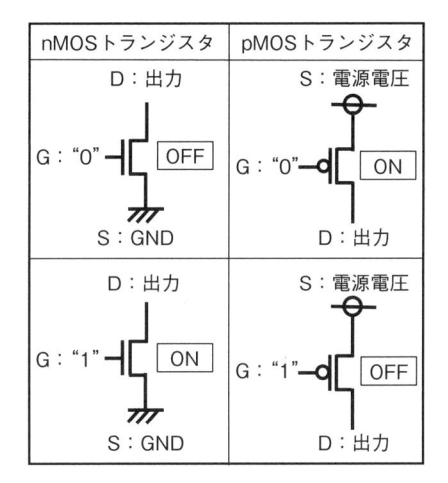

図 4.7　MOS トランジスタのゲート電圧と ON/OFF との関係

ON, OFF の状態をまとめる．nMOS トランジスタはゲート G が "0"（低レベル）のときに OFF, "1"（高レベル）のときに ON となり, pMOS トランジスタはゲート G が "0"（低レベル）のときに ON, "1"（高レベル）のときに OFF となる．つまり, 共通のゲート入力に対して片方が ON のときは, もう片方が OFF となるわけで, CMOS の C が Complementary（相補的）という言葉になっている所以でもある．この性質によって次項で述べるように論理回路を構成することが可能となる．なお, pMOS トランジスタの表記におけるゲート端子の丸印は論理の反転を表すもので, nMOS トランジスタとゲートの入力に対する ON, OFF が逆になることが直感的に理解しやすい表記となっている．

4.4　CMOS インバータの動作

インバータは CMOS 回路の中で最も単純なもので, 図 4.8 に示すように nMOS トランジスタ 1 個と pMOS トランジスタ 1 個から構成される．nMOS トランジスタのソース端子と基板端子が接地され, pMOS トランジスタのソース端子と基板端子を電源に接続され, 両者のゲート端子が接続されて入力端子となり, 両者のドレイン端子が接続されて出力端子となる．

図 4.9 に CMOS インバータを構成する nMOS トランジスタと pMOS トランジスタの電流

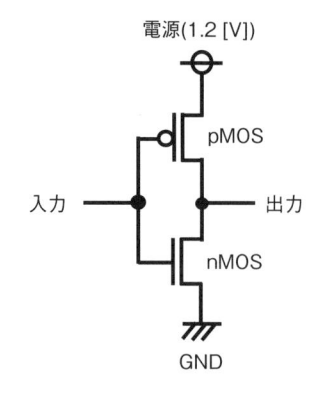

図 4.8 CMOS インバータの回路図

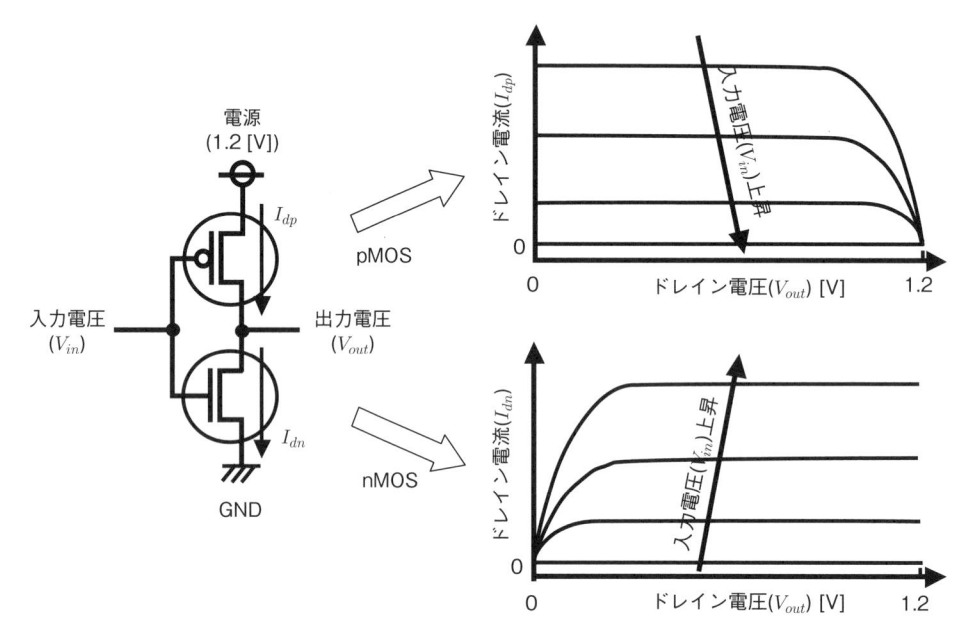

図 4.9 インバータを構成する MOS トランジスタの電流特性

特性を示す．ここで，両者のゲート端子には共通に入力電圧 V_{in} が与えられているとし，pMOS トランジスタおよび nMOS トランジスタの上から下方向に流れる電流をそれぞれ I_{dp} および I_{dn} としている．右上の電流特性は pMOS トランジスタのものであり，横軸を出力電圧 V_{out} (ドレイン電圧)，縦軸を電流 I_{dp} としたものである．これは，図 4.6 の右側のグラフと同様の特性となる．右下の電流特性は nMOS トランジスタのものであり，横軸は出力電圧 V_{out} (ドレイン電圧)，縦軸は I_{dn} としたもので，これは図 4.3 (a) と同様の特性となる．入力電圧 V_{in} が上昇すると pMOS トランジスタの電流は減少し，逆に nMOS トランジスタは電流が増加する方向に動く．出力電圧 V_{out} は，2 つの MOS トランジスタの電流値が一致する点，すなわち 2 つの電流曲線の交点で与えられる．入力電圧 V_{in} が 0〜1.2 [V] まで変化した場合の，電流曲線の交点の動きを図 4.10 に示す．この図は，入力電圧 V_{in} に対する出力電圧 V_{out} のグラフを

①～⑤の5つの領域に分けて，それぞれの電流特性と対応させたものである．5つの電流特性のグラフにおいて，nMOS トランジスタの特性を実線，pMOS トランジスタの特性を破線で示している．

まず①の領域では，V_{in} が低いため pMOS トランジスタは ON，nMOS トランジスタは OFF となり，2つの電流特性 (実線と点線) の交点は黒丸で示した右端の点となる．したがって出力電圧 V_{out} は，1.2 [V] で一定となり，この状態は V_{in} が nMOS トランジスタのしきい値 V_{thn} に達するまで続く．次に，V_{in} が nMOS トランジスタのしきい値 V_{thn} を超えると，nMOS トランジスタが ON し，領域②に移行する．ここでは，nMOS トランジスタの電流特性が増加し，同時に pMOS トランジスタの電流特性が減少するため，2つの曲線の交点は nMOS トランジスタの飽和領域と pMOS トランジスタの線形領域の中にあって，V_{in} の上昇とともに V_{out} が低下し始める．さらに V_{in} が上昇して pMOS トランジスタと nMOS トランジスタの飽和領域の電流値が等しくなると領域③に移行し，V_{in} の上昇に対して急激に V_{out} が低下する．その後さらに V_{in} が上昇すると，こんどは nMOS トランジスタの飽和領域の電流が pMOS トランジスタのそれよりも大きくなり，領域④に移行する．この領域では，2つの電流特性の交点は，領域②とは逆に nMOS トランジスタの線形領域および pMOS トランジスタの飽和領域の中で低下していき，最終的に V_{in} と電源電圧 1.2 [V] との差が pMOS トランジスタのしきい値電圧 (厳密にはしきい値の絶対値 $|V_{thp}|$) に達した時点で pMOS トランジスタが OFF し，交点が左端に移動して，出力 V_{out} が 0V となる．V_{in} がさらに上昇して $1.2 - V_{in} < |V_{thp}|$ となった状態が領域⑤であるが，ここでは pMOS トランジスタは OFF してしまっているので，2つの電流特性の交点は左端から移動せず，出力 V_{out} は 0 [V] のままとなる．このように，電流曲線の交点の移動によって，図 4.10 に示すような CMOS インバータの入出力特性が得られる．入力が "0" のときは出力が "1" となり，入力が "1" のときは出力が "0" となるいわゆる "インバータ" の機能が実現されていることが分かる．また，このように動作を理解すれば，nMOS あるいは pMOS トランジスタのしきい値の変化や，飽和電流値の変化によって，インバータの特性がどのように変化するかを容易に予測することができる．

4.5 CMOS 論理ゲートの構成

4.5.1 基本的な考え方と構成上の注意

"論理ゲート" とは，単純な機能を持った論理回路のことで "基本ゲート" とも呼ばれ，"1" または "0" の値を持つ1つまたは複数の入力信号から "1" または "0" の出力信号を生成する回路である．CMOS 論理ゲートの基本構成は，図 4.11 に示すように電源と出力の間に pMOS トランジスタを組み合わせた回路を接続し，出力と GND の間に nMOS トランジスタを組み合わせた回路を接続したものとなる．LSI はこの構成を持つ回路を多数接続することで実現される．インバータは，pMOS トランジスタと nMOS トランジスタがそれぞれ1個ずつの最も単純な場合であるが，図 4.11 の pMOS トランジスタおよび nMOS トランジスタの組合せを，それぞれ1つの大きな pMOS トランジスタおよび nMOS トランジスタと考えると，擬似的

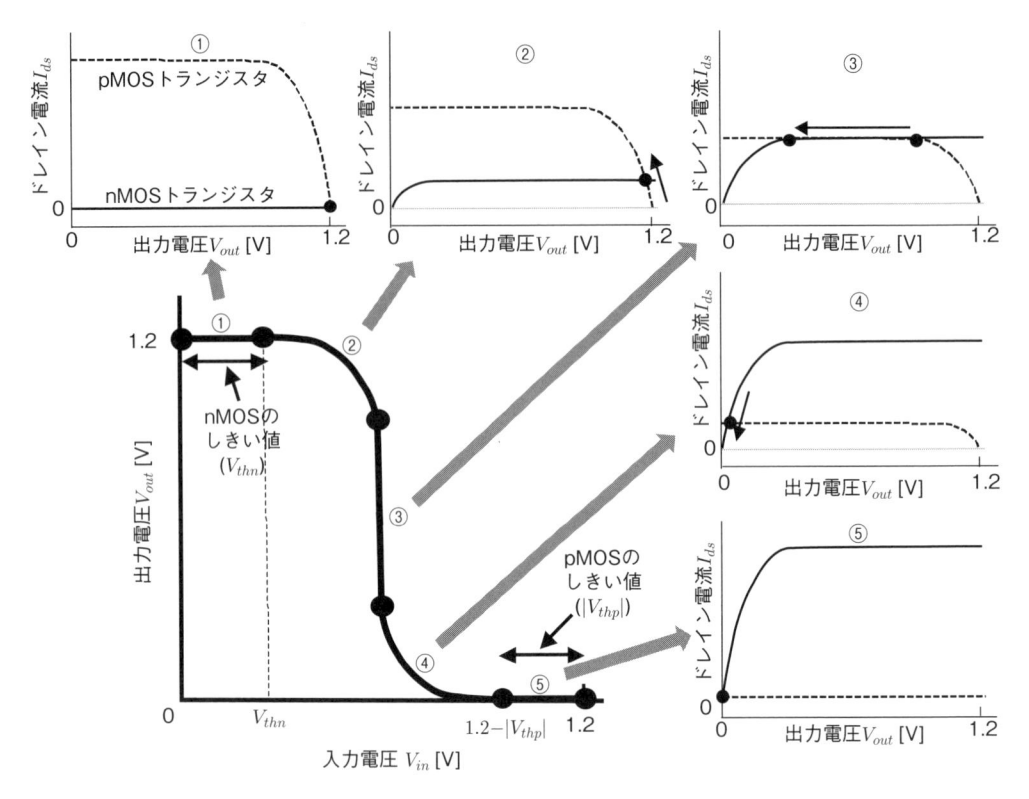

図 4.10 CMOS インバータの動作

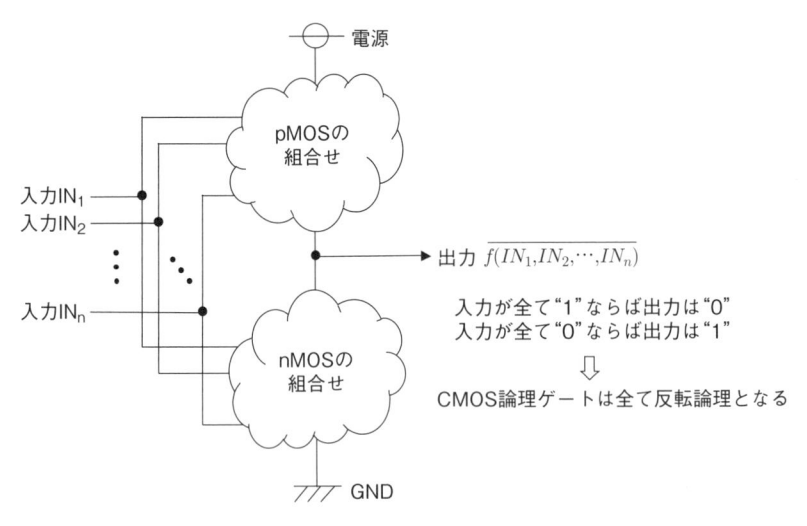

図 4.11 CMOS 論理ゲートの基本構成

にインバータ回路として捉えることもできる．入力信号は複数（IN_1～IN_n）あるが，この回路を正しく動かすためには，任意の入力の組合せに対して，常に pMOS トランジスタの組合せと nMOS トランジスタの組合せのうちの一方が ON，他方が OFF となるようにする必要がある．ただし，入力信号が全て "1" のときは，全ての pMOS トランジスタが OFF，nMOS ト

4.5 CMOS 論理ゲートの構成

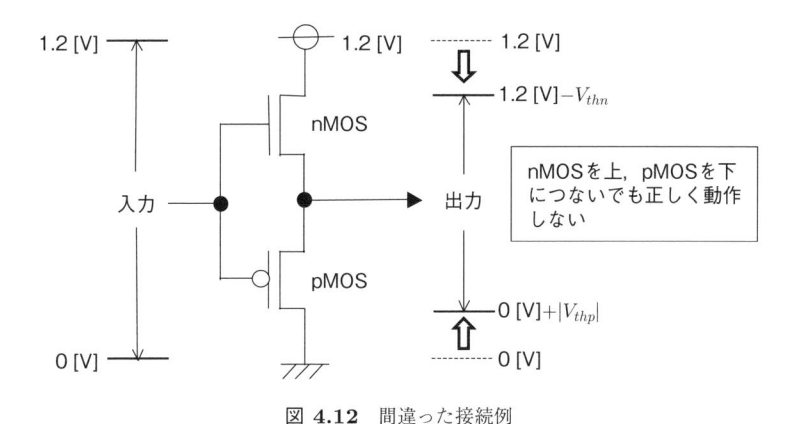

図 4.12　間違った接続例

ランジスタが ON となるので出力は "0" となり，反対に入力信号が全て "0" のときは，全ての pMOS トランジスタが ON，nMOS トランジスタが OFF となるので出力は "1" となる．したがって，図 4.11 の構成を持つ基本ゲートは全て出力が反転する反転論理になる．すなわち，入力信号 $IN_1, IN_2, \cdots, IN_n$ に対して，f を入力の関数として，出力を $\overline{f(IN_1, IN_2, \cdots, IN_n)}$ という形で表すことができる．

ここで，初心者が犯しやすい誤りについて説明する．CMOS 論理ゲートを構成する際，図 4.11 に示すように，pMOS トランジスタを電源側，nMOS トランジスタを GND 側に配置する必要があるが，逆に pMOS トランジスタを GND 側，nMOS トランジスタを電源側に接続しても一見動作しそうに思える．しかし，図 4.12 に示すようにそれは誤りである．図はインバータの pMOS トランジスタと nMOS トランジスタの位置を入れ替えたものであり，入力が "1"，すなわち 1.2 [V] のとき，nMOS トランジスタが ON，pMOS トランジスタが OFF するので，出力は 1.2 [V] となりそうであるが，実はそうはならない．なぜならば，出力が上昇する際に，入力電圧 (nMOS のゲート) と出力電圧 (nMOS のソース) の差が nMOS トランジスタのしきい値電圧 V_{thn} よりも大きいときは nMOS トランジスタが ON するために出力は上昇するが，この差がしきい値電圧 V_{thn} になった時点で，nMOS トランジスタは OFF し，それ以上出力電圧は上昇しなくなる．正確には，nMOS トランジスタが OFF しても，前項で述べたサブスレショルド電流があるので，極めて微小な電流でゆっくりと 1.2 [V] まで上昇するが，そのスピードは非常に遅いため，メガヘルツ以上の高速動作を行う場合は，出力の High レベルは，$1.2 [V] - V_{thn}$ でほぼ止まってしまう．入力信号が "0" すなわち 0 [V] の場合も同様で，入力電圧 (pMOS のゲート) と出力電圧 (pMOS のソース) の差が pMOS トランジスタのしきい値電圧の絶対値 $|V_{thp}|$ と等しくなった時点で pMOS トランジスタは OFF し，それ以上出力電圧は低下しなくなる．つまり，高速動作にににおいては図 4.12 に示すように，0～1.2 [V] の入力信号に対して出力が $|V_{thp}|$～$1.2 [V] - V_{thn}$ となり振幅が減少してしまう．一般に LSI では多段の論理回路を接続するので，このような電圧振幅の減少は，段数を経ると High レベルと Low レベルが区別できなくなるために致命的である．したがって，図 4.12 のような接続は誤りで，必ず pMOS トランジスタを電源側，nMOS トランジスタを GND 側に接続しなけれ

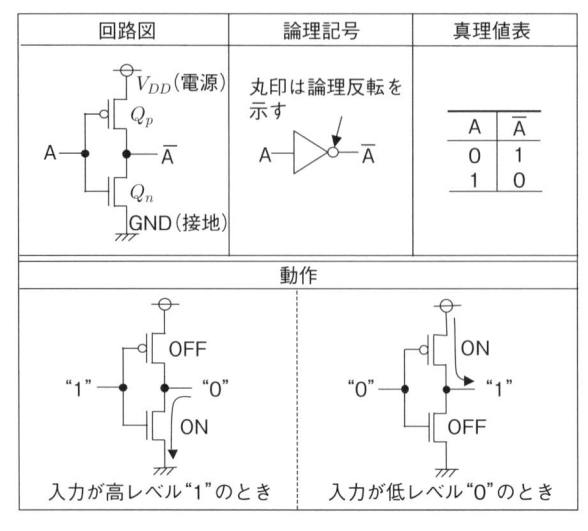

図 4.13 インバータの回路図，論理記号，真理値表および動作

ばならない．

4.5.2 インバータ，NAND 回路および NOR 回路

LSI を構成する回路のうち，構成が最も単純で最もよく使われる回路が，インバータ，NAND 回路および NOR 回路である．この 3 種類の構成について理解しておけば，さらに複雑な回路も比較的容易に理解することができる．

図 4.13 にインバータの回路図，論理記号，真理値表および動作をまとめた図を示す．論理記号は，三角の出力部に丸印が付いたものとなる．この丸印が論理の反転を表しており，CMOS 論理ゲートは前節で述べたように反転論理となるために，出力に丸印の付くものが基本となる．動作については 4.4 節で説明した通りであり，図の真理値表が実現されることが容易に分かる．

次に，2 入力 NAND と 2 入力 NOR の回路図，論理記号，真理値表および動作を図 4.14 と図 4.15 にそれぞれまとめる．2 入力 NAND は，図 4.14 に示すように 2 つの nMOS トランジスタが直列，2 つの pMOS トランジスタが並列に接続されたもので，論理記号は AND 記号の出力に反転の丸印が付いたものとなる．この回路は AND の反転なので，真理値表は入力が 2 つとも "1" のときのみ "0" を出力するものとなる．動作は図に示すように，入力が両方とも "1" のときのみ，直列の nMOS が両方とも ON，並列の pMOS が両方とも OFF となり，出力が GND と接続されて "0" となる．それ以外の場合は直列の nMOS が OFF，並列の pMOS が ON となるため，出力は電源と接続されて "1" となる．すなわち真理値表の動作が実現されることが分かる．2 入力 NOR についても，図 4.15 に示すように nMOS と pMOS の直列と並列の関係が逆になるだけで，2 入力 NAND 回路と同様の動作を行い，その結果入力が両方とも "0" の場合のみ出力が "1" となり，それ以外は出力が "0" となる．論理記号は OR 記号の出力に反転の丸印が付いたものとなる．

これを拡張して，n 入力 NAND 回路と n 入力 NOR 回路の回路図と論理記号を図 4.16 に示

図 4.14 2 入力 NAND の回路図，論理記号，真理値表および動作

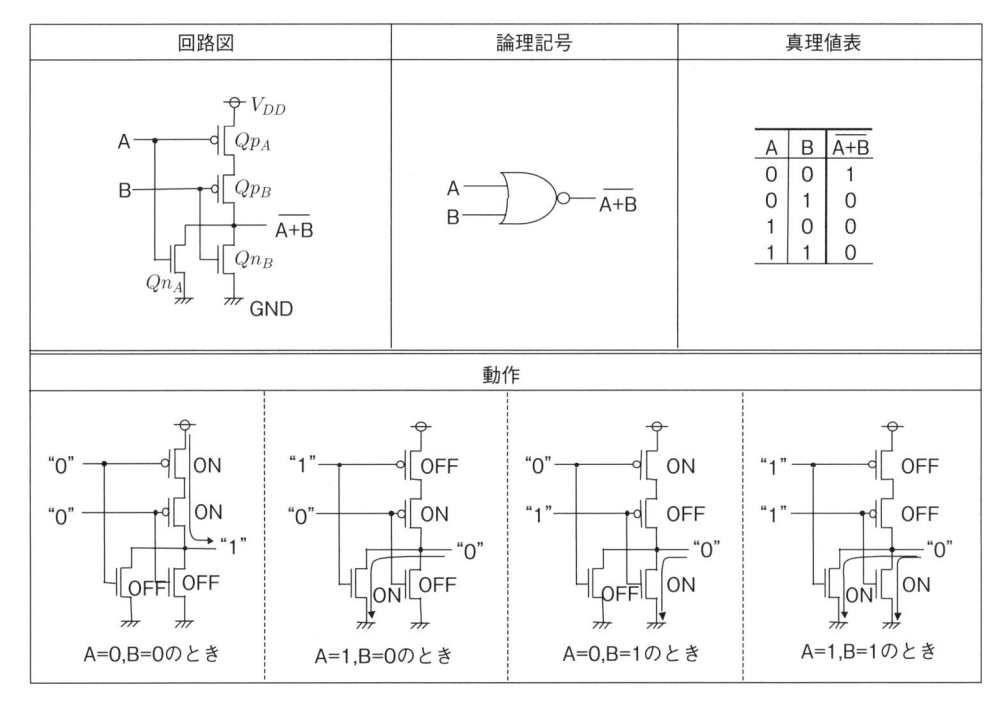

図 4.15 2 入力 NOR の回路図，論理記号，真理値表および動作

す．ここでは式が煩雑になるのを防ぐために，論理積の演算記号"・"は省略している．図の上側が n 入力 NAND 回路，下側が n 入力 NOR 回路である．それぞれ，pMOS トランジスタと nMOS トランジスタの直列接続および並列接続を組み合わせた構成となっている．この動作を理解するために，図 4.17 にそれぞれの場合の ON あるいは OFF の状態を示す．ここで，

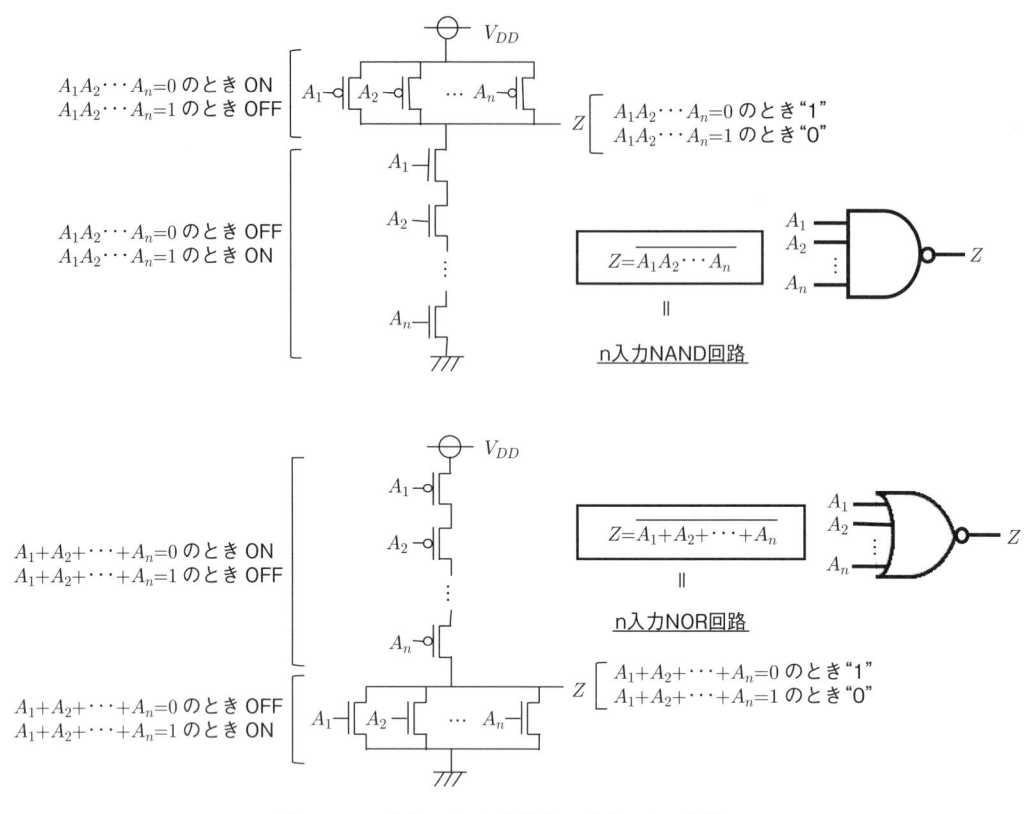

図 4.16 n 入力 NAND 回路と n 入力 NOR 回路

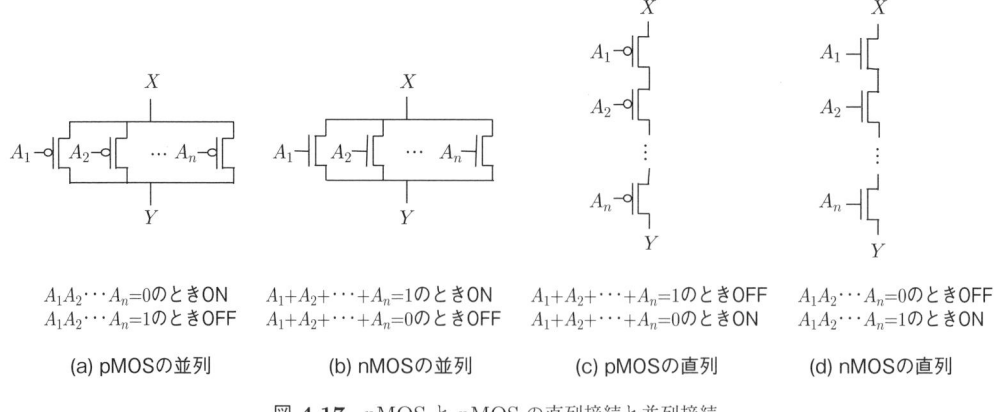

図 4.17 nMOS と pMOS の直列接続と並列接続

(a) pMOSの並列　(b) nMOSの並列　(c) pMOSの直列　(d) nMOSの直列

ON とは端子 X と Y の間が導通する状態，OFF は非導通となる状態のことである．図から容易に分かるように，各場合の状態は下記の通りとなる．

(a) pMOS トランジスタが並列の場合

$$A_1 A_2 \cdots A_n = 0 \text{ のとき } (= 入力のうちの最低 1 つが ``0"\text{のとき}) \quad \Rightarrow \text{ ON}$$

$$A_1 A_2 \cdots A_n = 1 \text{ のとき } (= 入力が全て "1" のとき) \quad \Rightarrow \text{ OFF}$$

(b) nMOS トランジスタが並列の場合

$$A_1 + A_2 + \cdots + A_n = 1 \text{ のとき } (= 入力のうちの最低 1 つが "1" のとき) \quad \Rightarrow \text{ ON}$$
$$A_1 + A_2 + \cdots + A_n = 0 \text{ のとき } (= 入力が全て "0" のとき) \quad \Rightarrow \text{ OFF}$$

(c) pMOS トランジスタが直列の場合

$$A_1 + A_2 + \cdots + A_n = 1 \text{ のとき } (= 入力のうちの最低 1 つが "1" のとき) \quad \Rightarrow \text{ OFF}$$
$$A_1 + A_2 + \cdots + A_n = 0 \text{ のとき } (= 入力が全て "0" のとき) \quad \Rightarrow \text{ ON}$$

(d) nMOS トランジスタが直列の場合

$$A_1 A_2 \cdots A_n = 0 \text{ のとき } (= 入力のうちの最低 1 つが "0" のとき) \quad \Rightarrow \text{ OFF}$$
$$A_1 A_2 \cdots A_n = 1 \text{ のとき } (= 入力が全て "1" のとき) \quad \Rightarrow \text{ ON}$$

これを踏まえて図 4.16 をみると,n 入力 NAND は,上の (a) と (d) の組合せなので,$A_1 A_2 \cdots A_n = 0$ のときは pMOS 側が ON,nMOS 側が OFF となるため,出力 Z は電源と接続され "1" となり,$A_1 A_2 \cdots A_n = 1$ のときは逆に pMOS 側が OFF,nMOS 側が ON となるため,出力 Z は GND と接続され "0" となる.同様に,n 入力 NOR は上の (b) と (c) の組合せになり,$A_1 + A_2 + \cdots + A_n = 0$ のときは pMOS 側が ON,nMOS 側が OFF となるため,出力 Z は電源と接続され "1" となり,$A_1 + A_2 + \cdots + A_n = 1$ のときは逆に pMOS 側が OFF,nMOS 側が ON となるため,出力 Z は GND と接続され "0" となる.以上のことから,n 入力 NAND は入力が全て "1" のときのみ "0" を出力し,n 入力 NOR は入力が全て "0" の場合のみ "1" を出力する回路であり,それぞれ所望の機能が満たされていることが分かる.

4.5.3 CMOS 複合回路の構成法

NAND 回路と NOR 回路の構成に基づいて,さらに複雑な論理を実現する複合回路を構成することができる.複合論理は pMOS トランジスタと nMOS トランジスタのそれぞれに対して直列接続と並列接続を組合せてネットワークを構成し,一方が ON のときに他方を OFF とすることにより実現される.複合論理を理解する上で,まず図 4.18 に示す 4 通りの ON と OFF の様子を理解するのがよい.図の ① 〜④ の構成と吹き出しの内容を見れば,それぞれが ON あるいは OFF となる条件を理解することができる.なお,ここでも論理積の演算記号 "・" は省略している.図 4.19 (a) は図 4.18 の ① と ④ を組合せた回路で,$A_1 A_2 \cdots A_n + B_1 B_2 \cdots B_n + C_1 C_2 \cdots C_n = 0$ のとき pMOS が ON,nMOS が OFF となって "1" を出力し,$A_1 A_2 \cdots A_n + B_1 B_2 \cdots B_n + C_1 C_2 \cdots C_n = 1$ のときは逆に pMOS が OFF,nMOS が ON となって "0" を出力する回路となる.すなわち論理式は,

$$Z = \overline{A_1 A_2 \cdots A_n + B_1 B_2 \cdots B_n + C_1 C_2 \cdots C_n} \tag{4.8}$$

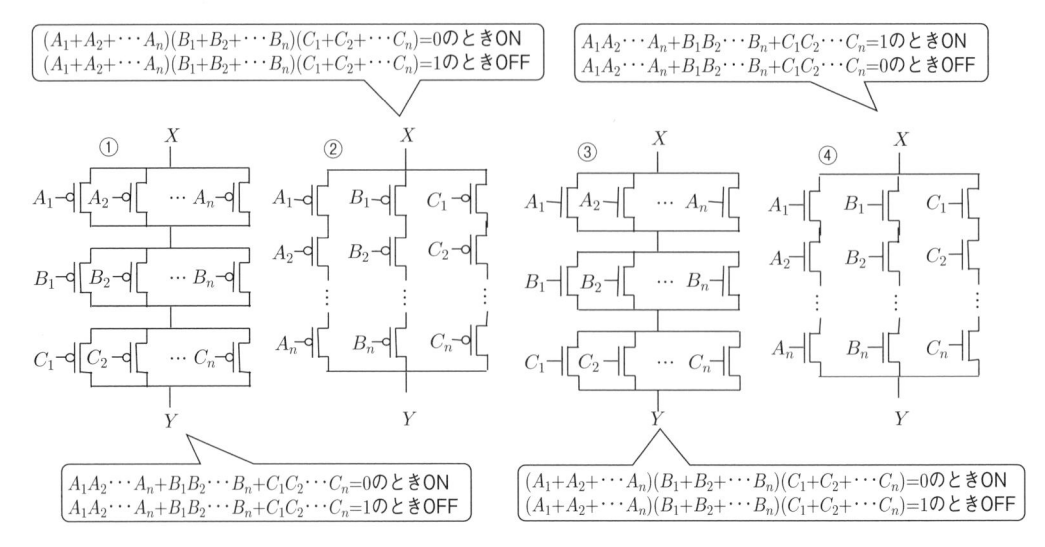

68 ◆ 第 4 章 CMOS デジタル回路

図 **4.18** 複合論理の考え方

(a) ①と④の組合せ

$$Z=\overline{A_1A_2\cdots A_n+B_1B_2\cdots B_n+C_1C_2\cdots C_n}$$

(b) ②と③の組合せ

$$Z=\overline{(A_1+A_2+\cdots+A_n)(B_1+B_2+\cdots+B_n)(C_1+C_2+\cdots+C_n)}$$

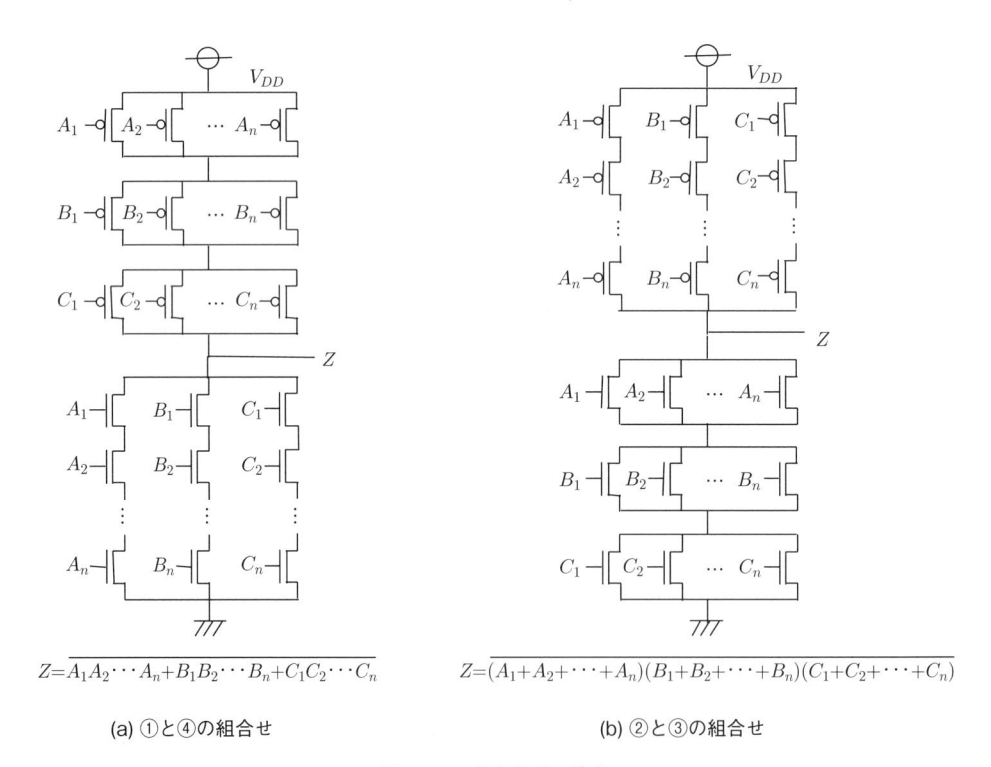

図 **4.19** 複合論理の構成

となり，加法標準形で表された論理式を実現することができる．次に図 4.21 (b) は図 4.18 の ② と ③ を組み合わせた回路で，$(A_1+A_2+\cdots+A_n)(B_1+B_2+\cdots+B_n)(C_1+C_2+\cdots+C_n) = 0$ のとき pMOS が ON，nMOS が OFF となって "1" を出力し，$(A_1 + A_2 + \cdots + A_n)(B_1 + B_2 + \cdots + B_n)(C_1 + C_2 + \cdots + C_n) = 1$ のときは逆に pMOS が OFF，nMOS が ON となって "0" を出力する回路となる．すなわち論理式は，

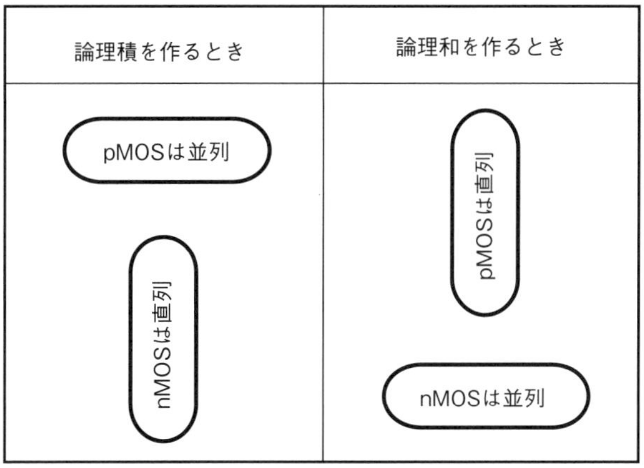

4.5 CMOS 論理ゲートの構成 ◆ 69

論理積を作るとき	論理和を作るとき
pMOSは並列 nMOSは直列	pMOSは直列 nMOSは並列

図 **4.20** 論理回路を構成する際のルール

$$Z = \overline{(A_1 + A_2 + \cdots + A_n)(B_1 + B_2 + \cdots + B_n)(C_1 + C_2 + \cdots + C_n)} \quad (4.9)$$

となり，乗法標準形で表された論理式を実現することができる．一般に，どのような真理値表も加法標準形あるいは乗法標準形で表すことができるので，上の考え方に従えば，任意の論理機能をどちらの形でも実現することができる．また，式 (4.8) および (4.9) はいずれも反転出力となっているが，これを非反転出力にする場合は，単に出力にインバータを接続すればよい．

4.5.4 CMOS 複合ゲートの具体例

前節で一般的な複合回路の構成法を説明したが，簡単な論理式であれば加法標準形や乗法標準形に変形せずにそのまま複合ゲートを構成することができる．ここでは，その回路構成法について具体例を用いて説明する．

前節までの説明から，図 4.20 に示すようなルールが導かれる．すなわち，

・論理積を構成する際は，pMOS は並列，nMOS は直列に接続する
・論理和を構成する際は，pMOS は直列，nMOS は並列に接続する

というものである．論理回路を構成する際は，まず論理式を見て，その論理式の実行順序に従って，上のルールを適用すればよい．ただし，本項では論理回路を最も単純な構成として 1 段の回路で構成することを想定し，論理図も図 4.21 のように一塊りで書くこととする．つまり，たとえば図 4.21 の (1) の回路を表す場合，一塊りで書く場合とそうでない場合とを区別する．ここで，一塊りとは図 4.22 の論理図 I の書き方のことで，OR 回路と NAND 回路は直接くっつけて書く．これに対して論理図 II の書き方では，OR 回路と NAND 回路が離れて両者が線によってつながれている．この論理図 II の回路は論理図 I と論理は同じであるが，CMOS で回路として実現する際は，OR 回路が NOR 回路とインバータで構成されるため，厳密には論理図 III の回路と等しくなる．論理図 III は 3 段の論理ゲートから構成されるため，仮に論理図 I が 1 段の回路で構成できれば，論理図 III よりもトランジスタ数が少なく，スピードが速いことが期待できる．そこで，本項では，論理式を 1 段の CMOS 論理回路で実現することを目指

(1)	(2)	(3)
$Z = \overline{(A+B) \cdot C}$	$Z = \overline{A \cdot B + C \cdot D}$	$Z = \overline{A \cdot (B+C) + D \cdot E}$

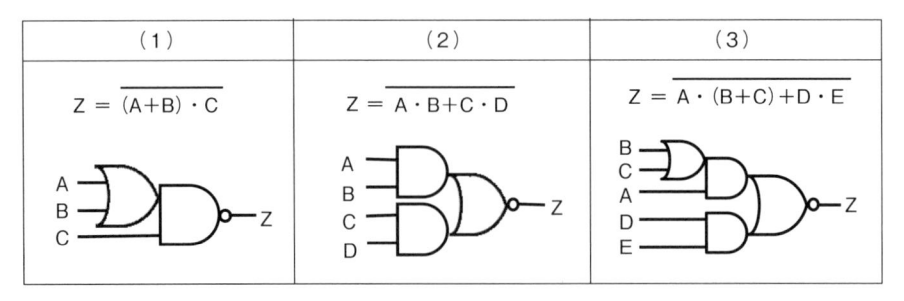

図 4.21 複合ゲートの例

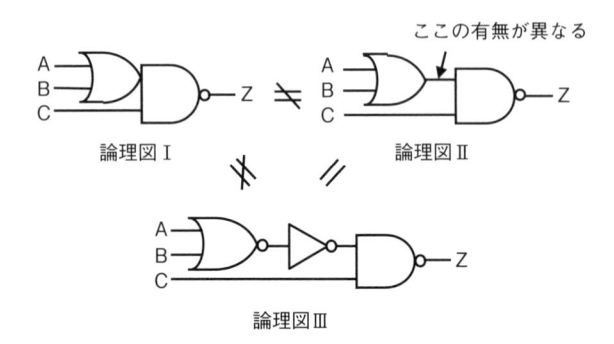

図 4.22 論理図記号の書き方による区別

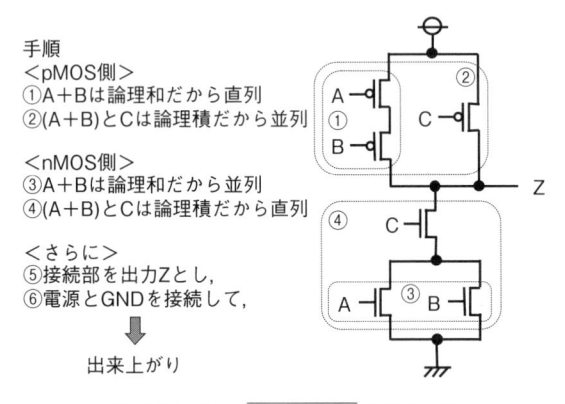

手順
<pMOS側>
① A+B は論理和だから直列
② (A+B) と C は論理積だから並列

<nMOS側>
③ A+B は論理和だから並列
④ (A+B) と C は論理積だから直列

<さらに>
⑤ 接続部を出力 Z とし，
⑥ 電源と GND を接続して，

出来上がり

図 4.23 $Z = \overline{(A+B) \cdot C}$ の構成方法

して，論理図を図 4.21 のように一塊りで書いて，そうでない場合と区別する．以上の留意点を踏まえて，図 4.21 のそれぞれの論理式を CMOS 回路に置き換える方法を説明する．なお説明に当たっては，ゲートに信号 X を入力するトランジスタを単にトランジスタ X と書く．

(1) $Z = \overline{(A+B) \cdot C}$ の場合

回路の構成手順と完成図を図 4.23 に示す．この論理式の計算順序は，まず $(A+B)$ を計算し，次にその結果と C との論理積をとるというものなので，その順序に従って図 4.20 のルールを適用し，回路を構成する．図の ①～⑥ の手順で組み立てれば図の回路図が完成する．

ここで，nMOS 側を接続する手順 ④ において，トランジスタ A とトランジスタ B の並列

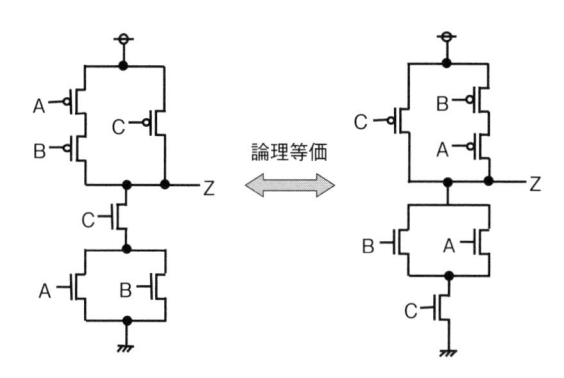

図 4.24 論理等価な回路

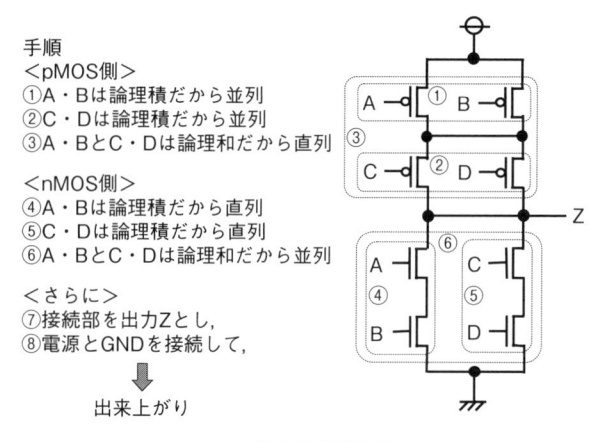

手順
<pMOS側>
①A・Bは論理積だから並列
②C・Dは論理積だから並列
③A・BとC・Dは論理和だから直列

<nMOS側>
④A・Bは論理積だから直列
⑤C・Dは論理積だから直列
⑥A・BとC・Dは論理和だから並列

<さらに>
⑦接続部を出力Zとし，
⑧電源とGNDを接続して，

⇩

出来上がり

図 4.25　$Z = \overline{A \cdot B + C \cdot D}$ の構成方法

に対してトランジスタ C を直列に接続する際に，図 4.24 に示すように，C を A と B の上側に配置する場合 (左側の図) と下側に配置する場合 (右側の図) の 2 つが考えられるが，どちらも同じ論理を実現しているので，機能的にはどちらを用いてもよい．これを論理等価といい，下の例 (2) および (3) を含めて，複数の入力を持つ CMOS 論理回路においては論理等価な回路が複数存在するのが一般的である．論理回路を構成する際は複数のうちのどれか 1 つを実現すればよいが，場合によっては，信号の位置関係によって性能が異なる場合があるので，高性能な回路を設計する場合は，最も速いものを選ぶように注意を払う必要がある．

(2) $Z = \overline{A \cdot B + C \cdot D}$

回路の構成手順と回路の完成図を図 4.25 に示す．この論理式の計算順序は，まず $(A \cdot B)$ と $(C \cdot D)$ をそれぞれ計算し，次に 2 つの結果の論理和をとるというものなので，図の ① 〜 ⑧ の手順に従って組み立てれば，回路が完成する．

(3) $Z = \overline{A \cdot (B + C) + D \cdot E}$

回路の構成手順と回路の完成図を図 4.26 に示す．この論理式の計算順序は，まず (B+C) を計算してその結果と A との論理積をとったものと，$D \cdot E$ との論理和をとるというものなので，図の ① 〜 ⑩ に従って組み立てれば回路が完成する．

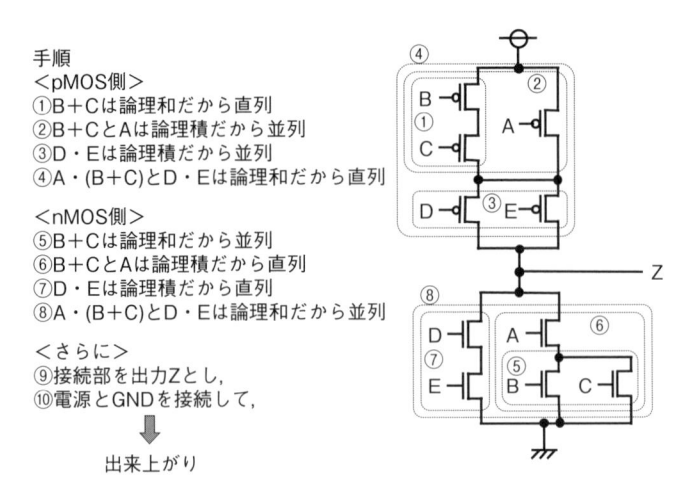

手順
<pMOS側>
① B+Cは論理和だから直列
② B+CとAは論理積だから並列
③ D・Eは論理積だから並列
④ A・(B+C)とD・Eは論理和だから直列

<nMOS側>
⑤ B+Cは論理和だから並列
⑥ B+CとAは論理積だから直列
⑦ D・Eは論理積だから直列
⑧ A・(B+C)とD・Eは論理和だから並列

<さらに>
⑨ 接続部を出力Zとし,
⑩ 電源とGNDを接続して,
↓
出来上がり

図 4.26 $Z = \overline{A \cdot (B+C) + D \cdot E}$ の構成方法

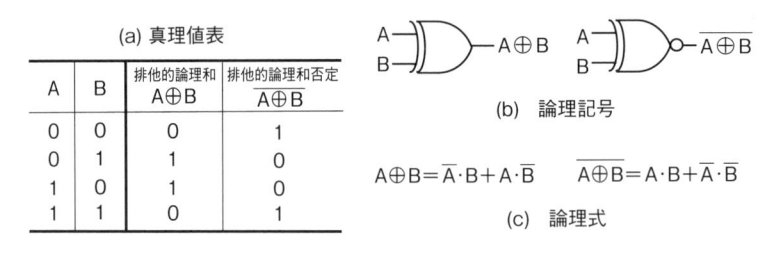

図 4.27 排他的論理和回路 (EOR) および排他的論理和否定回路 (ENOR)

$A \oplus B = \overline{A} \cdot B + A \cdot \overline{B}$　　$\overline{A \oplus B} = A \cdot B + \overline{A} \cdot \overline{B}$

(1)〜(3) はほんの数例であるが,これらの構成法を理解することにより,どのような複雑な論理式でも,反転出力の形で表現できれば,1段の CMOS 回路で構成することができる.

4.5.5 排他的論理和回路 (EOR)

CMOS 複合ゲートの中で,非常によく用いられる回路として,排他的論理和回路 (EOR: Exclusive OR) がある.図 4.27 に EOR 回路およびその論理否定である排他的論理和否定 (ENOR) の真理値表,論理記号および論理式を示す.演算記号は "⊕" で表される.(a) の真理値表から分かるように,EOR 回路は,2 つの入力が異なる場合に "1" を出力し,同じ場合に "0" を出力する回路である.この機能は,2 ビットの足し算の答えや 2 つの入力の一致を調べるのに用いることができるため,演算回路を中心に LSI の中で多用される.論理記号は図 4.27 (b) に示すような専用の記号がしばしば用いられる.図 4.27 (c) の論理式に基づいて構成された回路図を図 4.28 に示す.EOR 回路および ENOR 回路ともインバータと複合ゲートを用いて非反転出力型と反転出力型の両方で表すことができる.いずれも,12 個のトランジスタで実現できる.また,高速化や小面積化のために図 4.29 に示す EOR 回路もよく用いられる.図 4.29 (a) の構成は,同じ機能を少ないトランジスタ数 (10 個) で実現できる.これに対して,図 4.29 (b) の回路は,トランスミッションゲート (TG) という従来とは少し異なる考え方で構成されたものである.TG は,トランジスタのゲートだけでなく,ソース・ドレインにも信号

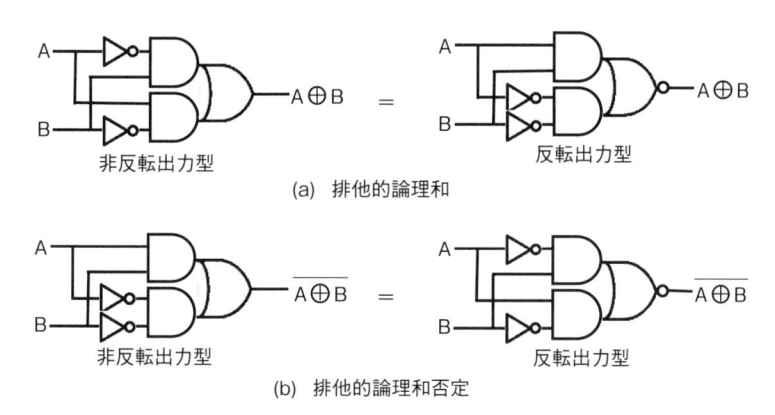

図 4.28 排他的論理和回路および排他的論理和否定回路の構成

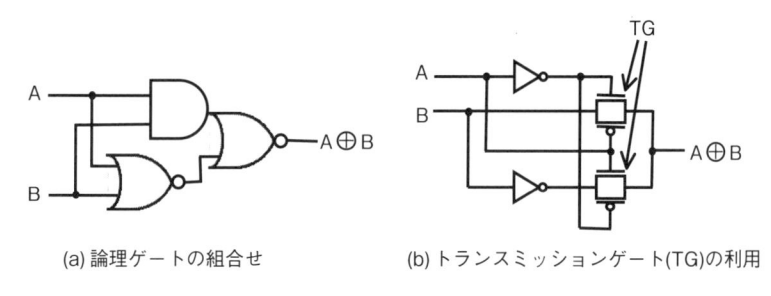

図 4.29 排他的論理和回路の他の構成

を入力し，ゲートへの入力信号によってトランジスタを ON または OFF させることによって出力信号を得る方式であり，これによって EOR の機能をトランジスタ 8 個で実現している．TG は，特に EOR 回路において高速化とトランジスタ数の削減に効果があり，よく用いられる．ただし，従来の論理ゲートとは異なり，直列に多段接続するとソース・ドレイン間の抵抗が直列に効くために速度の劣化が著しく，使用に当たってはこの点を十分に考慮する必要があり，設計がやや困難になるというデメリットがある．

4.5.6 ド・モルガンの法則による論理図の変形

最後に，ド・モルガンの法則による論理図の変形について述べる．図 4.30 にその例を示す．図の ① は n 入力 NAND 回路の場合で，これは，ド・モルガンの法則 $\overline{A_1 \cdot A_2 \cdots A_n} = \overline{A_1} + \overline{A_2} + \cdots + \overline{A_n}$ から，入力を全て反転させて OR をとることで表現できるので，入力部に論理反転を意味する丸印を付けた OR 回路で表現することができる．図の ② は n 入力 NOR 回路の場合で，これも同様に，ド・モルガンの法則 $\overline{A_1 + A_2 + \cdots + A_n} = \overline{A_1} \cdot \overline{A_2} \cdots \overline{A_n}$ から，全入力に丸印をつけた AND 回路で表現できる．③ および ④ の例は複合ゲートの場合であるが，これらも同様に，入力信号を全て反転させ，次に AND 記号は OR 記号に，OR 記号は AND 記号に置き換えて，最後に出力を反転させることで，ド・モルガンの法則による論理図の変形ができる．それぞれ，二通りずつの表現方法があるが，MOS トランジスタで実現される回路は同一のものである．このように論理図を変形することにより，論理図を見やすくすること

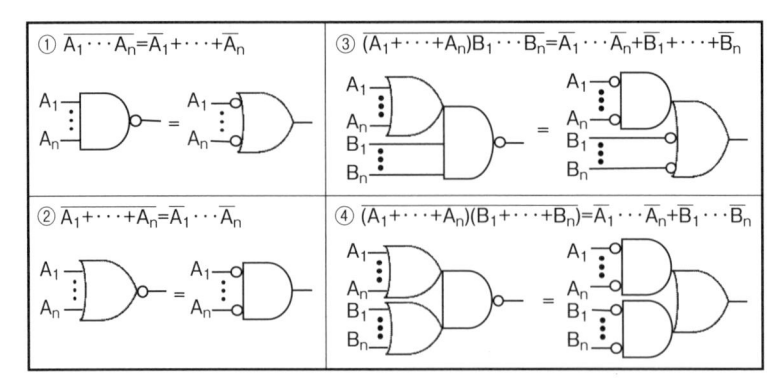

図 4.30 ド・モルガンの定理による論理等価の例

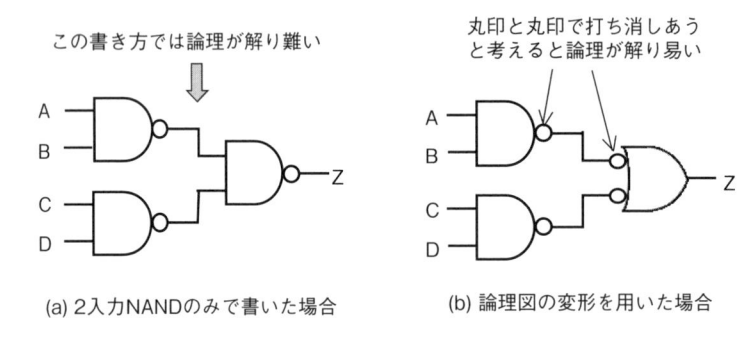

図 4.31 ド・モルガンの法則を適用した論理の明確化

ができる．図 4.31 に一例として $Z = A \cdot B + C \cdot D$ を 2 つの方法で表現した場合を示す．図 4.31 (a) は，2 入力 NAND のみで表現した場合で，この図から $Z = A \cdot B + C \cdot D$ であることを読み取ることはやや困難であるが，図 4.31 (b) のように最終段の 2 入力 NAND をド・モルガンの法則によって変形して表現すると，2 つの丸印が相殺する形になって，$Z = A \cdot B + C \cdot D$ であることがすぐに分かる．このように，ド・モルガンの法則を利用して論理図を工夫することにより，解り易い回路図を作成することができる．このような工夫によって，他人が作った回路が理解し易くなり，また回路の誤りを見つけ易くなるため，設計の高効率化に有効である．

演習問題

設問1 nMOSトランジスタの飽和領域において，ゲート端子の電位 V_{GS} とドレイン電流 I_{DS} との関係は，近似的に以下の式で表される．

$$0 \leq V_{GS} < V_{thn} \text{のとき：} \quad I_{DS} \fallingdotseq 0$$

$$V_{GS} \geq V_{thn} \text{のとき：} \quad I_{DS} = \frac{\beta_n}{2}(V_{GS} - V_{thn})^2$$

$\beta_n = 0.02 \,[\text{A/V}^2]$, $V_{thn} = 0.2 \,[\text{V}]$ として，下図にこの2つの式を表すグラフ（折れ線グラフ）を記入せよ．ただし，横軸は V_{GS}，縦軸は I_{DS} の平方根とする．

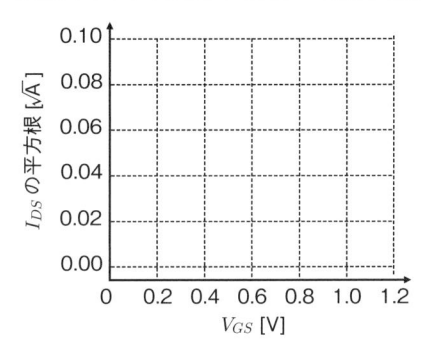

設問2 下図に示すインバータの入出力特性において，出力が "1" から "0" に変わるときの入力電位を "論理しきい値 V_t" とよび，これは電源電圧の $1/2\,(0.6\,[\text{V}])$ 付近に設定するのが良い，とされる．本章で示したMOSトランジスタの電流式 (4.1)〜(4.6) に出てくる，$V_{thn}, V_{thp}, \beta_n, \beta_p$ のそれぞれについて，これらの絶対値が大きくなると V_t が大きくなるか，小さくなるかを答えよ．また，V_t が0付近まで小さくなるとどのような問題が生じるか答えよ．

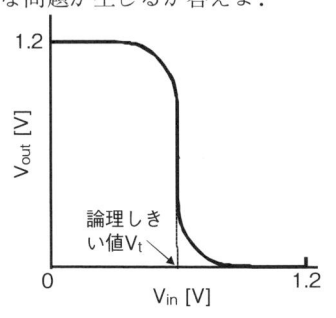

設問3 下の複合ゲートの回路図について，以下の問いに答えよ．

(1) この回路図が表す論理式を作成せよ．
(2) $A=1, B=0, C=1, D=1$ のとき，MOSトランジスタ ①〜⑧ が ON か，OFF かをそれぞれ答えよ．
(3) このとき出力 O は，0 と 1 のいずれかを答えよ．

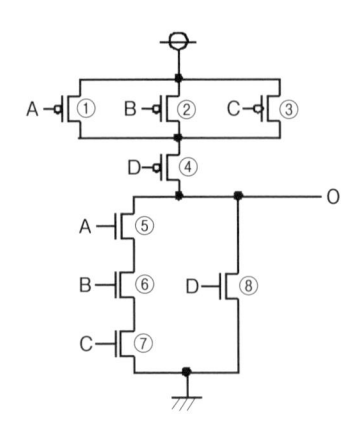

設問 4 下記の (1)〜(3) の論理式を実現する CMOS 回路を MOS トランジスタを用いて作成せよ.

(1) $O = \overline{A \cdot (B + C + D)}$ (2) $O = \overline{A \cdot B + C + D \cdot E}$ (3) $O = A \cdot B + C \cdot D$

設問 5 図 4.29 (b) のトランスミッションゲート (TG) を用いて, 排他的論理和否定 (ENOR) 回路を作成せよ.

第5章
CMOS 論理設計

　LSI に所望の機能を搭載する場合，その機能を CMOS 論理回路で実現する必要がある．このように与えられた機能から回路を設計する過程が CMOS 論理設計であり，この章では，その手法に関して，組合せ回路と順序回路に分けて説明を行う．組合せ回路については，真理値表から加法標準形による論理式を作成し，回路を構成する手順を示す．さらにいくつかの回路例を用いて設計手順を説明する．順序回路については，まず回路構成上の基本となる D フリップフロップ (DFF) の動作と構成について説明し，次に状態遷移図と状態遷移表を用いて所望の機能から論理式を導き，回路を構成する手順を示す．順序回路においても，いくつかの回路例を用いて実際の設計手順を説明する．

□ 本章のねらい

- 組合せ回路と順序回路の定義と違いを理解する．
- 組合せ回路の設計手順を理解する．
- 加法標準形による論理式の作成方法と論理式の簡単化手法を理解する．
- D フリップフロップ (DFF) の動作と回路構成を理解する．
- 順序回路の設計手順を理解する．
- 実現したい機能から状態遷移図と状態遷移表を作成できるようにする．

□ キーワード

　組合せ回路，順序回路，真理値表，加法標準形，論理式，論理式の簡単化，カルノー図，加算器，D フリップフロップ (DFF)，クロック，リセット，サイクル，状態遷移図，状態遷移表，タイムチャート，カウンタ

5.1　CMOS 論理設計とは

　第 4 章において，MOS トランジスタを用いて任意の論理ゲートを構成する方法を説明したが，本章では，さらにこれらを組合せて所定の機能を持った回路を組み立てる方法を説明する．LSI は MOS トランジスタの組合せで構成されるが，LSI を設計する際に最初にあるのは，トランジスタのイメージではなく，あくまでも実現したい機能のイメージである．したがって，必要

図 5.1 組合せ回路

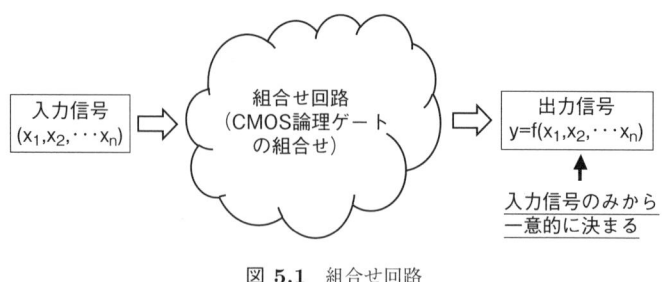

とされる機能をトランジスタの組合せで実現するための手順が必要であり，この手順が CMOS 論理設計である．本章では，CMOS 論理設計の方法について組合せ回路と順序回路の 2 段階に分けて説明を行う．現在，LSI 設計は第 6 章で述べるように設計の自動化が進んでおり，CMOS 論理設計の多くの部分が自動化されているが，その具体的な中身をきちんと理解しておくことは，設計ミスを減らし設計効率を上げる上で，大変有意義である．

5.2 組合せ回路の設計

5.2.1 組合せ回路とは

図 5.1 に組合せ回路のイメージを示す．組合せ回路とは，入力信号によって出力信号が一意的に決まる回路のことで，第 4 章で学んだ CMOS 論理ゲートは全て組合せ回路に含まれる．後に述べる順序回路は，内部に記憶部を持ち，記憶の状態によって出力が影響される為に出力が入力から一意的に決まらないので，これと区別して組合せ回路とよんでいる．入力信号と出力信号の数は任意であり，1 入力 1 出力から多入力多出力のものまで様々である．式で表すと，n 本の入力信号 $x_1, x_2, \cdots, x_n$ に対して出力 y を，$y = f(x_1, x_2, \cdots, x_n)$ という形で一意的に表すことができる．

5.2.2 組合せ回路の設計

組合せ回路の設計手順を図 5.2 に示す．まず，所定の機能を実現したいという要求が出発点となる．機能が明確になると入力信号および出力信号の本数と役割を決め，これに基づいて真理値表を作成する．真理値表により，入力信号の全ての組合せに対して出力信号の "0" あるいは "1" が決定される．真理値表が完成すれば，これを論理式で表す．この際，加法標準形とよばれる形式で論理式を導くのが簡単で一般的である．論理式ができれば，これをできるだけ単純化する．この工程は非常に重要で，複雑な論理式を不用意にそのまま回路にすると，トランジスタ数が大きくなり，LSI の面積を増大させるだけでなく，性能の劣化を招いてしまう．論理式の段階で可能なかぎり式を簡略化しておけば，回路化した際に高速かつ小面積を実現することができる．論理式の簡略化には，しばしばカルノー図が利用される．論理式の単純化が終われば，論理記号を用いて論理図を作成する．論理図が完成すれば，これを第 4 章で学んだように MOS トランジスタに置き換えることで回路図が完成する．本項では，以下において真理

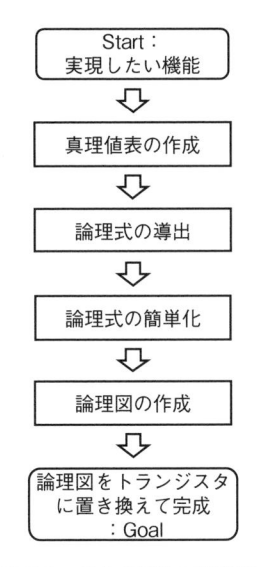

図 5.2　組合せ回路の設計手順

表 5.1　設計例の真理値表

A	B	C	Y
0	0	0	1
0	0	1	0
0	1	0	1
0	1	1	0
1	0	0	1
1	0	1	0
1	1	0	0
1	1	1	0

値表が与えられた場合の設計手順を例を用いて説明する．

(1) 真理値表から論理式の作成

　一例として，表 5.1 の真理値表で表される機能を実現する回路の設計を考える．この回路が実現するべき機能は，(A,B,C) が (0,0,0), (0,1,0), (1,0,0) の 3 つの場合に出力 Y が "1" となり，それ以外の場合は Y が "0" となるというものである．真理値表が与えられた場合，加法標準形による論理式を容易に作ることができる．加法標準形を用いた論理式の作成手順を図 5.3 に示す．図に示されている手順 1～手順 4 の内容は以下のとおりで，非常に簡単なものである．

手順 1： 出力 Y が "1" となっている箇所 (図 5.3 の丸印を付けた 3 ヵ所) に注目する．

手順 2： Y が "1" となっている全ての箇所において，入力が "1" となっている場合は入力信号をそのままとし，"0" となっている場合は入力信号を反転して，全入力信号を書き出す．図 5.3 では，$(\overline{A}, \overline{B}, \overline{C}), (\overline{A}, B, \overline{C})$ および $(A, \overline{B}, \overline{C})$ の 3 つが抽出される．

手順 3： 上で書き出した全入力信号の論理積をとる．図 5.3 では，$(\overline{A} \cdot \overline{B} \cdot \overline{C}), (\overline{A} \cdot B \cdot \overline{C})$ および $(A \cdot \overline{B} \cdot \overline{C})$ となる．それぞれを論理項とよぶ．

手順 4： 最後に上で作成した全論理項の論理和をとる．図 5.3 では，

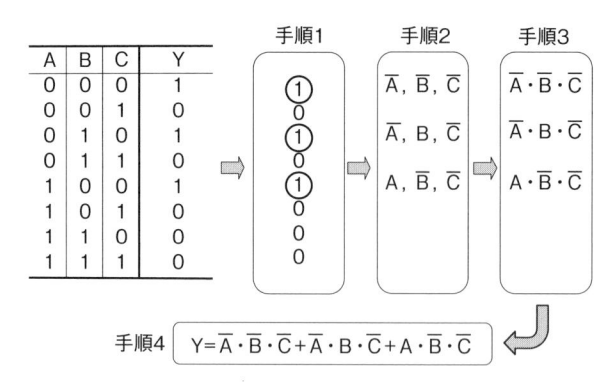

図 5.3　加法標準形による論理式の作り方

$$Y = \overline{A} \cdot \overline{B} \cdot \overline{C} + \overline{A} \cdot B \cdot \overline{C} + A \cdot \overline{B} \cdot \overline{C} \tag{5.1}$$

が得られる．これで，加法標準形による論理式が完成する．

この手順に従えば，真理値表さえ与えられれば，入力信号数に依らずにどのような場合でも論理式を機械的に作成することができる．得られた式は，出力信号が "0" の場合を全く相手にせずに作成されたにもかかわらず，出力が "0" の場合も含めて真理値表を全て満たす．

(2) 論理式の簡単化

得られた論理式 (5.1) は単純なので，式を簡略化することは容易である．ブール代数で $\overline{A} \cdot \overline{B} \cdot \overline{C} = \overline{A} \cdot \overline{B} \cdot \overline{C} + \overline{A} \cdot \overline{B} \cdot \overline{C}$ であることを利用すると式 (5.1) は以下のように変形できる．

$$\begin{aligned} Y &= \overline{A} \cdot \overline{B} \cdot \overline{C} + \overline{A} \cdot B \cdot \overline{C} + A \cdot \overline{B} \cdot \overline{C} \\ &= (\overline{A} \cdot \overline{B} \cdot \overline{C} + \overline{A} \cdot \overline{B} \cdot \overline{C}) + \overline{A} \cdot B \cdot \overline{C} + A \cdot \overline{B} \cdot \overline{C} \\ &= \overline{A} \cdot (\overline{B} + B) \cdot \overline{C} + (\overline{A} + A) \cdot \overline{B} \cdot \overline{C} \\ &= (\overline{A} + \overline{B}) \cdot \overline{C} \end{aligned} \tag{5.2}$$

CMOS 回路が反転論理を生成する回路であることを考慮して，ド・モルガンの法則によって以下のように変形すると，反転出力の形で表すことができる．

$$Y = (\overline{A} + \overline{B}) \cdot \overline{C} = \overline{A \cdot B + C} \tag{5.3}$$

ここまで論理式の変形のみによる簡略化について述べたが，しばしばカルノー図による論理式の簡略化が行われる．カルノー図の詳細についての解説は本書の範囲を超えるためデジタル回路関連の専門書 (本シリーズ「デジタル技術とマイクロプロセッサ」など) に譲るが，ここではカルノー図を用いた論理式の簡略化について，基本的な説明のみを行う．図 5.4 にそれぞれ 2 入力，3 入力および 4 入力の場合のカルノー図を示す．それぞれ，入力数 n に応じて 2^n 個の区画に分けられており，図のように縦方向と横方向に各入力信号とその反転信号が割り付けられている．このように割り付けると，全ての論理項が各区画と 1 対 1 に対応する．ここに，

図 5.4 カルノー図

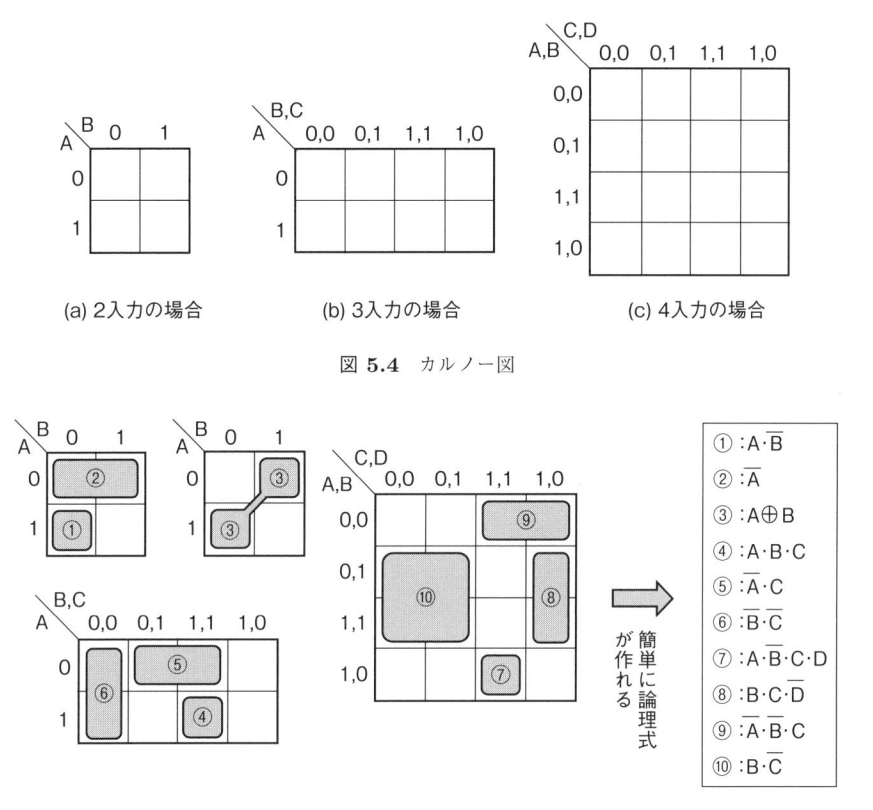

図 5.5 カルノー図における位置と論理式と対応例

① : $A \cdot \overline{B}$
② : $\overline{A}$
③ : $A \oplus B$
④ : $A \cdot B \cdot C$
⑤ : $\overline{A} \cdot C$
⑥ : $\overline{B} \cdot \overline{C}$
⑦ : $A \cdot \overline{B} \cdot C \cdot D$
⑧ : $B \cdot C \cdot \overline{D}$
⑨ : $\overline{A} \cdot \overline{B} \cdot C$
⑩ : $B \cdot \overline{C}$

加法標準形で表した論理式の各論理項の位置を記入していくことで，論理式の表す範囲 (すなわち論理式が "1" となる範囲) を視覚的に捉えることができる．図5.5にカルノー図における位置と論理式との対応例を示す．この中で，たとえば⑧の領域は，A, B, C, D の4入力に対して，B かつ C かつ $\overline{D}$ となる所なので論理式は $B \cdot C \cdot \overline{D}$ となる．これは視覚的に容易に理解することができるので，少し使い慣れると形状を見てすぐに論理式が書けるようになる．また，カルノー図を用いれば論理的に等価な論理式をすぐに判定することができる．図5.6に論理等価な論理式と対応するカルノー図の例を示す．図5.6(a) は，$A \cdot B + A \cdot \overline{B} + \overline{A} \cdot B$ の場合で，これは単純に $A + B$ と簡略化される他，$A + \overline{A} \cdot B$ や $A \cdot \overline{B} + B$ とも等価であることがカルノー図から容易に分かる．図5.6(b) は，後に説明する全加算器において重要な式となる $A \cdot B \cdot C + A \cdot \overline{B} \cdot C + \overline{A} \cdot B \cdot C + A \cdot B \cdot \overline{C}$ の場合で，これは $A \cdot B + B \cdot C + A \cdot C$ と簡略化されるほか，$B \cdot (A \oplus C) + A \cdot C$ などとも書けることが分かる．

ここで，式(5.1)の $\overline{A} \cdot \overline{B} \cdot \overline{C} + \overline{A} \cdot B \cdot \overline{C} + A \cdot \overline{B} \cdot \overline{C}$ にカルノー図を適用すると，図5.7に示すようにカルノー図上で $\overline{A} \cdot \overline{C}$ と $\overline{B} \cdot \overline{C}$ の2つに分解することができるので，

$$\overline{A} \cdot \overline{B} \cdot \overline{C} + \overline{A} \cdot B \cdot \overline{C} + A \cdot \overline{B} \cdot \overline{C} = \overline{A} \cdot \overline{C} + \overline{B} \cdot \overline{C} = (\overline{A} + \overline{B}) \cdot \overline{C} \qquad (5.4)$$

と変形できる．つまり，カルノー図を用いても (式5.2), さらに (式5.3) を得ることができる．

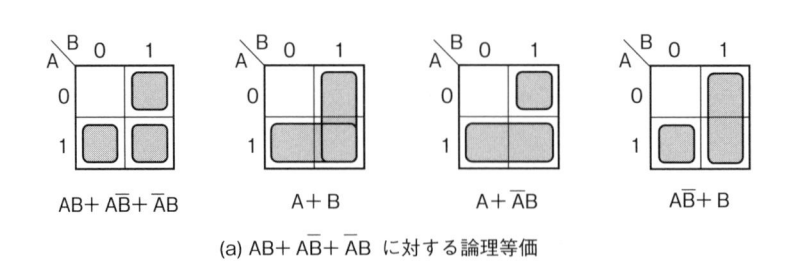

| AB+ A$\overline{B}$+ $\overline{A}$B | A+ B | A+ $\overline{A}$B | A$\overline{B}$+ B |

(a) AB+ A$\overline{B}$+ $\overline{A}$B に対する論理等価

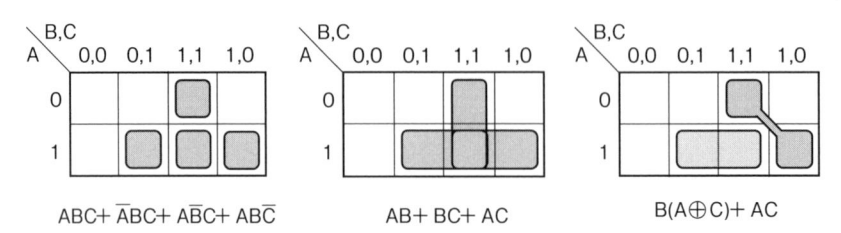

| ABC+ $\overline{A}$BC+ A$\overline{B}$C+ AB$\overline{C}$ | AB+ BC+ AC | B(A⊕C)+ AC |

(b) ABC+$\overline{A}$BC+A$\overline{B}$C+AB$\overline{C}$ に対する論理等価

図 5.6 論理等価の例

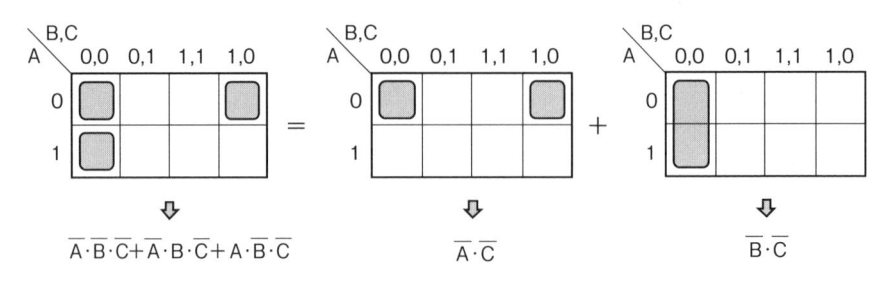

$\overline{A}\cdot\overline{B}\cdot\overline{C}+\overline{A}\cdot B\cdot\overline{C}+A\cdot\overline{B}\cdot\overline{C}$ = $\overline{A}\cdot\overline{C}$ + $\overline{B}\cdot\overline{C}$

図 5.7 $\overline{A}\cdot\overline{B}\cdot\overline{C}+\overline{A}\cdot B\cdot\overline{C}+A\cdot\overline{B}\cdot\overline{C}$ の場合

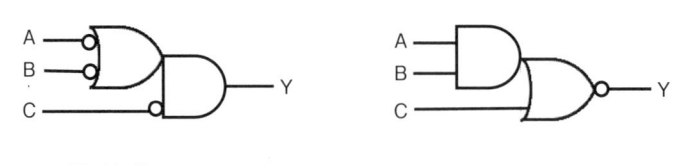

(a) Y = ($\overline{A}$ + $\overline{B}$)・$\overline{C}$ から生成した場合　　(b) Y = $\overline{A\cdot B+C}$ から生成した場合

図 5.8 論理式から論理図の生成

(3) 論理式から論理図の作成

論理式から論理図を作成する際には，可能なかぎり回路が単純化されるように，反転論理の形にし，複合ゲートを活用する．図 5.8 に式 (5.3) の論理式から生成された二種類の論理図を示す．図 5.8(a) は $Y = (\overline{A} + \overline{B}) \cdot \overline{C}$ から生成した論理図，(b) は $Y = \overline{A \cdot B + C}$ から生成した論理図を示している．第 4 章 4.5.6 節で説明したように，いずれも同じ回路構成で実現することができる．

(4) 論理図から回路の作成

論理図ができれば，MOS トランジスタによる回路図への変換は，第 4 章で説明した回路の構

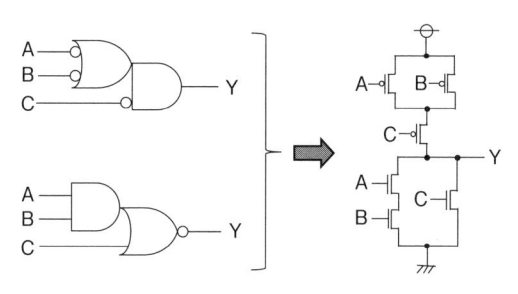

図 5.9 論理図から回路の生成

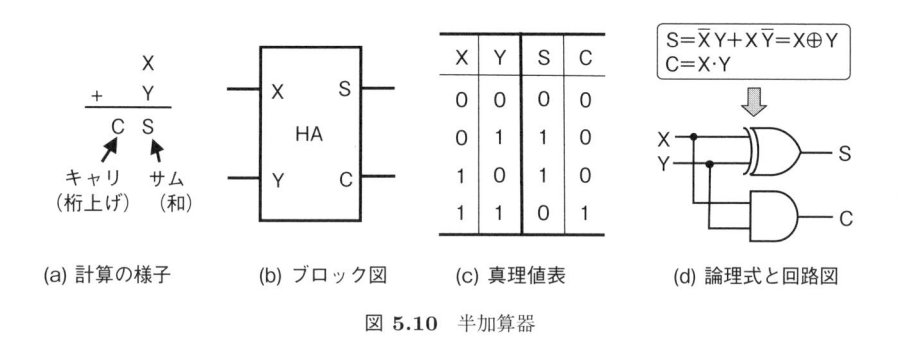

図 5.10 半加算器

(a) 計算の様子　(b) ブロック図　(c) 真理値表　(d) 論理式と回路図

成法に従って機械的に行うことができる．図 5.9 に，図 5.8 の論理図から生成した CMOS 回路を示す．3 入力の複合ゲートを使用することで，6 個のトランジスタで実現されている．

5.2.3 組合せ回路の例

(1) 半加算器

半加算器 (Half Adder) は，2 ビットの入力を足し合わせる回路で，コンピュータで行われる演算の最も基本となる回路である．図 5.10(a) に半加算器における 2 ビットの加算の様子を示す．2 つの入力 X と Y を足して，和の値 S (サム) と桁上げ信号 C (キャリ) の 2 つの信号を生成する．2 つの入力が共に "1" の場合に桁上がりが生じるため，キャリ信号が必要となる．この回路は 2 つの入力と 2 つの出力を持つので，図 5.10(b) のようなブロック図として表すことができる．CMOS 回路においては，回路図を見易くするためにしばしばこのようなブロック図が用いられる．真理値表は図 5.10(c) に示す通りで，2 つの入力 X, Y に対する S と C の値が示されている．S は入力 X, Y が異なる場合にのみ "1" となり，キャリ C は入力 X, Y の両方が "1" のときのみ "1" となる．この真理値表から加法標準形による下記の論理式が得られる．

$$S = \overline{X} \cdot Y + X \cdot \overline{Y} = X \oplus Y \tag{5.5}$$

$$C = X \cdot Y \tag{5.6}$$

この論理式は，排他的論理和記号を用いて図 5.10(d) に示す論理図で表され，さらに第 4 章で学んだ回路構成法に従って MOS トランジスタで実現することができる．

(2) 全加算器

全加算器 (Full Adder) は，3 ビットの入力を足し合わせる回路で，半加算器と並んでコン

図 5.11 全加算器

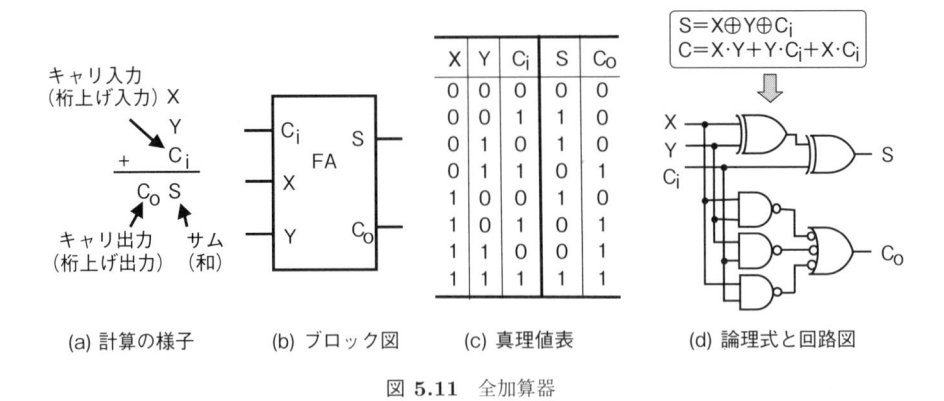

(a) 計算の様子　(b) ブロック図　(c) 真理値表　(d) 論理式と回路図

ピュータの演算を行う最も基本的な回路である．図 5.11 (a) に全加算器における 3 ビットの加算の様子を示す．ここでは，2 つの入力 X と Y に加えて下位桁からの桁上げ信号 (キャリ入力) C_i の 3 つを足し合わせる．出力は，半加算器と同様に和の値 S (サム) と桁上げ信号 C_o (キャリ出力) の 2 つである．この回路は 3 つの入力と 2 つの出力を持つので，図 5.11 (b) のようなブロック図として表すことができる．真理値表は図 5.11 (c) に示すように，S は入力 X, Y, C_i のうち，"1" の数が奇数の場合にのみ "1" となり，C_o は入力 X, Y, C_i のうち，"1" の数が 2 個以上のときのみ "1" となる．この真理値表から加法標準形により下記の論理式が得られる．

$$S = X \cdot \overline{Y} \cdot \overline{C_i} + \overline{X} \cdot Y \cdot \overline{C_i} + \overline{X} \cdot \overline{Y} \cdot C_i + X \cdot Y \cdot C_i \tag{5.7}$$

$$C_o = \overline{X} \cdot Y \cdot C_i + X \cdot \overline{Y} \cdot C_i + X \cdot Y \cdot \overline{C_i} + X \cdot Y \cdot C_i \tag{5.8}$$

式 (5.7) は，式の変形により，以下のように簡略化できる．

$$\begin{aligned} S &= (X \cdot \overline{Y} + \overline{X} \cdot Y) \cdot \overline{C_i} + (\overline{X} \cdot \overline{Y} + X \cdot Y) \cdot C_i \\ &= (X \oplus Y) \cdot \overline{C_i} + \overline{(X \oplus Y)} \cdot C_i \\ &= X \oplus Y \oplus C_i \end{aligned} \tag{5.9}$$

すなわち，3 つの入力 X, Y, C_i の排他的論理和となる．

次に式 (5.8) は，図 5.6 (b) と同じなので，以下のように簡略化できる．

$$C_o = X \cdot Y + X \cdot C_i + Y \cdot C_i \tag{5.10}$$

式 (5.9) と (5.10) より，全加算器の回路は排他的論理和記号を用いて図 5.11 (d) のように書ける．

(3) 多ビット加算器

半加算器と全加算器を組み合わせることで，任意のビット数の多ビット加算器を容易に構成することができる．図 5.12 に 4 ビットの加算器の構成を示す．この回路は，2 つの 4 ビット 2 進数 $(A_3 A_2 A_1 A_0)$ と $(B_3 B_2 B_1 B_0)$ を足して，桁溢れを考慮して 5 ビットの答え $(S_4 S_3 S_2 S_1 S_0)$ を出力する．最下位桁のみは入力が 2 つなので半加算器となり，それよりも上位の桁は，下位

図 5.12 4ビット加算器

$A_3A_2A_1A_0 + B_3B_2B_1B_0 = S_4S_3S_2S_1S_0$

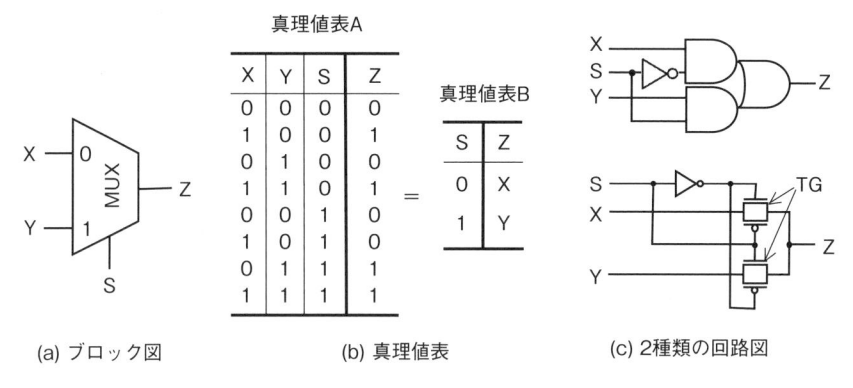

図 5.13 マルチプレクサ（セレクタ）回路

(a) ブロック図　(b) 真理値表　(c) 2種類の回路図

桁からのキャリ入力によって入力が3つとなるため，全加算器が用いられる．さらに全加算器を上位桁側に追加することで加算器のビット数を容易に増加させることができる．

(4) マルチプレクサ（セレクタ）回路

マルチプレクサ回路 (Multiplexer) は，複数の入力の中から選択信号に応じて1つを選ぶ回路で，セレクタ回路とも呼ばれる．ブロック図は図5.13(a)の形のものがよく用いられる．Multiplexerであることから"MUX"という名前がつけられることが多い．これは2入力の場合で，XとYの入力に対して，選択信号Sが"0"のときはXを出力し，選択信号Sが"1"のときはYを出力する．X, Y, Sが入力でZが出力となるので，そのまま真理値表にすると図5.13(b)の真理値表Aのようになる．出力Zに注目すると，Sが"0"のときはXと等しく，Sが"1"のときはYと等しくなっていることが分かる．しかし，マルチプレクサの場合，同じ機能を真理値表Bのように表すこともできる．出力Zの欄に入力XとYを記述することにより真理値表Aよりも分かり易い表となっている．真理値表Bから，下記の論理式が成立する．

$$Z = \overline{S} \cdot X + S \cdot Y \tag{5.11}$$

図5.13(c)に，この論理式を満たす2種類の回路構成を示す．上の回路は論理ゲートを組み合わせて構成したもので，下の回路はトランスミッションゲート (TG) を用いて構成したものである．TGに関しては，前章4.5.5節の排他的論理和の項で説明したとおりである．TGを用いた方がトランジスタ数を少なくすることができるため，TGが用いられることも多い．

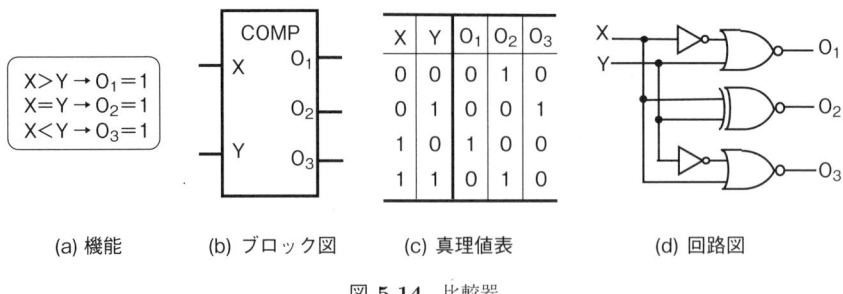

(a) 機能　　(b) ブロック図　　(c) 真理値表　　(d) 回路図

図 5.14　比較器

(5) 比較器

コンピュータにおいて 2 つの数値の比較結果に応じてその後の処理を決定することがよく行われるため，比較器も重要な構成要素となっている．ここでは，2 つの入力の大小および一致を判定する回路について説明する．図 5.14 (a) に回路の機能を示す．この回路は 1 ビットの 2 進数で表された 2 つの入力 X と Y に対して，$X > Y$ であれば出力 O_1 のみを "1"，$X = Y$ であれば出力 O_2 のみを "1"，$X < Y$ であれば出力 O_3 のみを "1" として出力する．図 5.14 (b) にこの比較器のブロック図を示す．比較器 (Comparator) を略して "COMP" という名前を付けている．回路の機能から，真理値表は図 5.14 (c) のようになる．3 つの出力のそれぞれにおいて，必要な箇所に "1" が出て，その他は "0" になっていることが分かる．この真理値表から加法標準形で論理式を作成すると下記のようになる．

$$O_1 = X \cdot \overline{Y} = \overline{\overline{X} + Y} \tag{5.12}$$

$$O_2 = X \cdot Y + \overline{X} \cdot \overline{Y} = \overline{X \oplus Y} \tag{5.13}$$

$$O_3 = \overline{X} \cdot Y = \overline{X + \overline{Y}} \tag{5.14}$$

ここで，各論理式は反転出力の形になるように変形している．この論理式から，図 5.14 (d) に示す比較器の回路が容易に構成できる．

5.3　順序回路の設計

5.3.1　順序回路とは

組合せ回路は，入力が決まれば一意的に出力が決まる単純なものであったが，実際の LSI はもっと複雑で，メモリやレジスタといった記憶回路を内蔵しており，外部から与えられるクロック信号によって時々刻々内部の状態を変化させながら様々な処理を行っている．一般に，記憶回路を内蔵した回路の出力は，入力信号だけでは一意的に決まらず，内部に記憶された状態と外部からの入力信号の両方によって決定される．すなわち，前の状態によって出力が影響されるため，入力の組合せだけでなく時間軸を考慮して，時系列で順番に動作を決定していく必要がある．このように，内部に記憶回路を持ち，入力信号と現在の状態との両方によって次の出力が決定される回路を順序回路とよぶ．順序回路の概念を図 5.15 に示す．ほぼ全ての LSI は記憶回路を内蔵するので，全体としてみれば全て順序回路と見なすことができる．式で表す

図 5.15 順序回路

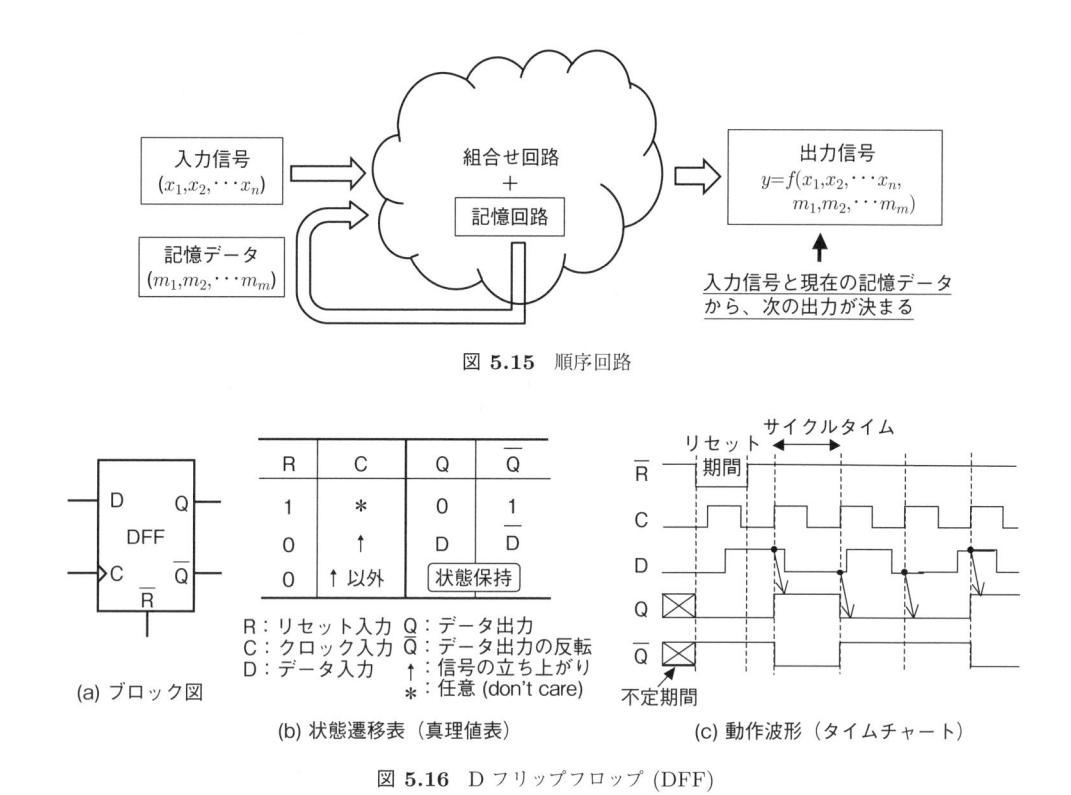

図 5.16 D フリップフロップ (DFF)

と，n 本の入力信号 $x_1, x_2, \cdots, x_n$ と m 個の記憶データ $m_1, m_2, \cdots, m_m$ に対して出力 y を，$y = f(x_1, x_2, \cdots, x_n, m_1, m_2, \cdots, m_m)$ という形で表すことができる．

5.3.2 D フリップフロップ (DFF) 回路

順序回路を設計する上で最も基本となる重要な回路が D フリップフロップ (DFF) 回路である．フリップフロップ回路には様々な種類のものがあるが，LSI に最も多く用いられるのがこの DFF 回路であり，これがあれば基本的にあらゆる順序回路を設計することが可能である．図 5.16(a) に DFF のブロック図を示す．各端子の意味は図 5.16(b) に書かれているように，R はリセット入力，C はクロック入力，D はデータ入力，Q および $\overline{Q}$ はデータ出力である．リセット信号 R は，LSI に電源を投入した際に，まずリセット状態から始まるようにするために，反転入力 $\overline{R}$ となっており，信号が "0" のときにリセットがかかるようになっている．出力は Q のみの場合もあるが，反転信号を利用することが多いので，ここでは Q および $\overline{Q}$ の両方を生成するようにしている．DFF の動作は，図 5.16(b) に示す状態遷移表で表される．状態遷移表は時間軸が考慮された真理値表のことで，クロック信号による状態の変化を表す．ここで，クロック入力 C の欄にある "↑" はクロックの立ち上がりエッジ (立ち上がりの瞬間) を表し，"*" は任意の値 (don't care) を表している．まず，リセット信号 R が "1" ($\overline{R}$ が "0") のときはクロック C やデータ D の値には無関係に強制的に Q が "0"，$\overline{Q}$ が "1" となり，これがリセット状態となる．電源投入時や外部からリセットをかけたときにリセット状態が実現される．リセット信号 R が "0" ($\overline{R}$ が "1") のときは通常の動作状態となり，クロック C の立ち上

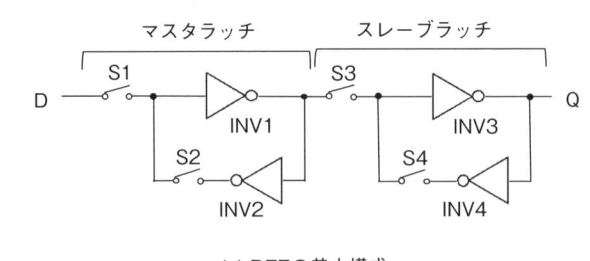

(a) DFFの基本構成

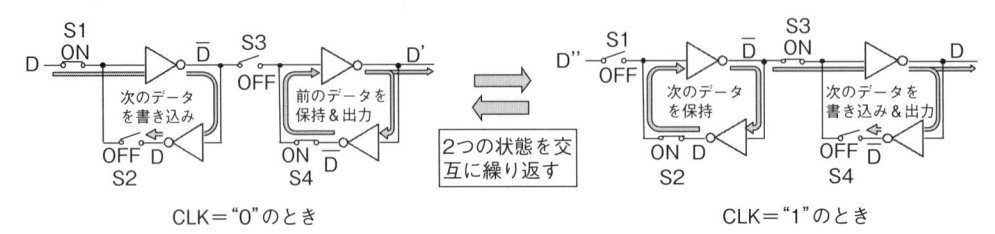

(b) DFFの回路動作

図 5.17　DFF の基本機構と回路動作

上がりエッジ "↑" において，入力 D の値が出力 Q に転送され，同時に D の反転信号が $\overline{Q}$ に転送される．また，クロック C の立ち上がりエッジ以外のときは，出力 Q および $\overline{Q}$ は以前の状態を記憶し保持する．以上が，DFF の動作である．図 5.16 (c) に，DFF の動作波形 (タイムチャート) を示す．タイムチャートとは，横軸を時間として，左から右に向かって時間とともに各信号の値がどのように変化するかを図で示したものである．まず，最も左側の状態はリセットが入る前なので，出力 Q および $\overline{Q}$ は不定となっている．その後リセット期間に入ると，出力 Q および $\overline{Q}$ は強制的に "0" および "1" となる．リセット期間中にクロックが変化しても出力には影響を与えない．リセット期間が終了すると通常の動作モードとなり，その後はクロックの立ち上がり時点の入力 D の値が，出力 Q に転送され，次のクロックの立ち上がりまでその値が保持される．図 5.16 (c) の D から Q へ向かう矢印が，クロックの立ち上がり時点に転送されるデータの値を示している．また，$\overline{Q}$ には常に Q の反転信号が出力される．なお，クロックの立ち上がりから次の立ち上がりまでの一区切りの期間をサイクルとよび，その長さを図 5.16 (c) に示すようにサイクルタイムとよぶ．

図 5.17 (a) に DFF の基本構成を示す．DFF は 2 つのインバータと 2 つのスイッチからなるラッチ回路を直列に 2 段接続した構成を持ち，1 段目をマスタラッチ，2 段目をスレーブラッチとよぶ．図 5.17 (b) に DFF の動作の様子を示す．DFF はクロック信号 "CLK" によって動作するが，ここではクロック信号は 4 つのスイッチ S1~S4 の ON/OFF を制御する．図の左側はクロック信号が "0" のときで，4 つのスイッチのうち S1 と S4 が ON, S2 と S3 が OFF となっている．このとき，マスタラッチは書き込み状態で入力信号 が矢印の向きに取り込まれる．これに対して，スレーブラッチは 2 つのインバータが入力から切り離され，以前のデータ D' を保持しつつ出力する．これは，2 つのインバータの入力と出力を互いに接続してループさせることで，一方の出力が "0"，他方が "1" という状態で安定するからである．次に図 5.17 (b)

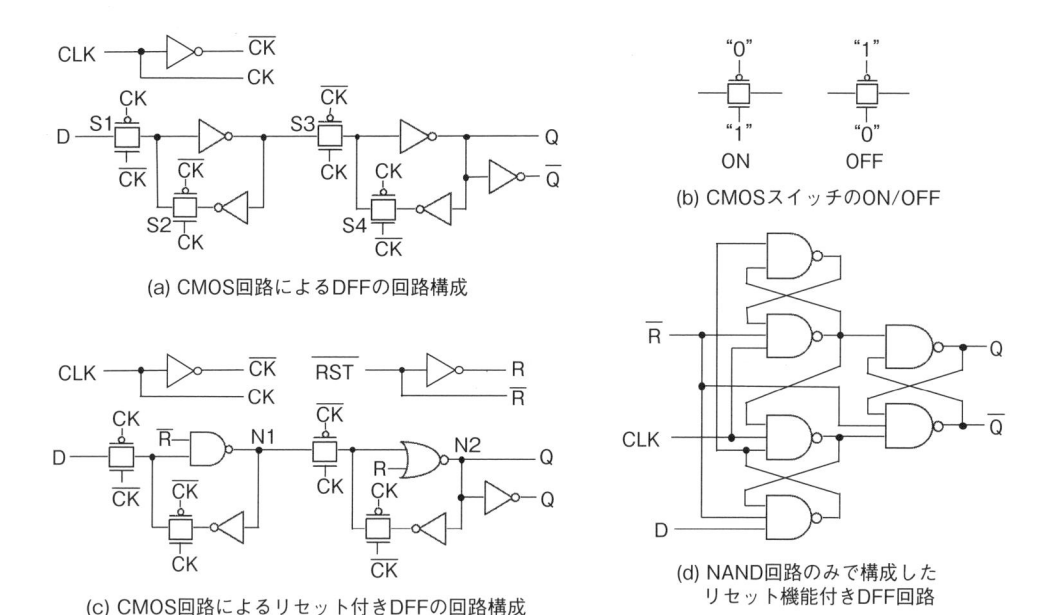

図 5.18 DFF の回路構成

の右側はクロック信号が "1" のときを表しており，4 つのスイッチのうち S1 と S4 が OFF，S2 と S3 が ON となっている．このとき，左側の図とは逆にマスタラッチは保持状態で，先程取り込んだデータ D を保持しつつ，反転出力 $\overline{D}$ をスレーブラッチに送る．スレーブラッチは書き込み状態で，マスタラッチから来たデータ $\overline{D}$ を取り込みつつ，さらにその反転信号 D を出力する．この際，マスタラッチの入力部はスイッチ S1 が OFF となっているため，次のデータ D'' がやって来ても，DFF の動作には影響を与えない．このデータ D'' は，次にクロックが "0" となったときにマスタラッチに取り込まれる．クロックが "0" と "1" を交互に繰り返すことによって，図 5.17 (b) の左の状態と右の状態が交互に実現され，その結果，クロックが "0" のときに取り込まれたデータが，次にクロックが立ち上がった瞬間に DFF から出力されることになる．すなわち，図 5.16 (b) の状態遷移表のうちリセット動作以外の動作が実現されることが分かる．

図 5.18 (a) に図 5.17 で示した DFF の具体的な回路構成を示す．スイッチ S1〜S4 は，トランスミッションゲート (TG) による CMOS スイッチで構成される．この CMOS スイッチは図 5.18 (b) に示されているように，nMOS のゲートが "1" かつ pMOS のゲートが "0" のときに ON，その逆のときに OFF となるので，クロック CK および $\overline{CK}$ を図のようにスイッチに入力することで，S1 と S4 が ON のときは S2 と S3 が OFF，S1 と S4 が OFF のときは S2 と S3 が ON となるように制御することができる．CK および $\overline{CK}$ は外部からのクロック入力 CLK とその反転で生成される．また，出力として Q および $\overline{Q}$ の両方が生成される．本構成により，図 5.17 の回路動作が実現できる．図 5.18 (c) にリセット機能付き DFF の回路構成を示す．図 5.18 (a) の DFF 回路と比べて，マスタラッチのインバータの 1 つが NAND 回路になってリセット信号の反転 $\overline{R}$ が入力し，またスレーブラッチのインバータの 1 つが NOR 回

(a) 状態遷移図

(b) 状態遷移表

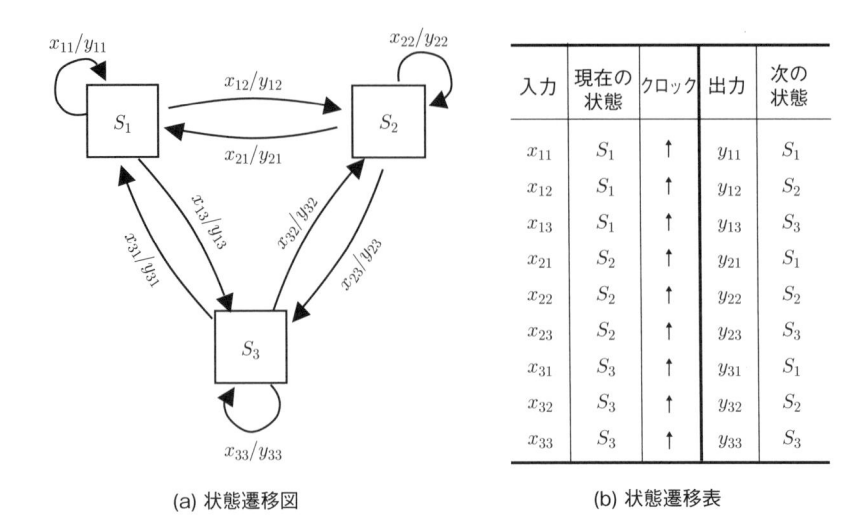

入力	現在の状態	クロック	出力	次の状態
x_{11}	S_1	↑	y_{11}	S_1
x_{12}	S_1	↑	y_{12}	S_2
x_{13}	S_1	↑	y_{13}	S_3
x_{21}	S_2	↑	y_{21}	S_1
x_{22}	S_2	↑	y_{22}	S_2
x_{23}	S_2	↑	y_{23}	S_3
x_{31}	S_3	↑	y_{31}	S_1
x_{32}	S_3	↑	y_{32}	S_2
x_{33}	S_3	↑	y_{33}	S_3

図 5.19　状態遷移図と状態遷移表

路になってリセット信号 R が入力するようになっている．R および $\overline{R}$ は，外部からのリセット入力 $\overline{RST}$ から生成される．このように構成することによって，リセット時 ($\overline{RST}=$ "0") において，強制的に図の N1 を "1"，N2 を "0" に固定することができ，出力 Q をクロックの状態に依らず安定的に "0" にすることができる．図 5.18 (d) にリセット機能付き DFF の他の実現方法を示す．これは NAND 回路のみで作られた回路で，図 5.18 (c) の回路と全く同じ機能を実現する．ただし，図 5.18 (c) の回路に比べてトランジスタ数が多くなる (図 5.18 (c) の回路は最低 26 個に対して図 5.18 (d) の回路は最低 32 個) ために，一般的には図 5.18 (c) の回路が用いられる．

5.3.3　DFF を用いた順序回路の設計

(1) 状態遷移図と状態遷移表

　順序回路を設計する場合，はじめに実現したい機能が与えられ，DFF を用いてこの機能を実現することになるが，まず，与えられた機能を状態遷移図および状態遷移表で表現することから始まる．状態遷移図の例を図 5.19 (a) に示す．この例では，3 つの状態 $S_1 \sim S_3$ があって，入力 x が与えられると，クロック信号によって次にどの状態に遷移し，またどのような出力 y が得られるかが示されている．ここで，状態 $S_1 \sim S_3$ や入出力信号は，1 ビットもしくは複数ビットからなる．たとえば，状態 S_1 で入力 x_{12} が与えられた場合は，y_{12} を出力して状態 S_2 に遷移する．また，状態 S_1 で入力 x_{11} が与えられた場合は，状態は S_1 から変化せずに y_{11} を出力する．他の部分についても同様である．同じ機能を表にしたものが状態遷移表であり，今の例では図 5.19 (b) のようになる．すなわち，状態 $S_1 \sim S_3$ と入力 x の全ての組合せに対して，クロックの立ち上がり後における，次の状態と出力 y が示されている．

　状態遷移図と状態遷移表は，全く同等なものであり，一方が作成できれば他方は容易に作成できる．すなわちいずれか一方があれば順序回路は設計可能である．なお，状態遷移図あるい

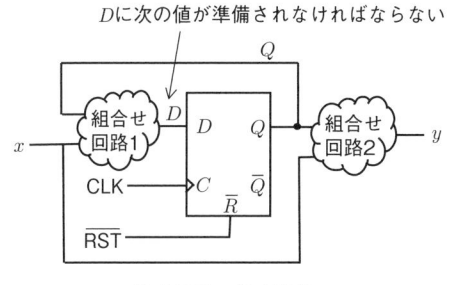

(a) 順序回路の基本構成

Dに次の値が準備されなければならない

(b) 状態遷移表

入力	現在の状態Q	クロック	出力	次の状態 $Q'(=D)$
0	0	↑	y_{00}	S_{00}
1	0	↑	y_{01}	S_{01}
0	1	↑	y_{10}	S_{10}
1	1	↑	y_{11}	S_{11}

図 5.20　順序回路の基本構成と状態遷移表

は状態遷移表を作成するためには，実現したい機能から複数の状態を決め，DFF の値をこれに対応させる必要があり，これを"状態割り付け"とよぶが，その方法については，5.3.4 節で挙げる具体例で説明する．

(2) 論理式および回路の生成

　状態遷移図または状態遷移表ができれば，ここから論理式を生成することになるが，そのためには，まず順序回路の基本的な構成を理解する必要がある．図 5.20 (a) に順序回路の基本構成を示す．ここでは，最も単純な場合として DFF が 1 個で入出力信号 x および y も 1 ビットであるとする．DFF が 1 個なので，状態は Q の値による "0" と "1" の 2 通りとなる．DFF ではクロックの立ち上がり時に D から Q へ信号が転送されるので，図に書かれているように，信号 D には次の Q の値が準備されていなければならない．つまり，図の組合せ回路 1 によって，入力 x と現在の Q の値から次の Q の値を信号 D に準備しておくことで，次にクロックが立ち上がった際に，正しい状態に遷移することができる．また，出力 y も現在の状態 Q と入力信号 x から，組合せ回路 2 によって生成される．図 5.20 (b) にこの回路の状態遷移表を示す．次の状態 Q' および出力 y は，ともに現在の状態 Q と入力 x の関数となることが分かる．また，次の状態 Q' は現在の D の値に等しい．以上のことから，生成するべき論理式は 2 つの組合せ回路 1 および 2 の論理式であり，

$$y = f(Q, x) \tag{5.15}$$
$$D = g(Q, x) \tag{5.16}$$

の 2 つである．この 2 つの論理式を決定すれば，5.2 節で学んだ方法を用いて容易に回路に変換することができ，図 5.20 (a) の構成を持つ順序回路を完成させることができる．ここでは，DFF が 1 個で入出力信号がどちらも 1 ビットの単純な場合で説明したが，一般的には DFF が複数個で入出力信号も複数ビットとなる．DFF を n 個，入力を m ビット，出力を k ビットとすると，上の式 (5.16) および式 (5.17) は以下のようになる．

$$y_i = f_i(Q_n, Q_{n-1}, \cdots, Q_1, x_m, x_{m-1}, \cdots, x_1) \ [i = k \sim 1] \tag{5.17}$$
$$D_j = g_j(Q_n, Q_{n-1}, \cdots, Q_1, x_m, x_{m-1}, \cdots, x_1) \ [j = n \sim 1] \tag{5.18}$$

　たとえば図 5.19 の例では，状態が 3 つなので DFF は 2 つ必要で，入力も各状態に対して 3

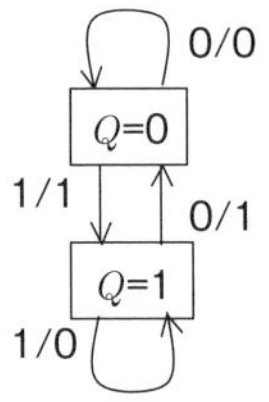

(a) 状態遷移図

入力 x	現在の状態 Q	クロック	出力 y	次の状態 $Q'(=D)$
0	0	↑	0	0
0	1	↑	1	0
1	0	↑	1	1
1	1	↑	0	1

(b) 状態遷移表

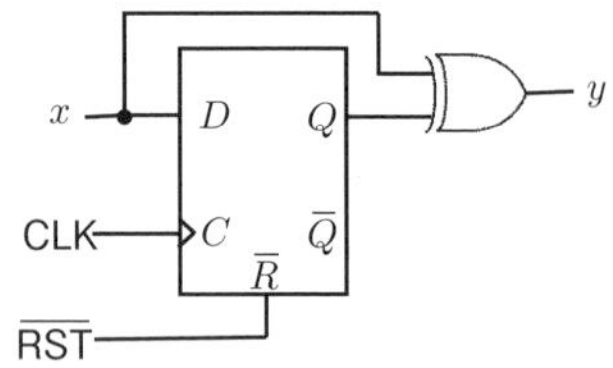

(c) 回路構成

図 **5.21** 遷移検出回路の設計

通りあるので 2 ビットが必要となる．すなわち，$n = 2, m = 2$ となる．ただし，出力について特に制約が示されていないため任意である．

なお，出力 y が入力 x の関数となっている場合は，入力 x が変化するとそれに応じて出力 y も変化するため，正しい y の値を得るためにはタイミングをきちんと考慮した設計をしなければならないことに注意する必要がある．

5.3.4 順序回路の設計例

(1) 遷移検出回路

まず，簡単な例として，入力信号が変化したかどうかを判別する遷移検出回路を考える．遷移の判定を行うためには，前の状態として "0" が入力した状態と "1" が入力した状態の 2 つを考え，これに対して次に "0" が入力したか "1" が入力したかを見て，前の状態と異なれば "1"，前の状態と同じならば "0" をそれぞれ出力すればよい．したがって，前の状態は 2 つなので DFF は 1 個で表現することができ，それぞれを $Q = 0$ と $Q = 1$ に対応させる．これを状態割り付けとよぶ．すると，Q の値と入力の値に対して以下の 4 通りの動作が必要となる．

(a) $Q = 0$ で入力が "0" ならば遷移は起こらないので出力は "0"，状態は $Q = 0$ のまま．
(b) $Q = 0$ で入力が "1" ならば遷移が起こるので出力は "1"，状態は $Q = 1$ に遷移．
(c) $Q = 1$ で入力が "0" ならば遷移が起こるので出力は "1"，状態は $Q = 0$ に遷移．
(d) $Q = 1$ で入力が "1" ならば遷移は起こらないので出力は "0"，状態は $Q = 1$ のまま．

上の (a)〜(d) に基づいて状態遷移図を作成すると，図 5.21 (a) のようになる．ここでリセットについては簡単のために省略している．さらに，これを状態遷移表にすると，図 5.21 (b) となる．状態遷移表の出力 y と次の状態 $Q'(= D)$ の欄に注目すると，y と D に対して以下の論理式が容易に得られる．

$$y = x \oplus Q \tag{5.19}$$

$$D = x \tag{5.20}$$

これらが，前節の式 (5.15) および式 (5.16) に相当する式である．この論理式は簡単に回路にすることができ，図 5.21 (c) のようになる．これが，遷移検出回路の回路図である．

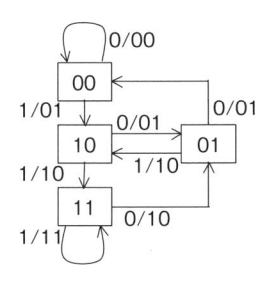

入力	現在の状態	クロック	出力	次の状態 $Q_1' Q_0'$
x	Q_1 Q_0		y_1 y_0	$(=D_1\ D_0)$
0	0 0	↑	0 0	0 0
0	0 1	↑	0 1	0 0
0	1 0	↑	0 1	0 1
0	1 1	↑	1 0	0 1
1	0 0	↑	0 1	1 0
1	0 1	↑	1 0	1 0
1	1 0	↑	1 0	1 1
1	1 1	↑	1 1	1 1

(a) 状態遷移図　　(b) 状態遷移表

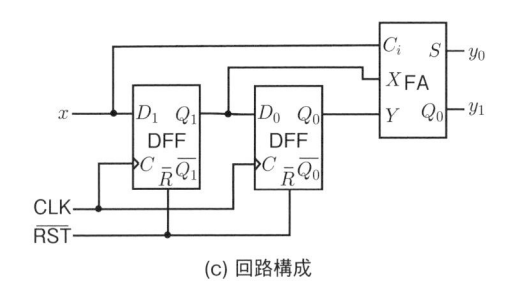

(c) 回路構成

図 **5.22**　最新 3 サイクルの "1" 計数回路の設計

(2) 連続する 3 ビットの "1" 計数回路

次の例として，1 ビットの変化する入力に対して最新の 3 サイクルの "1" の数を求める回路を考える．この場合，入力とその前の 2 サイクル分のデータが必要となるので，2 つの DFF を用いて，前のサイクルの値を Q_1，その前の値を Q_0 として，$Q_1 Q_0$ を "00"，"01"，"10" および "11" の 4 つの状態に割り付ける．また，出力は最大 3 となるため 2 ビットが必要であり，これを $y_1 y_0$ とする．ここで y_1 が 2 の位，y_0 が 1 の位を表す．$Q_1 Q_0$ と $y_1 y_0$ をこのように定義すると，状態遷移図は図 5.22 (a) のようになる．たとえば，$Q_1 Q_0$ が状態 "00" で入力が "1" のとき，3 つの和が 1 となるので出力 $y_1 y_0$ が "01" となって次の状態が "10" となる．また，$Q_1 Q_0$ が状態 "11" で入力が "1" のとき，3 つの和が 3 となるので出力 $y_1 y_0$ が "11" となって次の状態がそのまま "11" となる．その他の場合も同様である．このとき，状態遷移表は図 5.22 (b) のようになる．この表から $y_1 y_0$ および $D_1 D_0$ のそれぞれに対して，以下の論理式が成立する．

$$y_1 = x \cdot Q_1 + x \cdot Q_0 + Q_1 \cdot Q_0 \tag{5.21}$$

$$y_0 = x \oplus Q_1 \oplus Q_0 \tag{5.22}$$

$$D_1 = x \tag{5.23}$$

$$D_0 = Q_1 \tag{5.24}$$

ここで，式 (5.21) および式 (5.22) は，図 5.22(b) の状態遷移表から加法標準形で論理式を生成し，さらに 5.2.3 節 (2) の式 (5.7)〜式 (5.10) で説明した全加算器の論理式の簡略化を用いて導出している．(式 5.21)〜(式 5.24) から回路を構成すると，5.2.3 節 (2) で説明した全加算器 FA を用いて図 5.22 (c) のようになる．これが，連続する 3 ビットの "1" 計数回路である．

入力	現在の状態 $Q_2\ Q_1\ Q_0$	クロック	出力 $y_2\ y_1\ y_0$	次の状態 $Q_2'Q_1'Q_0'$ ($=D_2\ D_1\ D_0$)
な し	0 0 0	↑	0 0 1	0 0 1
	0 0 1	↑	0 1 0	0 1 0
	0 1 0	↑	0 1 1	0 1 1
	0 1 1	↑	1 0 0	1 0 0
	1 0 0	↑	1 0 1	1 0 1
	1 0 1	↑	1 1 0	1 1 0
	1 1 0	↑	1 1 1	1 1 1
	1 1 1	↑	0 0 0	0 0 0

(a) 状態遷移図 　　(b) 状態遷移表

(c) 回路図 　　(d) ブロック図

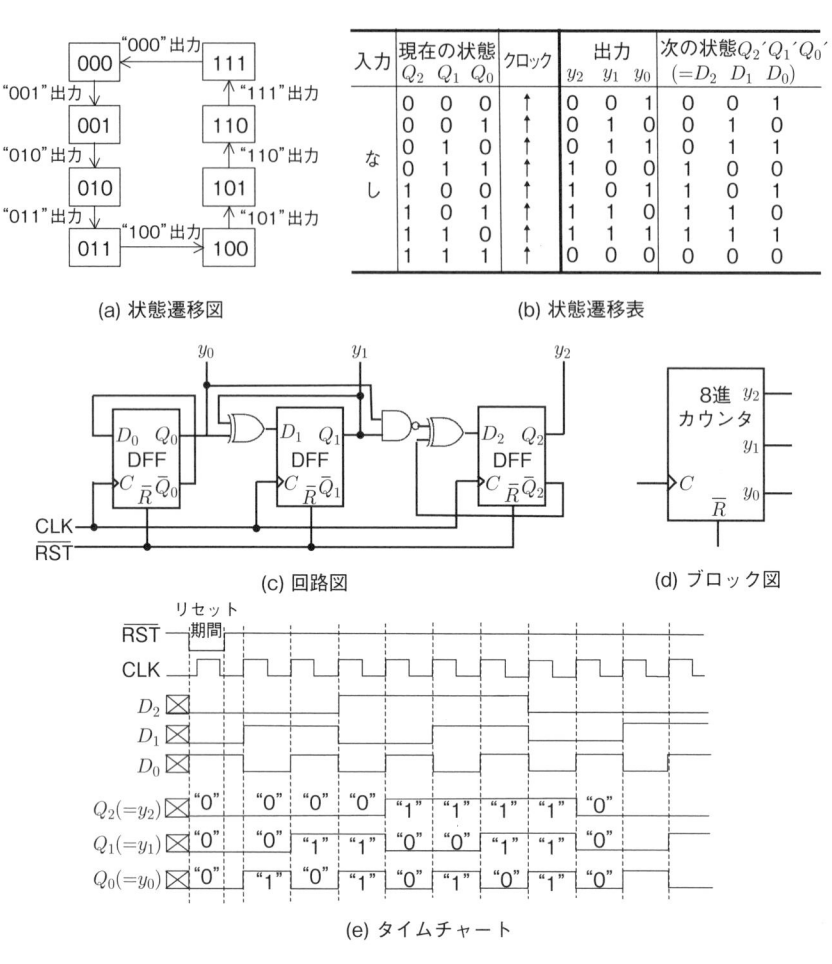

(e) タイムチャート

図 5.23 3 ビット 8 進カウンタの設計

(3) 3 ビット 8 進カウンタ

0〜7 をカウントする 3 ビット 8 進カウンタの設計を考える．0〜7 の 8 通りを記憶して出力する必要があるので，DFF は 3 個，出力信号は 3 ビットとなる．図 5.23(a) に状態遷移図を示す．Q_2, Q_1, Q_0 をそれぞれ 4 の位，2 の位，1 の位の状態として 8 つの状態 "000"〜"111" に割り付け，3 ビットの出力 $y_2 y_1 y_0$ を "000"〜"111" に対応させている．この回路はクロックが立ち上がるごとに出力が 1 ずつ増加し，同時に 1 増加した状態に遷移する．ただし，"111" の次は "000" に遷移する．これを状態遷移表にすると図 5.23(b) のようになる．この表から，D_2, D_1, D_0 に関する論理式は加法標準形と式の簡略化によって以下のようになる．

$$D_2 = \overline{Q_2} \cdot Q_1 \cdot Q_0 + Q_2 \cdot \overline{Q_1} \cdot \overline{Q_0} + Q_2 \cdot \overline{Q_1} \cdot Q_0 + Q_2 \cdot Q_1 \cdot \overline{Q_0}$$

$$= \overline{Q_2} \cdot Q_1 \cdot Q_0 + Q_2 \cdot (\overline{Q_1} \cdot \overline{Q_0} + \overline{Q_1} \cdot Q_0 + Q_1 \cdot \overline{Q_0})$$

$$= \overline{Q_2} \cdot (Q_1 \cdot Q_0) + Q_2 \cdot (\overline{Q_1 \cdot Q_0})$$

$$= \overline{Q_2} \oplus (\overline{Q_1 \cdot Q_0}) \tag{5.25}$$

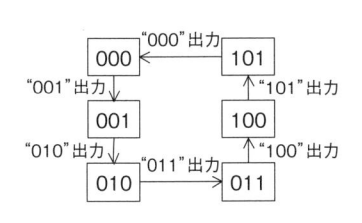

(a) 状態遷移図

(b) 状態遷移表

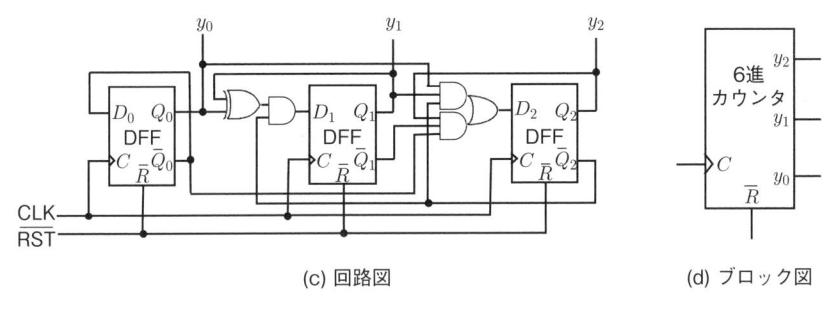

(c) 回路図

(d) ブロック図

図 5.24　3 ビット 6 進カウンタの設計

$$D_1 = \overline{Q_2} \cdot \overline{Q_1} \cdot Q_0 + \overline{Q_2} \cdot Q_1 \cdot \overline{Q_0} + Q_2 \cdot \overline{Q_1} \cdot Q_0 + Q_2 \cdot Q_1 \cdot \overline{Q_0}$$
$$= \overline{Q_2} \cdot (\overline{Q_1} \cdot Q_0 + Q_1 \cdot \overline{Q_0}) + Q_2 \cdot (\overline{Q_1} \cdot Q_0 + Q_1 \cdot \overline{Q_0})$$
$$= Q_1 \oplus Q_0 \tag{5.26}$$
$$D_0 = \overline{Q_0} \tag{5.27}$$

これらの論理式から，図 5.23 (c) の回路図が得られる．図 5.23 (d) に 3 ビット 8 進カウンタのブロック図および図 5.23 (e) にタイムチャートを示す．Q_2, Q_1, Q_0 に注目すると，最初にリセットによって $Q_2Q_1Q_0$ が "000" となった後，クロックの立ち上がりごとに "001"，"010"，… と 1 ずつ増加し，"111" の次は "000" に戻ることが分かる．また，D_2, D_1, D_0 に注目すると，常に次のサイクルの値が準備されていることが分かる．

(4) 3 ビット 6 進カウンタ

この回路は，0～5 までカウントして次は 0 に戻る回路で，たとえば時計の秒や分の十の位を作る際に使用される回路である．6 通りの状態を作る必要があるので，DFF は 3 個，出力は 3 ビットとなる．したがって，回路の動作は 5 の次に 0 になる以外は，前項の 3 ビット 8 進カウンタとほぼ同じとなる．図 5.24 (a) および (b) に状態遷移図および状態遷移表を示す．状態遷移表より，加法標準形を使って下記の論理式が生成される．

$$D_2 = \overline{Q_2} \cdot Q_1 \cdot Q_0 + Q_2 \cdot \overline{Q_1} \cdot \overline{Q_0} \tag{5.28}$$
$$D_2 = \overline{Q_2} \cdot \overline{Q_1} \cdot Q_0 + \overline{Q_2} \cdot Q_1 \cdot \overline{Q_0}$$
$$= \overline{Q_2} \cdot (Q_1 \oplus Q_0) \tag{5.29}$$
$$D_1 = \overline{Q_0} \tag{5.30}$$

この論理式に基づいて図 5.24 (c) の回路が構成される．この回路のブロック図を図 5.24 (d) に示す．

演習問題

設問1 下図の真理値表を満たす回路を設計する．ただし，真理値表の ① と ② の 2 か所については，これを満たす入力がなく考慮しなくてよいとする．すなわち $A = 0$ と $B = 1$ が同時には入力しないと考える．このとき，以下の問に答えよ．

(1) 加法標準形による論理式を作成せよ．
(2) 下のカルノー図を用いて論理式を簡単化し反転出力の形にせよ．
(3) 簡単化した論理式から論理図を作成せよ．ただし，論理図は出力に丸印の付く反転論理の記号のみを用いること．

A	B	C	Y
0	0	0	1
0	0	1	0
0	1	0	①
0	1	1	②
1	0	0	1
1	0	1	0
1	1	0	1
1	1	1	0

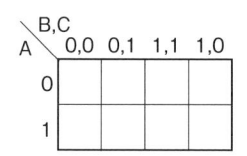

A \ B,C	0,0	0,1	1,1	1,0
0				
1				

設問2 上の設問 1 で，真理値表の ① と ② の事象が起こらないことを用いて，論理式をさらに簡単化することができる．① と ② は Y の値がいくらになってもよいと考えられるので，① を "1"，② を "0" と考えて，カルノー図を書き変え，論理式の簡単化を行え．さらに，簡単化された論理式から論理図を作成せよ．(① や ② は不定項または冗長項とよばれる)

設問3 下図の 2 ビットシフトレジスタの動作を理解し，下のタイムチャートに Y_0 と Y_1 の波形を記入せよ．

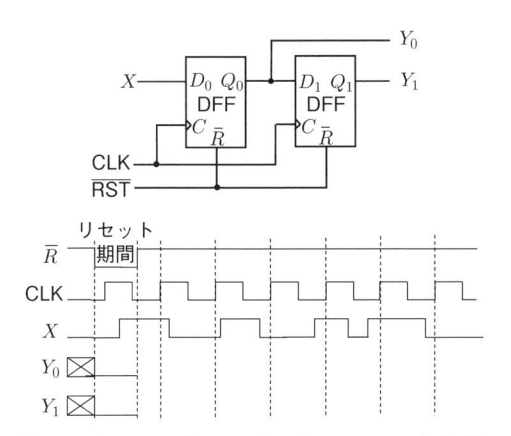

設問4 本章で学んだ，3ビット8進および6進カウンタを参考に，4ビット10進カウンタ（"1001"の次に"0000"になるカウンタ）を設計し，状態遷移表，論理式，および論理図を作成せよ．

設問5 本章 5.3.4 節 (4) および上の問題で設計した6進カウンタおよび10進カウンタ（下図）を用いて，60進カウンタ（59の次に0になるカウンタ）の論理図を作成せよ．（ヒント：一の位を10進カウンタ，十の位を6進カウンタとし，10進カウンタの全出力が0になったら6進カウンタのクロック入力が変化するようにするようにすればよい）

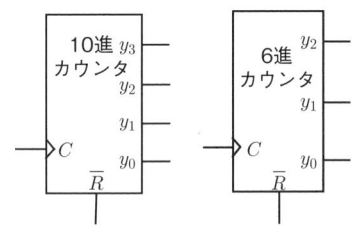

第6章
LSI設計フロー

　近年のLSIは大規模化に伴って複雑さが増しており，これを正しく動作させるためには，CADによる設計の自動化を進めるとともに，明確なフロー(手順)に従って各工程をきちんと管理しながら注意深く設計を進める必要がある．この章では，LSI設計の全体的なフローとそれを支える重要な技術について説明する．まず設計フローの全体像を示し，各工程の内容について概説する．次に，設計フローの中で回路部品として用いられるセルライブラリについて，小規模な標準セルと大規模なメガセルに分けて説明する．最後に，設計フローの中で設計の中核をなすRTL設計(機能記述)について，実例を交えてその具体的な内容を紹介する．

□ **本章のねらい**
- LSI設計フローの全体像と各工程の内容を理解する．
- CADによる設計の自動化がどこで行われているかを理解する．
- LSIの部品となるセルライブラリ(標準セル，メガセル)がどのようなものかを理解する．
- メガセルの中でCPUとメモリのハードウエアイメージを掴む．
- VHDLを用いたRTL設計の基礎を理解し，簡単な回路設計ができるようになる．

□ **キーワード**

　設計フロー，仕様設計，機能設計，RTL設計，ハードウエア記述言語(HDL)，論理シミュレーション，論理合成，レイアウト設計，タイミング検証，セルライブラリ，標準セル，メガセル，CPU，メモリ，SRAM，DRAM，マスクROM，フラッシュメモリ，VHDL

6.1　LSI設計フローとは

　微細化の進展とともにLSIに搭載される機能は複雑さを増しており，現在では10億個を超えるトランジスタが1つのLSIチップに集積されるようになっている．これまで第4章と第5章でLSIを構成する回路の設計方法について学んだが，小規模な回路であればこれらの方法を用いて手作業で設計を行うことが可能であるが，大規模LSI全体を手作業で設計することは今や不可能となっている．このため，現在では設計をいくつかの工程に分割して，CAD (Computer Aded Design) ツールによる自動設計を駆使しながら順序立てて設計が進められている．この

ような LSI 設計の手順を "LSI 設計フロー" とよぶ．設計フローを明確にすることによって，工程ごとに十分な管理と検証を行い，高い設計品質を保つことが可能となる．

6.2 LSI 設計フローと各工程の内容

6.2.1 仕様設計（システム設計）

　LSI 設計フローの全体像を図 6.1 に示す．LSI を設計する場合，まず市場や顧客から LSI に対する要求が出されるところから始まる．この要求に基づいて，設計の第 1 段階として仕様設計が行われる．システム LSI (SoC) の場合はシステムそのものが 1 チップ上に載せられるため，仕様設計はシステム設計を伴う．LSI を設計する上で，この仕様設計は極めて重要であり，顧客にとっていかに魅力的な LSI にできるかが，ほぼこの段階で決まる．ここで誤った設計を行うと，魅力のない製品になったり，性能が良くても価格が高すぎて売れない，など製品にとって致命的な事態が起きてしまう可能性がある．そこで，どれだけの機能を実装するか，どれだけの性能を狙うか，ソフトウエアとハードウエアの切り分けをどうするか，価格はいくらに設定するか，などの基本的事項について，半導体メーカーだけでなく，システムメーカーや他の部品メーカーも交えて慎重に検討が行われる．システムの仕様が決まれば，次に LSI として，

・どのような CPU をいくつ載せるか

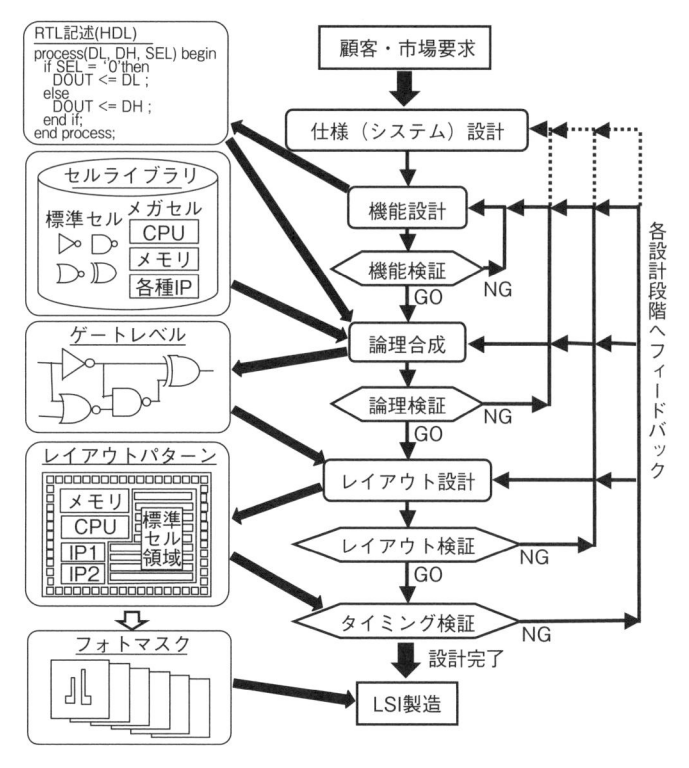

図 6.1　一般的な LSI 設計フロー

- メモリをいくら載せるか
- 性能 (動作周波数，消費電力) をいくらにするか
- どんなパッケージを使うか
- 製品の保証は，どのような環境で何年間とするか

などが決定され，詳細なチップの仕様が決められる．

6.2.2 機能設計

詳細なチップの仕様が決まれば，具体的な設計作業が開始される．現在の LSI 設計は，トランジスタの回路図を書くのではなく，ハードウエア記述言語 HDL (Hardware Description Language) による機能設計が中心となる．これは，あたかも C 言語でプログラムを書くようにして LSI の構造や機能を記述するもので，大規模な論理を比較的容易に記述することができる．たとえば，32 ビットの加算器をトランジスタで設計することは，それほど容易ではないが，HDL を用いれば，単純に $C = A + B$ と記述することで設計することができる．このように設計の抽象度を上げることによって，

- 誰でも容易に大規模回路の設計ができ，一定水準の設計品質が確保し易い
- プロセスの世代に依らない設計ができ，先端プロセスへの移行が簡単にできる
- 機能ブロック単位で切り出して使えるので，回路部品として再利用しやすい

などのメリットがあり，現在 LSI の設計というと大半は HDL を書くことと考えてよい．

HDL による記述にはいくつかのレベルがあり，抽象度の非常に高いビヘイビアレベル，回路動作を具体的に記述するレジスタトランスファレベル (RTL : Register Transfer Level)，回路を論理ゲートレベルで詳しく記述するゲートレベルなどが可能である．この中で，ある程度抽象度が高く，この後の論理合成が可能な記述として，RTL による設計が一般に行われる．RTL 記述は，レジスタ間の組合せ回路を記述することでレジスタからレジスタへの信号転送の様子を明確に示すことから，そのように呼ばれている．RTL で設計された個々の回路は，組み合わせられてさらに大きな回路となり，このような階層化を経て，最終的に LSI 全体を構成する．HDL には，代表的なものとして VHDL と Verilog HDL の 2 つの言語が存在し，どちらもよく使われているが，本書では 6.4 節において VHDL による機能記述例を紹介する．

HDL 記述が完成すると，それが正しく設計されているかどうかを検証する必要がある．この検証は論理シミュレーションによって行われる．まず HDL で記述された入力端子に論理信号を与えて論理シミュレーションを行い，出力端子に出力信号を得る．次に，この出力信号と正しい値 (期待値) を比較し，一致していれば回路は正しいと判断し，異なっていれば回路に誤りがあると判断して記述の修正を行う．これを繰り返して，最終的にシミュレーション結果と期待値が完全に一致すれば，機能設計 (RTL 設計) は完了する．

6.2.3 論理合成

RTL 設計が完了すると，HDL の記述に基づいて CAD ツールにより自動的に回路が生成さ

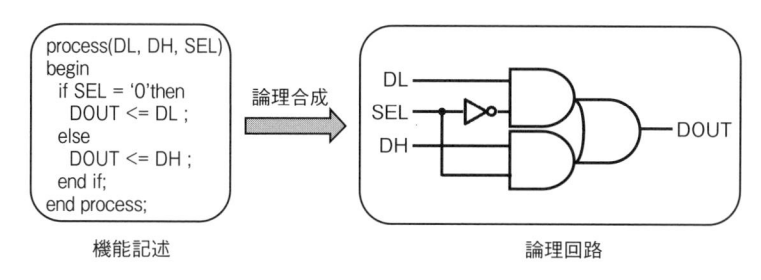

```
process(DL, DH, SEL)
begin
  if SEL = '0'then
    DOUT <= DL ;
  else
    DOUT <= DH ;
  end if;
end process;
```

機能記述 → 論理合成 → 論理回路

図 6.2 論理合成の例 (マルチプレクサ回路)

れる．この工程を論理合成とよぶ．図 6.2 に一例としてマルチプレクサの機能記述から回路が生成される様子を示す．生成された回路には，トランジスタの接続関係やサイズなどの必要な情報が全て含まれている．論理合成は，回路部品をセルライブラリとして揃えておいて，その中から必要な回路を選んで接続することで行われる．ライブラリについては 6.3 節で説明する．

論理合成は，動作スピードや面積を制約条件として行うため，これらの設定が重要となる．たとえば，動作周波数 100 [MHz] で論理合成すれば容易に合成ができる場合でも，これを 120 [MHz] として論理合成すると，回路のサイズが大きくなって面積が許容できない，あるいは全く解が得られない，などの事態に陥る場合がある．その場合は，機能設計に戻って高速化設計をやり直すか，さらに仕様設計まで戻って仕様そのものを変更することが必要となる．つまり，設計の初期段階で動作スピードなどをあらかじめ予想し，ある程度余裕を持たせておくことが重要となる．特に最近は，動作周波数だけでなく，消費電力も制約条件として重要になっており，論理合成時にスピードと電力の両方が制約条件となるなど，設計の難易度が上がっている．

論理合成後は，必ず論理シミュレーションによる検証が行われ，エラーがあれば原因を特定して修正が行われる．これを繰り返して，エラーがなくなった時点で論理合成が完了する．

6.2.4 レイアウト設計

論理合成が完了すると，レイアウト設計が行われる．レイアウト設計は回路のデータからチップの物理的な形状を描く工程であり，最終的にマスクパターンを作成する工程である．レイアウト設計も大部分は自動化されており，6.3 節で説明するセルライブラリからレイアウト情報が取り出され，それらがチップ上に配置および配線される．レイアウトが完成するとレイアウト検証が行われ，エラーがあればレイアウトを修正する．これを繰り返し，最終的にエラーがなくなった時点でレイアウト設計が完了する．レイアウト設計の詳細については第 7 章で説明する．レイアウトを行ってチップ面積が想定された範囲に収まれば問題ないが，収まらない場合は前の工程に戻って修正する必要があり，場合によっては仕様設計の変更を余儀なくされる可能性もある．そのようなことが起きないように，面積においても初期段階からある程度余裕を持たせた設計が必要である．

6.2.5 タイミング検証

レイアウトが完成すると，最後に所定のスピードで動作するかどうかのチェックが行われる．

これをタイミング検証とよぶ．論理合成時においても仮想的な配線容量を用いたタイミング設計が行われるが，正確な配線容量の値はレイアウトが完成するまで決まらないので，設計の最終段階でタイミング検証を行う必要がある．想定よりも長い配線が付くとそこが局所的に遅くなってタイミングエラーを起こす場合があり，特に動作周波数の高い高性能な LSI を作る場合は，このようなタイミングエラーが起きやすくなる．タイミングエラーが起きるとレイアウトを改善して配線を短くする等の修正が行われる．それでも修正しきれない場合は，前の工程に戻って修正が行われるが，設計期間とコストの増大を招くため，あらかじめある程度タイミングに余裕を持たせた設計を行うことが重要である．タイミング検証の詳細については，第 7 章 7.4 項で説明する．タイミングエラーがなくなれば，タイミング検証は完了する．これで設計は完了となり，この後は工程ごとのフォトマスクが作成され，プロセスが開始される．

6.3 セルライブラリ

6.3.1 セルライブラリとは

LSI の大規模化に伴い，設計の自動化が必須となっているが，自動化は，あらかじめ回路を部品として揃えておいてそこから必要なものを選ぶことで実現される．このようにあらかじめ準備された部品の集合をセルライブラリ，それぞれの回路部品をセルとよぶ．セルライブラリは，回路の種類やサイズなどのバリエーションによって多数準備され，多い場合には 1 セットで数百種類の要素からなる．セルライブラリには，基本ゲートやフリップフロップなどの小規模な要素回路と，CPU やメモリなど一定の規模を持った回路ブロックがあり，前者を標準セル，後者をメガセルとよぶ．以下において，それぞれがどのようなものか説明する．

6.3.2 標準セル

標準セルは，インバータや NAND，NOR といった基本ゲートや DFF などの回路部品からなるもので，汎用的に使われる小規模なセル群である．図 6.3 に標準セルの一覧の例を示す．ここでは，インバータ，2 入力 NAND，3 入力 OR-NAND (第 4 章図 4.21 (1) の回路)，4 入力 AND-NOR (第 4 章図 4.21 (2) の回路)，DFF および全加算器 (Full Adder) が示されているが，それ以外にも多数の回路が存在する．また，それぞれの回路において，×0.5，×1.0，×2.0 のようにトランジスタのサイズも複数が準備され，必要な速度に応じて回路のサイズを調整できるようにしている．回路の種類やサイズのバリエーションを多くすればするほど，きめ細かい設計が可能となり LSI の性能を高めることができるが，ライブラリ作成にかかるコストが大きくなるため，実際には両方のトレードオフとなる．

標準セルライブラリには上記以外に I/O パッドも含まれる．I/O パッドは，図 6.4 に示すように，チップの周囲に配置されて LSI の内部と外部を接続するセルであり，ワイヤボンディングを行うための矩形パッド部と I/O 回路部からなる．I/O 回路部は，入出力信号のレベルを調整するレベルシフタ，入力サージ電圧から回路を保護する保護回路，信号を一時保持するラッチ回路および出力負荷を駆動する大型のトランジスタなどからなる．また，信号線をつなぐた

名称	内容	
INVERTER-A	サイズ×0.5のインバータ	インバータの バリエーション
INVERTER-B	サイズ×1.0のインバータ	
INVERTER-C	サイズ×2.0のインバータ	
⋮	⋮	
2 NAND-A	サイズ×1.0の2入力NAND	2NANDの バリエーション
2 NAND-B	サイズ×2.0の2入力NAND	
2-1 OR-NAND-A	サイズ×1.0の3入力OR-NAND	複合ゲートの バリエーション
2-1 OR-NAND-B	サイズ×2.0の3入力OR-NAND	
2-2 AND-NOR-A	サイズ×1.0の4入力AND-NOR	
2-2 AND-NOR-B	サイズ×2.0の4入力AND-NOR	
⋮	⋮	
DFF-A	サイズ×1.0のDフリップフロップ	Dフリップフロップの バリエーション
DFF-B	サイズ×2.0のDフリップフロップ	
⋮	⋮	
FULL ADDER-A	サイズ×1.0の全加算器	全加算器の バリエーション
FULL ADDER-B	サイズ×2.0の全加算器	
⋮	⋮	

図 6.3 標準セルライブラリーの一覧

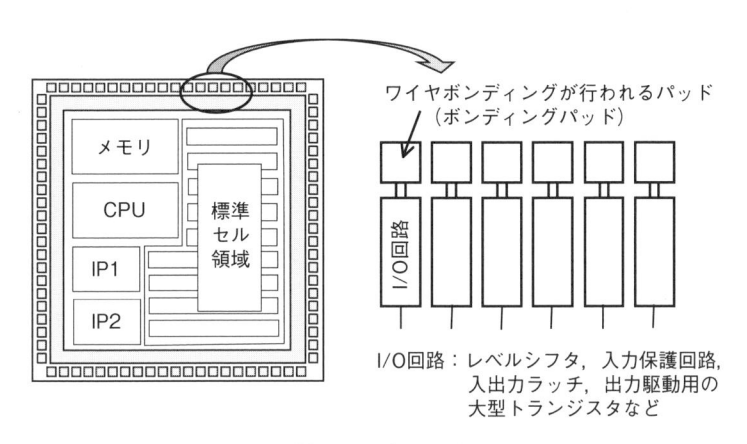

図 6.4 I/O パッド

めの信号用 I/O パッド以外に電源や GND を外部とつなぐための電源用 I/O パッドがある.

各標準セルは，自動設計に必要な種々の情報を持っている．一例として図 6.5 にインバータが持つ各種情報を模式的に示す．各情報の意味と用途は以下のとおりである．

(a) 論理情報：真理値表で表現される機能の情報で，論理シミュレーションの際に使われる．

(b) 回路情報：トランジスタのサイズや接続関係に関する情報で，回路シミュレーションやレイアウト検証 (第 7 章で説明) の際に使われる．図において，L_p, W_p は pMOS トランジスタのゲート長とゲート幅，L_n, W_n は nMOS トランジスタのゲート長とゲート幅を表している．

(c) 入力容量情報：入力端子に付く入力容量に関する情報で，入力信号の遅延時間に反映されるため，遅延見積もりやタイミング検証の際にこの値が使われる．

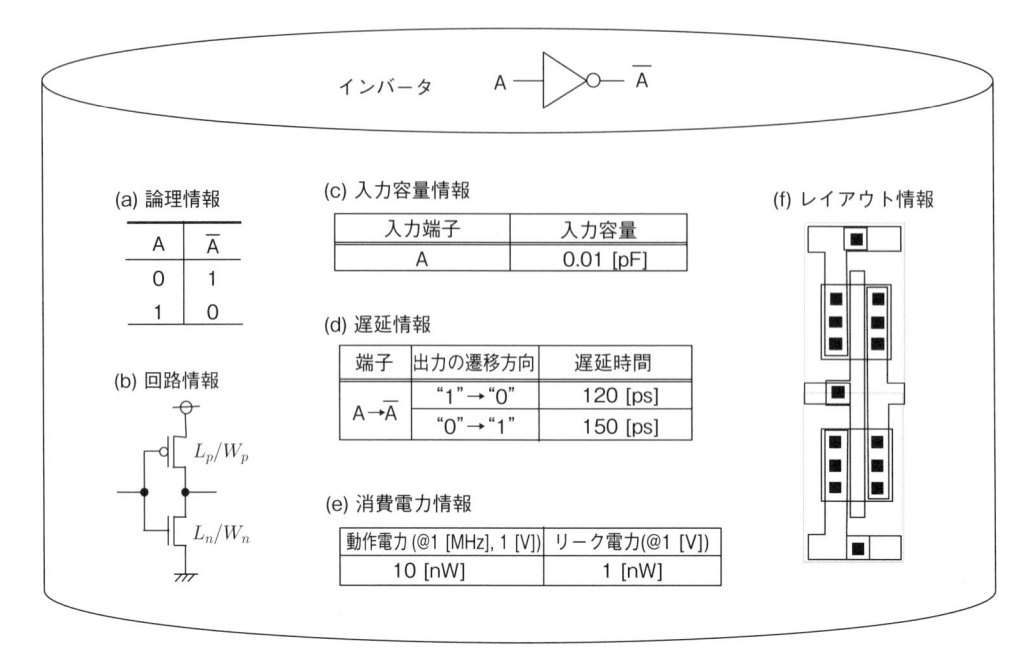

図 6.5　標準セルライブラリの持つ情報の例（インバータ）

(d) 遅延情報：遅延時間に関する情報で，全ての入出力経路に対して，出力の立ち上がり時と立ち下がり時の両方に対して遅延時間が記述される．遅延見積もりやタイミング検証の際に使われる．
(e) 消費電力情報：動作時の消費電力とリークによる消費電力に関する情報で，LSI の消費電力を見積もる際に使われる．
(f) レイアウト情報：レイアウトパターンに関する情報で，LSI のレイアウトを自動生成する際に使われる．標準セルのレイアウトについては第 7 章で詳しく説明する．

6.3.3　メガセル

標準セルが基本ゲートなどの小規模な回路部品であるのに対して，CPU やメモリなどの比較的大規模な回路部品をメガセルという．以下において主なメガセルについて説明する．なお，メガセルも標準セルと同様に，論理情報，回路情報，入力容量情報，遅延情報，消費電力情報，レイアウト情報を持つ必要がある．

(1) CPU

SoC には，必ず CPU が搭載され，チップ全体の動作を取り仕切る．CPU のハードウエアイメージの例を図 6.6 に示す．この図は CPU の必要最小限のパーツとその接続関係を模式的に示したものであり，実際には用途や実装する命令に応じてもっと複雑なものとなるが，この図からおおよその動作を理解することができる．CPU はクロックによって動作するが，クロック信号はまずプログラムカウンタ（PC：Program Counter）に供給される．PC はクロックが立ち上がる度に，命令メモリ（IM：Instruction Memory）に書かれたプログラムのアドレスを

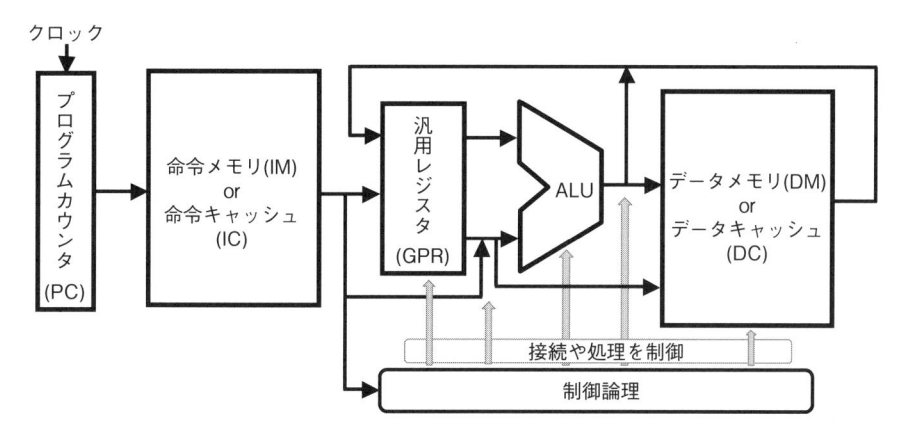

図 6.6 CPU のハードウェアイメージ

順次出力する．IM から命令が読み出されると，命令の一部は汎用レジスタ (GPR：General Purpose Register) のアクセスに使われ，別の一部はそのまま数値として算術論理演算器 (ALU：Arithmetic Logic Unit) に入力する．さらに別の一部は命令の種類に応じて全体の制御信号を生成する (これを命令デコードとよぶ)．この制御信号は，GPR 以後のデータの流れと ALU における演算内容を制御する．GPR は，小規模で非常に高速のメモリであり，最低 2 つの読み出しと 1 つの書き込みが同時にできるように作られたものである．ALU では，GPR から読み出されたデータどうし，あるいはレジスタのデータと命令中に書かれた値 (即値) との演算を行う．ALU での演算結果は，データメモリ (DM) のアドレスとしてデータの読み出しや書き込みに使われたり，そのまま GPR に格納されたりする．DM がアクセスされると，GPR から DM へのデータ転送，あるいは逆に DM から GPR へのデータ転送が行われる．なお，命令メモリ (IM) およびデータメモリ (DM) は，最近の CPU においては規模が大きいため CPU の外部に置かれ，代わり命令キャッシュ (IC) およびデータキャッシュ (DC) が CPU 内に置かれて，命令メモリ (IM) およびデータメモリ (DM) の内容の一部をコピーして用いられている．このようなキャッシュメモリの技術は，CPU の性能を飛躍的に向上させるもので，近年の CPU において無くてはならない技術である．以上，CPU に関してハードウエアのイメージを掴むために簡単な説明を行ったが，より詳細については本書の範囲を超えるため，ここでは簡単な説明に止めておく．

CPU は，概ね以上のような構成を持つものであるが，命令セット，処理のビット数，動作周波数，消費電力などによって様々な規模や性能のものがあり，SoC のメガセルとして搭載する際は，要求仕様に基づいて CPU の選定が行われる．CPU を部品として用いる場合，特に重要となるのは消費電力が低いことである．たとえば，インテル社が販売しているパソコン用の CPU では数十ワットから百ワットを消費するものがあるが，SoC の場合はチップ全体で数ワット以下に抑える必要があり，CPU の消費電力としては数百ミリワット程度が要求されることが多い．さらに，画像処理など高負荷の処理を一定の品質で行う必要もあり，性能面でも高い要求が出される．このため，超高速ではなくとも，SoC に搭載される CPU の設計はかなり難易度が高いことが多い．そこで，CPU を 1 から作るのではなく，IP (Intellectual Property) と

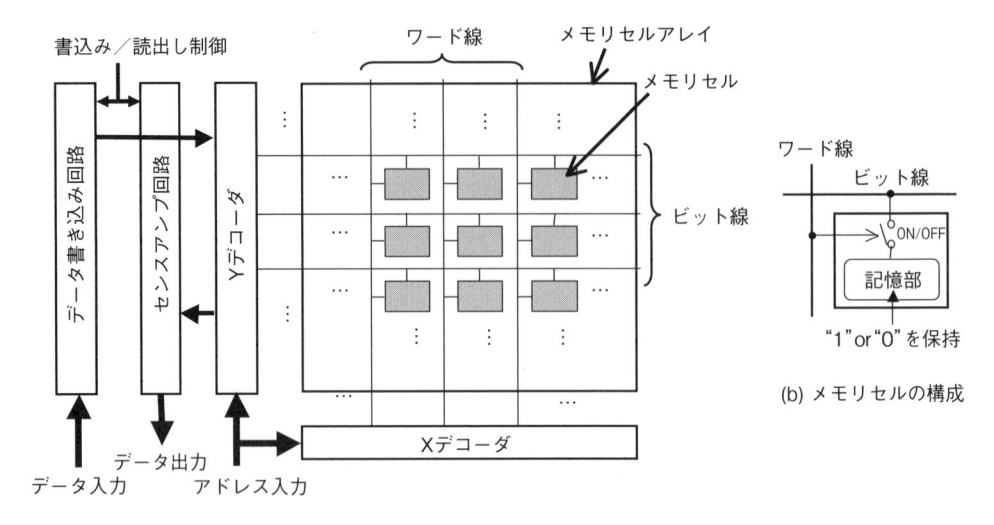

図 6.7 メモリの基本回路構成

して既存のものや市販のものを手直しして用いられるのが普通である．

(2) メモリ

LSI に搭載されるメガセルとして，CPU とともに必ず搭載されるのがメモリである．メモリは，データを "0" か "1" の形で記憶し，外部から読み出しあるいは書き込みができる素子である．第 1 章の 1．4 節で説明したように，メモリは RAM (Random Access Memory) と ROM (Read Only Memory) に分かれ，さらに RAM の中には SRAM (Static RAM) と DRAM (Dynamic RAM) があり，ROM にはマスク ROM (Mask ROM) とフラッシュメモリ (Flash Memory) などがある．それぞれのメモリはチップ単体としても製造されるが，SoC のメガセルとしても搭載される．

メモリの基本構成を，図 6.7 (a) に示す．最も面積の大きい部分がメモリセルアレイで，ここに "0" と "1" のデータを記憶するメモリセルが多数配置される．個々のメモリセルは，ワード線とビット線によってそれぞれ縦方向および横方向に接続され，アドレス入力から X デコーダと Y デコーダによってそれぞれ 1 本ずつが選択されることで，特定のメモリセルが選択される．データを読み出す際には，選択されたビット線を経てメモリセルのデータがメモリセルアレイから読み出され，センスアンプとよばれる増幅回路で増幅された後，データ出力として外部に出力される．またデータを書き込む際には，書き込み回路が外部からのデータ入力を選択されたビット線に伝えることでメモリセルにデータが書き込まれる．読み出しと書き込みを区別するための信号として "書込み／読出し制御" 信号がセンスアンプ回路とデータ書き込み回路を制御する．図 6.7 (b) にメモリセルの構成を示す．メモリセルは "1" か "0" を記憶する記憶部とこれをビット線に接続するスイッチから成り，このスイッチをワード線が制御する．ワード線が "0" の場合はスイッチが OFF して記憶部とビット線が電気的に遮断され，データはそのまま保持される．ワード線が "1" の場合はスイッチが ON して記憶部とビット線が電気的に接続

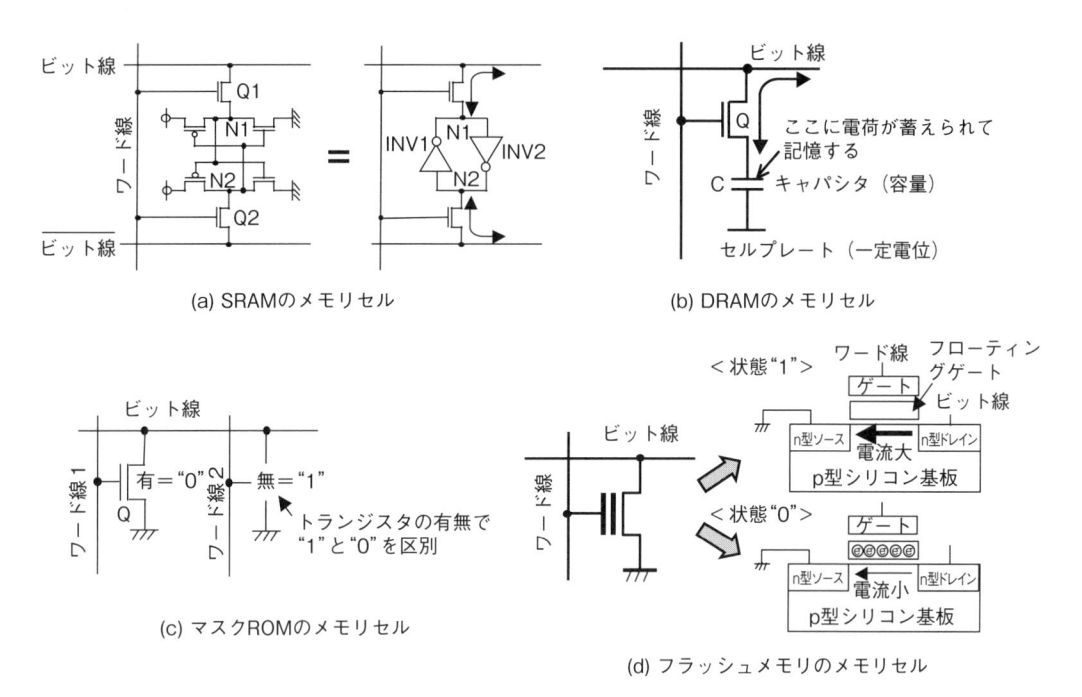

図 6.8 様々なメモリセル

(a) SRAMのメモリセル
(b) DRAMのメモリセル
(c) マスクROMのメモリセル
(d) フラッシュメモリのメモリセル

され選択状態となり，ビット線からの書き込みあるいはメモリセルからの読み出しが行われる．

メモリのビット数は次のように計算される．まず，アドレス信号の本数を n とすると，アクセス可能なメモリセルのアドレスは，2^n 個となり，これをワード数とよぶ．通常，コンピュータは複数ビットで 1 つのワードを構成するため，メモリも 1 つのアドレスで複数のメモリセルが同時にアクセスされる．たとえば，32 ビットコンピュータでは，32 個のメモリセルが同一アドレスでアクセスされる．これをデータ幅とよぶ．したがってアドレスが n 本，データ幅が m ビットのメモリは 2^n ワードであり，ビット数は $2^n \times m$ ビットとなる．メモリの容量を表す"バイト"は，8 ビットを 1 バイトとするため，$2^n \times m/8$ バイトとなる．また，メモリのビット数を表す単位として，2^{10} はキロ (K)，2^{20} はメガ (M)，2^{30} はギガ (G)，2^{40} はテラ (T) が用いられる．

メモリはどのようなものであっても基本的には図 6.7 の構成を有しており，メモリの種類に関わらず以上の動作を行うが，メモリの種類を区別するのはメモリセルの構造である．種々のメモリセルの物理的構造については第 9 章で説明するが，ここでは代表的なものとして，SRAM，DRAM，マスク ROM，フラッシュメモリのメモリセルについて構成を説明する．

(a) SRAM

SRAM のメモリセルは，図 6.8(a) に示すように 6 個の MOS トランジスタから構成され，右側の図のように 2 個のインバータをループ状に接続した構成となる．ノード N1 とノード N2 が互いに反転の状態で安定するので，2 つの状態を保持することができる．ビット線は非反転・反転の 2 本一組となり，スイッチ Q1 と Q2 を介してノード N1，N2 のそれぞれと接続される．

SRAM のメモリセルは通常の論理回路で構成できるため，製造が容易で SoC に最もよく用

いられる．また，論理回路によってしっかりと"1"および"0"の値が確定するので，読み出しの速度が速いという長所がある．その反面，トランジスタが6個必要であるため，他のメモリよりも面積が大きく，集積度を余り上げられない点が短所である．

(b) DRAM

DRAMのメモリセルの構成を図6.8 (b)に示す．DRAMはスイッチとなるnMOSトランジスタQと記憶部に当たるキャパシタCからなる．キャパシタは一方の端子がスイッチに接続され，もう一方の端子がセルプレートとよばれる一定電位のノードに接続される．メモリセルは，キャパシタに電荷を充放電することで"1"と"0"を記憶する．

DRAMメモリセルはQとCが1個ずつで構成できるため面積が小さく，SRAMよりも約一桁小面積になる．これによって多ビットが求められるコンピュータの主記憶として広く用いられている．DRAMの利用形態のほとんどはメモリチップ単体としてのものであるが，画像処理用SoCなどで高密度のメモリが必要な場合はメガセルとして搭載される．ただし，記憶部がキャパシタであるため，時間が経つとリーク電流によって情報が失われるという問題点がある．このように時間によって状態が変化するので"ダイナミックRAM"とよばれるわけであるが，実際にこれを使う場合はデータの消失を防ぐために一定時間ごとに"リフレッシュ"とよばれるデータの回復動作が全てのビットに対して行われる．このため，SRAMに比べて回路が複雑になるという欠点がある．また，キャパシタからビット線に読み出されたデータは非常に微弱であるため，これを増幅するのに少し時間がかかり，その結果SRAMよりも低速である点も欠点として挙げられる．さらに，キャパシタを作るための特殊なプロセス技術が必要であるため，SoCのメガセルとして搭載する場合は，通常のLSIよりも製造コストが高くなるという欠点もある．これらのような欠点があっても，小面積であるという長所は極めて有用であり，DRAMは至る所で使われている．

(c) マスクROM

マスクROMは，"1"と"0"のデータが工場で製造される際に書き込まれたもので，たとえば図6.8 (c)に示すようにトランジスタの有無でデータが区別される．この場合，ビット線をあらかじめ"1"としておいて，ワード線1を"1"とすると，トランジスタQがONしてビット線は"0"となり，ワード線2を"1"とした場合は，トランジスタが存在しないため，ビット線は"1"の状態のままとなる．このようにして，"1"と"0"のデータを読み出すことができる．

マスクROMはトランジスタ1個分の面積で実現できるため小面積であり，また電源を切ってもデータが消失しない点が長所である．このため，OSの格納などに広く用いられている．ただし，一度製造すると，後から全く変更することができないため，プログラムのミスやアップデートには対応できないという欠点がある．

(d) フラッシュメモリ

書き換えができないというマスクROMの欠点を解消するのがフラッシュメモリで，書き換え可能なROMと捉えることができる．メモリセルの構成例を図6.8 (d)に示す．トランジスタ1個でメモリセルが構成されるが，通常のMOSトランジスタではなく，ゲート電極の下にフローティングゲートとよばれるもう1つの電極を持ったトランジスタが用いられる．フローティングゲートには電子を閉じ込めることができ，10 [V]以上の高電圧をゲートに印加するこ

とでトンネル効果によって電子が注入され，逆に $-10\,[\mathrm{V}]$ 以上の負電圧を印加することで電子が引き抜かれる．ワード線が "1" になるとメモリセルが選択されるが，ソース・ドレイン間の電流が，フローティングゲートに電子が無いときよりも有る時の方が小さくなるため，この電流の差をビット線で検知して "1" と "0" を判別する．一度フローティングゲートに蓄えられた電荷は長期間にわたって消失しないため，電源を切ってもデータは保持される．また，一度プログラムを書き込んでも，再びデータを消去して書き直すことができるため，製造後にプログラムの改修を行うことができる．このような利点のため，現在単体チップとして USB メモリやメモリカードなどに広く用いられているだけでなく，SoC やマイコンにはしばしばフラッシュメモリがメガセルとして搭載されている．フラッシュメモリは，高密度で電源を切ってもデータが保持され，書き換えができるという様々なメリットがあるが，RAM のようにランダムにデータの書き込みを行えないという欠点がある．これはメモリセルの物理的な制約によるもので，データの消去は複数ビットのブロック単位でしか行うことができず，データを書き換えるときは，一度ブロック単位でデータを全て消去して改めて新しいデータを書き込む必要がある．このため，書き込み時には，必要なデータの退避や消去などの一連の手順を踏む必要があり，RAM のようにビット単位で高速に書き込みを行うことができない．また，書き込みや消去には $\pm10\,[\mathrm{V}]$ を超える高電圧が必要であり，通常のトランジスタを壊さないような注意深い設計が要求される点も欠点の1つである．

(3) その他のメガセル

　SoC には，その用途に応じて CPU やメモリ以外にも様々なメガセルが必要に応じて IP (Intellectual Property) として搭載される．以下に主なものを列挙する．

(a) 画像処理エンジン：JPEG/JPEG2000 (静止画処理)，MPEG2/MPEG4/H.264 (動画処理)，2D/3D グラフィックエンジンなど
(b) 高速通信インターフェース：USB2.0, IEEE1394, PCI Express, Bluetooth, 無線 LAN など
(c) メモリインターフェース：DDR/DDR2/DDR3-SDRAM など
(d) カードインターフェース：Memory Stick, SD Card など
(e) アナログ IP：AD/DA コンバータなど

これら以外にも多数あり，必要なものはチップ面積が許すかぎり何でも搭載するというのが SoC の基本的な考え方である．

6.4 RTL 設計

6.4.1 HDL による RTL 設計

　6.1 節の機能設計の説明で，HDL を用いた RTL 記述について述べたが，現在 LSI 設計の自動化が進む中で，あくまでも人間の頭と手を使って行わなければならない設計工程がこの RTL 設計であり，設計の大部分はこの工程であるといっても過言ではない．RTL 設計を行うため

```
library IEEE;
use IEEE.std_logic_1164.all;        ](i) パッケージ呼び出し

entity AND_1 is
  port (A, B : in   std_logic;
        C : out  std_logic);        ](ii) エンティティ記述
end AND_1;

architecture RTL of AND_1 is
begin
  C <= A and B;                     ](iii) アーキテクチャ記述
end RTL;
```

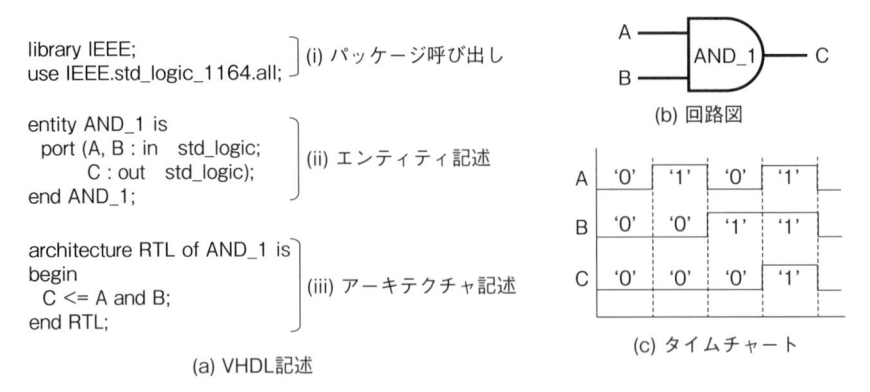

(a) VHDL記述

(b) 回路図

(c) タイムチャート

図 6.9　HDL の記述例 (1 ビット AND 回路)

には HDL を覚える必要があり，HDL の詳細については本書の範囲を超えるものであるが，その概要を把握し，RTL 設計を大まかに理解しておくことは有意義である．そこで本節では，VHDL というハードウエア記述言語を取り上げ，いくつかの簡単な回路の記述について説明する．VHDL 以外にも，よく用いられるハードウエア記述言語として Verilog HDL があるが，基本的な考え方は類似しているので，一方を学んでおけば他方も容易に理解することができる．

6.4.2　VHDLによる回路設計

VHDL は，VHSIC (Very High Speed Integrated Circuits) Hardware Description Language の略で，もともとアメリカ国防総省が開発した言語であり，ハードウエアの構成や機能を C 言語でプログラミングをするように記述するものである．簡単な例として $Z = X \cdot Y$ を生成する 1 ビットの AND 回路の RTL 設計例を図 6.9 に示す．VHDL による記述は図 6.9 (a) のとおりで，大きく分けて以下の 3 つの部分から構成されている．

(i)　パッケージ呼び出し
(ii)　エンティティ記述
(iii)　アーキテクチャ記述

パッケージ呼び出しは，記述に使われる様々な信号の規格を定義したライブラリを呼び出すもので，以下のように記述される．なお，VHDL においては文の区切りはセミコロン"；"で表され，行換えは文章の区切りとはみなされない．冗長なスペースについても無視される．したがって，記述を見易くするために，適宜行換えを行い，スペースを挿入することができる．また，大文字，小文字の区別もない．

```
library IEEE;
use "パッケージ名 1";
use "パッケージ名 2";
    ・・・
```

"パッケージ名"としては，

IEEE.STD_LOGIC_1164.all
IEEE.STD_LOGIC_SIGNED.all
IEEE.STD_LOGIC_UNSIGNED.all
IEEE.STD_LOGIC_ARITH.all

などが用いられる."IEEE.STD_LOGIC_1164.all" は,論理値を扱うためのもので,必ず宣言する必要がある."IEEE.STD_LOGIC_SIGNED.all" および "IEEE.STD_LOGIC_UNSIGNED.all" は複数ビットからなる論理値の演算を行う際に宣言する必要があり,前者は符号付き,後者は符号なしの演算に用いられる."IEEE.STD_LOGIC_ARITH.all" は数値演算を行う際に宣言される.

エンティティ記述は回路の外形を定義する部分で,回路の名称と入力信号および出力信号が定義される.書式は,

entity "回路名" is
    port ("入力信号名" : in std_logic;
          "出力信号名" : out std_logic);
end "回路名";

であり,この例では回路名を "AND_1",入力信号を "A, B",出力信号を "C" としている.信号が複数ある場合はコンマで区切られる."in" は入力信号であることを表し,"out" は出力信号であることを表す.また,"std_logic" はパッケージ "IEEE.STD_LOGIC_1164.all" で定義されている論理信号であることを意味している.

アーキテクチャ記述は,エンティティの中身,すなわち回路の構成や動作を表す部分で,ここが機能記述の中心となる.書式は,

architecture "アーキテクチャ名" of "回路名" is
    "回路の構成および動作の記述";
end "アーキテクチャ名";

である.アーキテクチャ名は自由に付けてよく,ここでは "RTL" としている.回路の構成および動作については,回路ごとに正しく記述する必要があるが,この例では,

$$C <= A \text{ and } B;$$

と書くだけでよい."<=" は信号を代入する記号である.

以上が,1ビットの AND 回路を表す VHDL の記述であり,VHDL 記述が完成すると,図 6.9 (b) に示す回路図への変換が自動で行われ,さらに論理シミュレーションによって図 6.9 (c) に示すタイムチャートが得られる.タイムチャートを確認して,誤りがあれば VHDL 記述の修正が行われ,最終的に正しいタイムチャートが得られるまでこれが繰り返される.

VHDL では,1ビットの回路を複数ビットに拡張することは容易である.図 6.10 に 3 ビット AND 回路 (回路名:AND_3) の設計例を示す.図 6.10 (a) の VHDL 記述において,1 ビットの場合と異なるのは,エンティティの port 文における入出力信号の定義が,"std_logic" から "std_logic_vector (2 downto 0)" に変わった点だけである.n ビットの信号を表す場合は,信号をベクタと考えて "std_logic_vector ($n-1$ downto 0)" で表される.その他の記述は 1 ビッ

```
library IEEE;
use IEEE.std_logic_1164.all;

entity AND_3 is
  port (A, B : in   std_logic_vector(2 downto 0);
         C : out  std_logic_vector(2 downto 0));
end AND_3;

architecture RTL of AND_3 is
begin
  C <= A and B;
end RTL;
```

(a) VHDL記述

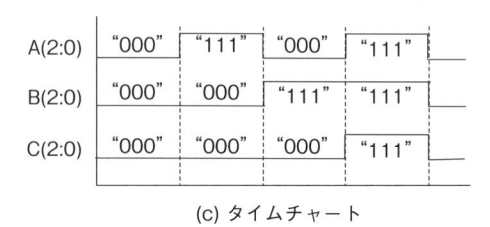

(b) 回路図

(c) タイムチャート

図 6.10　HDL の記述例 (3 ビット AND 回路)

```
library ieee;
use ieee.STD_LOGIC_1164.all;

entity SELECTOR is
  port (A, B, S : in std_logic;
        O : out std_logic);
end SELECTOR;

architecture RTL of SELECTOR is
begin
  O <= (A and (not S)) or (B and S);
end RTL;
```

(a) VHDL記述

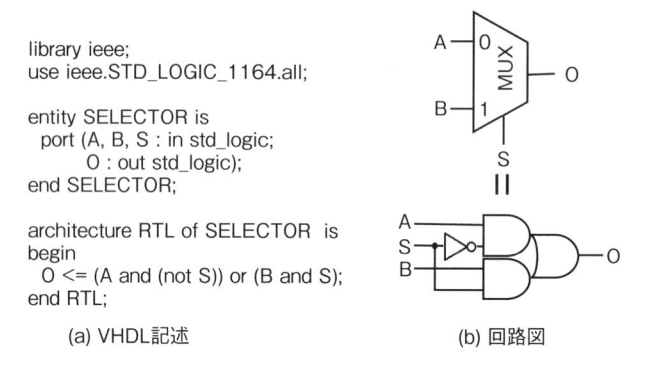

(b) 回路図

図 6.11　セレクタの記述例

トの場合と全く同じで，ビットの拡張が極めて容易であることが分かる．この記述から回路生成を行うと，図 6.10 (b) の 3 ビットの回路が得られ，論理シミュレーションにより図 6.10 (c) のタイムチャートが得られる．

　以上で説明した VHDL の基本構成を踏まえ，以下においてさらにいくつかの回路例を挙げて VHDL による機能記述方法について説明する．

(1) マルチプレクサ (セレクタ) 回路

　マルチプレクサ (セレクタ) 回路の構成については，5.2.3 節 (4) で説明した通りである．図 6.11 (a) に VHDL による記述例を示す．エンティティ名は "SELECTOR" とし，アーキテクチャ文では回路の構造を図 6.11 (b) に示す回路の形のままで

　　O <= (A and (not S)) or (B and S);

と記述している．

```
library ieee;
use ieee.STD_LOGIC_1164.all;

entity Half_Adder is
port (A, B : in std_logic;
      C, S : out std_logic);
end Half_Adder;

architecture RTL of Half_Adder is
begin
  C <= A and B;
  S <= A xor B;
end RTL;
```

(a) VHDL記述

(b) 回路図

(c) タイムチャート

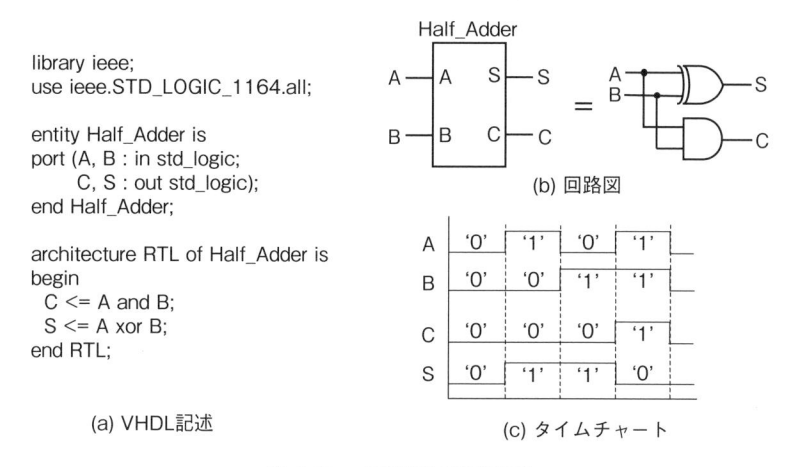

図 6.12　半加算器の機能記述

(2) 半加算器

半加算器については，5.2.3 節 (1) で学んだとおりであるが，これを VHDL で記述すると図 6.12 (a) のようになる．エンティティ名を "Half_Adder" とし，入力を A, B，出力をサム S とキャリ C としてエンティティ部に記述されている．アーキテクチャ文では，S および C が，それぞれ A と B の排他的論理和および論理積であることが記述されている．この記述から生成される回路は図 6・12 (b) となり，論理シミュレーションの結果は，図 6.12 (c) のようになる．

(3) 全加算器

全加算器についても，5.2.3 節 (2) で述べたとおりであり，半加算器と同様に論理式を用いて VHDL 記述をすることができるが，ここでは VHDL の構造化記述を学ぶために，2 つの半加算器を用いて構成する場合を考える．全加算器は 2 つの半加算器を用いて図 6.13 (b) のように構成することができる．入力は FA，FB およびキャリ入力 C_in とし，出力はサムを FS，キャリを C_out とすると，この構成から前章で示した全加算器の式 (5.9) および式 (5.10) に相当する関係が得られることが容易に確かめられる．エンティティ名を "Full_Adder" としてアーキテクチャ文では以下の手順で構造化記述を行う．

(i) 内部信号 sa,sb,sc を "signal sa, sb, sc : std_logic;" で定義する．

(ii) 上で記述した半加算器 "Half_Adder" を "component Half_Adder 〜〜 end component;" 文で定義する．ここで "〜〜" の部分は port 文による端子の定義が入り，半加算器の port 文と全く同じものを書けばよい．

(iii) 信号と部品を定義したら，次はこれらを用いて構造の記述を行う．記述の仕方は，「"部品番号"："部品名" portmap (端子と信号の対応の一覧)；」となる．ここで (端子と信号の対応の一覧) は，"端子名 => 信号名" の対応を全てコンマ "," で区切って記述する．ここでは，2 個の Half_Adder を図 6.13 (b) に従って接続している．最後に，OR 回路を "C_out <= sa or sc;" で記述して完了する．

以上の手順で構造化記述することによって，回路を階層的に構築することができ，大規模な

```vhdl
library ieee;
use ieee.STD_LOGIC_1164.all;

entity Full_Adder is
  port (FA, FB, C_in : in std_logic;
        FS, C_out  : out std_logic);
end Full_Adder;

architecture RTL of Full_Adder is
  signal sa, sb, sc : std_logic;
  component Half_Adder
    port (A, B : in std_logic;
          C, S : out std_logic);
  end component;
begin
M1 : Half_Adder port map (
  A => FA,
  B => FB,
  C => sa,
  S => sb);
M2 : Half_Adder port map (
  A => C_in,
  B => sb,
  C => sc,
  S => FS);
C_out <= sa or sc;
end RTL;
```

(a) VHDL記述

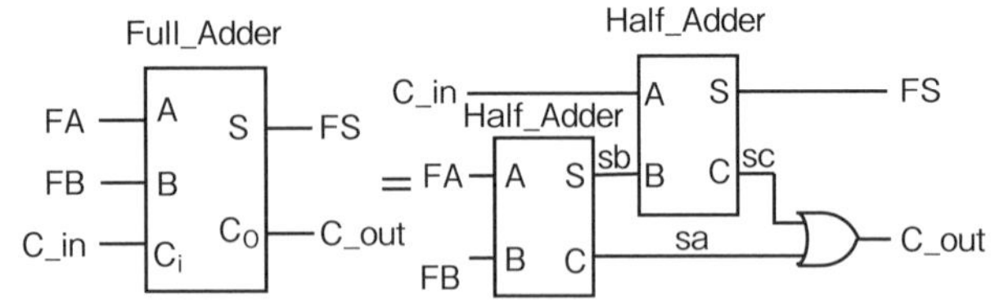

(b) 回路図

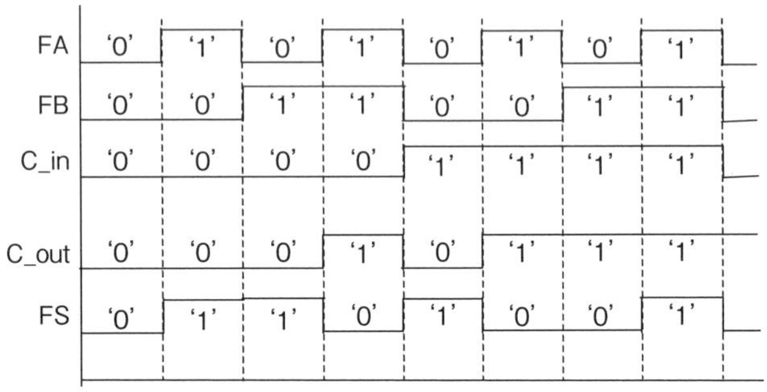

(c) タイムチャート

図 6.13 全加算器の機能記述

回路を比較的容易に組み上げることができる．この記述により，図 6.13 (b) の回路が生成され，シミュレーションにより図 6.13 (c) のような全加算器のタイムチャートが得られる．

(4) D フリップフロップ (DFF)

図 6.14 (a) に DFF の VHDL 記述を示す．エンティティ名は "DFF" とし，図 6.14 (b) に示すように入力信号はリセット RST，クロック CLK およびデータ D とし，出力信号は Q およびその反転信号 NQ としている．

アーキテクチャ文では if 文が用いられる．If 文はアーキテクチャ文中の process 文の中で記述される．VHDL においては動作の記述はアーキテクチャ文で "begin" と "end アーキテクチャ名;" に挟まれた中で行われるが，通常この中の記述は書かれた順番に依らず同時に実行される．これに対して，process 文において "process" と "end process;" に挟まれた部分は，書かれた順番に逐次実行される．これは，LSI において信号が複数の回路に伝えられるのは同時であるが，個々の回路においては入力の変化に応じて入力から出力までが順に動作することに対応している．入力が動くと回路が動くことを表現するために process 文では "process (センシティビティリスト)" という書き方をして，センシティビティリストに回路を動作させる入力信号を全て列挙する．図 6.14 (a) では，センシティビティリストが (CLK, RST) となっており，いずれかが変化すると，回路が動作するようになっている．

if 文の書式は，

 if (命題 1) then 動作 1;

 elsif (命題 2) then 動作 2;

```
library ieee;
use ieee.STD_LOGIC_1164.all;

entity DFF is
  port (CLK, RST, D : in std_logic;
        Q, NQ: out std_logic);
end DFF;

architecture RTL of DFF is
begin
  process (CLK, RST)
    begin
      if (RST='0') then
        Q <= '0';
        NQ <= '1';
      elsif (CLK'event and CLK='1') then
        Q <= D;
        NQ <= not D;
      end if;
  end process;
end RTL;
```

(a) VHDL記述

(b) 回路図

(c) タイムチャート

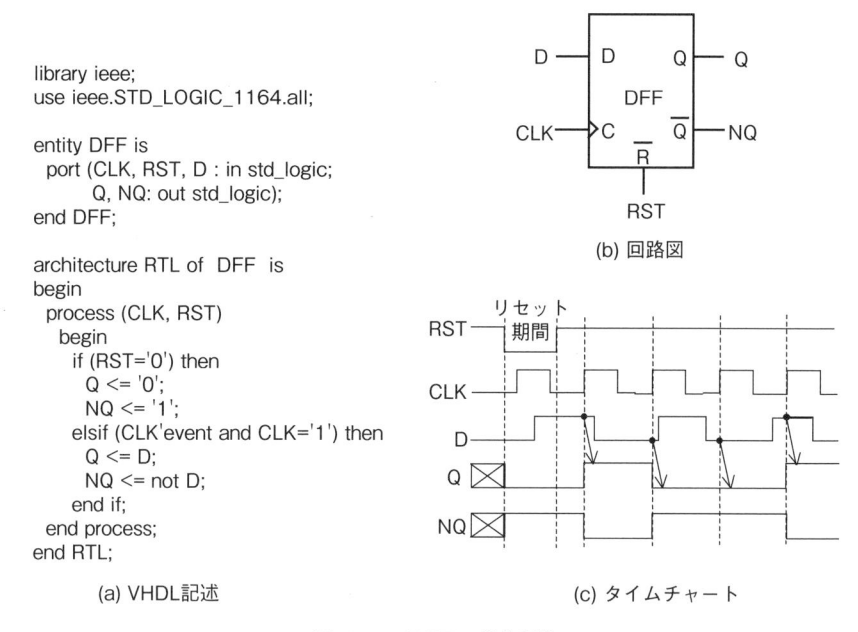

図 **6.14** DFF の機能記述

else 動作 3;

end if;

などとなる．この記述では，命題 1 が成立する場合は動作 1，命題 2 が成立する場合は動作 2，それ以外の場合は動作 3 が実行される．DFF の動作は，リセットが "0" になると出力 Q を強制的に "0" とし，リセットが "1" のときはクロックの立ち上がり時に "Q <= D;" で入力データ D が出力 Q に転送される．ここでクロックの立ち上がりは，"clk'event and CLK='1'" で表現されている．" 'event" はその前に書かれた信号に変化があるときに真となる関数で，"and CLK='1'" が付加されることにより，クロックが "0" から "1" に変化した時点であることを示している．また，NQ には常に Q の反転信号が出力される．以上の記述により，5.3.2 節で述べた DFF の動作が実現される．図 6.14 (c) に，論理シミュレーションの結果得られるタイムチャートの一例を示す．

(5) 3 ビット 8 進カウンタ

5.3.4 節 (3) で述べた 3 ビット 8 進カウンタの VHDL 記述および回路記号を図 6.15 (a) および (b) に示す．エンティティ名を "count_8" とし，入力をリセット RST とクロック CLK，出力を 3 ビットの信号 DOUT としている．アーキテクチャ文は，DFF と同様に CLK と RST を入力とする process 文で記述され，まず 3 ビットの内部信号 sig_cnt が signal 文で定義される．sig_cnt はリセット時には "000" となり，クロックが立ち上がるごとに 1 ずつ増加するように記述されている．すなわち，RST が "0" のときは "sig_cnt <= "000";" となり，RST が '1' で "CLK'event and CLK='1'" すなわち CLK の立ち上がりのときに代入文 "sig_cnt <= sig_cnt + "001";" によって sig_cnt が 1 ずつ増加する．そして，クロックごとに "DOUT <= sig_cnt;" によって sid_cnt が DOUT に転送されて出力される．この記述から分かるよう

```vhdl
library ieee;
use ieee.STD_LOGIC_1164.all;
use ieee.STD_LOGIC_UNSIGNED.all;

entity count_8 is
  port (CLK, RST : in std_logic;
    DOUT : out std_logic_vector (2 downto 0));
end count_8;

architecture RTL of count_8 is
signal sig_cnt : std_logic_vector (2 downto 0);
begin
  process (CLK, RST)
    begin
      if (RST='0') then
        sig_cnt <= "000";
      elsif (CLK'event and CLK='1') then
        sig_cnt <= sig_cnt + "001";
      end if;
    end process;
  DOUT <= sig_cnt;
end RTL;
```

(a) VHDL記述

(b) 回路図

(c) タイムチャート

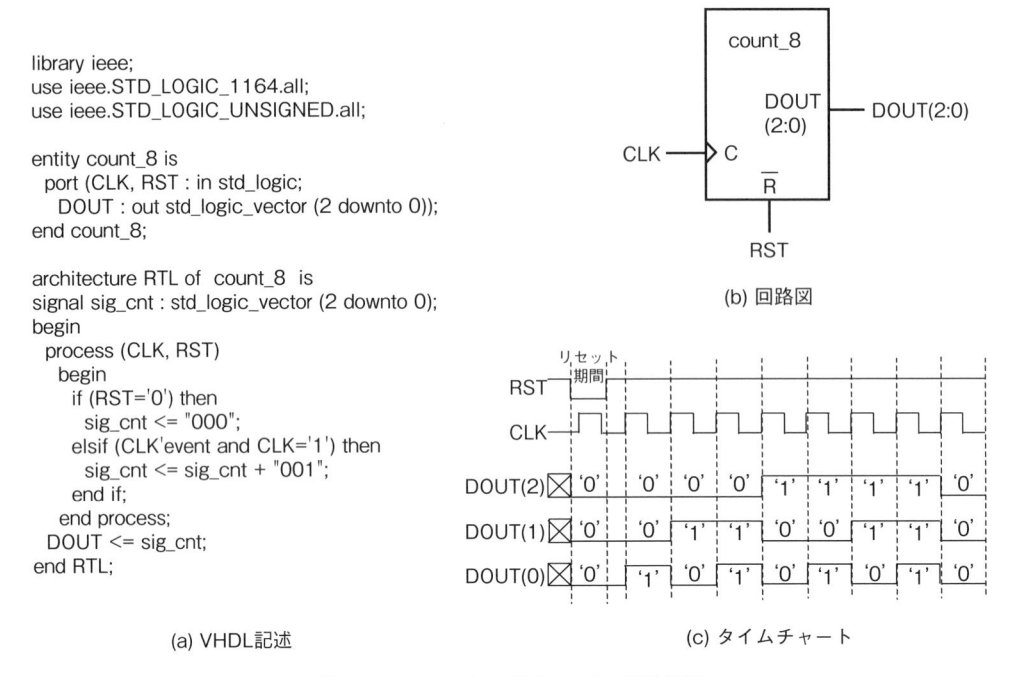

図 6.15　3ビット8進カウンタの機能記述

に，VHDL では，1 ビットの信号は '1'，複数ビットの信号は "101" と，異なるマークで括って表現する．このマークを間違うとエラーとなるので注意を要する．また，sig_cnt を使わずに "DOUT <= DOUT + "001";" としてもよさそうに思えるが，VHDL では，DOUT のようにエンティティ文において出力信号として "out" で定義された信号は，代入文の右辺に置くことを禁止されている．図 6.15 (c) に，タイムチャートを示す．リセット時に出力 DOUT が "000" となり，その後クロックの入力ごとに出力が "001" ずつ増加して "111" になり，次に "000" に戻る．その後再び増加を繰り返す．

(6) 3 ビット 6 進カウンタ

5.3.4 節 (4) で述べた 3 ビット 6 進カウンタの VHDL 記述および回路記号を図 6.16 (a) および (b) に示す．エンティティ名を "count_6" としている．アーキテクチャ文は 3 ビット 8 進カウンタとほとんど同じであるが，クロックが立ち上がった際の条件分岐が 1 つ増えて，

　　if (sig_cnt="101") then
　　　　sig_cnt <= "000";

が追加されている．すなわち，sig_cnt が "101"(= 5) になると次は "000" に戻るように記述されている．これによって，5 の次には 0 に戻る 6 進カウンタの機能が実現されている．図 6.16 (c) にタイムチャートを示す．DOUT が "101" の次に "000" に戻っていることが分かる．

```
library ieee;
use ieee.STD_LOGIC_1164.all;
use ieee.STD_LOGIC_UNSIGNED.all;

entity count_6 is
  port (CLK, RST : in std_logic;
    DOUT : out std_logic_vector (2 downto 0));
end count_6;

architecture RTL of count_6 is
signal sig_cnt : std_logic_vector (2 downto 0);
begin
  process (CLK, RST)
    if (RST='0') then
      sig_cnt <= "000";
    elsif (CLK'event and CLK='1') then
      if (sig_cnt="101") then
        sig_cnt <="000";
      else
        sig_cnt <= sig_cnt + "001";
      end if;
    end if;
  end process;
  DOUT <= sig_cnt;
end RTL;
```

(a) VHDL 記述

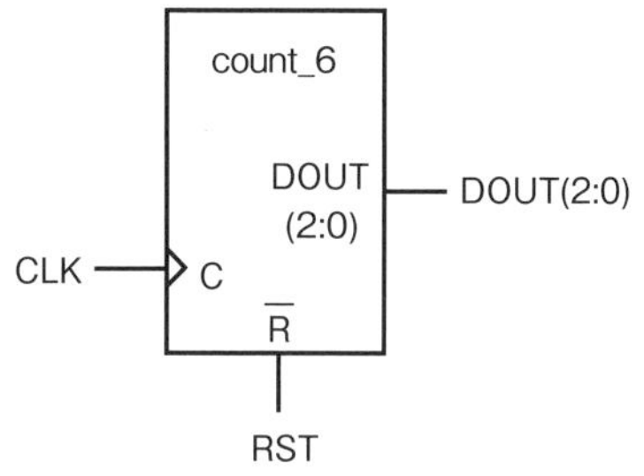

(b) 回路図

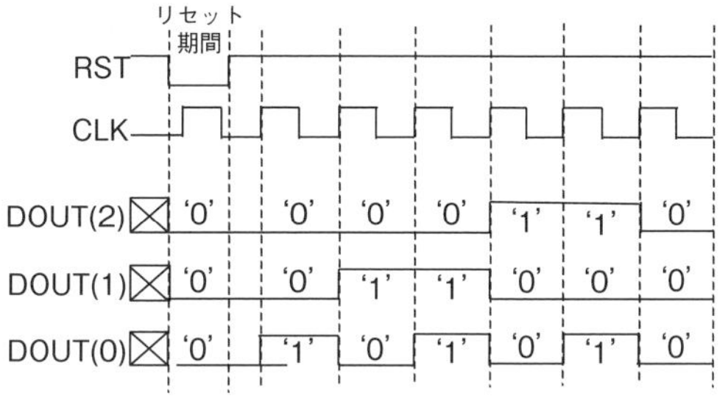

(c) タイムチャート

図 **6.16** 3 ビット 6 進カウンタの機能記述

演習問題

設問1 大規模な LSI を設計する際に設計フローに従って進める必要があるが，その理由を2つ述べよ．また，図 6.1 に示す設計フローにおいて，最も自動化が困難な工程 (人間の頭を使わなければできない工程) を2つ挙げよ．

設問2 SoC に搭載される CPU には，パソコン用などに市販されている CPU チップと比べて著しい特徴がある．その特徴と，そのようになっている理由を答えよ．

設問3 メモリはアドレスを与えてそのアドレスにデータを読み書きする LSI である．メモリについて，下記の問いに答えよ．

(1) 512 個のアドレスをアクセスするのに必要なアドレス線は何本か．
(2) アドレス線が 18 本，データ幅が 32 ビットであるメモリのビット数は何メガビットか．
(3) このとき ((2) のとき)，このメモリは何バイトか．

設問4 6.4.2 節で説明した 3 ビット 8 進および 6 進カウンタの VHDL 記述を参考にして，4 ビット 10 進カウンタの VHDL 記述を作成せよ．ただし，Entity 名は，「count_10」とすること．

設問5 6.4.2 節で説明した 3 ビット 6 進カウンタ (count_6) および上で作成した 4 ビット 10 進カウンタ (count_10) を用い，component 記述を用いて，60 進カウンタの VHDL 記述を作成せよ．Entity 名は，「count_60」とすること．また，回路構成については前章の問題 5.5 を参照のこと．

第7章
レイアウト設計

　設計した回路を，物理的な2次元のパターンとしてチップの姿に描く作業がレイアウト設計である．レイアウトの良否によってチップの面積や配線の長さが変化し，コストや性能が大きく左右されるため，いかに性能を劣化させずに小面積のレイアウトを行うかが重要となる．また，近年のLSIは回路の規模が膨大であるため，いかに短時間で効率よくレイアウトを行うかも重要である．この章では，まずレイアウト設計の基礎的事項について，いくつかの回路例を交えて説明し，次にチップ全体を自動的にレイアウトするための配置配線技術について説明する．さらに，LSI設計の最終段階としてレイアウト完了後に行われるタイミング検証について説明する．

□ 本章のねらい

- レイアウトと素子の断面構造との対応を理解する．
- レイアウトを構成するレイヤの意味を理解し，レイヤに分解できるようになる．
- インバータ，NAND，NOR，SRAMメモリセルなど基本的な回路のレイアウト構造を理解する．
- レイアウトルールについて理解し，ルールに基づいたレイアウトができるようになる．
- 配置配線がどのような順序で行われるかを理解する．
- 基礎的な配置アルゴリズムおよび配線アルゴリズムを理解する．
- タイミング検証がどのように行われるかを理解する．

□ キーワード

　レイアウト，フォトマスク，レイヤ，レイアウトルール，λルール，SRAM特殊ルール，DRC，LVS，配置配線，フロアプラン，クロック分配，配線グリッド，反復改善法，迷路法，引き剥がし再配線，タイミング検証，寄生容量，寄生抵抗，クロックスキュー，セットアップタイム，ホールドタイム

7.1 レイアウト設計とは

　論理合成による回路の生成を行うと，標準セルやメガセルの接続関係を記したネットリストとよばれるテキストファイルが作成される．このネットリストに基づいてLSIチップの物理的なパターンを2次元的に描く作業がレイアウト設計であり，作成されたレイアウトパターンから

複数のフォトマスクが作成される．第11章で述べるように，このフォトマスクを用いたリソグラフィー (写真製版) 技術によって，集積回路の様々なパターンがシリコンウェーハ上に形成される．

レイアウトは，始めは人手によって描かれていたが，LSI の大規模化が進むにつれて人手での設計は不可能となり，CAD による自動化が行われている．レイアウトの自動化は，前章で述べたように，標準セルおよびメガセルのレイアウトをあらかじめ部品として準備しておき，これをネットリストの情報に従って配置および配線することで実現されている．

7.2 レイアウトの基礎

7.2.1 インバータのレイアウト

まず，もっとも単純な CMOS 回路であるインバータのレイアウトについて説明する．図7.1 において (a) は回路図，(b) はレイヤとパターンの模様との対応，(c) はレイアウト図，(d) は (c) を点 A と点 B で切った場合の断面構造図と各部の名称を示している．ここでは，p ウェル，n ウェル，ゲート，p ソース・ドレイン，n ソース・ドレイン，コンタクトおよび配線の 7 つのレイヤが示されており，本章ではこの 7 つのレイヤを用いて説明を行う．レイヤの模様についてもこの章では以後全て共通とする．ただし，実際の配線層数は第13章で示すようにもっと多く，p 型・n 型のレイヤも多様なものが用いられるため，さらに多くのレイヤが存在する．また，ゲート材料はポリシリコンが用いられているが，近年は第12章12.3節で述べる金属材料も使われるようになっている．配線材料についても，以前はアルミニウムが用いられていたが，

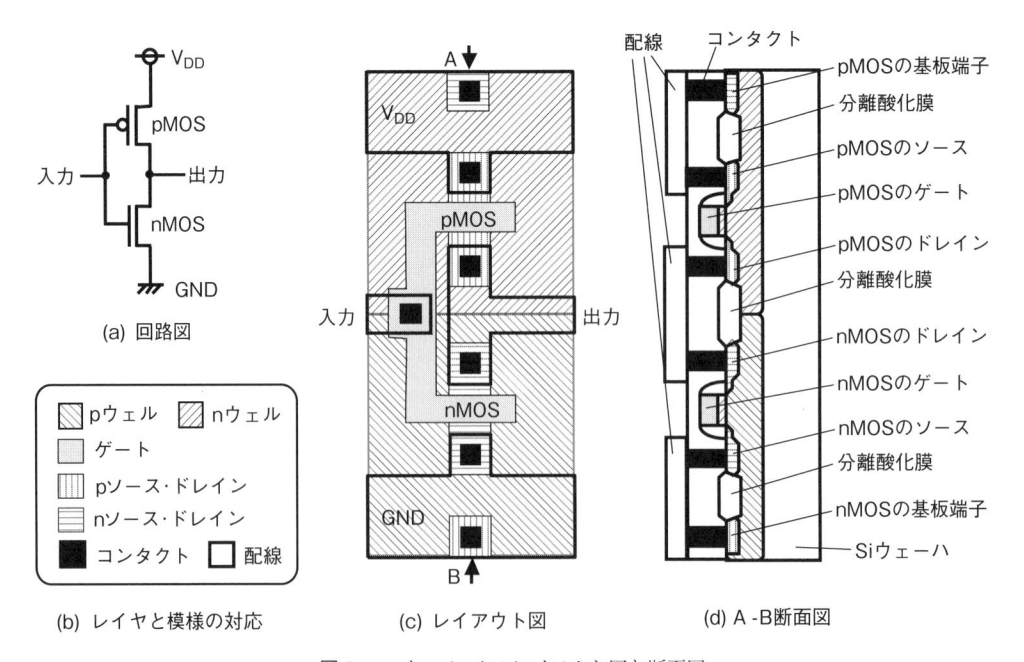

図 7.1　インバータのレイアウト図と断面図

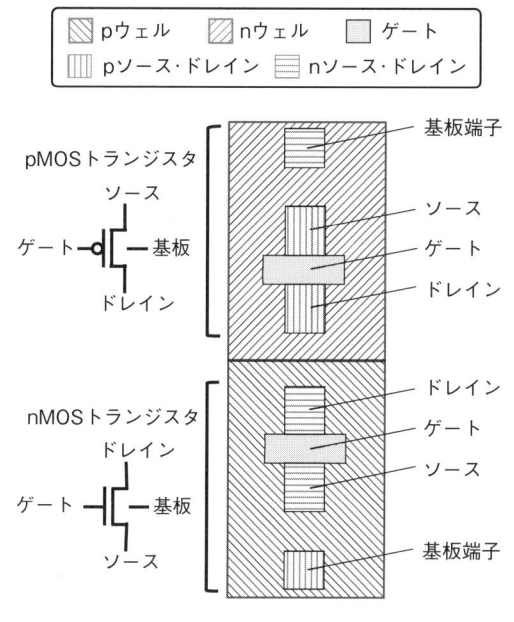

図 7.2 トランジスタとレイアウトの対応

最近はより低抵抗の銅が用いられるようになっている．このように微細化の進歩によって使われる材料が変化しているが，レイアウト設計自体はパターンの材料とは概ね無関係に行われる．

図 7.2 にトランジスタ部のレイアウトのみを表示したものを示す．図 7.1 (c) および図 7.2 に示すように，上部に pMOS トランジスタ，下部に nMOS トランジスタが配置され，pMOS トランジスタは n ウェル内での p ソース・ドレインとゲートの重なり部分，nMOS トランジスタは p ウェル内での n ソース・ドレインとゲートの重なり部分にそれぞれ形成される．また，pMOS および nMOS トランジスタの基板電位を与えるために，n ウェルは最上部で n ソース・ドレインとコンタクトを介して電源配線 (V_{DD}) に接続され，p ウェルは最下部で p ソース・ドレインとコンタクトを介して GND 配線に接続される．入力は配線からコンタクトを介してゲートパターンにつながり，pMOS および nMOS トランジスタのゲート端子に入力する．pMOS トランジスタのソース端子はコンタクトを介して電源配線に接続され，nMOS トランジスタのソース端子はコンタクトを介して GND 配線に接続される．pMOS および nMOS トランジスタのドレイン端子はともにコンタクトを介して配線に接続され出力端子となっている．

図 7.1 および図 7.2 では，レイアウトと断面構造との対応が分かり易いようにトランジスタのゲートを横向きに配置していたが，実際に LSI の部品としてレイアウトされるときは，図 7.3 に示すようなレイアウトが一般的に用いられる．ここでは，pMOS および nMOS トランジスタのゲートが縦向きに一直線になるように配置されている．このように配置する方が，横向きに配置するよりもレイアウト面積が小さくなる．また，ソース・ドレイン領域を必要に応じて縦方向に大きくとることができ，ソースやドレインのコンタクトを複数打つことが可能になる．一般に，コンタクトの抵抗は無視できない程度に大きいので，これを複数打つことによって抵抗を下げてトランジスタの性能を上げることができる．また，稀にコンタクトに不良が起きる

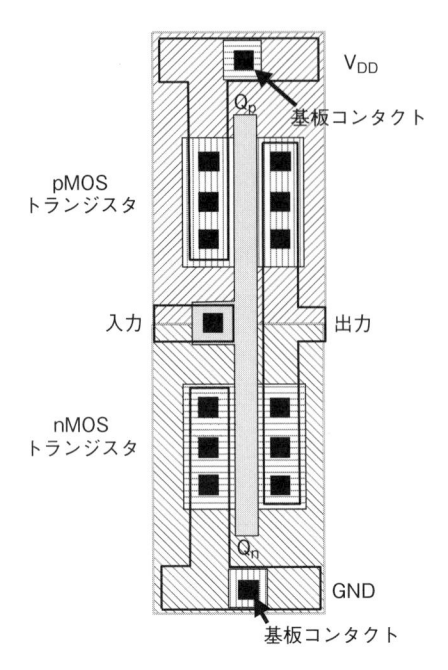

図 7.3　インバータの一般的なレイアウト

ことがあり，その場合でも複数打たれていれば回路は不良にならずに済み，チップとしての不良率を下げることができる．このような理由からコンタクトは可能なかぎり多く打つのがよく，図 7.3 のレイアウトはこれに適している．

　図 7.4 に，図 7.3 のレイアウトをレイヤごとに各工程に分解したものを示す．工程は素子分離，p ウェル，n ウェル，ゲート，p ソース・ドレイン，n ソース・ドレイン，コンタクトおよび配線の 8 つに分解され，それぞれが 1 枚のフォトマスクになる．ここで素子分離工程とは，p ソース・ドレインあるいは n ソース・ドレインが形成される領域以外に全て厚い酸化膜を形成して，トランジスタ間を電気的に分離するための工程である．工程の順番は概ね図 7.4 のようになるが，多少変動する場合がある．

7.2.2　その他のレイアウト例

　図 7.5 に 2 入力 NAND 回路のレイアウトと回路図を示す．入出力の信号名とトランジスタの記号が対応する形で示されている．ゲートが 2 本縦方向に配置され，2 つの入力が左右からそれぞれのゲートに入力する．2 つの pMOS トランジスタ Q_{pA}，Q_{pB} は，ドレイン端子を真ん中で共有した形で出力配線に接続され，左右のソース端子が電源配線に接続される．すなわち，Q_{pA} と Q_{pB} が電源と出力の間に並列に接続される．このレイアウトのように，トランジスタのソースやドレインが共通にできる場合は，面積を低減するために可能なかぎり共通にしてレイアウトされる．2 つの nMOS トランジスタは Q_{nB} の左側のソース端子が GND 配線に接続され，Q_{nA} の右側のドレイン端子が出力配線に接続される．Q_{nB} のドレインと Q_{nA} のソースは真ん中で共有されている．すなわち，Q_{nA} と Q_{nB} は出力と GND の間に直列に接続され

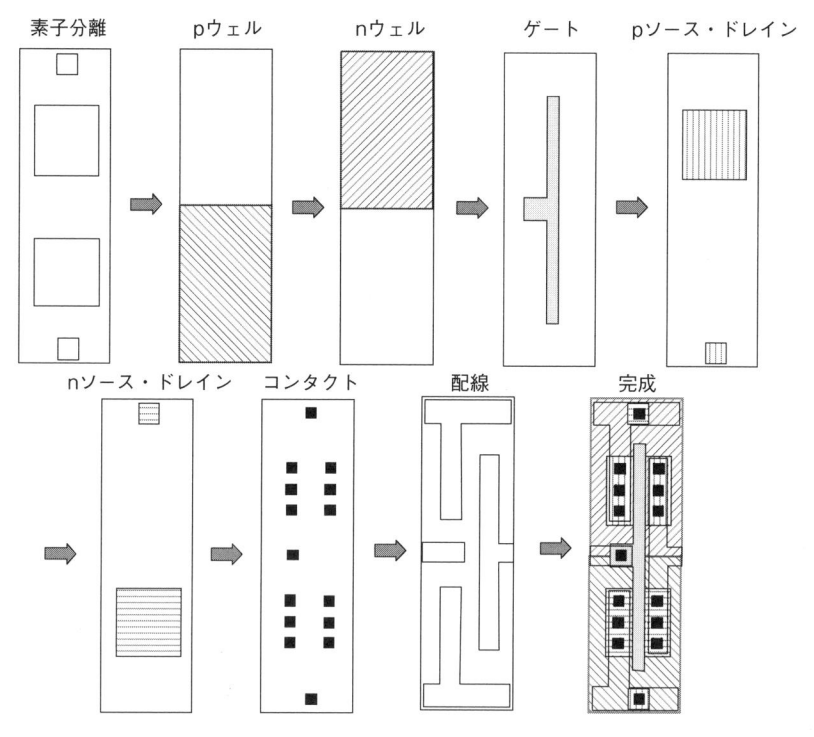

図 7.4 インバータのレイアウトを構成するレイヤ

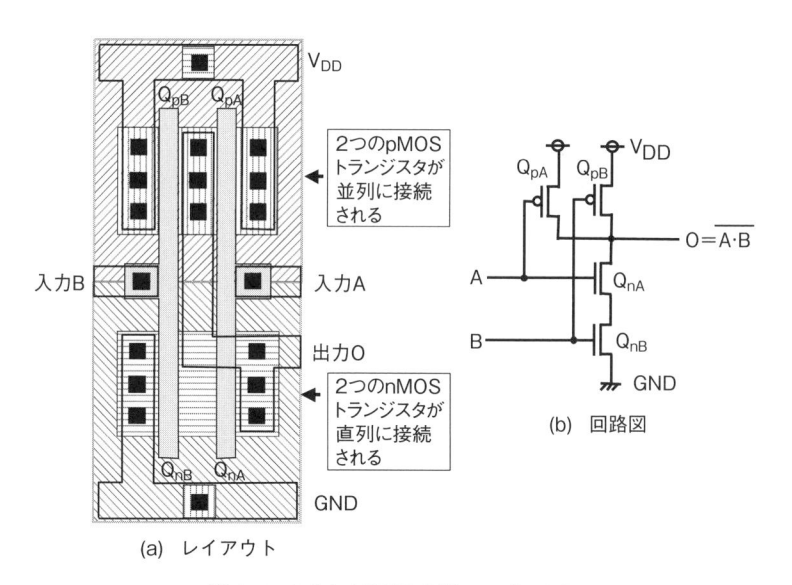

図 7.5 2 入力 NAND 回路のレイアウト
(a) レイアウト
(b) 回路図

る．このように配置および接続することで，回路図に対応するレイアウトが実現されている．

図 7.6 に 2 入力 NOR 回路のレイアウトと回路図を示す．2 入力 NAND 回路と異なる点は，2 つの pMOS トランジスタ Q_{pA} と Q_{pB} が直列に接続され，2 つの nMOS トランジスタ Q_{nA} と Q_{nB} が並列に接続されることである．それに伴って，コンタクトと配線のパターンが 2 入力

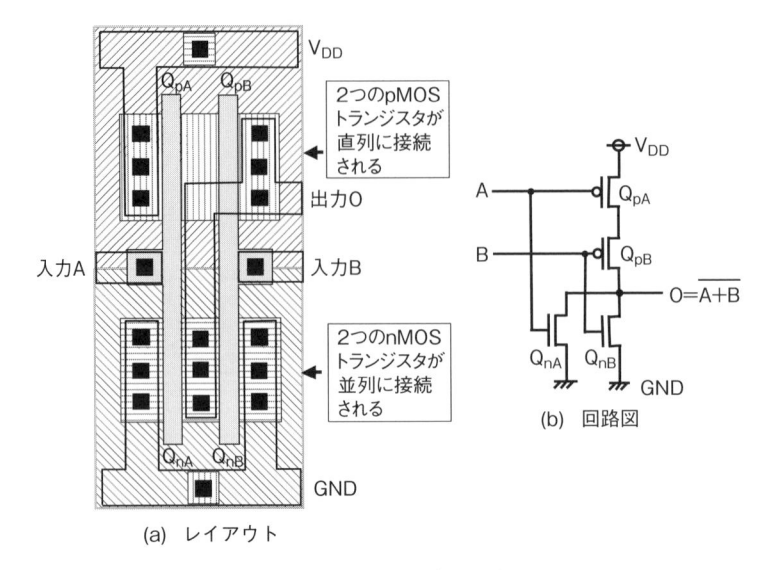

図 7.6 2 入力 NOR 回路のレイアウト

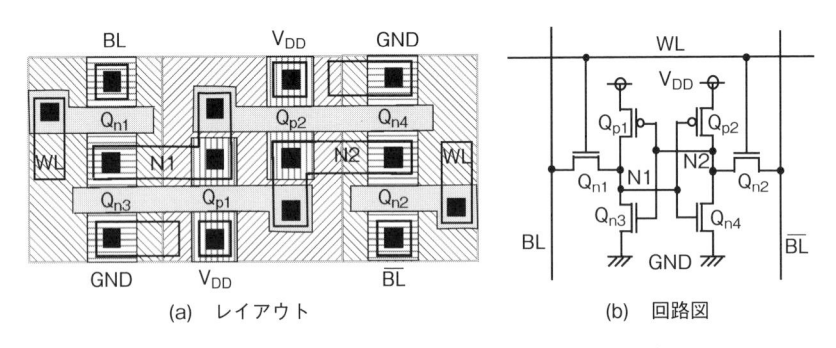

図 7.7 SRAM メモリセルのレイアウト

NAND 回路を上下に反転した構造となっており，その他は 2 入力 NAND 回路と同様となっている．

図 7.7 に SRAM のメモリセルのレイアウト例と回路図を示す．SRAM の回路については第 6 章 6.3.3 節で説明したが，この例では pMOS トランジスタと nMOS トランジスタのゲートを極力 1 つのパターンで共有させることでレイアウト面積を小さく抑えている．なお，この図では第 1 層配線までが示されているが，実際に回路を動かすためにはさらに上層配線を用いてワード線 WL や電源 (V_{DD})/GND 線を接続する必要がある．また，SRAM においては，このメモリセルが上下左右に鏡像反転した形で多数配置される．

7.2.3 トランジスタのサイズ

図 7.8 にトランジスタのサイズと電流値との関係を示す．図は pMOS トランジスタの場合を示しているが，nMOS トランジスタでも全く同様である．ゲートを縦方向に配置した場合，その左右がソースとドレインになるので電流は左右方向に流れる．ここで，ゲートの横方向の長さをゲート長 (またはチャネル長)，p ソース・ドレインの縦方向の長さをゲート幅 (チャネ

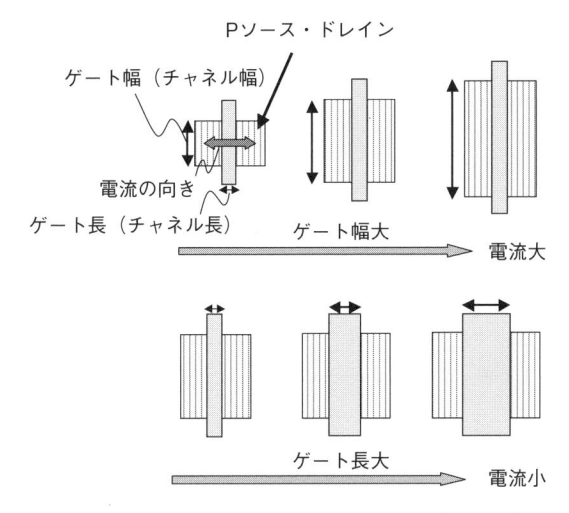

図 7.8 トランジスタのレイアウトと電流値との関係

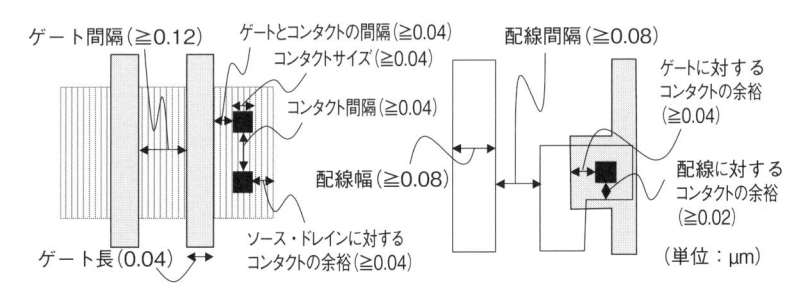

図 7.9 レイアウトルールの例

ル幅）という．図に示すように，ゲート長が大きくなるとソース・ドレイン間の実効的な抵抗が高くなるために電流は減少し，ゲート幅が大きくなると電流経路が広がるため，電流は増加する．特別な理由がないかぎりゲート長は一定で用いられ，トランジスタの電流値はゲート幅を変化させることで調整される．一般にトランジスタのサイズとはゲート幅のことを意味し，回路のスピードはゲート幅によって調整される．すなわち回路の最適化とは各トランジスタのゲート幅を最適な値にすることである．

7.2.4 デザインルール

LSIのレイアウトを行う場合，パターンのサイズはいくらでも小さくできるわけではなく，その世代のプロセス技術の限界や物理的・電気的な制約から，パターンの寸法には制限が設けられている．この制約は"デザインルール"あるいは"レイアウトルール"とよばれ，各工程のパターンに対して細かく規定されている．図 7.9 に，ゲート長が $0.04\,[\mu m]$（40 [nm]）の際のデザインルールの例をに示す．左側の図はトランジスタ部のルールを示しており，pソース・ドレイン，ゲートおよびコンタクトに関連した制限値が示されている．ここでは，同一のレイヤ内において，2本のゲートパターンの間隔は $0.12\,[\mu m]$ 以上，コンタクト間隔は $0.04\,[\mu m]$ 以上となっている．これらは，パターン間のショートを防ぐためのものである．また，異なるレ

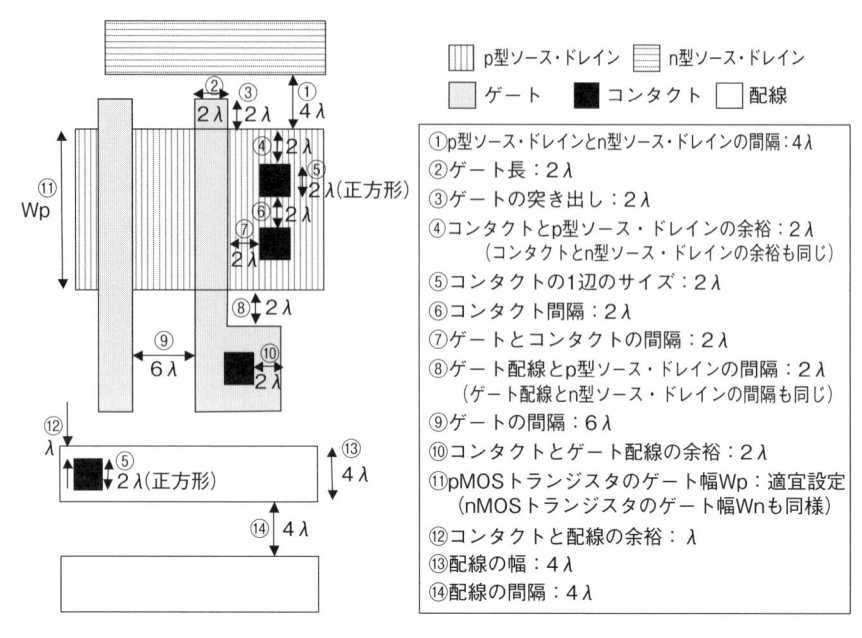

図 7.10 λ ルールによるレイアウトルール

イヤ間においても，ゲートとコンタクトの間隔は 0.04 [μm] 以上離す必要があり，コンタクトの p ソース・ドレインに対する余裕も 0.04 [μm] 以上とる必要がある．これらは，異なる工程間でフォトマスクにずれが生じた際に不良となることを防ぐために設けられた余裕である．右側の図は，ゲートパターンと配線パターンに関するルールが示されている．配線の幅および間隔は 0.08 [μm] となっており，コンタクトとゲートおよび配線との余裕がそれぞれ 0.04 [μm] および 0.02 [μm] となっている．配線の幅および間隔は，断線やショートが起きないように設定されている．

デザインルールを設定する際には，レイアウトを容易にし，プロセスの世代が変わってもレイアウトの変更を最小限にとどめるために "λ ルール" がしばしば採用される．これは，デザインルールを，λ を単位とした値で表すというものである．図 7.10 に λ ルールによるデザインルール設定の一例を示す．レイアウト各部のルールの値が λ を単位として ①～⑭ で示されている．このようにルールを設定することにより，実際の寸法を気にせずにレイアウトを行うことができ，またプロセスの世代が変わっても同じレイアウトを一律に縮小することで再利用することができる．たとえば，図 7.9 で示した例は $\lambda = 0.2$ [μm] とした場合に相当するが，次の世代には $\lambda = 0.14$ [μm] にすることでレイアウトをそのまま 70%に縮小することができる．

図 7.10 の λ ルールによるデザインルールに基づいて描かれたインバータと 2 入力 NAND のレイアウトを図 7.11 に示す．ここでは，各部のサイズを見やすくするためにレイヤの模様は描かず，輪郭のみを示している．また，同じルールに従って描かれた SRAM メモリセルを図 7.12 (a) に示す．このレイアウトでは，メモリセルの面積は，$58\lambda \times 22\lambda = 1276\lambda^2$ となる．しかし，SRAM は搭載できるビット数をできるだけ増やしたいという強い要求があるため，特殊なレイアウトルールを許容することによってレイアウトの面積を縮小することがよく行われ

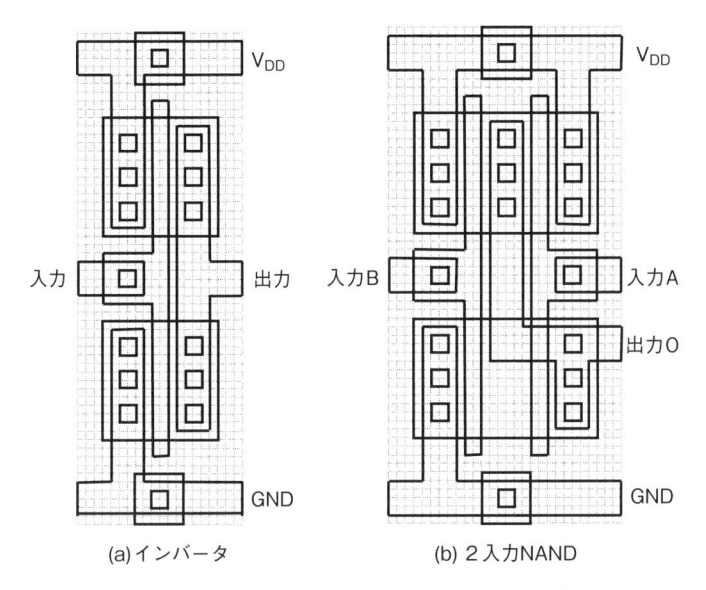

(a) インバータ (b) 2入力NAND

図 7.11　デザインルールに基づいたレイアウト例 (1目盛りが 1λ)

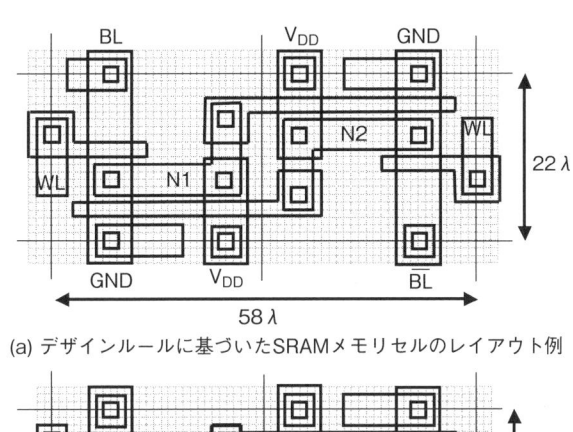

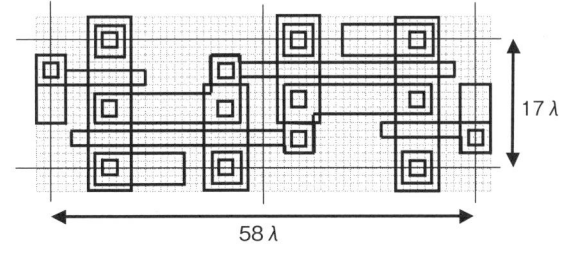

(a) デザインルールに基づいたSRAMメモリセルのレイアウト例

(b) SRAM専用の特殊ルールを用いたレイアウトの例

図 7.12　デザインルールに基づいた SRAM メモリセルのレイアウト例

る．特にメモリセルはレイアウトの規則性が高く，不規則なパターンに比べて製造がやや容易であるため，特殊なルールが許容されやすいという背景がある．たとえば，図 7.10 に示したデザインルールのうち ⑧ 〜 ⑩ を以下のように変更することで図 7.12 (b) のようなレイアウトが可能となる．

⑧　ゲートと p ソース・ドレインおよび n ソース・ドレインの間隔：$2\lambda \Rightarrow 0$

(a) レイアウト A

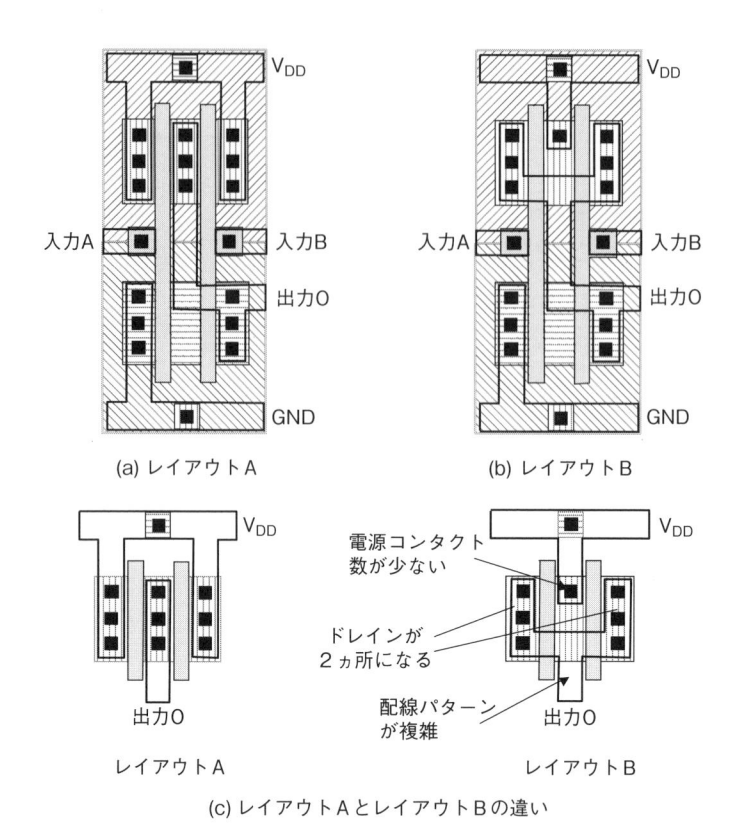

(b) レイアウト B

(c) レイアウト A とレイアウト B の違い

図 **7.13** 2 入力 NAND 回路の 2 種類のレイアウト

⑨ ゲートの間隔 (隣接メモリセルとの間隔)：$6\lambda \Rightarrow 4\lambda$

⑩ コンタクトとゲートの余裕：$2\lambda \Rightarrow \lambda$

この特殊ルールを用いたレイアウトでは，メモリセル面積が，

$$58\lambda \times 17\lambda = 986\lambda^2$$

となり，特殊ルールを用いない場合に比べて，23%小面積化することができる．

7.2.5　良いレイアウトと悪いレイアウト

　CMOS 回路をレイアウトする場合，デザインルールに反しない範囲で可能なかぎり小さく描くことは基本であるが，同じ面積でもレイアウトの仕方によって性能を劣化させてしまうことがある．ここでは，1 つの例を挙げてレイアウトの良し悪しについて説明する．図 7.13 (a) および (b) に 2 入力 NAND 回路の 2 つのレイアウトを示す．いずれも面積は同じで，2 入力 NAND 回路としての機能も実現している．違っているのは，図 7.13 (c) に示すように pMOS トランジスタの接続の仕方である．レイアウト A では，2 つのトランジスタのソース・ドレインのうち，両側を電源配線に接続し，中央を出力に接続している．これに対して，レイアウト B では，中央を電源に接続し，両側を出力に接続している．これによって，レイアウト B は，レイアウト A に比べて電源のコンタクト数が減り (3 個→ 1 個)，出力につながるドレインの

面積が 2 倍になり，また出力の配線パターンが複雑になっている．電源のコンタクトが減ると，ソースの抵抗が高くなってトランジスタの性能が劣化し，またコンタクトの不良に対する耐性も低くなる．出力につながるドレインの面積が大きくなると，出力に付く寄生容量が増加して動作速度が遅くなる．また出力の配線パターンが複雑になることによって，配線の不良率が増加する．これらの理由から，レイアウト B には欠点が多く，実際にレイアウトを行う際には必ずレイアウト A を選択する必要がある．このように，レイアウトを行う際には単にデザインルールを守るだけでなく，可能なかぎり性能を劣化させず，また不良率を低くするように細心の注意を払う必要がある．

7.2.6 レイアウト検証

レイアウトを行うと，そのレイアウトが間違っていないかどうかを検証する必要がある．レイアウト検証には様々なものがあるが，代表的なものとして DRC (Design Rule Check) と LVS (Layout Versus Schematic check) の 2 つがあり，以下にそれぞれについて説明する．

(a) DRC (Design Rule Check)

これは，文字通りデザインルールを満たしているかどうかのチェックである．図 7.10 にデザインルールの例を示したが，実際にはもっと多数のルールが定められており，全体として膨大なルールの集合体となっている．DRC は，作成したレイアウトが全てのルールを満たしているかどうかをチェックするものである．そのために，プロセスの開発と同時に全てのチェック項目を記述したルールファイルが準備される．DRC の実行は，このルールファイルとレイアウトデータを DRC プログラムに投入することで自動的に行われる．DRC の結果はレイアウトデータにフィードバックされて違反箇所が視覚的に分かるようになっており，設計者はこれを見て違反箇所を修正し，最終的に違反が無くなるまでこれを繰り返す．

(b) LVS (Layout Versus Schematic check)

LVS は，出来上がったレイアウトが回路と一致するかどうかを検証するプログラムである．検証に当たっては，まずレイアウトにおけるレイヤ間の接続関係やトランジスタの定義などを記述したルールファイルが準備される．そのルールファイルに基づいてレイアウトからトランジスタの接続情報が抽出され，ネットリストとして出力される．さらに，そのネットリストと元の回路のネットリストとの照合が行われて，不一致があればエラー情報が出力される．論理検証によって元の回路は正しいことが保証されているので，レイアウトが回路図と一致しなければ，レイアウトに問題があることになる．設計者は，エラー情報に従ってレイアウトの修正を行い，最終的にエラーが無くなるまでこれを繰り返す．

DRC および LVS でエラーが無くなれば，そのレイアウトは正しくかつ製造可能であることが保証され，レイアウト設計は完了する．ただし，レイアウト検証はいきなり大規模な回路に対して行うよりも，小規模な回路ごとに順次行っていく方が却って効率がよい場合が多い．

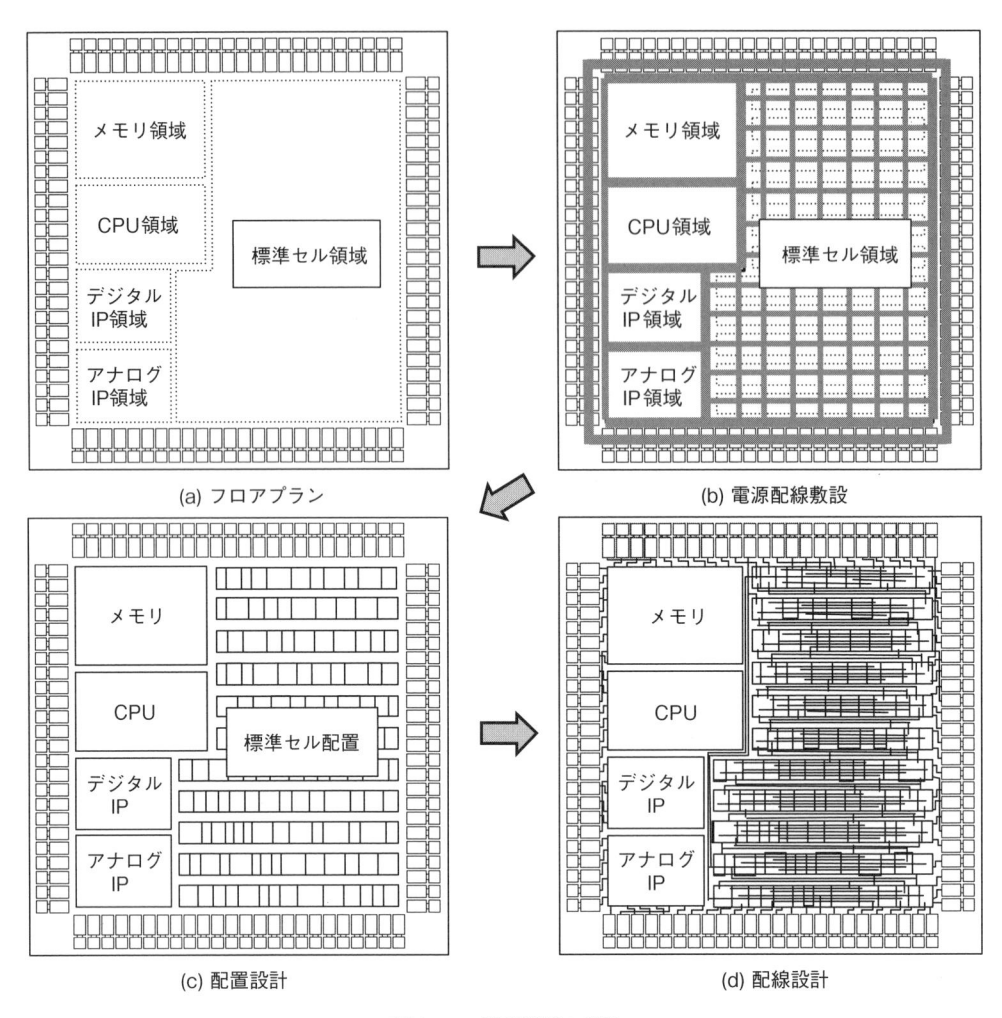

図 7.14　配置配線の手順

7.3　配置配線

7.3.1　配置配線の手順

前項で述べたレイアウトに関する基礎的事項に基づいて，標準セルとメガセルのレイアウトが行われ，LSIを構成する部品が準備される．部品が準備されれば，次にこれを並べてチップ上に配置し，さらに配線を行って全ての部品をつなぐ必要がある．この工程を合わせて配置配線とよぶ．図7.14に配置配線の手順を示す．配置配線は主に以下の4つの手順で行われる．

(a) フロアプラン

フロアプランは，図7.14(a)のようにチップの外形と大まかな回路の配置を決める作業で，建築における部屋割りに相当する．まず，入出力および電源のピン数から，四辺のI/Oパッドの数と配置を決め，部品となるメガセルの外形および標準セルの規模から，それぞれの配置場所を決める．この時点でチップの各辺の長さが決まり，チップサイズが決まる．チップサイズ

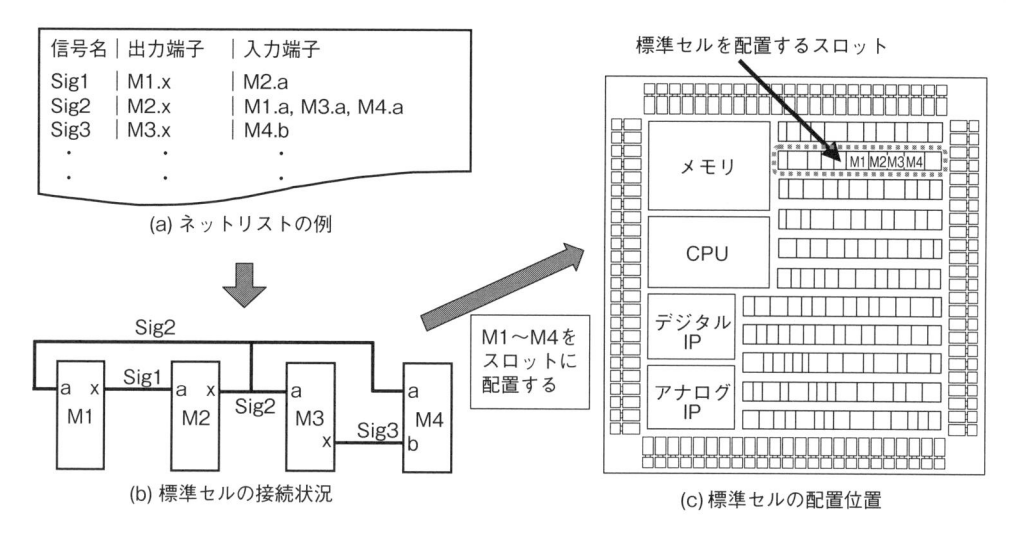

```
信号名 | 出力端子 | 入力端子
Sig1  | M1.x    | M2.a
Sig2  | M2.x    | M1.a, M3.a, M4.a
Sig3  | M3.x    | M4.b
```

(a) ネットリストの例

(b) 標準セルの接続状況

(c) 標準セルの配置位置

図 7.15　標準セルの配置方法

を決めるのは，内部の回路規模の場合もあるが，I/Oパッド数から決まる場合も多い．また，場所を決定する際には，信号のやり取りの多いセルどうしをできるだけ近接させて配置する．

(b) 電源配線

電源配線およびGND配線は，それぞれの電位をチップの隅々まで安定して供給する必要がある．仮に電源線の一部の抵抗が高いと，電流によってその先の電位が降下し，回路に十分な電圧が供給できなくなって速度の劣化や誤動作を招いてしまう．GND配線の抵抗が高くなった場合も回路のGNDレベルが上昇して同様のことが起きる．そこで，電源配線は他の信号配線とは別に，あらかじめ十分に低抵抗になるように敷設される．図7.14(b)に電源配線の例を示す．まずI/Oパッドの箇所にチップの周囲を囲む形で太い電源配線が敷かれる．またメガセルの周囲にも太い電源線が敷かれメガセル内の全ての電源がそこに接続される．標準セル領域は，横方向と縦方向にメッシュ状に電源配線が行われ，全ての標準セルに低抵抗で電源電位が供給される．標準セル領域とメガセル領域も太い電源線で接続される．なお，図7.14(b)では簡単のために電源線のみを示しているが，実際にはGND配線も同様に敷設される．

(c) 配置設計

図7.14(c)に示すように，フロアプランに従ってメガセルおよび標準セルが配置される．標準セルは，図7.15に示すように，ネットリストの内容に基づいて，標準セル領域内の横方向の領域（スロット）に隣接して配置される．図7.15(a)はネットリストの例を表しており，図7.15(b)に示す4個の標準セルM1～M4の接続情報が示されている．各配線に対して信号名（sig1～sig3）と接続先のセルの端子名が記載されている．配置設計は，このネットリストに基づいて，たとえば図7.15(c)に示すスロットの位置にM1～M4が配置される．この際，後の配線設計まで見越してできるだけ配線が短くなるように配置を行う．図7.16に標準セルの配置の様子を示す．標準セルは，電源線やGND線の位置，およびnウェルとpウェルの位置を揃えてレイアウトされており，図のように隣接して置くだけで自然に電源線やウェル領域がつながるようになっている．これによって高密度のレイアウトが容易に実現できるように考慮されて

図 7.16　標準セルの配置例

図 7.17　クロック分配回路

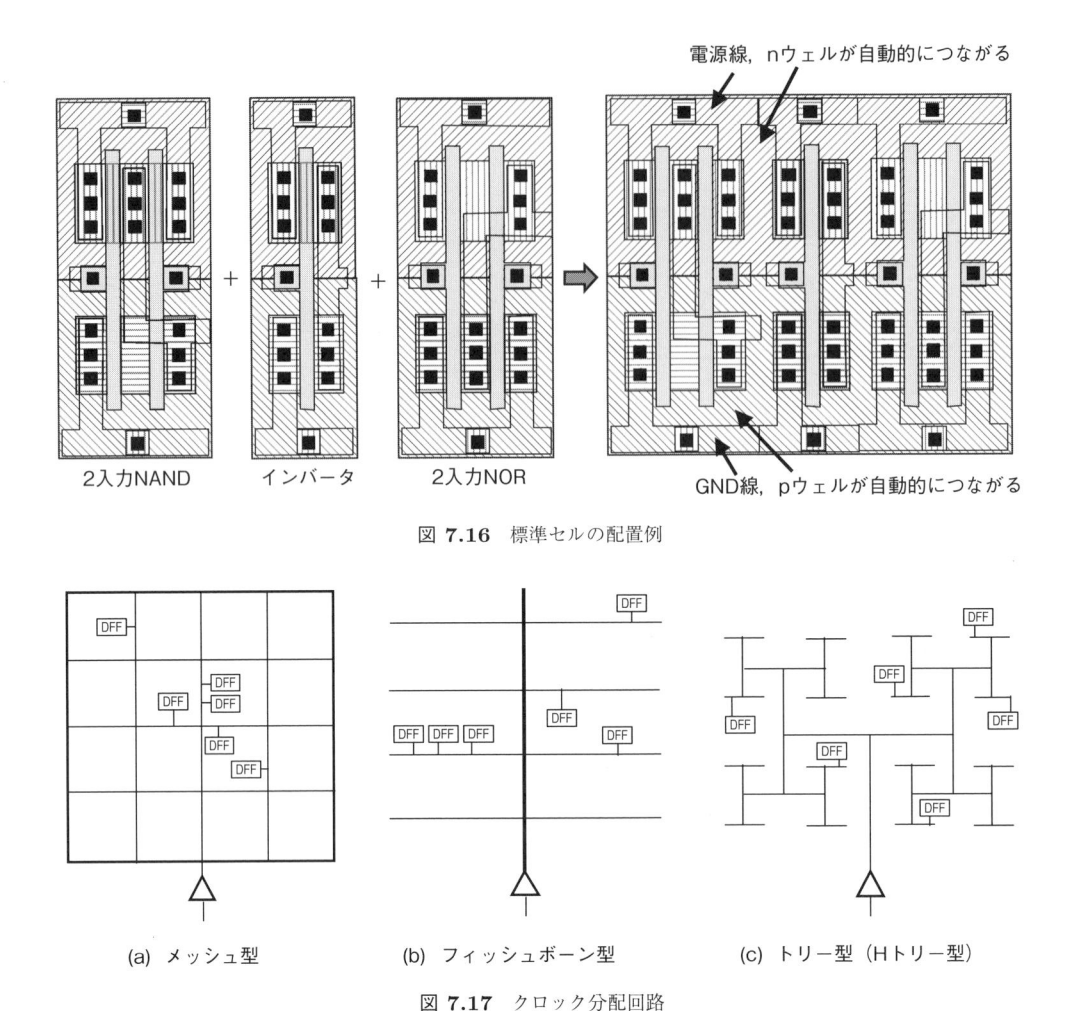

(a) メッシュ型　　(b) フィッシュボーン型　　(c) トリー型（Hトリー型）

いる．この図では，2入力NAND，インバータおよび2入力NORを隣接配置した場合を示しているが，DFFを含む全ての標準セルが同様のレイアウト構造を持っており，容易に隣接配置ができるようになっている．配置設計の最適化アルゴリズムについては，次節で説明する．

なお，配置設計の際にはクロック回路の配置も併せて行われるので，ここでクロック回路について説明する．クロックは，LSI内の全てのDFFに供給され，データの流れを制御する信号であるが，大規模なLSIではDFFが数十万個〜数百万個と多数になるため，非常に大規模な回路となる．しかも，LSIを正しく動作させるためには，全てのDFFに対して同時にクロック信号を供給する必要があり，クロック信号の到着時刻にずれが生じると，7.4節で説明するようにデータの転送がうまくいかなくなって性能劣化や誤動作を招いてしまう．このずれのことを"クロックスキュー"とよび，クロック設計においてはこれを極力小さくする必要がある．現在のクロック設計においては，クロックをできるだけ同時に全てのDFFに分配するためのいくつかの方式が用いられている．図7.17によく用いられる3つの方式を示す．図7.17(a)はメッシュ型とよばれるもので，クロック配線をメッシュ状に電源配線のようにチップ全体に行

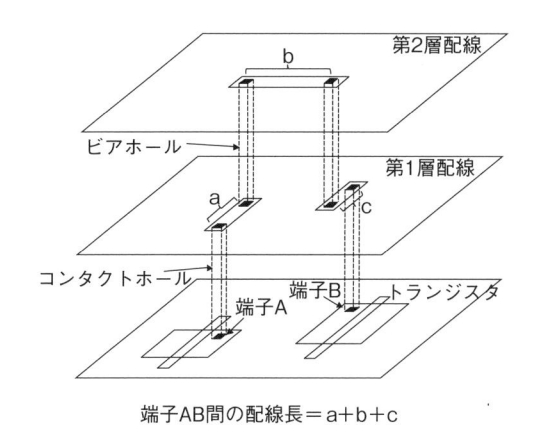

図 7.18　配線長の定義

き渡らせ，各 DFF には最寄りのクロック配線からクロックを供給するというものである．この方式はクロックスキューを小さくできるが，大きな配線容量を常に動かす必要があるため消費電力が大きくなるという欠点がある．図 7.17(b) は，フィッシュボーン型とよばれるもので，文字通り魚の骨のように中央に太いクロック幹線を設けて，そこから横方向にクロック配線を出し，各 DFF には最寄りの配線からクロックを供給する．これは，メッシュ型に比べるとややクロックスキューが大きくなるが，配線容量が減少して消費電力が小さくなるというメリットがある．図 7.17(c) はトリー型とよばれるもので，図のように H 型にクロック配線を分配していき，各 DFF には最も先の部分からクロックを供給するというものである．これによって，全ての DFF をクロック入力からほぼ等距離で配線することができ，クロックスキューを小さくすることができる．この方式は設計の精度を上げることで，クロックスキューを必要に応じて小さくすることができ，また他の方式よりも消費電力を小さくすることも可能なので，大規模で高性能の LSI に用いられる．このように，配置設計においてはクロック分配方式の選定および設計が行われ，クロック分配のための回路の配置も行われる．

(d) 配線設計

配置設計が完了すると，最後に配線設計が行われる．図 7.14(d) に示したように，配置した全てのメガセルおよび標準セルがネットリストの情報に基づいて配線される．配線に当たっては，100%配線を完了できることと総配線長が短くなることが重要となる．配線アルゴリズムについては 7.3.3 節で説明する．配線が完了すると，DRC および LVS などのレイアウト検証が行われ，最終的に問題がないことが確認される．

7.3.2　配置アルゴリズム

標準セルを配置する際には可能なかぎり配線が短くなるように配置を最適化する必要がある．不必要に配線が長くなれば，次章で述べるように動作スピードが遅くなるだけでなく消費電力も増大してしまう．配置アルゴリズムを説明するに当たり，まず LSI における配線長の考え方について述べる．図 7.18 に 2 つのトランジスタの端子間を配線した場合の配線長の定義を示す．通常，LSI の配線は配線層ごとに方向が決められており，上下に隣接する配線層は互いに

図 **7.19**　配線パターンの例

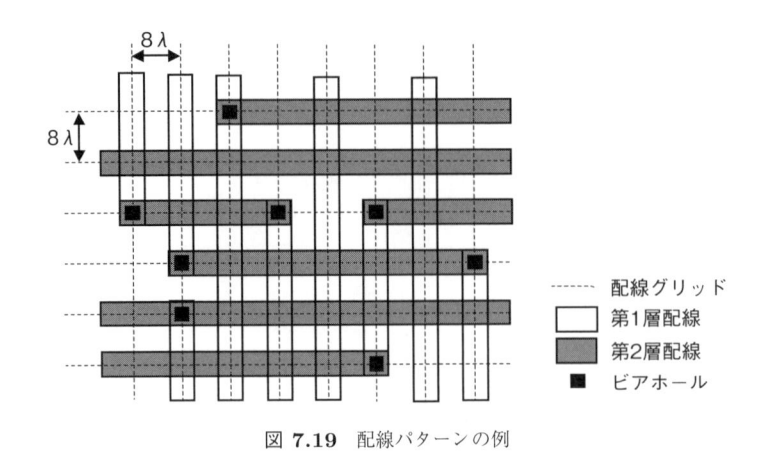

垂直方向になるように配線される．図 7.18 では，第 1 層配線が前後方向，第 2 層配線が左右方向となっている．2 つのトランジスタの端子 A および B は，第 1 層配線および第 2 層配線を介して接続されており，端子 A から第 1 層配線で距離 a，次に第 2 層配線で距離 b，さらに第 1 層配線で距離 c の配線を経て端子 B に到達する．このときの端子 A から端子 B までの配線長を，a+b+c で定義する．各層間はコンタクトホールやビアホールによって縦方向に接続されるが，縦方向の距離は小さいため無視し，距離はあくまでも平面方向で測ったものとする．図 7.19 に配線パターンの例を示す．ここでは，第 1 層配線が縦方向，第 2 層配線が横方向にレイアウトされており，ビアホールの置かれた位置で第 1 層配線と第 2 層配線が接続されている．配線は，図の点線で示す"配線グリッド"に沿って行われ，この例ではグリッドの間隔を 8λ としている．これは図 7.10 で示したデザインルールの値に合わせたもので，幅および間隔が 4λ の配線に対して 8λ のグリッドを設定することで，自動的にデザインルールを満たす配線が可能となる．配線長は，配線に沿ったグリッド線 (点線) のトータルの長さとなる．

　標準セルの配置に当たっては，このような配線長の定義に基づいて，配置の改善が行われる．コンピュータによって自動的に配置改善を行うためには，単純な操作を何度も繰り返すような方法が適している．図 7.20 に，この考えに基づいた"反復改善法"による配置改善の例を示す．図 7.20 (a) は，A〜F の 6 個の標準セルをとりあえず配置したもので，これを初期配置とする．各セル間をつなぐ線はセルの接続関係を示しており，それぞれに端子間を配線した場合の最短距離が記入されている．この例では，隣接するセル間の距離を 1 としており，この場合総配線長は 13 となる．これに対して，2 つのセルの位置を置換することで改善を図る．これはコンピュータでは簡単に発見でき，B と E の位置を置換することで図 7.20 (b) に示すように，総配線長を 9 まで減少させることができる．さらに置換を繰り返して改善を図るが，これ以上どの 2 つを置換しても総配線長は減少しなくなる．この場合は，さらに 2 手先まで読む改善を図る．つまり，2 つのセルを置換して総配線長が改善されなくてもさらにその状態からもう一度どこかを置換することで改善されないかを調べる．この例の場合では，図 7.20 (b) の状態から B と C を置換して図 7.20 (c) のようにしても総配線長は改善されないが，さらに D と E を置換すると図 7.20 (d) となり総配線長は 7 まで改善される．この例では総配線長 7 が最適解と

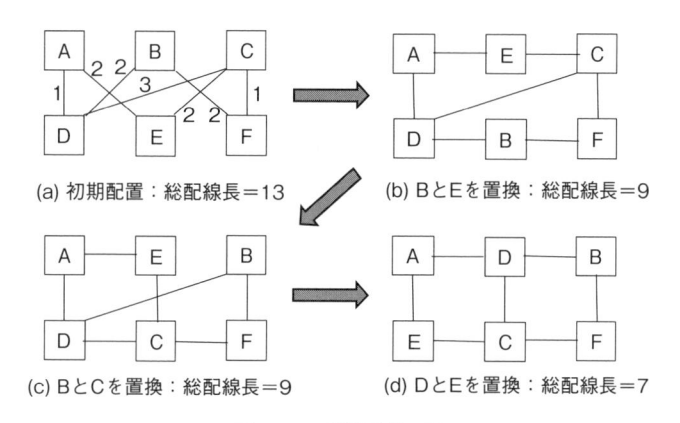

図 7.20　配置改善の例

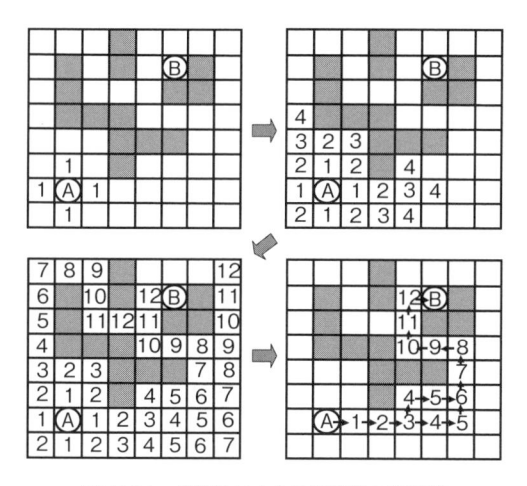

図 7.21　迷路法による最短経路の探索例

なる．このように，初期配置に対してセルの置換を繰り返すことによって最適な配置を実現することができる．実際の LSI では標準セルの数は数十万～数百万と多く，コンピュータの負荷も大きいが，CPU 性能の向上によって実用的な時間で処理が可能となっている．また，初期配置によって得られる改善度合いが異なるなどの課題もあり，現在でも改良が進められている．

7.3.3　配線アルゴリズム

標準セルの配置が完了すると，次に自動的に配線が行われる．配線に当たっては全ての配線をショートさせずに 100％配線を完了する必要があるが，標準セル数が膨大であるため配線数も膨大であり，優れた配線アルゴリズムが要求される．まず，2 点間を最短距離でつなぐ配線アルゴリズムとして "迷路法" が用いられる．図 7.21 に迷路法による探索例を示す．この例は，灰色で塗った障害物のマス目を避けながら，マス目 A からマス目 B までの最短経路を探す場合である．灰色の障害物は，すでに別の配線がある等で通れない箇所を表している．迷路法では，まず左上の図のように A からの距離を順に記入していく．この場合の距離は LSI 配線を考慮して横方向と縦方向の移動距離の和で表したものである．右上の図は，距離 4 までの箇所を

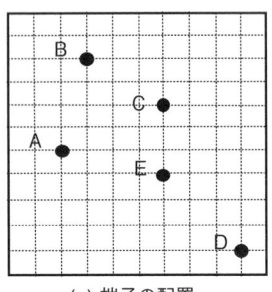

(a) 端子の配置

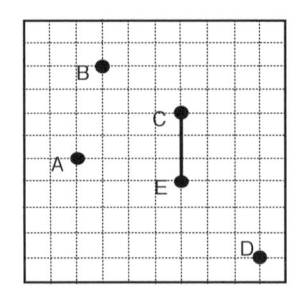

(b) 各点から迷路法を行い，最も距離の短い端子間(CE)を接続する

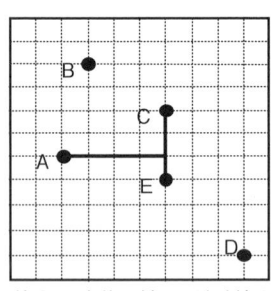

(c) 線分CE全体に対して迷路法を適用し，最短の点Aと接続する

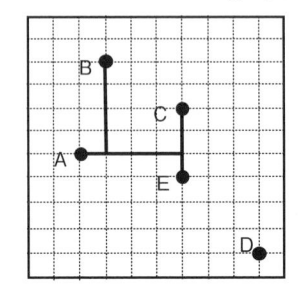

(d) さらにACEを接続する配線全体に対して迷路法を適用し，最短の点Bと接続する

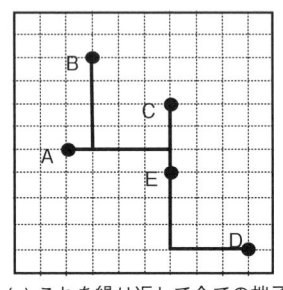

(e) これを繰り返して全ての端子を最短距離で接続する

図 7.22　複数点を最短距離で結ぶ経路 (最小木) の探索例

記入したものである．障害物を避けながらさらに記入を続けると，左下の図のようになり，最も早くBに到達する経路が判明する．この際，距離が異なる複数の経路が存在するマス目に対しては，小さい方の値を記入する．最も早く到達する経路がAからの最短経路であり，この例では右下の図に示す経路となる．なお，距離3〜6までの経路は2つあるがどちらを選んでもよい．迷路法を用いることで，任意の2端子を，障害物を避けながら最短距離で配線することができる．

次に複数の端子を最短の配線で接続する方法を図7.22に示す．図7.22(a)に示すように，ここではグリッド上にある5点A〜Eを最短の経路で結ぶことを考える．このためにまず，各点について迷路法を適用して，図7.22(b)のように最も距離の短い2点 (CとE) を最短経路で接続する．次に，線分CE全体を1つのノードと考え，この線分全体に対して迷路法を適用し，図7.22(c)のように最も近い点Aと線分CEとを最短経路で接続する．さらに，ACEを接続した線全体に対して同じように迷路法を行い，図7.22(d)のように最も近い点Bと最短経路で接続する．これを繰り返して，最終的に図7.22(e)のように全ての点を接続する．このようにして得られた経路は，全体として5点を結ぶ最短経路となっている．

以上のように，迷路法を活用することで，標準セルの端子間を接続していくことができるが，配線が進んでいくと，新たな配線を通す余地が少なくなり，場合によっては配線不可能となってしまう場合がある．そのような場合は，"引き剥がし再配線"が行われる．図7.23に引き剥がし再配線の例を示す．図7.23(a)に示すように，ここでは3対の端子ペアA，B，Cをそれぞれ接続する場合を考える．ただし，最外周のグリッドは使用できないとする．まず迷路法を

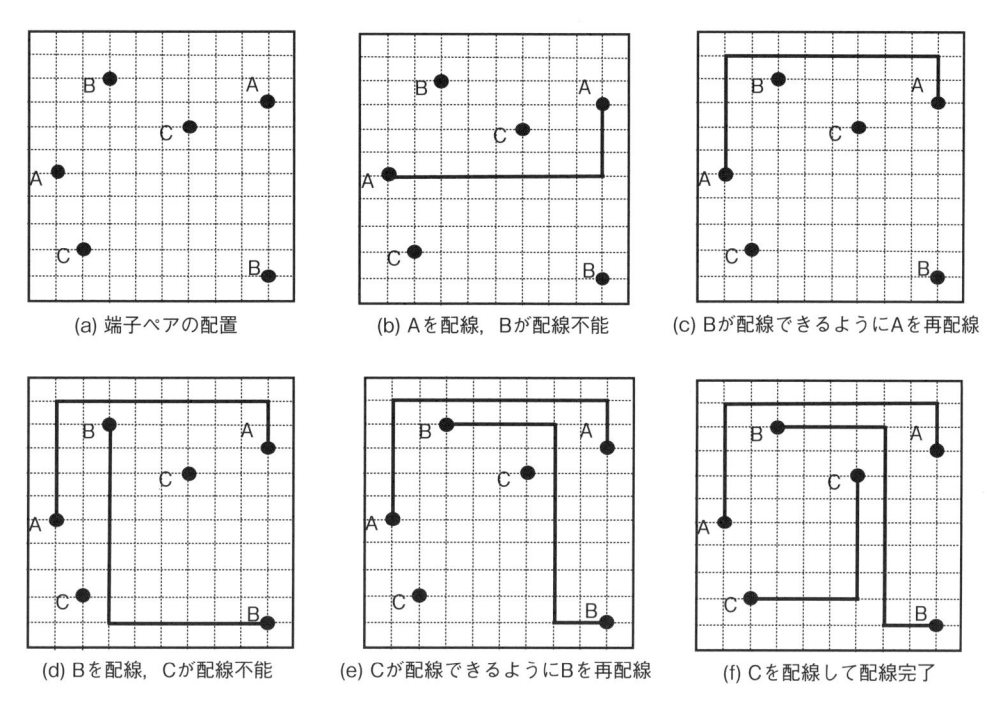

(a) 端子ペアの配置　(b) Aを配線，Bが配線不能　(c) Bが配線できるようにAを再配線
(d) Bを配線，Cが配線不能　(e) Cが配線できるようにBを再配線　(f) Cを配線して配線完了

図 7.23　引き剥がし再配線による配線経路の探索例

用いて図 7.23 (b) のように A どうしを接続すると，B が配線不能となる．そこで，図 7.23 (c) のように一度 A の配線を剥がして，B が配線可能となるように再配線する．これで B が配線可能となる．そこで，図 7.23 (d) のように B を配線すると，こんどは C が配線不能となる．この場合も，図 7.23 (e) のように一度 B の配線を剥がして，C が配線可能となるように再配線する．これで，図 7.23 (f) に示すように全ての端子間を接続することができる．この例では引き剥がす配線は 1 本としたが，実際には複数本の配線を同時に引き剥がして再配線することも行われている．

LSI の配線に当たっては以上のようなアルゴリズムが適用され，コンピュータの性能の向上に支えられて，膨大な量の配線が実際に行われている．それでも配線不能となってしまう場合があり，その場合は配置の改善を行って再度配線を行う．それでもうまくいかない場合は，機能記述を変更せざるを得なくなり，設計期間が長くなってしまうために，設計の初期から論理規模や配線層数を十分に考慮して，ある程度余裕を持たせた設計を行うことが重要である．

7.4　タイミング検証

7.4.1　タイミング検証とは

LSI 全体のレイアウトが完了すると，最後にそのチップが要求された速度性能を満たすかどうかのチェックが行われる．回路の遅延時間は，レイアウトが完了するまでは仮想的な配線容量値を用いて推定されるが，実際にレイアウトすると，予想外のところに大きな配線容量が付

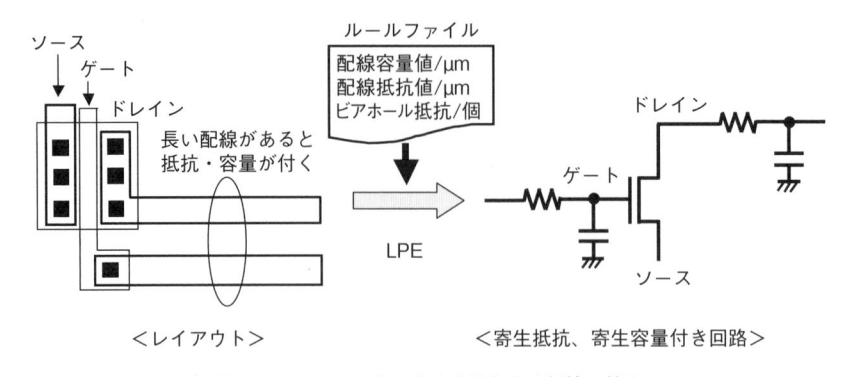

図 7.24 LPE による寄生容量と寄生抵抗の抽出

いて，所定の速度で動かない場合がある．つまり，最終的な動作速度はレイアウトが完了するまでは未知であり，レイアウト完了後に必ず動作スピードのチェックを行わなければならない．また，LSI を正しく動作させるためには，全ての DFF がクロックによって正しいデータを取り込むように設計する必要があるが，このためには，単に動作スピードを速くするだけでなく，後で述べるようにクロック信号のずれに対する耐性も考慮しなければならない．各 DFF に対してこれらを考慮したタイミングの細かいチェックを行うことをタイミング検証とよぶ．タイミング検証に当たっては，まず LPE (Layout Parasitic Extraction) によってレイアウトから寄生容量や寄生抵抗を抽出して，これらを全て含んだ形でタイミングのチェックが行われる．本項では，まず LPE について説明を行い，その後タイミング検証の方法について述べる．

7.4.2 LPE (Layout Parasitic Extraction)

LPE は，レイアウトから寄生容量 (配線容量) や寄生抵抗 (配線，コンタクトやビアホールの抵抗) を取り出して，回路図を生成するプログラムである．図 7.24 に LPE の原理を示す．まず，配線の単位長さ (あるいは単位面積) 当たりの容量値や抵抗値を記述したルールファイルが準備される．LPE は，レイアウトからトランジスタだけでなく，配線の長さやビアホールの数などの情報を抽出し，ルールファイルに基づいて配線の寄生容量および寄生抵抗を計算して，これらが付加された回路図を生成する．この例では，nMOS トランジスタのゲートとドレインに長い配線が付いており，これによる配線容量および配線抵抗が抽出され回路図に付加されている．ここでは nMOS トランジスタの例を示したが，トランジスタ単位で行うと LSI 全体の回路規模が大きくなるため，実際は標準セル単位で，入力および出力の配線に寄生容量および寄生抵抗が付加される形で扱われるのが一般的である．標準セル自体の遅延時間はすでにセルライブラリの情報として与えられているため，個々のライブラリの遅延時間と新たに付加された配線容量および配線抵抗から回路の遅延時間を算出することができる．タイミング検証は，LPE によって作成された寄生容量および寄生抵抗の付いた回路図に対して行われる．

7.4.3 タイミング検証方法

タイミング検証は，サイクルの終了時点において DFF に常に正しいデータが取り込まれる

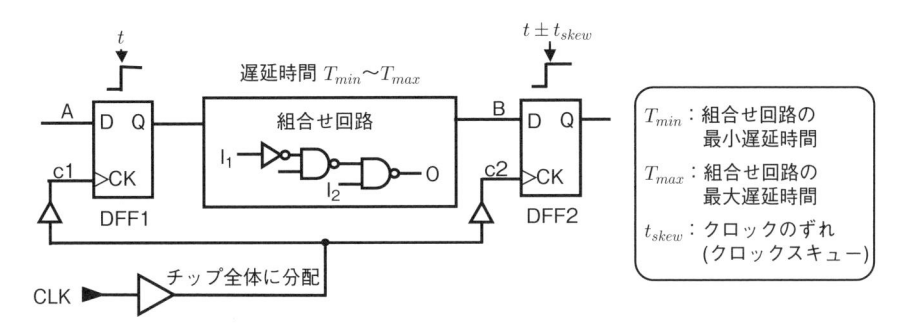

図 7.25 DFF 間のデータ転送の様子

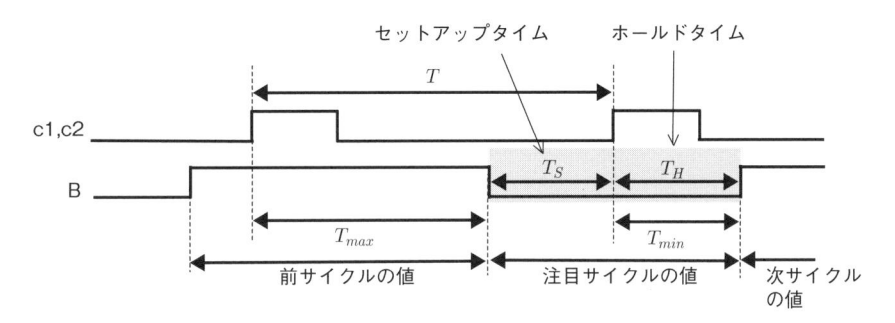

図 7.26 タイムチャート（クロックスキューがない場合）

かどうかのチェックとなる．そのために，2 つの DFF 間に挟まれた組合せ回路を単位としてチェックが行われる．図 7.25 に組合せ回路を介した DFF 間のデータ転送の様子を示す．DFF1 へのデータ入力 A は，クロック入力 c1 の立ち上がり時に右側に伝えられ，組合せ回路を経て DFF2 の入力端子 B に到達する．そして 1 周期後のクロック c2 の立ち上がり時にさらに DFF2 の右側に伝えられる．したがって，DFF1 にクロックが入って，DFF2 に次のクロックが入るまでの間に，A から B に正しいデータが到達している必要があり，これが間に合わないと前周期のデータが DFF2 に取り込まれてしまって誤動作となる．ここで，一般に組合せ回路は，複数の入力を持っており，入力から出力までの遅延時間は経路によってまちまちである．そのうち，最も遅い経路の遅延時間を T_{max}，最も速い経路の遅延時間を T_{min} とすると，組合せ回路の遅延時間が T_{max} であってもその周期内に B に到達する必要がある．また，クロック入力信号はチップ全体に分配され，DFF1 および DFF2 を始めとする全ての DFF に供給される．分配の方法については，図 7.17 で説明したように，できるだけ DFF への到着時刻のずれ（クロックスキュー）を小さくするように設計が行われる．DFF1 と DFF2 は近接配置されることもあるが，離れて配置されることもあるため，両者へのクロックの到達のずれをゼロにすることはできず，ある有限の値 t_{skew} を持つことになる．タイミング検証はこのクロックスキューも考慮して行う必要がある．

図 7.26 に図 7.25 の回路におけるタイムチャートを示す．ここでは，まず簡単のためにクロックスキュー t_{skew} をゼロとしている．すると，DFF1 と DFF2 へのクロック c1 および c2 のタイミングは共通となり，1 つの波形で表すことができる．このクロックに対する信号 B のタイ

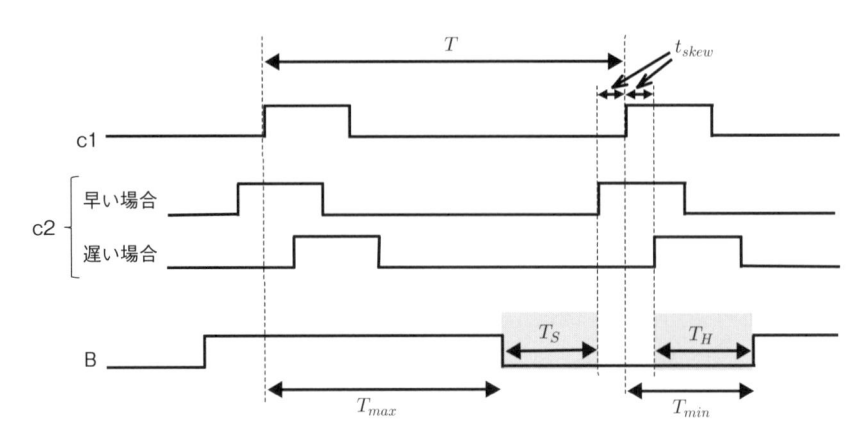

図 **7.27** タイムチャート (クロックスキューがある場合)

ミングを考える．ここで一例として，Bは前サイクルの値が "1"，注目サイクルの値が "0"，次サイクルの値が "1" と順次変化する場合を考える．注目サイクルにおいてクロック c1 によってDFF1 から出力されたデータが組合せ回路を動作させ，Bの値 "0" を確定させ，その後次のサイクルでBの値が "1" となるので，回路を正しく動作させるためには，クロック c2 の立ち上がりが，Bが "0" になっている期間に確実に行われなければならない．Bが "0" となっている期間が最も短くなる最悪の場合は，注目サイクルにおける組合せ回路の遅延時間が最も遅い T_{max} であり，次サイクルにおける組合せ回路の遅延時間が最も速い T_{min} となった場合である．図 7.26 に示すように，Bの値が確定してから c2 の立ち上がりまでの余裕をセットアップタイム T_S，c2 の立ち上がりからBが次に変化するまでの余裕をホールドタイム T_H と定義すると，回路が正しく動作するためには，T_S と T_H がともに正の値とならなければならない．ただし，ここではクロックスキューをゼロとしているので，ホールドタイム T_H は T_{min} に等しく，常に正の値となる

次に，クロックスキュー t_{skew} を考慮した場合を図 7.27 に示す．DFF2 へのクロック入力 c2 のタイミングは，DFF1 へのクロック入力 c1 に対して速い場合と遅れる場合の両方が有り得るので，両方の様子が示されている．チップ全体のクロックスキューの最大値を t_{skew} とすると，最悪の場合として，図 7.27 のように，c2 が c1 に対して t_{skew} だけ早くなる場合と遅くなる場合の両方を想定する必要がある．早くなる場合は，セットアップタイム T_S が減少し，遅くなる場合はホールドタイム T_H が減少する．このように，クロックスキューがあるとホールドタイム T_H も正であることが保証されなくなり，組合せ回路が速く動いて T_{min} が小さくなると，T_H は負になることがある．T_H が負になると，DFF2 が誤って次のサイクルの値を取り込んでしまい，LSI は誤動作してしまう．すなわち，組合せ回路の動作速度が遅すぎるとセットアップタイム T_S が負になり，逆に速すぎるとホールドタイム T_H が負になって，いずれの場合も動作不良となる．つまり，組合せ回路は遅すぎても，速すぎても誤動作してしまう．

タイミング検証は，LSI を構成する全ての組合せ回路に対して，DFF 間のデータ転送が正しく行われるかどうかをチェックするものであり，そのためにセットアップタイム T_S とホールドタイム T_H の両方が正となることをチェックするものである．図 7.27 から，T_S と T_H に対

して以下の式が成り立つ．

$$T_S = T - T_{max} - T_{skew} \tag{7.1}$$

$$T_H = T_{min} - T_{skew} \tag{7.2}$$

ここで，T はクロックの周期である．したがって，$T_S > 0$ かつ $T_H > 0$ を満たすためには，組合せ回路の T_{max} および T_{min} が以下の不等式を満たす必要がある．

$$T_{max} < T - T_{skew} \tag{7.3}$$

$$T_{min} > T_{skew} \tag{7.4}$$

タイミング検証は，全ての組合せ回路に対して，入力から出力までの全経路の遅延時間が，式 (7.3) および式 (7.4) を満たすこと，すなわち遅延時間が T_{skew} よりも大きく，$T - T_{skew}$ よりも小さいことをチェックすることで行われる．大規模な LSI では，チェックするべき経路の数が膨大となるため，検証に時間がかかるようになっているが，コンピュータの性能向上によって実用的な時間で検証可能となっている．

　組合せ回路の遅延時間が長くて式 (7.3) を満たさない場合をセットアップ不良とよぶ．セットアップ不良が起きた場合は，その回路の速度を向上させる必要があり，配置改善によって配線長を短くしたり，長配線を駆動する回路のサイズを大きくするなどの改善が行われる．これに対して，回路の遅延時間が短かすぎて式 (7.4) を満たさない場合をホールド不良とよぶ．ホールド不良が起きた場合は，セットアップ不良とは逆に回路の速度を遅くする必要があり，インバータを偶数段追加するなどの対策がとられる．これらの不良はいずれもクロックスキュー T_{skew} が大きくなると起きやすくなるため，T_{skew} は極力小さくすることが望ましい．特にホールド不良に対しては，インバータの追加によって回路の面積が増大するため，チップを小面積化する上でもクロックスキューの低減は有効である．また，仮に製造したチップがセットアップ不良を起こした場合は，動作周波数を下げる (T を大きくする) ことで動作可能となるが，ホールド不良が起きると動作周波数を低下させても不良を解消できず全くの不良チップとなってしまう．このため，たとえ開発段階の実験用チップであってもホールド不良は絶対に起きないよう慎重な設計を行う必要がある．

演習問題

設問1 下図は，2入力NAND回路のレイアウト図で，pソース・ドレイン，nソース・ドレイン，ゲート，コンタクト，配線の5つのレイヤが描かれている．本章の図7.10に示したデザインルールに従って，この2入力NAND回路の正しいレイアウトを下の解答欄に描け．ゲート幅WnとWpはいずれも14λとし，解答欄に描かれたGND配線をヒントに下図のレイアウトにできるだけ合わせて描くこと．5つのレイヤはいずれも輪郭線のみで，内側を塗る必要はない．下図にならって，入力A，入力B，出力Oの端子名も記入すること．

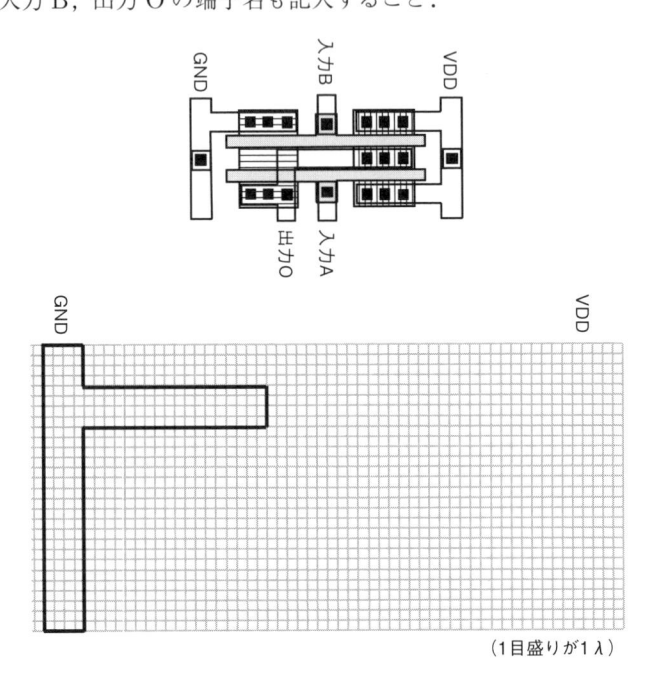

(1目盛りが1λ)

設問2 良いレイアウトを描くために注意すべきことを4点挙げよ．

設問3 レイアウト検証の代表的なものを2つ挙げ，それぞれ何を検証するものかを述べよ．

設問4 クロック分配回路を設計する際に注意するべき点と，その理由を述べよ．

設問5 DFFで挟まれた3入力1出力の回路におけるタイミング検証について，以下の問に答えよ．

(1) 3入力に対する回路の遅延時間は200 [ps], 500 [ps], 900 [ps]であるとし，クロックスキューは150 [ps]であるとする．この回路を動作周波数1 [GHz]で動かす場合の，セットアップタイムT_SおよびホールドタイムT_Hを求めよ．

(2) この回路が正しく動作しない理由を述べよ．

(3) この回路を動作させるための方策を2つ挙げよ．

第8章
LSIの性能

　LSI設計を行う上で，性能に対する要求を満たすことは極めて重要であり，これが満たせない場合は，LSIがいくら正しく動作していても不良チップとして扱われる．したがって，LSI設計者は性能のメカニズムを十分に理解した上で設計を行う必要がある．この章では，LSIの性能を表す共通的な指標として，動作速度と消費電力について説明する．まず，CMOS回路において遅延の原因となる寄生素子の存在を明らかにし，これを考慮した遅延時間の式を導出する．さらにこの式に基づいて，高速化のための指針を示すとともに，具体的な高速化手法を紹介する．次に，消費電力においても同様に式を導出し，その式に基づいて低消費電力化の指針を述べ，現在行われている低消費電力化技術について紹介する．

□ **本章のねらい**
- CMOS回路の信号伝搬のメカニズムを理解し，回路に存在する寄生素子について理解する．
- 遅延時間の式を理解し，LSIの速度がどのようなパラメータで決まっているかを理解する．
- LSIの高速化のためにどのような手段があるかを理解する．
- 消費電力の式を理解し，消費電力がどのようなパラメータで決まっているかを理解する．
- LSIの低消費電力化のためにどのような手段があるかを理解する．

□ **キーワード**

　信号伝搬，寄生容量，寄生抵抗，遅延時間，高速化，消費電力，ダイナミック電力，スタティック電力，リーク電流，低消費電力化，ゲーティッドクロック，低電圧化，低しきい値化，パワーゲーティング，動的基板制御

8.1 LSIの性能とは

　LSIの性能指標は，その用途によって様々なものがあるが，共通的な指標として速度と消費電力の2つがあり，一般にこの2つを向上させることで性能を向上させることができる．以前は動作速度が最も重要な性能指標であったが，近年の携帯機器の発展によって消費電力も極めて重要な指標となっている．LSIは，理想的には速度が無限大，かつ消費電力がゼロで動作することが望ましいが，実際は，容量や抵抗などの寄生素子のために速度は有限となり，消費電

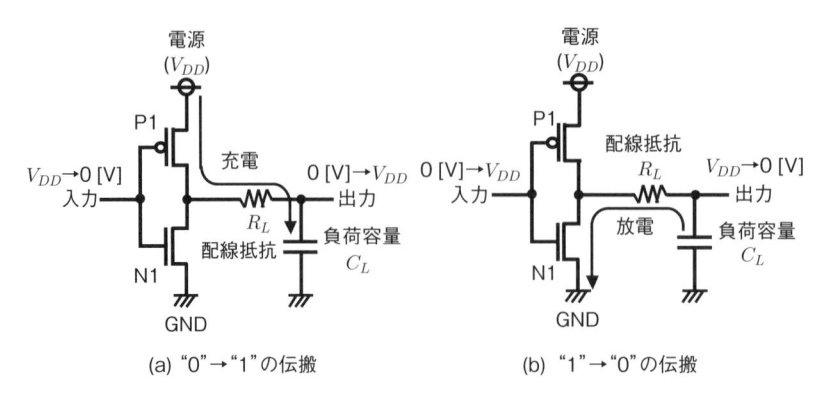

図 8.1 CMOS インバータの信号伝播

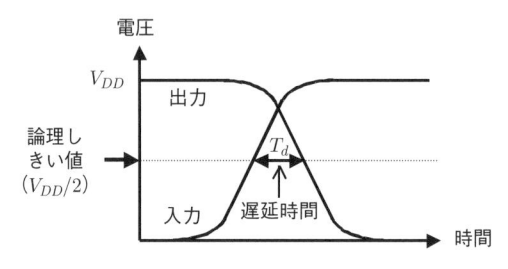

図 8.2 入出力信号波形と遅延時間

力も決してゼロにはならない．第 1 章 1.3 節のスケーリング則で示した通り，プロセスの世代を進めることで，速度と消費電力の両方が改善されるが，同一のプロセス世代においては，速度と消費電力は一般に相反する物理量であり，LSI の設計に当たっては，両者のトレードオフを考える必要がある．したがって，LSI を設計する上で，速度と消費電力が何によって決まっているかを把握することは極めて重要である．

8.2 CMOS 回路の動作速度

8.2.1 CMOS 回路の遅延時間

図 8.1 に，インバータ回路の信号伝搬の様子を示す．図 8.1 (a) は出力が立ち上がる場合，(b) は出力が立ち下がる場合を示している．ここで，R_L は配線抵抗，C_L は負荷容量を表しており，(a) では，pMOS トランジスタ P1 が ON，nMOS トランジスタ N1 が OFF となって，電源 V_{DD} から P1 と R_L を介して電流が流れて C_L が充電され，(b) では逆に P1 が OFF，N1 が ON となって，C_L に蓄えられた電荷が R_L と N1 を介して GND に放電される．ここではインバータ回路を例に示すが，他の回路であっても出力の様子は同じである．このように，LSI における信号の伝搬は抵抗を介して容量を充放電することによって行われ，この抵抗と容量があるために入力信号と出力信号の間には遅延時間が生じる．図 8.2 に，入力信号が "0" から "1"，出力信号が "1" から "0" に変化する様子を示す．ここで，電位が電源電圧 V_{DD} の半分である $V_{DD}/2$ となる時点を "0" と "1" の変わり目 (論理しきい値) と考えると，入力信号が "0" か

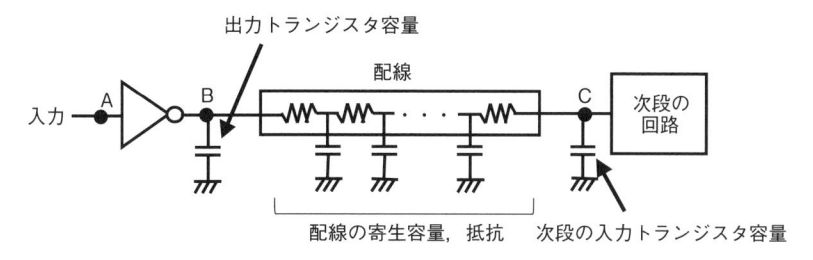

図 8.3　回路に付く寄生容量・抵抗

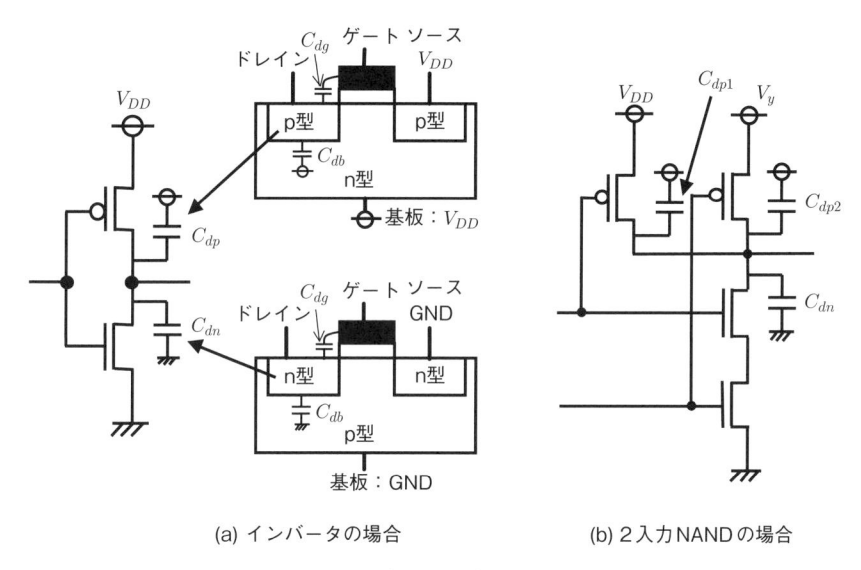

図 8.4　回路の出力に付く寄生容量

(a) インバータの場合　　(b) 2入力NANDの場合

ら"1"に変わる時刻と出力信号が"1"から"0"に変わる時刻の間に，図8.2に示すようにT_dの差が生じ，これが回路の(立ち下がり時の)遅延時間である．遅延時間の定義には，$0.3V_{DD}$以下を"0"，$0.7V_{DD}$以上を"1"などとみなして厳しく定義する場合もあるが，本章では単純に$V_{DD}/2$をデータの変わり目とみなして定義する．

8.2.2　遅延時間の要因

図8.3にインバータ回路における遅延時間の原因となる寄生素子を示す．寄生素子は大きく分けて以下の(a)〜(c)の3つのものがある．

(a) インバータ回路自身の出力に付く出力容量 (図8.3のB点に付く容量)

これは，回路を構成するトランジスタのうち，出力に接続されるトランジスタのドレインに付く容量である．図8.4(a)に，インバータ回路における出力容量の付き方を示す．出力には，pMOSトランジスタおよびnMOSトランジスタのドレインが接続されるため，それぞれのドレイン容量C_{dp}およびC_{dn}が付く．このため，出力を動かすためには，まずこの容量を充放電する必要がある．C_{dp}およびC_{dn}は，図8.4(a)に示すように，いずれも基板との容量C_{db}とゲートとの容量C_{dg}の2つの要素からなる．この中で，C_{dg}については，ゲートとドレインが

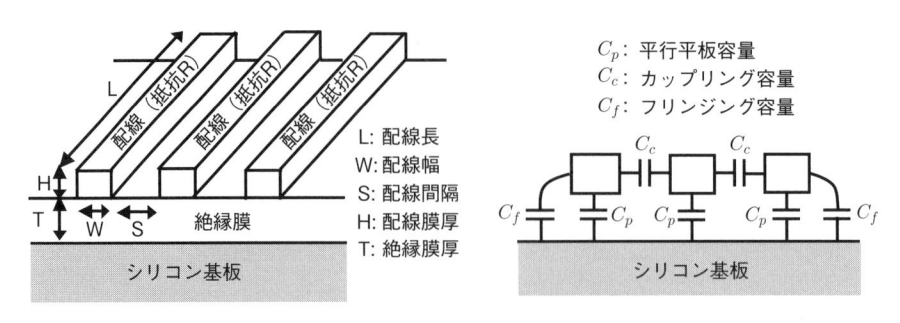

図 8.5　シリコン基板上の配線に付く寄生容量

逆方向に遷移した場合に，容量が見かけ上 2 倍になったようなふるまいをして遅延時間が予想以上に増大してしまう場合がある．このような効き方をする容量を"ミラー容量"とよび，設計時にはミラー容量を考慮した注意深いタイミング設計が必要となる．

図 8.4 (b) に，他の場合として 2 入力 NAND 回路における出力の寄生容量の付き方を示す．2 入力 NAND では，2 つの pMOS トランジスタと 1 つの nMOS トランジスタのドレインが出力に付くので，図のように C_{pd1}, C_{pd2} および C_{nd} の 3 つの寄生容量が付くことになる．一般に容量値が大きくなると回路が遅くなるため，入力信号の多い複雑な論理ゲートほど速度は遅くなる．

(b) 配線に付く容量および抵抗 (図 8.3 の BC の間に付く容量・抵抗)

LSI はシリコン基板上に多数の金属配線をつなぐことで回路を構成するが，異なる配線間は絶縁体で遮られているため，配線間には必ず寄生容量が発生する．この寄生容量は，配線の形状や相対位置，シリコン基板との距離，および絶縁体の誘電率によって決まるが，いくつかの成分に分けて考えることができる．図 8.5 に，シリコン基板上に 3 本の配線が平行に走る場合に配線に付く容量を示す．配線長を L，配線幅を W，配線間隔を S，配線の高さを H，配線とシリコン基板間の絶縁膜の厚さを T とすると，それぞれの配線に付く容量の成分を右の図のように表すことができる．C_p は配線の底面とシリコン基板間の平行平板容量の成分で，L と W に比例し，T に反比例する．C_c は配線間の容量でカップリング容量ともよばれ，L と H に比例し，S に反比例する．最近は微細化によって S が小さくなっているのに加えて，配線抵抗を下げるために H が大きくなる傾向があり，このカップリング容量が増大している．カップリング容量が増えると，一方の配線を伝わる信号が，隣の配線にカップリングノイズとして影響を与えるようになるため，近年はこれを考慮した設計 (シグナル・インテグリティ設計と呼ばれる) が必要となっている．もう 1 つの容量成分 C_f は，配線の側面とシリコン基板間に付く容量でフリンジング容量とよばれる．この容量も近年 H が大きくなっているために増大する傾向にある．実際の多層配線においては，下層にも上層にも配線がありそれぞれとの間に容量が付くため図 8.5 よりも複雑なものとなるが，容量の成分としては，C_p, C_c および C_f の 3 種類で表すことができる．また，配線抵抗 R は単純に断面積と長さから決まるもので，W と H に反比例し，L に比例する．7.4.2 節で述べた LPE の計算には，単位長さ当たりの容量値および抵抗値が用いられ，配線の長さに応じて容量と抵抗が算出される．

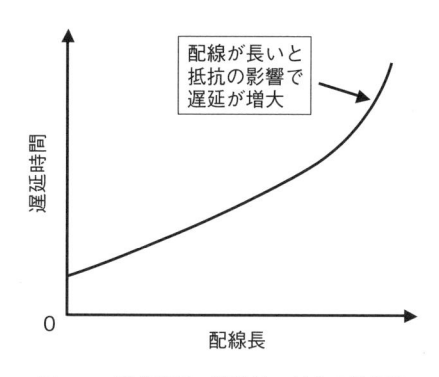

図 8.6 配線遅延の配線長に対する依存性

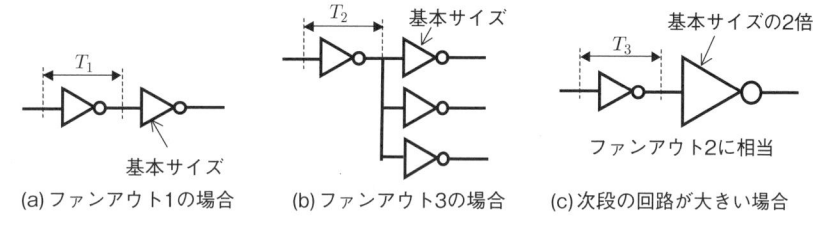

(a) ファンアウト1の場合　(b) ファンアウト3の場合　(c) 次段の回路が大きい場合

図 8.7 次段の回路の付き方

　配線長 L が長くなると，全ての容量成分および抵抗が増加するため，配線による回路の遅延が大きくなる．図 8.6 に配線遅延の配線長に対する依存性の様子を示す．配線長が短いときは，配線抵抗の影響がなく，遅延時間は配線長に対してほぼ直線的に増加するが，配線長が長くなると抵抗成分が効いてくるため，急激に遅くなる．したがって，設計の際には配線長の最大値を制限するなど，配線が長くなりすぎないよう注意を払う必要がある．

(c) 次段の回路の入力に付く容量 (図 8.3 の C 点に付く容量)

　一般に，回路の出力信号は次段の回路に入力するので，信号線には必ず次段の回路における入力トランジスタのゲート容量が付加される．この入力容量の大きさを表す尺度として "ファンアウト" が用いられる．ファンアウトは，広義には次段につながる回路の個数のことであるが，LSI の設計においては，インバータの基本サイズを決めて，次段の回路の入力容量の総和を基本サイズのインバータの入力容量で割った値をファンアウトとすることが多い．すなわち，入力容量を基本サイズのインバータの個数で換算した値が用いられる．図 8.7 (a) はファンアウト 1 の場合を示しており，基本サイズのインバータ 1 個を駆動している．これに対して図 8.7 (b) は，基本サイズのインバータを 3 個駆動しており，ファンアウト 3 となる．また図 8.7 (c) は，基本サイズの 2 倍の大きさを持つ回路を駆動する場合を表しており，これはファンアウト 2 とみなすことができる．ファンアウト数に対する遅延時間の依存性は，図 8.8 に示すように直線的に増加する．したがって，図 8.7 の T_1，T_2 および T_3 の間には以下の関係が成り立つ．

$$T_1 < T_3 < T_2 \tag{8.1}$$

なお，ファンアウトがゼロであっても，遅延時間はゼロとはならずある正の値となる．これは図 8.6 に示した配線長に対する依存性でも見られたが，上の (a) で述べた回路の出力容量に起

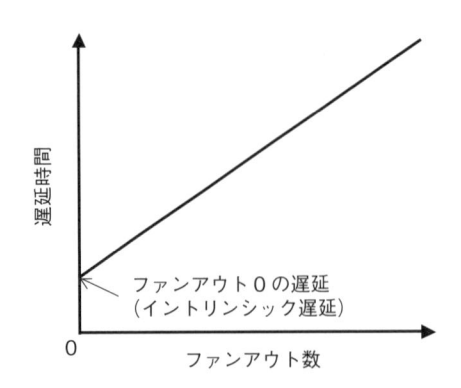

図 **8.8** 遅延時間のファンアウト依存性

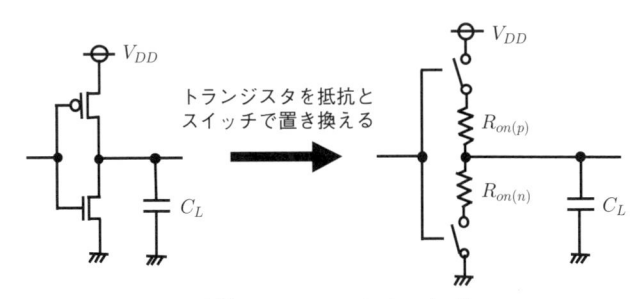

(a) 抵抗とスイッチによるモデル化

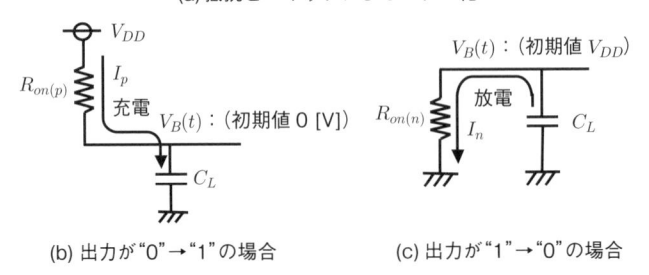

(b) 出力が "0" → "1" の場合

(c) 出力が "1" → "0" の場合

図 **8.9** 抵抗近似による遅延計算モデル

因する遅延時間であり，"イントリンシック遅延"とよばれる．

8.2.3 遅延時間の式

第3章で述べたように，MOSトランジスタの電圧-電流特性が非線形であるために，一般に遅延時間は単純な式で表すことができず，実際の設計の際には遅延を高精度に把握するために回路シミュレーションが用いられる．しかし，全てを回路シミュレーションに頼ることは却って効率が悪く，設計者は回路シミュレーションを用いずにある程度の精度で遅延時間を把握できることが重要である．そこで本節では，単純な回路モデルを用いて遅延時間の近似式を求める．

図 8.9 (a) に，遅延時間を計算するための回路モデルを示す．MOSトランジスタは，ON状態では抵抗とみなすことができるので，図のようにスイッチと抵抗の直列接続に置き換え，pMOSトランジスタのON抵抗を $R_{on}(p)$，nMOSトランジスタのON抵抗を $R_{on}(n)$ とする．実際のON抵抗は一定ではないが，ここでは動作時の平均的な抵抗と考え一定とする．C_L は出力

ノードに付く全ての寄生容量の総和を表しており,配線は短いと仮定して配線抵抗は無視する.また,入力信号は十分に速く遷移し,スイッチは瞬時に ON/OFF すると仮定する.

まず,入力が "1" から "0" に変化した場合を考える.このとき pMOS トランジスタは ON, nMOS トランジスタは OFF となるので,図 8.9 (b) に示すように,抵抗 $R_{on}(p)$ を介して電源から C_L が充電され,出力電位 V_B が 0 [V] から V_{DD} に引き上げられる.抵抗 $R_{on}(p)$ を流れる電流を I_p とすると,I_p はキャパシタ C_L に蓄えられる電荷 $Q = C_L \cdot V_B$ の増加率と等しくなるので,

$$I_p = \frac{d(C_L \cdot V_B)}{dt} = C_L \frac{dV_B}{dt}, \tag{8.2}$$

となる.抵抗の両端にオームの法則を適用することで,電圧に関して以下の式が成り立つ.

$$R_{on}(p) \cdot C_L \frac{dV_B}{dt} + V_B = V_{DD} \tag{8.3}$$

この線形一次微分方程式は,容易に解くことができ,V_B に対して以下の解が得られる.

$$V_B = V_{DD} \left\{ 1 - \exp\left(-\frac{t}{R_{on}(p) \cdot C_L}\right) \right\} \tag{8.4}$$

図 8.10 (a) に式 (8.4) に基づく V_B の立ち上がり時の変化の様子を示す.図のように,V_B が $V_{DD}/2$ に達するまでの時間を立ち上がり時の遅延時間 T_{LH} とすると,式 (8.4) から,

$$\frac{V_{DD}}{2} = V_{DD} \left\{ 1 - \exp\left(-\frac{T_{LH}}{R_{on}(p) \cdot C_L}\right) \right\} \tag{8.5}$$

が得られる.T_{LH} はこの式から簡単に計算することができ,以下のようになる.

$$T_{LH} = -R_{on}(p) \cdot C_L \cdot \ln(0.5) \cong 0.693 \cdot R_{on}(p) \cdot C_L \cong 0.7 \cdot R_{on}(p) \cdot C_L \tag{8.6}$$

すなわち,立ち上がり時の遅延時間は,pMOS トランジスタの平均的な ON 抵抗 $R_{on}(p)$ と負荷容量の総和 C_L の積に比例し,係数は約 0.7 となる.

次に上とは反対に,入力が "0" から "1" に変化して出力が "1" から "0" に立ち下がる場合を考える.このとき pMOS トランジスタは OFF, nMOS トランジスタは ON となるので,図 8.9 (c) に示すように,抵抗 $R_{on}(n)$ を介して C_L から GND に放電が起き,出力電位 V_B が V_{DD} から 0 [V] に引き下げられる.このとき抵抗 $R_{on}(n)$ を流れる電流を I_n とすると,I_n はキャパシタ C_L に蓄えられる電荷 $Q = C_L \cdot V_B$ の減少率と等しくなるので,

$$I_n = -\frac{d(C_L \cdot V_B)}{dt} = -C_L \frac{dV_B}{dt} \tag{8.7}$$

となる.抵抗の両端にオームの法則を適用すると,電圧に関して以下の式が成り立つ.

$$-R_{on}(n) \cdot C_L \frac{dV_B}{dt} = V_B \tag{8.8}$$

この線形一次微分方程式も容易に解くことができ,V_B に対して以下の解が求められる.

$$V_B = V_{DD} \cdot \exp\left(-\frac{t}{R_{on}(n) \cdot C_L}\right) \tag{8.9}$$

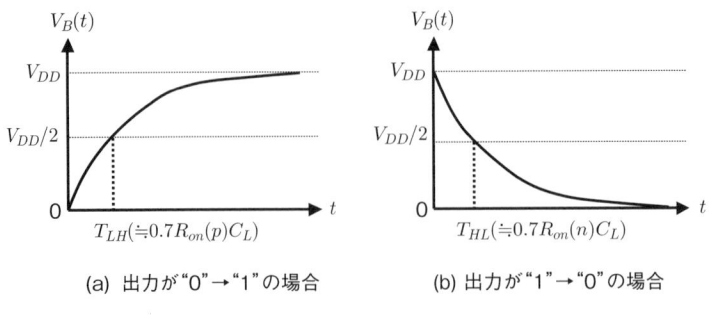

(a) 出力が "0"→"1" の場合　　(b) 出力が "1"→"0" の場合

図 8.10 抵抗近似モデルによる出力の変化の様子

図 8.10(b) に式 (8.9) に基づく V_B の立ち下がり時の変化の様子を示す．図のように，V_B が $V_{DD}/2$ に達するまでの時間を立ち下がり時の遅延時間 T_{HL} とし，式 (8.5) と同様に計算すると，以下の近似式が得られる．

$$T_{LH} = -R_{on}(n) \cdot C_L \cdot \ln(0.5) \cong 0.693 \cdot R_{on}(n) \cdot C_L \cong 0.7 \cdot R_{on}(n) \cdot C_L \tag{8.10}$$

すなわち，立ち下がり時の遅延時間も抵抗を $R_{on}(n)$ に置き換えるだけで，立ち上がり時と同様の式で表される．実際の回路では出力の立ち上がりと立ち下がりの両方の遅延時間が平均的に効くため，T_{LH} と T_{HL} の平均がその回路の遅延時間として用いられることが多い．ただし，回路の性能として最悪の場合を考える必要がある場合は，T_{LH} と T_{HL} の遅い方が用いられる．

次に，T_{LH} と T_{HL} をトランジスタのドレイン電流の式と関連付けるため，遅延時間を別の見方で求める．第 4 章の式 (4.2)，式 (4.3)，式 (4.5) および式 (4.6) から，pMOS トランジスタおよび nMOS トランジスタのドレイン飽和電流の絶対値 I_{DS_p} および I_{DS_n} は以下のように表される．

$$I_{DS\_p} = \frac{\mu_p C_{OX} W_G}{2 L_G} (V_{DD} - V_{thp})^2 \tag{8.11}$$

$$I_{DS\_n} = \frac{\mu_n C_{OX} W_G}{2 L_G} (V_{DD} - V_{thp})^2 \tag{8.12}$$

ここで，μ_p および μ_n は正孔よび電子の移動度，V_{thp} および V_{thn} は pMOS トランジスタおよび nMOS トランジスタのしきい値電圧，C_{OX} はゲート酸化膜の容量，W_G はゲート幅，L_G はゲート長をそれぞれ表す．ON 状態ではゲート・ソース間に電源電圧 V_{DD} が印加されるので，式 (4.2) および 式 (4.5) における V_{GS} はいずれも V_{DD} としている．ここで，負荷容量 C_L に蓄えられる電荷は $C_L \cdot V_{DD}$ なので，近似的にこの電荷を式 (8.11) および式 (8.12) での電流で充放電すると考えると，充電に要する時間 T'_{LH} と放電に要する時間 T'_{HL} は，"遅延時間＝電荷/電流" から以下の式で表される．

$$T'_{LH} = \frac{C_L \cdot V_{DD}}{I_{DS\_p}} = \frac{2 L_G \cdot C_L \cdot V_{DD}}{\mu_p C_{OX} W_G (V_{DD} - V_{thp})^2} \tag{8.13}$$

$$T'_{HL} = \frac{C_L \cdot V_{DD}}{I_{DS\_n}} = \frac{2 L_G \cdot C_L \cdot V_{DD}}{\mu_n C_{OX} W_G (V_{DD} - V_{thn})^2} \tag{8.14}$$

ただし，この式はトランジスタが ON 時の最大電流 (飽和領域の電流) で充放電した場合の遅

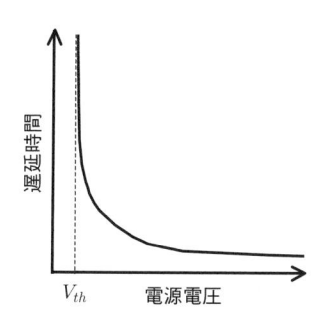

図 **8.11** 遅延時間の電源電圧に対する依存性

延時間を表すものであり，実際はソース・ドレイン間の電圧が低くなると電流は減少するので，遅延時間は式 (8.13) および式 (8.14) よりもやや大きい値となる．実際の設計では，トランジスタの飽和電流は分かっているので，式 (8.13) および式 (8.14) を遅延時間の目安にすることが多い．

また，式 (8.6) と式 (8.13) および式 (8.10) と式 (8.14) を見比べると，トランジスタの ON 抵抗 $R_{on}(p)$ および $R_{on}(n)$ は，電源電圧 V_{DD} を $0.7 \cdot I_{DS\_p}$ および $0.7 \cdot I_{DS\_n}$ でそれぞれ割ったもので近似できることが分かる．

8.2.4 高速化の指針と高速化技術

CMOS 回路の遅延時間が近似的に式 (8.13) と式 (8.14) で与えられることが分かったので，これらの式に基づいて，回路を高速化するためにはどのようにすればよいかを考える．基本的には，式の中に出てくるパラメータを遅延時間が小さくなるように改善すればよいが，これは設計技術だけでなくプロセス技術に負うところが大きい．そこで，本項ではプロセス技術も含めて，遅延時間を小さくするための方策をパラメータごとに述べる．

(1) 電源電圧 V_{DD} を上げる

式 (8.13) と式 (8.14) から，遅延時間と電源電圧の関係は，図 8.11 に示すようにしきい値電圧 V_{th} に漸近して無限大となり，それより高電圧側では電源電圧 V_{DD} 対して単調減少する．したがってを V_{DD} 上げることで LSI を高速化することができる．しかし，トランジスタにむやみに高電圧を印加すると物理的に壊れてしまうために，通常は電源電圧を上げることは禁止されている．ただし，パソコンのマザーボードの一部では，ユーザが自己責任において電源電圧を少し上げて，CPU を高速に動作させる機能がサポートされている．

(2) 負荷容量 C_L を小さくする

C_L を小さくすることで，これに比例して遅延時間を小さくすることができる．C_L を小さくすることは，LSI 設計をする上で基本であり，下記のことが通常行われている．

- できるだけレイアウト面積を小さくして，余分な容量を付けない．
- トランジスタのサイズをスピードに対する制約を満たす範囲で必要最小限まで小さくする．
- 回路の配置を最適化して，配線ができるだけ短くなるようにする．
- シリコン基板を SOI 構造にして，ソース・ドレインの容量を低減する．SOI はトランジス

タの直下の基板中に絶縁領域を設ける構造で，詳細を第 10 章 10.4 節および第 12 章 12.1 節で説明する．
- 配線材料を低抵抗化する．これによって，配線の厚さを薄くして配線間の容量を低減するというもので，詳細を第 13 章 13.2 節および 13.3 節で説明する．
- 配線間絶縁膜を低誘電率化する．これは，Low-k 技術とよばれるもので，これについても第 13 章 13.6 節で説明する．

(3) しきい値電圧 V_{thp}, V_{thn} を小さくする

図 8.11 からも分かるように，トランジスタのしきい値電圧 (の絶対値) を小さくすると，トランジスタの電流値 I_{ds} が増加して高速になる．しかし，第 4 章 4.3 節で述べたように，オフリーク電流が指数関数的に増大するため，不用意にしきい値を小さくすることはできない．そこで，LSI の用途に合わせて，適当なしきい値が選択される．たとえば，携帯電話用の LSI においてはしきい値を高めに設定してリークを抑え，デスクトップ PC 用の LSI においてはしきい値を低めに設定してスピードを上げるなどのきめ細かい設計が行われている．なお，低しきい値化した上でリークを抑える技術については 8.3.3 節 (5) において説明する．

(4) 正孔や電子の移動度 μ_p, μ_n を上げる

μ_p や μ_n は，材料を決めた時点で物理量として決まってしまうので，これを上げることは困難であるが，最近になって，シリコン基板に機械的に応力をかけることで移動度を上げる技術が使われ始めている．これは歪 (ひずみ) シリコン技術とよばれるもので，プロセス技術の進歩によって実用化されている．歪シリコン技術については第 12 章 12.1 節で説明する．

(5) ゲート容量 C_{OX} を上げる

第 1 章 1.3 節のスケーリングの項で説明したように，ゲート酸化膜の厚さはどんどん薄くなっており，それに伴ってゲート容量 C_{OX} も増加している．しかし，65 [nm] 世代でゲート酸化膜が 2 [nm] 程度まで薄くなると，トンネル効果によってゲートリーク (8.3.2 節参照) とよばれる無用なリーク電流が流れるようになり，消費電力の制約から，ゲート酸化膜を薄くして C_{OX} を上げることが困難になり始めている．対策として，ゲート絶縁膜を従来の SiO_2 (比誘電率 k～4) から HfSiO(k～12) などの誘電率の高い材料に変更することにより，膜厚を薄くせずに実効的に C_{OX} を上げる技術が使われ始めている．これは High-k 技術とよばれ，詳細については第 12 章 12.3 節で述べる．

(6) ゲート長 L_G を小さくする

これは，微細化技術そのものであって，あらゆるプロセス技術を総動員して，ゲート長の短縮が継続的に進められている．

(7) ゲート幅 W_G を大きくする

これはトランジスタサイズを大きくするということで，回路の遅い部分があれば，その部分の W_G を大きくすることにより，性能を向上させることができる．ただし，むやみに大きくすると逆に回路面積が大きくなって，無駄な容量が付き，却って遅くなる場合がある．通常の設計では，上の (2) で述べたように，遅くならない程度に必要最小限のゲート幅が用いられる．

(8) 配線抵抗による遅延の抑制

ここまで配線抵抗は無視してきたが，実際には配線抵抗が存在し，長配線ではその影響により遅延が大きくなるため，タイミング検証においては必ず配線抵抗を考慮する必要がある．配線抵抗による遅延を抑えるためには，長配線を"リピータ"とよばれるバッファ回路で分割することが有効である．また，第13章で説明する多層配線を活用して，上層に厚膜で低抵抗の配線層を形成し，長距離配線には上層の低抵抗配線を用いるなどの対策がとられている．

8.3 CMOS 回路の消費電力

8.3.1 低消費電力化の必要性

近年，携帯機器の発達により，電池を長持ちさせるために LSI の低消費電力化が極めて重要となっている．携帯機器以外にも，デスクトップパソコンや据え置き型の電子機器の発熱を抑えるために低消費電力化が重要となっている．低消費電力化を実現することによって，まず携帯機器の電池が小さくなり，据え置き型の機器においても放熱機構が不要になるため，機器が小型・軽量化される．また，LSI のパッケージとして廉価のプラスチックパッケージが使用でき，放熱フィンやファンなどの放熱機構も不要となるため，製品コストを低減することができる．さらに，LSI が低消費電力であれば動作周波数や集積度さらに上げることにより，さらなる高性能化や高機能化を図ることができる．また，エコロジーの面でも，低消費電力化によって省エネ化に貢献でき，また電池や放熱機構の材料使用量や廃棄物を減らすことができる．以上のように，LSI の低消費電力化はいいことばかりで，何一つ悪い点がないといっても過言ではない．このため，現在設計とプロセスの技術を総動員して低消費電力化が進められている．

8.3.2 消費電力の式

LSI の消費電力は，回路内の抵抗部分に電流が流れることによって発生するもので，時々刻々変化する．抵抗 R の両端にかかる電圧を V，抵抗を流れる電流を I とすると，消費電力 P は

$$P = V \cdot I (= I^2 \cdot R = V^2/R) \tag{8.15}$$

で表される．物理的には，P はエネルギー E の時間に対する変化率であり，

$$E = \int P \cdot dt \tag{8.16}$$

が成立する．一般に P は時間の関数となるので，通常は動作期間を T として，次式に示すようにエネルギーの時間に対する平均値で定義される．

$$P = \frac{1}{T} \int_{t=0}^{T} P \cdot dt \tag{8.17}$$

電池の持ち時間やチップの発熱量はこの平均電力で決まる．

LSI の消費電力は，大きく分けて動作時にのみ消費するダイナミック電力 $P_{dynamic}$ と動作に関係なく定常的に消費されるスタティック電力 P_{static} の 2 つがある．すなわち，

図 8.12 の説明:

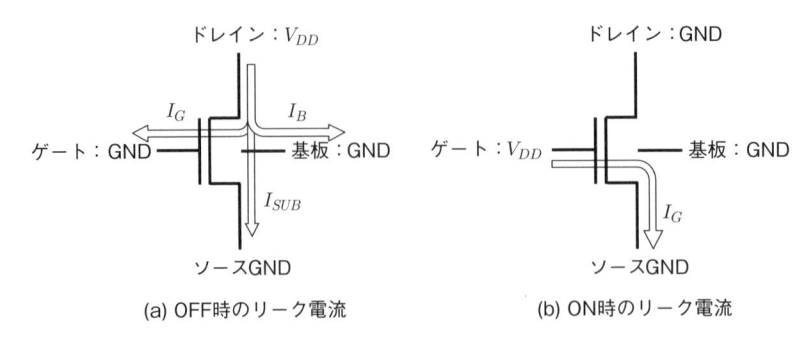

(a) OFF時のリーク電流: ドレイン:V_{DD}, ゲート:GND, 基板:GND, ソースGND, 電流 I_G, I_B, I_{SUB}

(b) ON時のリーク電流: ドレイン:GND, ゲート:V_{DD}, 基板:GND, ソースGND, 電流 I_G

図 8.12 nMOS トランジスタのリーク電流の経路

$$P = P_{dynamic} + P_{static} \tag{8.18}$$

が成り立つ．$P_{dynamic}$ は，負荷容量の充放電の際に流れる電流によって消費される電力が大半を占めるが，それ以外に回路の入力信号が遷移する際に，pMOS トランジスタと nMOS トランジスタの両方が一瞬だけ ON 状態となり，電源から GND に貫通電流が流れることによって生じる電力も存在する．この貫通電流によって生じる消費電力は，入力信号が鈍って遷移時間が異常に長くなった際に問題となるが，通常はそのような信号の鈍りが生じないように注意が払われるため，充放電時の電力に比べて 10%程度以下に小さく抑えられる．したがって，ここでは充放電による電力のみを扱うことにする．

P_{static} は，トランジスタの各端子間を流れるリーク電流に起因するもので，回路動作の有無に関わらず常に流れるため，携帯機器の電池の持ち時間に大きく影響する．図 8.12 に nMOS トランジスタにおけるリーク電流の経路を示す．図 8.12 (a) は OFF 状態，(b) は ON 状態における経路をそれぞれ表している．デジタル回路では，nMOS トランジスタが OFF のときは通常ドレインが V_{DD} となり，ソース，基板，ゲートが全て GND レベルとなるため，ドレインからソース，基板，ゲートに向かって，リーク電流 I_{sub}, I_B, I_G がそれぞれ流れる．I_{sub} は，第 4 章 4.3 節で述べたオフリーク (サブスレショルドリーク) で，しきい値電圧 V_{thn} に対して指数関数的に変化する電流である．I_B はドレインと基板間に形成される pn 接合ダイオードの逆方向のリーク電流が主成分であるが，近年は微細化によって pn 接合の厚さが薄くなり，特にドレインとゲートの間の領域でこれが顕著となるため，トンネル効果によってドレインから基板に流れるリーク電流 (GIDL：Gate Induced Drain Leakage) の成分が増大している．I_G はゲート酸化膜を介したトンネル電流によるゲートリークで，微細化によってゲート酸化膜が 2 [nm] 程度以下となった 45 [nm] 世代以降で顕著になっている．また図 8.12 (b) に示すように，トランジスタが ON 時においてもゲートからソースに向かってゲートリークが流れる．これらのリーク電流は，LSI が動作していなくても常に定常的に流れる．以下において，ダイナミック電力 $P_{dynamic}$ とスタティック電力 P_{static} のそれぞれについて，電力の式を導く．

(1) ダイナミック電力 $P_{dynamic}$

回路のモデルとしては遅延時間の計算に用いた図 8.9 (a) のインバータ回路を用いる．まず，図 8.9 (b) に示す出力の立ち上がり時のエネルギーを求める．エネルギーは，式 (8.16) に示すように抵抗 $R_{on}(p)$ で消費される電力の時間積分となる．抵抗 $R_{on}(p)$ を流れる電流は I_p であ

り，抵抗の両端の電圧は $(V_{DD} - V_B)$ となるので，消費される電力 P_p は以下の式で表される．

$$P_p = (V_{DD} - V_B) \cdot I_p \tag{8.19}$$

電流 I_p は式 (8.2) で表されるので，式 (8.19) に式 (8.2) を代入して，時間で積分することにより，出力が立ち上がる際に消費されるエネルギー E_{LH} に対して，以下の式が得られる．

$$\begin{aligned} E_{LH} &= \int_{t=0}^{\infty} (V_{DD} - V_B) \cdot I_p dt = \int_{t=0}^{\infty} (V_{DD} - V_B) \cdot C_L \frac{dV_B}{dt} dt \\ &= \int_{V_B=0}^{V_{DD}} (V_{DD} - V_B) \cdot C_L dV_B = \frac{1}{2} C_L \cdot V_{DD}^2 \end{aligned} \tag{8.20}$$

すなわち，出力の充電によって消費されるエネルギーは抵抗 $R_{on}(p)$ の値とは無関係に負荷容量と電源電圧だけで決まり，式 (8.20) のように非常に単純な式で表すことができる．

次に，図 8.9 (c) に示す出力の立ち下がり時のエネルギーを求める．抵抗 $R_{on}(n)$ を流れる電流は I_n であり，抵抗 $R_{on}(n)$ の両端の電圧は V_B なので，電力 p_n は次式で表される．

$$P_n = V_B \cdot I_n \tag{8.21}$$

式 (8.21) に式 (8.7) を代入して，時間で積分することにより，出力が立ち下がる際に消費されるエネルギー E_{HL} に対して，以下の式が得られる．

$$\begin{aligned} E_{HL} &= \int_{t=0}^{\infty} V_B \cdot I_n dt = \int_{t=0}^{\infty} V_B \cdot \left(-C_L \frac{dV_B}{dt} \right) dt = -\int_{V_B=V_{DD}}^{0} V_B \cdot C_L dV_B \\ &= \frac{1}{2} C_L \cdot V_{DD}^2 \end{aligned} \tag{8.22}$$

立ち下がり時に消費されるエネルギーも，抵抗 $R_{on}(n)$ の値には無関係に負荷容量と電源電圧だけで決まり，立ち上がり時に消費されるエネルギーと全く同じ式となる．

式 (8.20) と式 (8.22) から，インバータの出力が 1 回動作した場合 (1 回立ち上がってさらに立ち下がった場合) の消費エネルギーは，次式で表される．

$$E = E_{LH} + E_{HL} = \frac{1}{2} C_L \cdot V_{DD}^2 + \frac{1}{2} C_L \cdot V_{DD}^2 = C_L \cdot V_{DD}^2 \tag{8.23}$$

これが，インバータが 1 回動作した場合の消費エネルギーである．ここで，消費電力は，式 (8.17) で示したように，消費エネルギーの時間平均，すなわち単位時間当たりの消費エネルギーなので，インバータが 1 秒間に F 回動作した場合，消費電力 $P_{dynamic}$ は次式のようになる．

$$P_{dynamic} = F \times E = F \cdot C_L \cdot V_{DD}^2 \tag{8.24}$$

F は動作周波数なので，ダイナミック電力は動作周波数と負荷容量に比例し，電源電圧の 2 乗に比例することが分かる．

式 (8.24) はインバータの出力が変化する場合の式であるが，回路の種類が何であっても出力が変化する場合は全く同じことが言えるため，同じ式が得られる．したがって，式 (8.24) から LSI 全体のダイナミック電力への拡張は容易で，最終的に以下の式で表される．

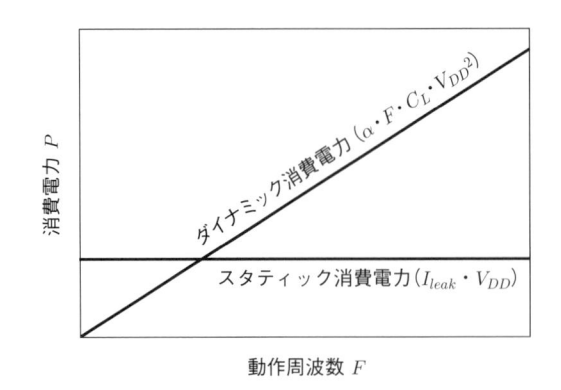

図8.13 ダイナミック電力とスタティック電力の周波数依存性

$$P_{dynamic} = \alpha \cdot F \cdot C_L \cdot V_{DD}^2 \tag{8.25}$$

ここで，負荷容量 C_L は式 (8.24) と違ってチップ全体の信号線に付く負荷容量の総和を表す．また，新たな因子として追加された α は，回路の動作率を表すもので，具体的には，信号線の総容量 C_L のうちの，変化する信号線の総容量の平均的な割合を表す．すなわち，全ての回路の出力が動けば $\alpha = 1$ となるが，実際には信号線はは一部しか動作しない．たとえば 2 入力 NAND 回路で一方の入力が "0" から "1" に変化し，同時に他方の入力が "1" から "0" に変化しても出力は "1" のまま変化しない．また，不使用の回路をブロック単位で停止させる場合もある．このような理由で，たとえば平均的に全負荷容量の 3 割しか動かない場合は $\alpha = 0.3$ となる．

(2) スタティック電力 P_{static}

スタティック電力に関しては，単純に以下の式で表される．

$$P_{leak} = I_{leak} \cdot V_{DD} \tag{8.26}$$

ここで，I_{leak} は LSI 全体のリーク電流の総和である．

(3) LSI における消費電力全体の式

式 (8.18)，式 (8.25) および式 (8.26) より，LSI の消費電力は以下の式で表される．

$$P = P_{dynamic} + P_{leak} = \alpha \cdot F \cdot C_L \cdot V_{DD}^2 + I_{leak} \cdot V_{DD} \tag{8.27}$$

図 8.13 にダイナミック電力とスタティック電力の動作周波数 F に対する依存性を示す．ダイナミック電力は周波数 F に比例するのに対してスタティック電力は周波数 F によらず一定となるので，F が低い領域ではスタティック電力が支配的になり，F が高い領域ではダイナミック電力が支配的になる．

8.3.3 低消費電力化の指針と低消費電力化技術

LSI の消費電力を低減するためには，式 (8.27) の各パラメータを小さくすればよい．以下において，低消費電力化のための指針およびプロセス技術も含めた低消費電力技術について，パ

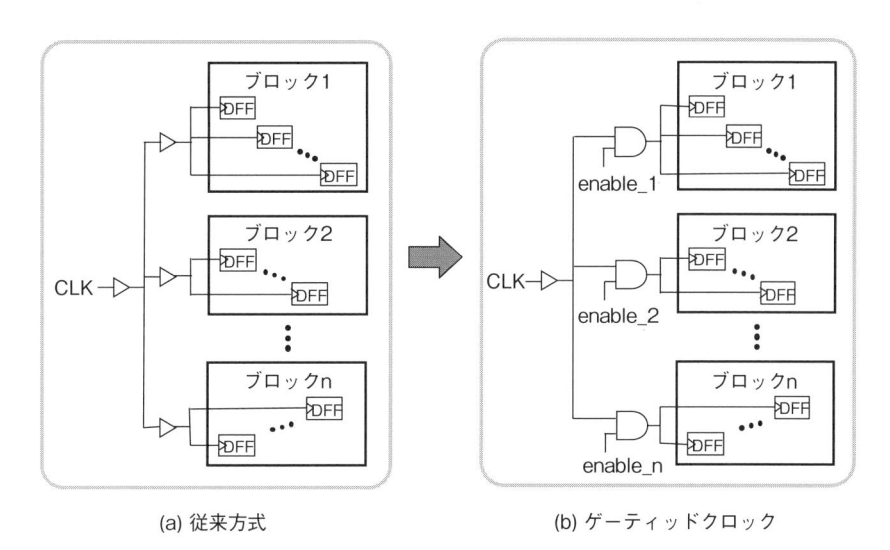

図 8.14 ゲーティッドクロックによる α の低減

(a) 従来方式　(b) ゲーティッドクロック

ラメータごとに説明する．

(1) 動作率 α の低減

ダイナミック電力は回路が動作するするたびに消費されるので，α を低減して，回路をできるだけ動かさないようにすることが有効である．α を低減する最も代表的な方法として，不要なクロックの動きを止める"ゲーティッドクロック技術"がある．クロック回路については，第 7 章 7.3.1 節において触れたようにチップ上の全ての DFF に入力する必要があり，チップ全体に張り巡らされるため，大きな配線容量が付き，しかも従来はそれが動作率 100％で動作するため，チップの消費電力の大きな部分 (場合によっては 30％以上) を占めていた．近年の LSI には多数の回路ブロックが搭載されるが，従来は図 8.14(a) に示すように全てのブロックに常にクロックの供給が行われており，このために大きな電力を消費していた．これに対してゲーティッドクロックは図 8.14(b) に示すように各ブロックのクロック入力部に AND などのゲートを挿入し，イネーブル信号によってクロックの入力を止められるようにする．図の例では，ブロック i にイネーブル信号 enabe_i が入力し，動作させたいブロックのみ enable_i を "1" としてクロックを与え，動作させないブロックに対しては，enable_i を "0" としてクロックの入力を止める．通常，LSI は常に全ての回路が動くわけではなく，限られた回路のみが動くことが多いので，ゲーティッドクロックによって大きな効果を得ることができる．

この他に，回路の無駄な動きを減らす方法として，使わない回路の入力信号を固定したり，複数の信号を符号化してトータルの遷移確率を減らすなどの様々な工夫が行われている．

(2) 動作周波数 F の低減

動作周波数を下げると LSI の性能が劣化するため，一般的には動作周波数をむやみに下げることはできないが，電池を長持ちさせたい場合や，処理の負荷が小さく処理時間に余裕がある場合は，動作をわざと遅くして消費電力を下げることが行われている．インテル社のスピード・ステップ方式では，ノート PC 用の電源がコンセントにつながっているかどうかを OS が検知

して，コンセントから切り離されるとCPUの動作周波数を落とし，同時に電源電圧V_{DD}も低下させる制御が行われる．FとV_{DD}を同時に低減するため，消費電力は大きく減少し，通常動作の半分程度まで低減される．また，トランスメタ社が開発したロングラン方式では，処理の負荷に応じてOSがFとV_{DD}を16段階にきめ細かく制御することで，6分の1程度までの低消費電力化を実現している．いずれの方法も，FとV_{DD}を同時に変動させる必要があるため，電圧および動作周波数の制御を可能とする機構とこれを動かすためのソフトウエア開発が必要となる．

(3) 負荷容量 C_L の低減

C_Lの低減方法については，高速化の8.2.4節(2)で述べた内容と全く同じであり，C_Lの低減によって，高速化と低消費電力化を同時に実現することができる．

(4) V_{DD} の低減

電源電圧はダイナミック電力に対して2乗で効くため，電源電圧を下げることで効果的に消費電力を低減することができる．しかし，動作周波数と同様に，V_{DD}の低減は動作の劣化につながるため，単に電圧を下げることはできない．そこで，上の(2)で説明したように，必要に応じてV_{DD}とFをセットで低減することが行われている．

(5) リーク電流の低減

リーク電流を減らすためには，まずトランジスタの数とサイズを必要最小限まで低減することが基本となるが，これらは現在の設計においてはCADツールを用いてある程度自動的に行うことができる．また，図8.12で示したリーク電流は全て電圧依存性を持っており，電源電圧V_{DD}を下げることで，全てのリーク電流を低減することができる，特に，ゲートリークI_GとジャンクションリークI_Bは電源を下げると急速に小さくなり，問題にならないレベルまで低減することができる．また，I_Gについては，第12章で説明するHigh-k技術によっても低減することができる．これに対して最も問題となるのがサブスレショルドリークI_{SUB}であり，もともとI_GやI_Bよりも値が大きい上に，低電圧化による速度の劣化を防ぐためにしきい値電圧を低下させると指数関数的に増加する．したがって，I_{SUB}の増加に対して何らかの対策が必要となる．

しきい値を下げつつI_{SUB}による定常的な電力の消費を抑える方法として，"パワーゲーティング"とよばれる方法がある．パワーゲーティングとは，図8.15に示すようにLSIの回路全体を低しきい値のトランジスタで構成して，電源またはGNDとの間に高しきい値のトランジスタによるスイッチを設ける方式である．図の例では，内部回路のGND線を仮想GND(Virtual GND)として，仮想GNDと真のGNDとの間に高しきい値のスイッチを接続しているが，スイッチを電源側に設けてもよい．この方式は，高低2種類のしきい値のトランジスタを用いることから"MT-CMOS(Multiple Threshold-CMOS)"とも呼ばれる．アクティブ時にはスイッチをONして，仮想GNDをGNDに短絡する．内部回路は低しきい値のトランジスタで構成されているため，低電圧でかつ高速の動作が可能である．これに対してスリープ時には，スイッチをOFFして仮想GNDとGNDを切り離す．このとき，スイッチは高しきい値のトランジスタで構成されているので，リーク電流は遮断される．この方式では，アクティブ時にリークによるスタティックな電力が消費されるが，通常はダイナミック電力に比べて十分小さく問題

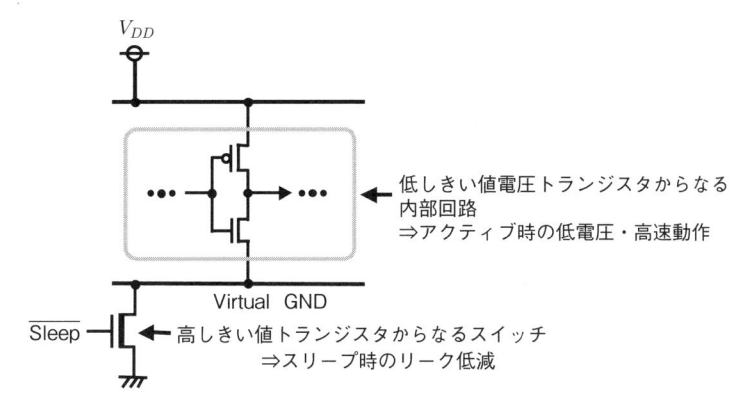

図 8.15 パワーゲーティングによるリーク低減

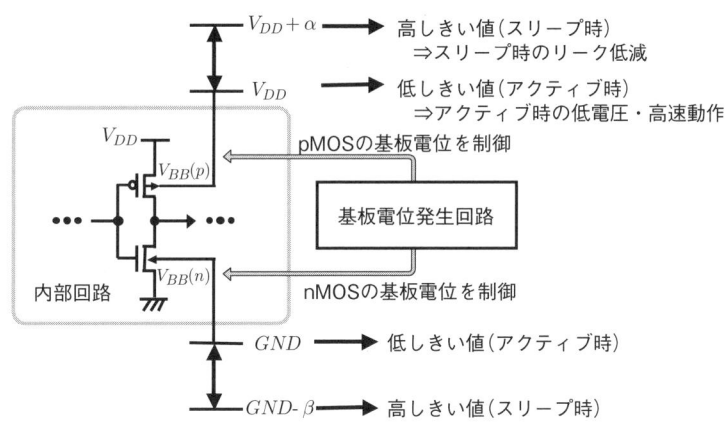

図 8.16 動的基板制御によるリーク低減

とはならない．スリープ時のスタティック電力をカットできることで，携帯機器などの不使用時の電池の減りを大幅に防ぐことができる．この方式の欠点は，スリープ時に回路が電源から切り離されるため，内部のメモリやレジスタのデータが消えてしまう点である．このため，スリープに入る前に，必要なデータを別のメモリなどに退避させて，次にアクティブになった際に退避したデータを再び読み込んで動作を継続するように制御が行われる．このような欠点があるものの，パワーゲーティングはスタティック電力の低減効果が非常に大きく，携帯機器用のLSIに広く用いられている．

I_{SUB} を低減するもう1つの方法として，基板電位を動的に制御する"動的基板制御方式"がある．これは，図 8.16 に示すように回路は低しきい値のトランジスタで構成し，pMOS トランジスタおよび nMOS トランジスタの基板電位を基板電位発生回路によって動的にコントロールする方式である．MOS トランジスタは，基板電位が変化するとしきい値も変化する性質があり，pMOS トランジスタにおいては基板電位が上昇するとしきい値 (の絶対値) が上昇し，nMOS トランジスタにおいては基板電位が低下するとしきい値が上昇する．動的基板制御はこの性質を利用するもので，アクティブ時には，pMOS および nMOS の基板をそれぞれ V_{DD} お

およびGNDの電位として，回路を低しきい値のトランジスタで動作させることにより，低電圧かつ高速の動作を行う．スリープ時には，基板電位発生回路によって，pMOSの基板電位を高く，nMOSの基板電位を低く設定し，両方のしきい値(の絶対値)を上昇させることで，リーク電流を低減する．この方式は，スリープ時においても記憶されたデータが失われないという大きな長所があるが，その反面，基板電位発生回路によって，V_{DD}以上の高電圧やGND以下の負電圧を発生させる必要があり，設計が困難になるというデメリットがある．

これらの技術のほかに，電源電圧の低下を前提としないリーク削減技術として，遅延時間が大きく速度がクリティカルである回路(クリティカルパス)以外の回路をしきい値の高いトランジスタで構成することによってI_{SUB}を低減する"マルチ・スレショルド技術"や，クリティカルパス以外をゲート酸化膜の厚いトランジスタで構成することでゲートリークを低減する"マルチ・オキサイド技術"なども提案され使用されている．一般にクリティカルパスは回路のほんの一部であるため，これらの方法により効果的にトータルのリーク量を低減することができる．

演習問題

設問1 遅延時間の要因となる寄生素子を4つ挙げなさい．また，この中で消費電力の要因となる寄生素子を全て挙げよ．

設問2 CMOSインバータにおいて，pMOSトランジスタの平均のON抵抗 $R_{on}(p)$ が 10 [kΩ]，nMOSトランジスタの平均のON抵抗 $R_{on}(n)$ が 5 [kΩ]，出力に付く寄生容量の総和 C_L が 0.8 [pF] のとき，"1" → "0" に変化する矩形波 (階段型波形) の入力に対する出力の遅延時間 T_{LH} を求めよ．

設問3 ある SoC において，

- ゲートあたりの平均的な寄生容量：$C = 30$ [fF/gate] (f (フェムト) は 10^{-15} を表す)
- LSI上のゲート数：$N = 200$ [Kgate] (20万ゲート)
- 電圧：$V = 5$ [V]
- 周波数：$F = 100$ [MHz] (1秒間に1億回のこと)

であるとするとき，以下の問いに答えよ．ただし，リーク電流 I_{leak} はゼロとする．

(1) この LSI の寄生容量の総和はいくらになるか．
(2) LSI の回路が 100% 全部動くとした場合の消費電力を求めよ．
(3) 平均的な動作率が 20% の場合の消費電力を求めよ．

設問4 本章で学んだ高性能化技術 (高速化・低消費電力化技術) のうち，高速化と低消費電力化の両方に効果があるものはどれか答えよ．

設問5 CMOS LSI の低消費電力化に関して，以下の問いに答えよ．

(1) 回路の動作率を下げるために，不要なクロックを止める技術を何というか．
(2) 電源電圧を下げると速度は速くなるか，遅くなるか．
(3) 電源電圧を下げてもスピードを保つためには，しきい値電圧を上げればいいか，下げればいいか．
(4) しきい値を下げるとリーク電流は増えるか，減るか．
(5) しきい値を下げてもリークを抑えることができる回路技術を2つ挙げよ．

第9章
LSIの製造

ナノメータ領域まで達した微細寸法と複雑な構造を持つLSIは，広範な分野の技術の集約と多くの工程を経て製造される．半導体に特有な製造様式が半導体製造産業を他産業とは異なるものとしても特徴づけている．本章では，LSIの製造と産業を概観し，LSIがどのように造られていくのかを概説する．さらに，シリコンウェーハプロセスの流れについて解説する．

□ 本章のねらい

- LSIの製造と産業についての概略を理解する．
- LSIのデバイス構造についての基本部分を理解する．
- シリコンウェーハからLSI完成までのウェーハプロセスフロー(流れ)を理解する．

□ キーワード

半導体産業, 知識集約型, 微細化, 高集積化, 設備投資, ウェーハプロセス, 製造の流れ, パターン形成, チップシュリンク, デバイス構造, メモリデバイス, LSIの開発と量産, 周辺技術

9.1 LSIの製造と産業について

LSIは，内部回路の微細化と高集積化が推し進められ，デバイスの性能向上とともに1つのチップに載せられる機能はますます多様化し豊富になってきている．半導体製品が使われるシステムも新たな機能を載せてなおも増え続けている．世界の景気変動に伴う多少の細かい変動は見られるものの，市場規模はこれまで確実に増加の一途を辿っており，1995年までには平均年率約17％の大きな伸びを示してきた．半導体の製造拠点も米国，日本に始まり，アジア，欧州など世界中に拡大している．

半導体産業は，技術開発のスピードが速く，多くの技術者・研究者が開発に関わり，研究・開発のための設備にも大きな投資が必要される．このため売上高に占める研究開発費の比率は大きく，たとえば2007年では半導体産業では売上高上位10社の平均で20％弱 (JEITA ICガイドブック2009のIDMデータから) と極めて高い．これは同年5％以下の電気機械，自動車，機械 化学，鉄鋼などの他の産業に比べて突出しており，知識集約型の産業としての特徴が顕著にでている．

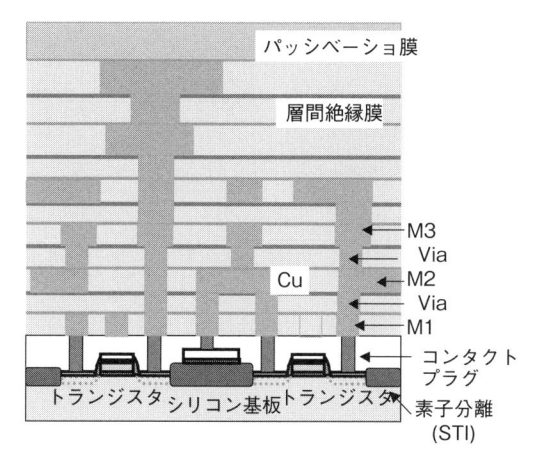

図 9.1 ロジック LSI の断面構造模式図

　また，半導体産業は装置産業でもある．1つの LSI 製造ラインを造るためには，巨額の投資を必要とし，LSI の世代が進むに従って投資額はますます増大してきている．

　さらに，半導体産業は，第1章でも触れられているように，絶え間ない微細化を追求し続けていることで特徴付けられる．微細化によって集積度を向上させ，性能と機能の向上を図ることで付加価値を向上させてきている．これは，サイズを大きくすることで価値を高めてきた液晶テレビを始めとする多くの他の一般的な製品とは異なる．この微細化は，1つのチップにトランジスタなどの素子をより多く搭載することを可能とすると同時に，同じ機能を持つチップならば1チップの面積を小さくすること（チップシュリンク）を可能としており，1枚のシリコンウェーハ上に作製できるチップの数量を増大させることを意味する．基板となるシリコンウェーハの大口径化やチップの歩留り向上も加わって生産量を短期間で急増させる．このため，半導体製品においては，他の製品では生じないような短期間での急激な価格の下落が生じる．このためスタート時点からグローバル市場ともなっている半導体産業においては，短期間での製品の世代交代が強いられ，その結果として製造ラインの急激な陳腐化が生じることになる．

　このような微細化に新たな生産設備の投資時期と急激な生産量増加の時期があいまって生じる需給バランスの崩れと価格急落は，半導体産業にシリコンサイクルとよばれる周期的な景気の変動を引き起こし，かつては激しい景気の波が見られていた．

　研究開発費の増大ならびに設備投資の巨額化に対して，半導体産業界でも様々な対応がとられてきている．1990年代以降になると半導体産業は，世界的にアライアンスによる共同技術開発や企業の統廃合などの再編が進み，さらにファブレスメーカならびにファンダリーメーカの台頭も進行してきた．

9.2 LSI デバイスの構造

　LSI デバイスは，トランジスタと配線が基本的な構成要素となる．マイクロプロセッサ等を含むロジック LSI の典型的な断面構造の模式図を図 9.1 に示す．微細化したトランジスタが敷

図 9.2 の (a) スタック型、(b) トレンチ型

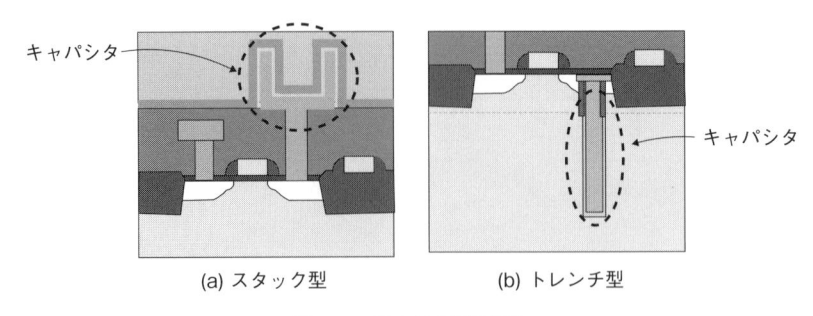

図 9.2　DRAM 断面構造

き詰められ，多層配線によって結線され回路が形成されている．多層配線の層数は微細化とともに増加してきている．その層数は 2013 年時点ですでに最大で 13 層 (ITRS2013 ＜国際半導体技術ロードマップ＞) にもなっている．トランジスタの電極等はコンタクトプラグで上層に上げられ，1 層配線 (図中の M1) に接続される．さらに 1 層配線からは接続孔のビア (via) を通して 2 層配線 (M2) に接続されていく．

メモリデバイスの場合には，これにデータの記憶部品が加わり，その構造によってメモリの種類が特徴付けられている．以下に，いくつかの種類のメモリデバイスの構造について概説していく．

メモリデバイスは第 6 章でも述べられているように，古くからの代表的なものに，SRAM と DRAM があるが，SRAM はトランジスタのみ，またはそれに抵抗を用いたフリップフロップのロジック回路で構成されているので，1 ビットのために複数のトランジスタを必要とする以外は構造的に大きな特徴はない．DRAM は 1990 年代までは，テクノロジードライバーとして微細化技術を牽引してきた代表的なメモリである．DRAM の断面構造図を図 9.2 に示す．基本構成要素は 1 トランジスタと 1 キャパシタからなり，キャパシタへの電荷の蓄積の有無で 1 ビットの記憶を行う．当初はプレーナー型として平面キャパシタからスタートしたが，キャパシタは電荷を蓄積するために十分なキャパシタ容量を確保する必要がある．微細化の進行ともなって進めてきたキャパシタ誘電体膜であるシリコン酸化膜のさらなる薄膜化も困難になり，3 次元構造化することで，微小な平面投影エリアで十分なキャパシタ面積を確保するようになってきた．それが図のスタック型とトレンチ型である．さらに容量を増やすために，キャパシタ誘電膜に誘電率の高い (High-k) 膜を用いるようになってきた．たとえば，スタックドキャパシタでは，Ta_2O_5 や BST ($Ba_xSr_{1-x}TiO_3$) 膜などの High-k 材料が，トレンチキャパシタではシリコン酸化膜より誘電率の高いシリコン窒化膜を酸化膜でサンドウェッチした ONO (Oxide/Nitride/Oxide) 膜などが採用されている．

現在，微細化のテクノロジードライバーはフラッシュメモリが担っている．フラッシュメモリの基本的な構造を図 9.3 に示す．フラッシュメモリは，フローティングゲートとコントロールゲートからなる MOS トランジスタタイプの構造をしている．フローティングゲートに電荷を蓄積することで記憶をつかさどっている．電荷の有無により，トランジスタのしきい値が変わるため，コントロールゲートの読み出し電圧をその中間にすると，トランジスタが導通 (ON) または非導通 (OFF) のいずれかになることで，データを読み出すことができる．このステッ

図 9.3 フラッシュメモリの原理と断面構造

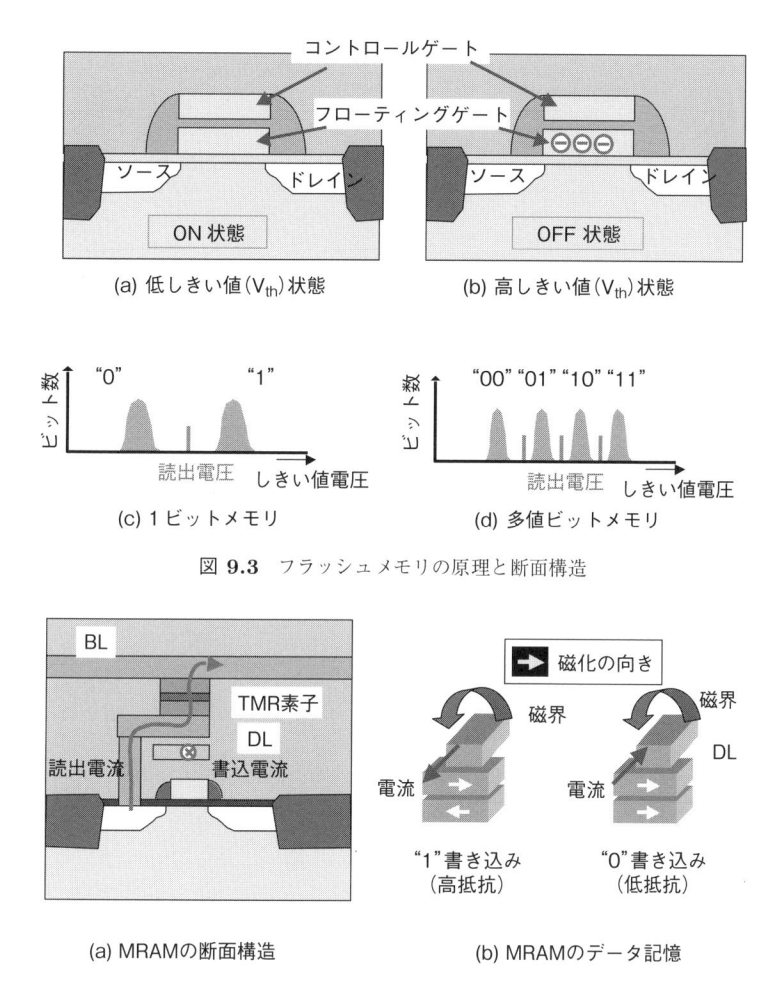

図 9.4 MRAM の原理と断面構造

プを "1" か "0" の1ビットではなく，複数にすることで1素子に複数ビットを記憶させることができる．これは，多値メモリとよばれ，同じ微細化世代でも記憶容量のより大きなメモリデバイスが実現できる．

その他にも多くの種類のメモリが開発または研究されている．そのいくつかを紹介する．MRAM (Magnetic Random Access Memory) の断面構造を図 9.4 に示す．MRAM は強磁性トンネル磁気抵抗効果 TMR (Tunnel Magneto Resistance) による電気抵抗の差を利用している．TMR 素子としては，トンネル障壁の非磁性層を両側から強磁性層 (参照層と記憶層) で挟んだ構造 (MTJ: Magnetic Tunnel Junction) をとっており，両側の強磁性層の磁化配列が同じときには電気抵抗は小さく，反平行配列では抵抗は大きくなる．書き込みは，強磁性体の1つの層の磁化を外部電流の向きによって変えることで行われる．読み出しは回路を流れる電流の大小で，"0","1" を区別する．強磁性層は Fe，Co，Ni ならびにそれらの合金でできている．MRAM には，高速，不揮発，書き換え回数制限なしなどの利点がある．

強誘電体メモリ FeRAM (Ferroelectric Random Access Memory) は1トランジスタと強

(a) 断面構造　　(b) 強誘電体膜の分極

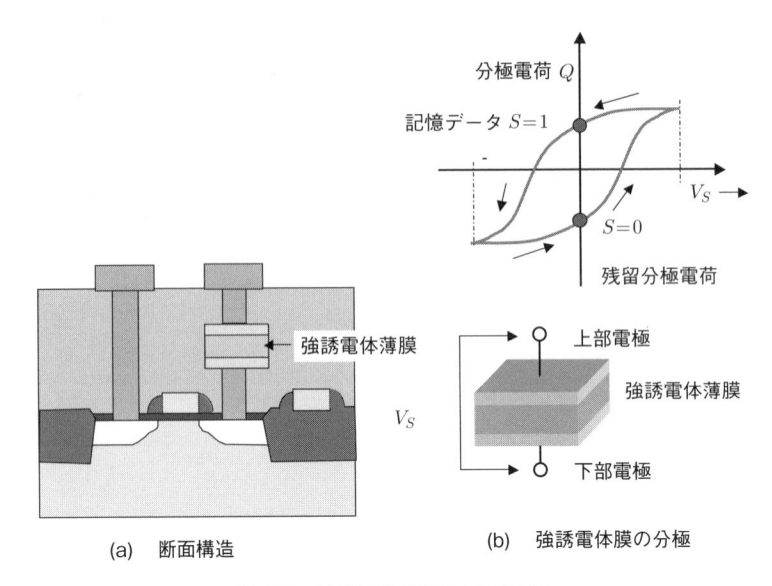

図 9.5　FeRAM の原理と断面構造

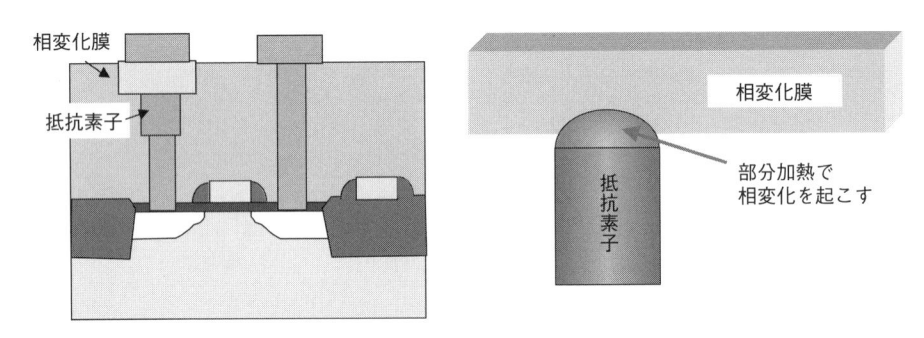

図 9.6　相変化メモリ　PRAM の原理と断面構造

誘電体キャパシタを備え，強誘電体薄膜の分極状態で記憶を行う．FeRAM の断面図を図 9.5 に示す．強誘電体膜は電圧を 0 [V] にしても残留分極電荷が残るので，その分極の方向によって "0"，"1" を区別する．書き換え回数に優れ，低電圧での高速書き込み／読み出しが得られる利点がある．

材料の相変化を利用したものに相変化メモリ，PRAM (Phase-Change RAM) がある．

PRAM の断面構造を図 9.6 に示す．カルコゲナイド合金からなる金属ガラスの相変化膜に加熱と冷却を加えることで，結晶と非晶質の間での相変化を起こさせ，電気抵抗値の異なる状態を作り記憶を行う．相変化膜に接した抵抗素子への通電・加熱によって，その接点領域での相変化を行う．

最後に，ReRAM (Resistance RAM) の断面構造図を図 9.7 に示す．電界誘起巨大抵抗変化素子 CER 素子 (Colossal Electro-Resistance) を用い，金属酸化膜の抵抗を電圧パルス制御して記憶させている．電圧パルス印加により，酸化成分が減少して金属酸化膜が金属的性質を示す低抵抗状態と逆パルス印加で元の高抵抗状態とで，"0"，"1" の記憶を行う．

この RRAM と PRAM は DRAM のプロセスとの整合性もよく，また，微細化しても "0"，"1"

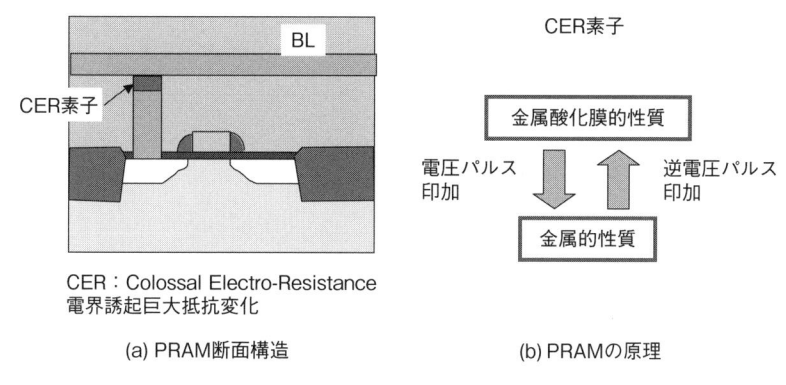

図 9.7 RRAM の原理と断面構造

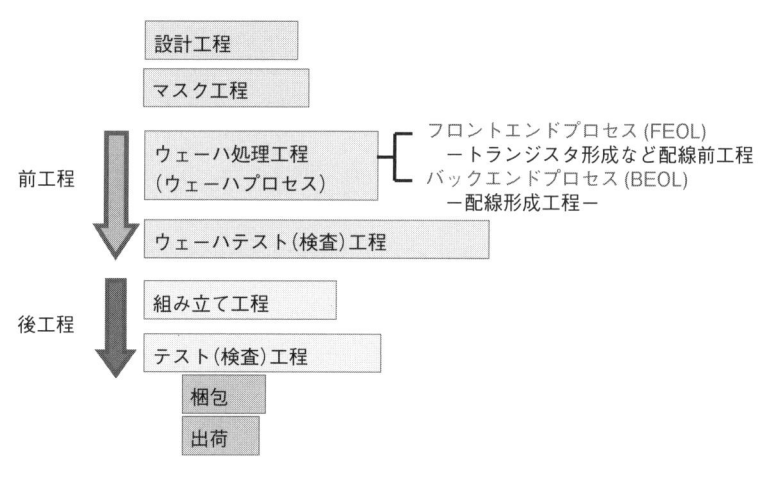

図 9.8 LSI 製造工程全体フロー

の信号強度比が大きくとれるため，高集積化の可能性を持っている．

9.3 LSI 製造の流れ

9.3.1 LSI 製造の概略的流れ

LSI 製造の流れの概略を図 9.8 に示す．まず，前章までにおいて説明されてきた設計工程から始まり，マスク工程で設計内容に従ったフォトマスク (レティクル；詳細は 11 章 11.1 参照) が作られる．フォトマスクはシリコンウェーハ上に微細パターンを転写していくときの型紙としての役割を持つ．ウェーハプロセス (ウェーハ処理工程) では，これらのフォトマスクを用いてシリコンウェーハの上に薄膜の微細パターンが形成されていく．このウェーハプロセスは，トランジスタ形成までのフロントエンドプロセス (FEOL：Front End of Line) と，その後に続く配線形成のバックエンドプロセス (BEOL：Back End of Line) とに分離して扱われる場合もある．

ウェーハプロセス完了後は，ウェーハ状態でその上の個々のチップの検査を行うウェーハテ

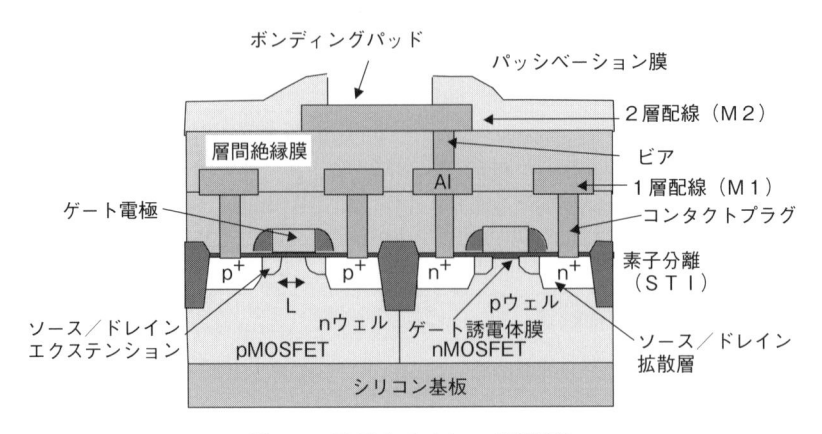

図 9.9 CMOS デバイスの断面構造

スト (検査) 工程 (プローブテスト) に入る．

このウェーハプロセスとウェーハテスト工程が"前工程"，それ以降が"後工程"になる．後工程には，組み立て工程と組み立て品のテスト工程が入る．

ウェーハテストで合格したチップは，1 枚のウェーハ上から，個々のチップに分離され，通常はパッケージに入れられる (パッケージング)．パッケージングされた個々のチップはテスト (検査) され，合格品のみが梱包されて出荷される．

9.3.2 LSI のパターン形成とウェーハプロセス

ロジックデバイスでは CMOS トランジスタが一般的に多く用いられる．CMOS トランジスタデバイスの単純化した断面構造を図 9.9 に示す．この構造は図 7.1 (d) に対応するものであり，若干詳細を加えている．素子分離 (STI: Shallow Trench Isolation) と p ウェルおよび n ウェルの上に，nMOSFET と pMOSFET が形成され，配線で結ばれている．トランジスタのパターンの形成は，nMOSFET も pMOSFET も基本的には同じであるので，一方のトランジスタパターンの形成について説明する．

トランジスタを立体的に見た場合には，図 9.10 の (a) 図に示すようになる．これを上面からみると (b) 図のようになる．ここでは，簡略化するため配線は 1 層のみを考える．トランジスタが形成される活性領域 (= 素子分離領域を除いた領域) のパターンとトランジスタのゲートパターン，そしてソース／ドレイン電極へのコンタクトプラグ，ならびに配線パターンのみで構成される．これらのパターンを各層ごとに引き離すと (c) 図のようになる．すなわち，各層ごとにパターンを積み重ねていけば，トランジスタの構造が出来上がっていくことになる．

したがって，それらのパターンの型紙となるマスクパターンのみが準備されればよい．このパターン作成については，第 7 章のレイアウト設計で解説している．図 9.11 には，図 9.10 の (b) 図に示しているトランジスタの形成に最低限必要なパターンとして，素子分離パターン，ゲートパターン，コンタクトパターン，そして配線パターンが表示されている．これは，図 7.4 で示されたインバータのレイアウトの中のトランジスタ 1 つ場合に対応する．

これらのパターンをフォトマスクを用いて，シリコンウェーハ上に形成するときの基本的な

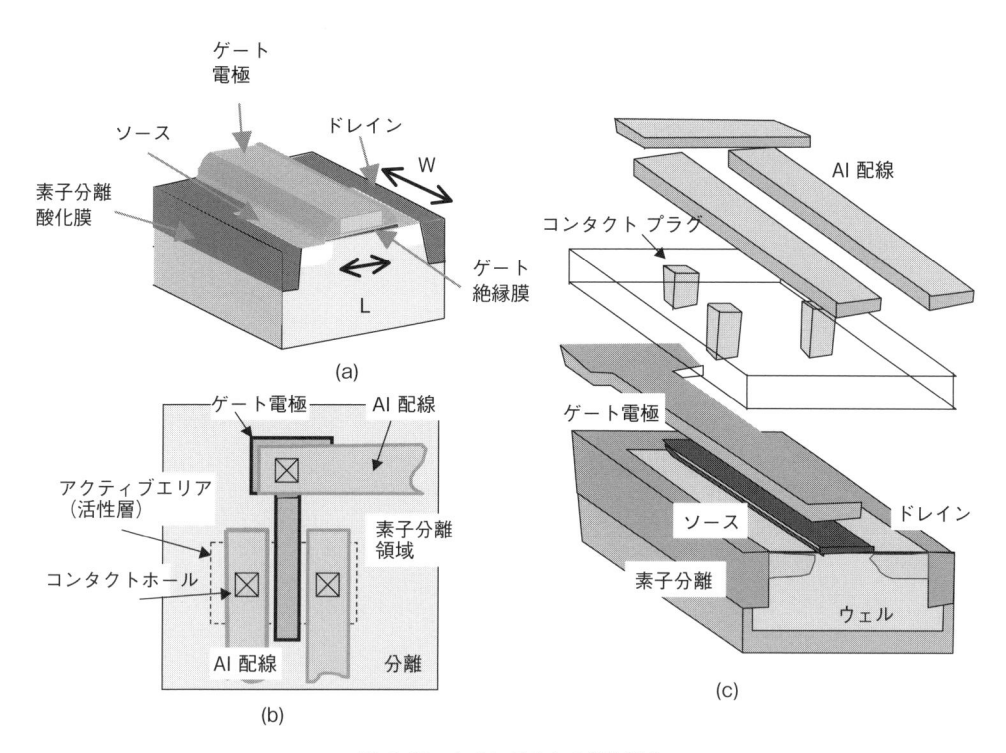

図 9.10 トランジスタの構造形成

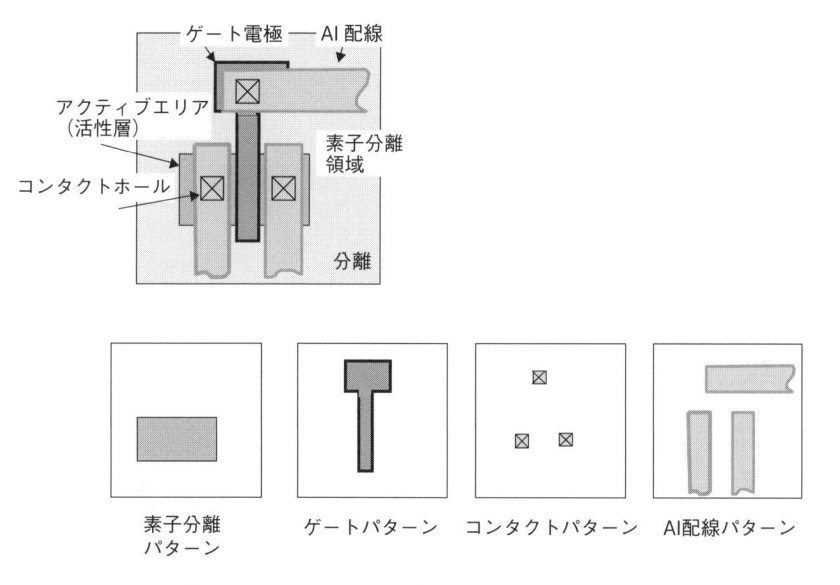

図 9.11 トランジスタ形成のためのマスクパターン

流れについて，図 9.12 に基づいて説明する．ここではシリコンウェーハ上に敷き詰められた薄膜 A の上に薄膜 B のパターンを形成する場合を考える．まず ① のシリコンウェーハ上に薄膜 A と薄膜 B を堆積させる (② 図)．その上に，フォトレジストを塗布する (③ 図)．次に，④ 図のように，所望のパターンを持ったフォトマスクを用いて露光を行う．これを現像すると，

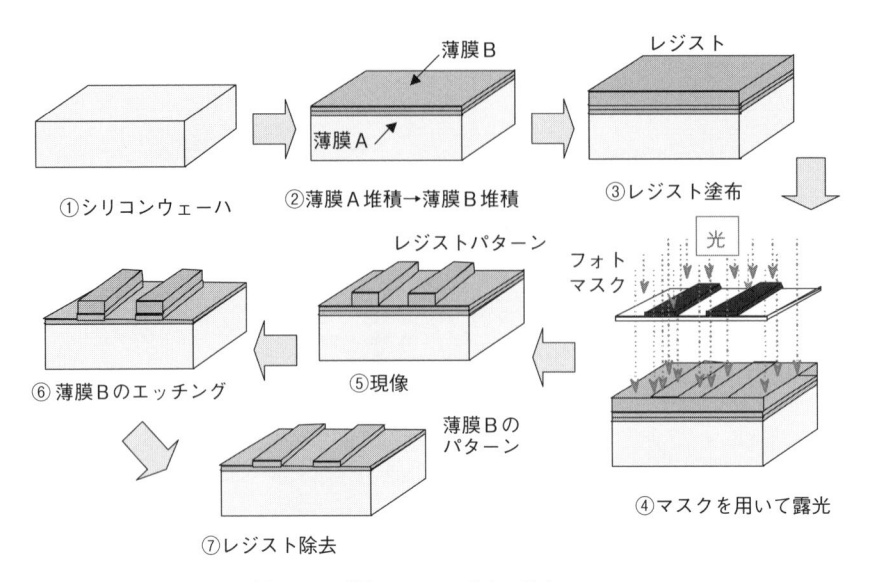

図 9.12　微細パターン形成の基本フロー

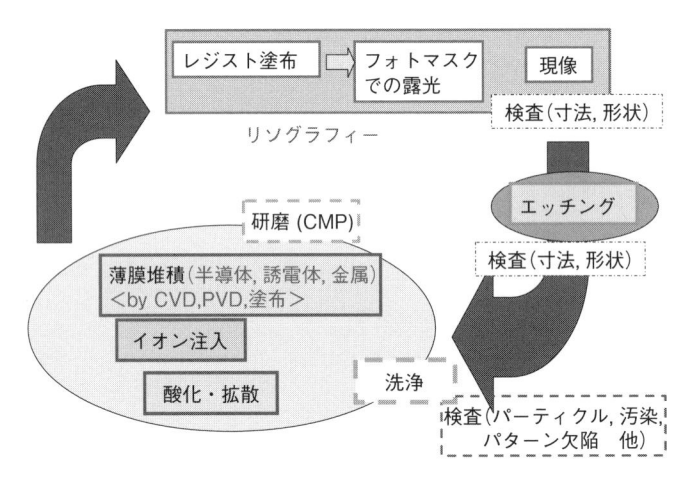

図 9.13　ウェーハプロセスの基本ループ

マスクパターンに対応したレジストパターンが現れる (⑤図). この状態で薄膜 B のみを除去するエッチングを行えば, ⑥図のようにレジストパターンに保護されていない領域の薄膜 B は消失する. そして, レジストを除去すれば薄膜 A の上に薄膜 B の微細パターンが形成される (⑦図) ことになる. これが, 薄膜の微細パターン形成の基本である.

ウェーハプロセスは, 基本的には, このマスクを使った微細パターン形成とそれに付随するいくつかの処理 (プロセス) の繰り返しであり, その 2 次元的な処理の積み重ねで 3 次元の微細構造が出来上がる. ウェーハプロセスの基本ループを図 9.13 に示す. 薄膜形成時点から考えると次には, リソグラフィとよばれる一連の処理工程, すなわち, フォトレジスト塗布, フォトマスクを用いた露光, そして現像の工程となる. ここでマスクパターンに対応したレジストパターンが形成される. 次にはこのレジストパターンをエッチングマスクとして, レジストの

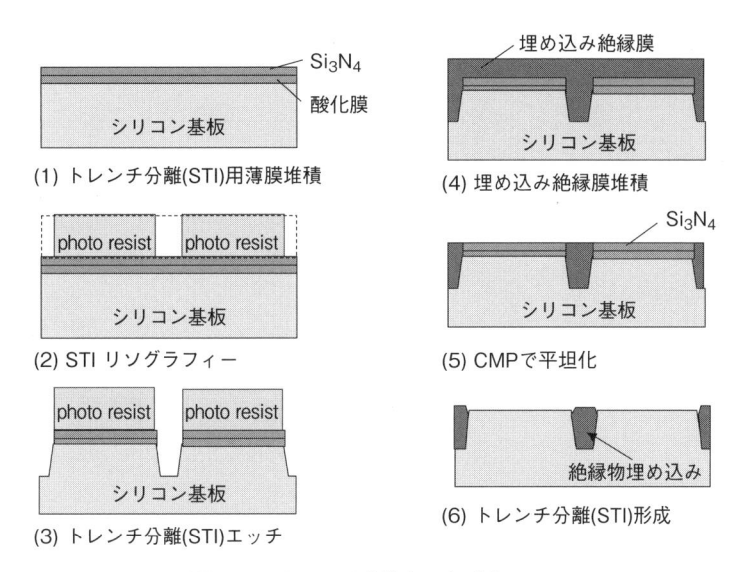

図 9.14 トレンチ分離 (STI) 形成フロー

下の薄膜材料を除去加工するエッチング工程となる．通常は洗浄工程ののちに，その上層の薄膜形成となる．または，エッチング加工された薄膜パターンをマスクとしたイオン注入とそれに続く酸化や拡散の熱処理工程等が入る．イオン注入はレジストパターンを直接注入マスクとする場合もある．薄膜形成には，後の章で述べる CVD や PVD などによる薄膜の堆積や直接酸化による酸化膜形成などがある．薄膜材料には半導体や絶縁物，金属が含まれる．また，必要に応じて堆積した膜の表面を平坦にするための研磨工程が入る場合もある．薄膜形成後はまたリソグラフィ工程になるというように，これをウェーハプロセスの基本ループとして，それを何度も繰り返して処理が進む．

これらの基本となるプロセスに加え，それらを確実に処理するためにそれぞれの処理内容に応じて，寸法測定や処理形状の観察，異物やパターン欠陥の検出などの，計測・検査工程がプロセスフローに挿入される．

9.3.3 LSI 製造のウェーハプロセスフロー

ロジック LSI では最も一般的な CMOS デバイスのウェーハプロセスフロー (製造の流れ) について，図 9.9 に示した断面構造を基本にして，ベアウェーハ (なにも作られていない裸のシリコンウェーハ) からこれを作っていく場合について解説する．

まず，素子分離としてシャロートレンチ分離 (STI : Shallow Trench Isolation) の形成フローを図 9.14 に示す．最初の (1) 図では，シリコンウェーハの上に酸化膜とシリコン窒化膜を形成している．多結晶シリコン膜が用いられる場合もある．次にリソグラフィにより (2) 図のように素子分離のレジストパターンを形成する．このレジストパターンをマスクにして (3) 図のようにトレンチエッチングでシリコン基板に溝を掘った後に，(4) 図のように上から埋め込み絶縁膜を堆積して，この溝に絶縁膜を埋め込む．この埋め込み絶縁膜を上から CMP (Chemical Mechanical Polishing) により下地の窒化膜が露出するまで研磨し，平坦化すると (5) 図のよ

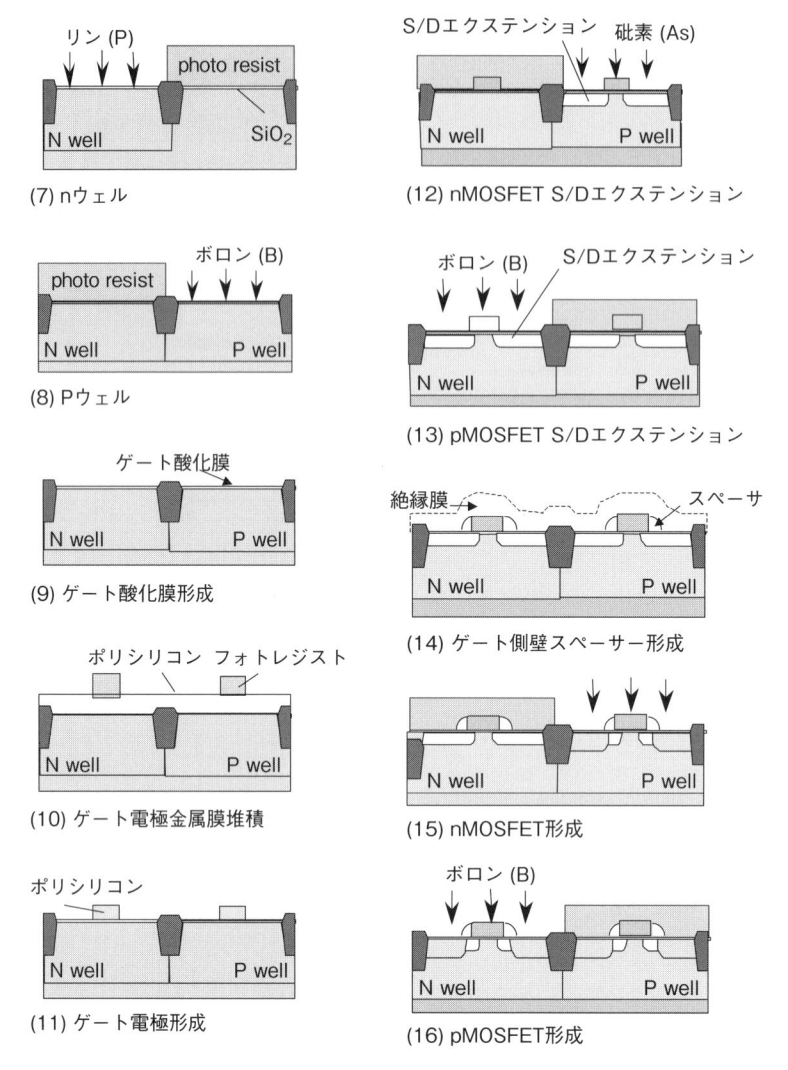

図 9.15 トランジスタ形成フロー

うになる．この後，酸化膜と窒化膜を除去すると (6) 図のトレンチ分離が出来上がる．

次にトランジスタの形成フローを図 9.15 に示す．個々の図の小番号は，判りやすくするためにトレンチ分離工程からの通し番号としている．素子分離が出来上がると次にウェルの形成工程に入る．(7) 図に示すように一部を残してレジストパターンで覆い，n タイプのドーパント (P) のイオン注入を行う．この注入領域が n ウェルとなる．同様に (8) 図では反対側をレジストで覆い，p タイプのドーパント (B) を注入して p ウェル領域を形成する．

これらのウェル上にトランジスタを形成する．まず (9) 図に示すように，洗浄して清浄にしたシリコン表面にゲート酸化膜を形成する．さらにその上にゲート電極材料を堆積させる．ここでは多結晶シリコンを電極材料に用いている．これにリソグラフィでゲートのレジストパターンを形成すると (10) 図のようになる．さらに，多結晶シリコンをエッチングし，レジストを除去すると (11) 図のように下層にゲート誘電体膜を備えたゲート電極のパターンができあがる．

次にソースとドレインの拡散層の形成工程になる．まずソースとドレインのエクステンションとよばれる浅い拡散層 (第 12 章 12.2.1 参照) の形成を行う．(12) 図では nMOSFET のエクステンションの形成を示している．nMOSFET の領域以外はレジストで覆い，nMOSFET 領域に n タイプのドーパントのイオン注入を行う．このときゲート電極は注入マスクとしての役割をするため，ゲート直下のチャネル領域にはイオンの注入は行われない．pMOSFET に対しては，(13) 図に示すように，同じ方法で，p タイプのドーパントのイオン注入が行われる．微細化でチャネル長が短くなることで生じる問題を回避するためにエクステンションは極めて浅い拡散層となる．

次に，ソースおよびドレインの拡散層を形成する前に，ゲートの側壁スペーサーを形成する．スペーサー形成は，(14) 図の破線で示すように，まず絶縁膜を堆積させる．その後に，ウェーハ全面にわたって垂直方向成分を持つエッチングを行う．そうすると平坦部分の絶縁膜は全面消失するが，ゲート電極側壁部分の絶縁膜の垂直方向にみた膜厚は平坦部より大きくなっているため，エッチングされずに残る．これがスペーサとなる．この工程はマスクを必要としない自己整合的なプロセスになっている．

ソースおよびドレインの拡散層形成は，(15) 図ならびに (16) 図に示すように，nMOSFET と pMOSFET がそれぞれ自己の領域以外をレジストでマスクして，p タイプまたは n タイプのドーパントイオンを高濃度に注入する．これらの注入されたドーパント原子はその後の熱処理によって活性化され，アクセプタやドナーとなり，CMOS トランジスタの p 型や n 型のソースならびにドレインの拡散層が形成される．

トランジスタの構造が出来上がると次は配線形成工程になる．配線の形成フローを図 9.16 に示す．引き続き図中の個々の図の番号は図 9.15 からの通し番号としている．

トランジスタの上にはまず絶縁膜が堆積され，さらにリソグラフィにより，コンタクトホール (孔) パターンに対応したレジストパターンがその上に形成される．コンタクトホールは，トランジスタのソース，ドレインならびにゲートの電極それぞれと配線が電気的に接続されるための孔である．その後，このレジストパターンをマスクにエッチングするとコンタクトホールが開口される．その状態に対応するのが (17) 図である．

さらに，(18) 図のように金属を堆積させて，コンタクトホールに埋め込む．これを CMP で研磨・平坦化すると，(19) 図のようにコンタクトホールの中だけに金属柱が残る．これはコンタクトプラグとよばれる．

次に 1 層目の配線の形成工程に移る．ここでは Al 配線の場合について説明する．Cu 配線の場合の形成方法については第 13 章の配線技術で述べる．まず，全面に金属 (Al) 膜を堆積して，その上にリソグラフィによりレジストパターンを形成する．これをマスクに金属膜のエッチングを行えば，(20) 図に示す 1 層目の配線パターンが形成される．

レジストを除去した後に，1 層目の配線と 2 層目の配線に挟まれることになる層間絶縁膜を堆積する．この上にビアホールとよばれる貫通孔を形成するために，(21) 図のようにリソグラフィでレジストパターンを形成する．それをマスクに層間絶縁膜をエッチングするとビアホールが開口される．

次に，このビアホールに金属膜を埋め込み，研磨・平坦化することでビアホールの中だけに

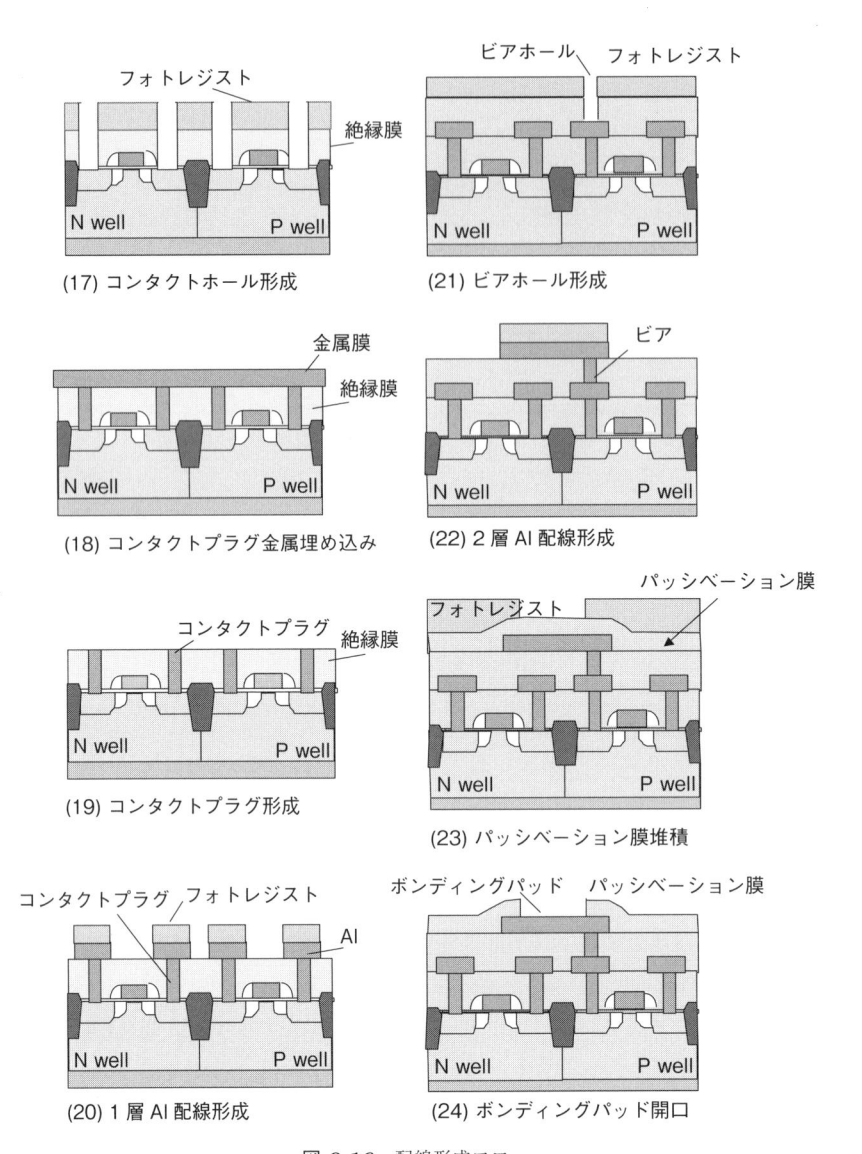

図 9.16 配線形成フロー

(17) コンタクトホール形成
(18) コンタクトプラグ金属埋め込み
(19) コンタクトプラグ形成
(20) 1 層 Al 配線形成
(21) ビアホール形成
(22) 2 層 Al 配線形成
(23) パッシベーション膜堆積
(24) ボンディングパッド開口

金属柱を残す．これは，ビアとよばれ下層と上層の配線を電気的に接続する役割を果たす．

2層目も，(22) 図に示すように，配線金属を堆積して1層目の配線と同じようにリソグラフィとエッチングにより，金属配線パターンが形成される．

基本的には，最低限ビアと配線パターンの2つのマスクを追加すれば，同じようなプロセスで，配線層を1層ごと増やしていくことができる．

最上層には，トランジスタや配線を水の侵入やその他の汚染，腐食から保護するためにパッシベーション膜とよばれる絶縁層が形成される．配線と外部との電気的接続をするためにワイヤが接続されることになるワイヤーボンディングパッドの部分のみは，この絶縁膜が開口される．この工程も，(23) 図および (24) 図に示すように，リソグラフィとエッチングによって行

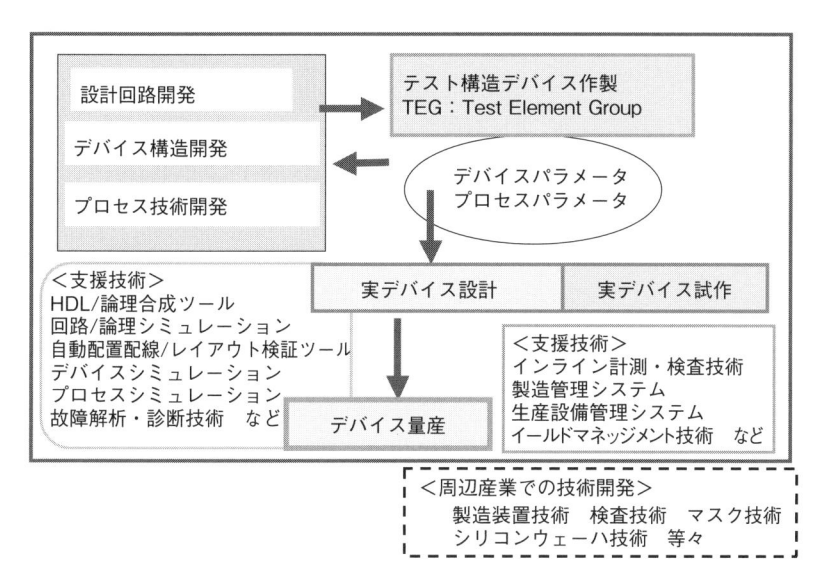

図 9.17 LSI の開発から量産まで

われる．このパッシベーション層の上には，内部でキャリアを発生させる放射線の影響防止などのために，ポリイミド樹脂膜が形成される場合が多い．

9.3.4 LSI の開発から量産まで

LSI 産業ではムーアの法則に則った微細化に従うにしろ，モア・ザン・ムーアで微細化以外での付加価値をつけるにしろ，頻繁に世代交代が行われている．そのため，開発から量産までのサイクルが短い期間で行われる．ここでは技術開発から量産までの大まかな流れを概説する．

LSI の開発から量産までの関係を模式的に図 9.17 に示す．次世代や次々世代のデバイス開発では，性能やサイズ，信頼性などターゲットとなる仕様に合致するようにデバイスの構造の開発やその構造を実現するためのプロセス技術開発，新しい設計回路の開発などが行われる．技術開発においては，TEG (Test Element Group) とよばれるテスト構造デバイスが作製されて，必要な評価データの収集や技術の検証に用いられる．TEG は様々な目的に用いられ，それぞれの用途に合わせて複数種類作られる．それぞれの必要工程のみを通るために少ない工数で短期間で，何度も作製することができる．たとえば配線技術開発用途ならば，トランジスタ工程を除いて配線工程のみ，またはその一部のみの工程処理でもよい．

こうして，最終的にはトランジスタの性能等を示すデバイスパラメータや製造のためのプロセスパラメータが決定される．そして，それに基づいて，一般的には実デバイスまたはそれに相当するもので試作が行われる．試作の中で，性能や歩留りなどがデバイス量産に適当と判断されるところまで技術が磨かれて，始めて工場での大量生産に移行する．一旦技術が確立した後に同じプロセスを用いる他の同世代製品への品種展開では，通常目的に応じた回路設計のみで量産が行われる．

新しい世代の技術開発では，さらにその世代に対応した様々な支援技術の開発が同時に進行

する．各種シミュレーション技術や計測・検査・解析技術のほか，製造管理技術や歩留り向上技術などがある．また，半導体デバイスメーカーのみならず，周辺産業における技術開発も極めて重要である．その代表である次世代対応の各種製造装置の開発から，シリコンウェーハやレジストを始めとした材料技術開発などがある．そして，ナノオーダーの微粒子の影響すらも受けやすい微細パターン形成ゆえに，製造における超清浄空間を形成するクリーン化技術も重要な役割を果たす．LSIの開発・製造は全てクリーンルームの中で行われている．

このように半導体，特にLSI産業は，多くの技術分野，多くの産業が関わった技術開発の集約によって初めて技術革新が進行している．

演習問題

設問1 LSI産業の特徴を挙げよ．

設問2 新規メモリの開発において，それらのプロセスがDRAMプロセスと整合性があるメリットはなにか，理由を述べよ．

設問3 LSI製造において薄膜の微細パターンを形成する基本はなにか，簡潔に述べよ．

設問4 nMOSFETとpMOSFETはそれぞれ異なるタイプの基板を用いて形成される．CMOSでは同一ウェーハ上に両者が形成されるが，それを実現しているキーポイントを述べよ．

設問5 型名AAX01のロジックデバイスは5層配線構造であり，型名BBX02のロジックデバイスは8層配線構造を持つ．この両者のトランジスタ形成には同じプロセスフローが使われている．型名BBX02の製造に用いられるマスクの枚数は，型名AAX01に比べて何枚以上多く必要となるか，増加する最低限の枚数を答えよ

第10章
シリコンウェーハ製造技術

　本章では，半導体デバイス製造の出発材料であるシリコンウェーハについて解説する．シリコンウェーハは，単結晶の育成とウェーハ形状への加工により製造される．初めに単結晶シリコンの育成法について説明する．次に，ウェーハの加工方法を説明する．さらに，パーティクルや汚染の管理について説明する．

□ 本章のねらい

- 単結晶シリコンの育成方法を理解する．
- シリコンウェーハの形状加工法を理解する．
- シリコンウェーハの種類を理解する．
- ウェーハの仕様を理解する．
- ゲッタリング技術を理解する．

□ キーワード

　単結晶シリコン，シリコンウェーハ，CZ 法，MCZ 法，FZ 法，エピタキシャル成長，スライシング，ポリッシング，SOI ウェーハ，ウェーハ仕様，大口径化，平坦度，パーティクル，汚染，ゲッタリング，IG，EG，ケッタリングメカニズム

10.1　シリコンウェーハとは

　単結晶シリコンを用いたデバイスは，全てシリコンウェーハとよばれる厚さ 1 [mm] 以下の円板状に加工された板の上に形成される．現在では，シリコンウェーハとシリコンデバイスは，それぞれを製造するメーカーが完全に独立し，分業化されている．そのため，ウェーハメーカーとデバイスメーカーの間には詳細なウェーハ仕様が取り交わされて，購入されている．

　シリコンウェーハの製造工程は，大きく単結晶の育成工程とウェーハ形状への加工工程に分けられる．単結晶シリコンの育成には，現在主に CZ (CZochralski) 法が用いられているが，特殊な半導体デバイス用として FZ (Floating Zone) 法が用いられる．その他に，高品質のエピタキシャルウェーハが用いられる場合がある．ウェーハ形状加工は，外形加工→スライシング→端面加工→ラッピング→エッチング→ポリッシング→出荷検査→梱包という工程を経て実施

される．

　半導体デバイスは，異物 (パーティクル) や汚染を極端に嫌う．これほどクリーンな状態で製造される製品は他に類を見ない．半導体デバイス製造の歴史はパーティクルや汚染との戦いであったといっても過言ではない．しかしながら，半導体デバイスの製造工程にパーティクルや汚染を全く持ち込まないというのは不可能である．そのため，持ち込んだパーティクルの洗浄およびシリコン中に導入されてしまった汚染不純物をデバイスの活性領域から除去するゲッタリング技術が重要である．

10.2 単結晶シリコン結晶育成

10.2.1　原料多結晶シリコン

　シリコンの原料となる SiO_2 は，地表に実質的に無尽蔵に存在する．高純度の硅石 (主成分は SiO_2) を溶かし，炭素で還元して 97〜98%の金属シリコンを製造する．この金属シリコンを塩化水素 (HCl) と反応させると，液体のトリクロルシラン ($SiHCl_3$) が生成される．これを蒸留精製後，高純度の水素と反応させると高純度多結晶シリコンが得られる．通常，高純度多結晶シリコンは CVD (Chemical Vapor Deposition) 法により，円柱状に製造される．

　この多結晶シリコンの純度は，99.999999999% (イレブンナイン) 程度である．シリコンの製造プロセス中では，この時点が最も高純度である．この多結晶シリコンを用いて，単結晶シリコンが製造される．

10.2.2　CZ 法によるシリコン単結晶育成

　現在最も一般的に用いられている単結晶シリコンの育成方法は，CZ 法である．図 10.1 に CZ 法によるシリコン単結晶育成法の模式図を示す．CZ 法では，破砕した高純度多結晶シリコンと p 型または n 型のドーパント不純物を高純度石英るつぼに入れ，1500 [℃] 程度に加熱してシリコン融液とする．

　その後，単結晶の種結晶を用いた引き上げにより，単結晶シリコンを製造している．種結晶を

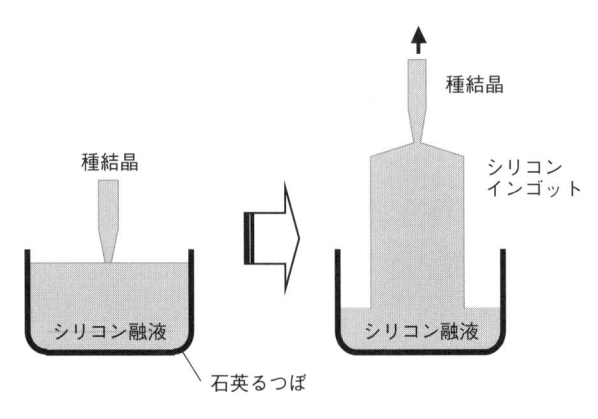

図 10.1　CZ 法によるシリコン単結晶育成

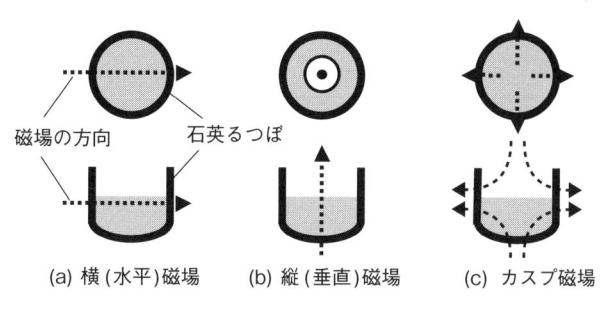

図 10.2 磁場印加の種類

(a) 横 (水平) 磁場　(b) 縦 (垂直) 磁場　(c) カスプ磁場

用いることにより，種結晶の結晶性を保持した円柱形のシリコンインゴットが得られる．通常種結晶のサイズは 4〜6 [mm] 角程度であるが，種結晶がシリコン融液と接触した瞬間に種結晶とシリコン融液との温度差による熱衝撃により，多量の結晶欠陥 (転位) が発生する．この転位は，シリコン結晶の径を 3 [mm] 程度にしぼることにより外部に放出され，結晶を無転位化できる[1]．結晶の無転位化後，引き上げ速度を調整して所望の結晶直径まで拡大し，円柱状のシリコンインゴットを製造する．

現在，CZ 法で製造される最大のウェーハの直径は 300 [mm] であり，次世代シリコン結晶として直径 450 [mm] が検討されている．また，最大の長さは，最初に石英るつぼに投入可能な多結晶シリコンの量で決まる．現状，数 100 [kg] の多結晶シリコンから 1〜2 [m] 程度のシリコンインゴットが製造されている．

CZ 法におけるシリコン融液は，絶えずヒーターにより外部から加熱されている．そのため，シリコン融液には熱対流が発生する．この対流により，CZ 法によるシリコン結晶には，石英るつぼから溶け出した酸素が 10^{17}〜10^{18} [atoms/cm^3] 程度取り込まれる[2]．シリコン結晶中の酸素には結晶の機械的強度を上げる作用がある．一方，シリコン中の酸素はドナーとして働くという問題がある．酸素がドナーとして活性化する温度は決まっている．都合の悪いことに，その温度の 1 つがシリコンデバイス製造における最終高温プロセスであるアルミニウムのシンター温度である 450 [℃] 程度である．そのため，シリコン基板の抵抗率が変化するので，その対応が必要となる場合がある．

CZ 法によるシリコン結晶中の酸素は，磁場を印加することにより制御可能である．磁場中を導体が移動すると，フレミングの右手の法則に従い起電力が発生する．この起電力による電流と磁場の相互作用により，フレミングの左手の法則に従った力がシリコン融液に働き，対流の抑制が可能である．結果として，酸素の含有率を 10 [ppm] 以下に下げることができる．磁場印加型の CZ 法を MCZ (Magnetic field applied CZ) 法とよぶ．

図 10.2 に示したように，磁場の印加法にはいくつかの方法がある．水平磁場やカスプ磁場が良く用いられる．磁場印加には大型の電磁石が必要であり，超伝導コイルが用いられる場合もある．

MCZ 法は，結晶中の酸素濃度の制御が可能なだけでなく，融液の対流を制御できるため，結

---

[1] この工程はダッシュネッキングとよばれる．
[2] シリコンの原子密度は，5×10^{22} [atoms/cm^3] である．

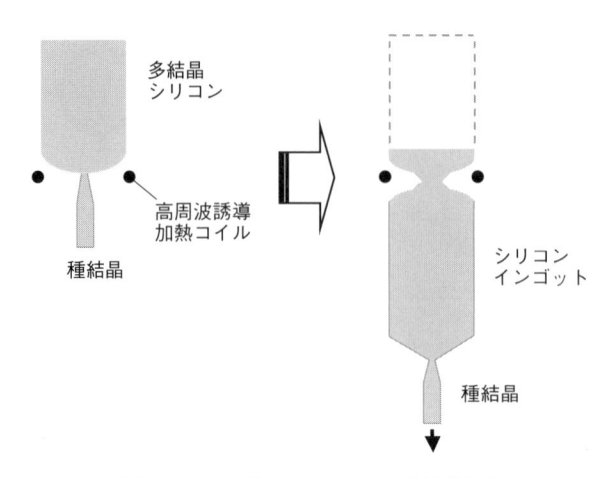

図 10.3　FZ 法によるシリコン単結晶育成

晶育成中のシリコン融液表面の安定化にもつながる．そのため，200 [mm] 以上の直径のシリコン結晶の育成には，多くの場合 MCZ 法が用いられている．

10.2.3　FZ 法によるシリコン単結晶育成

FZ 法では，原料として円柱状の高純度多結晶シリコンをそのまま用いる．図 10.3 に示したように，加熱には高周波誘導コイルを用い，多結晶シリコンの先端部分のみ融液化する．CZ 法同様種結晶を用い，無転位化後に所望の径のシリコンインゴットを製造する．CZ 法が引き上げで結晶を育成するのに対し，FZ 法では引き下げで結晶を育成する．

FZ 法では石英るつぼを用いないため，極めて低酸素濃度のシリコン結晶が育成可能である．したがって，酸素ドナーの影響がなく高抵抗率のシリコン結晶が製造できる．ただし，CZ 法と比較して製造が難しく，高コストであるため，高周波やパワーデバイスなどの特殊な用途のみに使用されている．

CZ 法におけるドーパント不純物濃度は，最初に投入された不純物の固体シリコンへの取り込み量によって決まる．液体のシリコンから固体のシリコンを製造する際には偏析現象が伴う．偏析現象により，固体化する際の不純物の取り込み量が，液体より固体の方が少ないため，徐々に融液の不純物濃度が濃くなる．そのため，シリコン結晶に取り込まれるドーパント不純物の量が徐々に濃くなってしまう．このため CZ 法で製造したシリコン結晶では，インゴットの上部と下部で抵抗率が異なるという現象が発生してしまう．

一方，FZ 法で製造した結晶のドーパント不純物量の調整は，中性子照射 (NTD：Neutron Transmutation Doped) 法または連続したガスドープにより行うため，ドーパント濃度の縦方向の制御性は良好である．

図 10.4 に FZ 法におけるドーパント濃度の制御法を示す．図 10.4 (a) は中性子照射によるドーパント濃度制御の原理である．地球上には，質量数 30 のシリコン原子 ^{30}Si が 3％程度存在する．この存在比率は地球上どこでも同一である．この ^{30}Si に中性子を照射すると，γ 崩壊して ^{31}Si に変化する．^{31}Si は β 崩壊して，半減期 2.6 [時間] で ^{31}P に変化する．こうして，n

(a) 中性子照射法

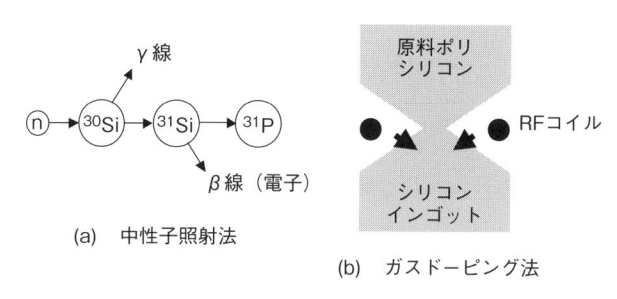

(b) ガスドーピング法

図 10.4 FZ 法におけるドーパント濃度制御

型の不純物制御が可能である．この中性子照射による不純物制御はブロック状態で行うため，ウェーハ面内均一性が良好であるが，n 型の不純物制御しかできない．また，中性子照射のための放射線設備が必要であり，現状世界で数か所でしか処理できない．そのため，デリバリが悪く供給体制が安定していない．

もう 1 つのドーピング法は，ガスドーピング法である．ガスドーピング法は，図 10.4 (b) に示すように，融液部に直接ドーピングガスを吹き付けて行う．ガスドーピング法では，ドーピングガスとして，ジボラン B_2H_2 やホスフィン PH_3 を用いることにより，p 型，n 型両方の不純物制御が可能である．現状，ガスドーピング法による不純物濃度のウェーハ面内均一性は，中性子照射法と比較して劣るものの，放射線設備が必要なく納期が安定しており，今後の技術向上が期待できるため，ガスドーピング法による FZ 結晶の比率が増えてきている．

10.3 ウェーハ加工

一般的に，シリコンデバイスは円板状に加工されたシリコンウェーハを用いて製造される．図 10.5 に一連のウェーハ加工プロセスを示す．インゴットを扱いやすいブロックに加工 (図 10.5 (a)) した後，ウェーハ状にスライス (図 10.5 (b)) して，面取り (図 10.5 (c)) および平坦化 (図 10.5 (d)) し，ダメージ除去 (図 10.5 (e)) を行い，デバイス製造面は鏡面に仕上げる (図 10.5 (f))．その後，最終検査 (図 10.5 (g)) を行い，梱包 (図 10.5 (h)) して出荷する．以下で，各工程の詳細を説明する．

シリコンインゴットには，種結晶からの直径の拡大と最終の直径の絞り込みの円錐形状部が上下に存在する．また，インゴットは少し太めに育成している．最初，円錐形状部の除去と直径の合わせ込みの外形研削を実施する．この切り取った円錐形状部はリサイクルされる．

次に，図 10.6 に示したようなウェーハ面内の結晶方位を示すための方位加工を施す．150 [mm] 以下の直径のウェーハでは，オリエンテーションフラット (以下，オリフラ) とよばれる平坦部を形成している．また，200 [mm] 以上の直径のウェーハでは，ノッチとよばれる切込みを施す．方位加工はインゴット状態で行い，その後，扱いやすい 30 [cm] 程度のブロックに切断する (図 10.5 (a))．

ブロック加工後，ウェーハ状にスライスする．内側にダイヤモンド粒を固着させた内周刃によるスライシング (図 10.5 (b-1)) は，150 [mm] 以下の直径のウェーハに適用されている．ウェー

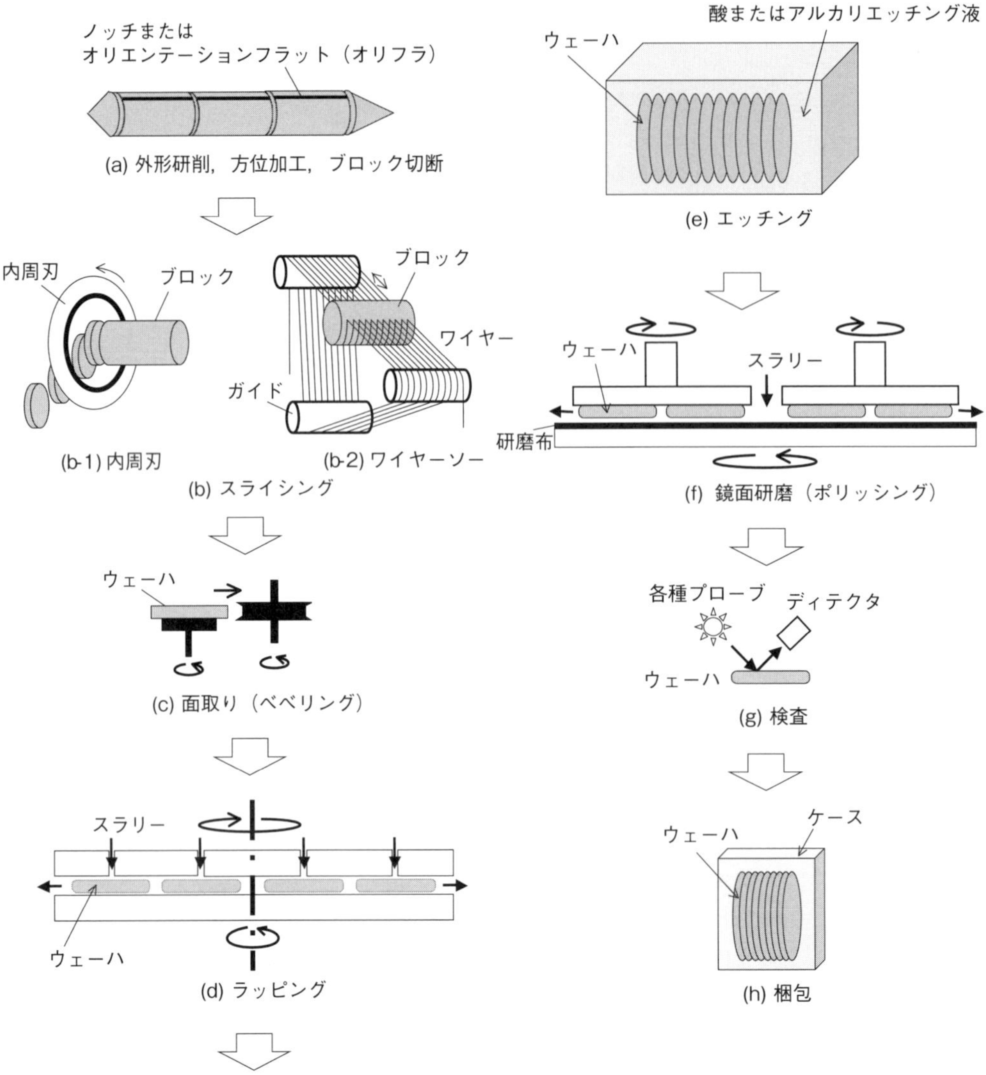

図 10.5　ウェーハ加工プロセス

ハが大口径化[3]されると，内周刃自身のサイズも大きくなり，装置が大型化し薄板の刃の製作が困難になるとともに回転時の刃のぶれが問題となる．そのため，200 [mm] 以上の直径のウェーハは，ワイヤーソーでスライシングされている（図 10.5 (b-2)）．往復運動するワイヤーに研磨剤を含むスラリーを吹き付け，ブロック単位でスライシングする．

　最終のウェーハの厚さは，500〜800 [μm] 程度である．スライシング工程では，スライシング後の加工取り代を考慮して，1 [mm] 程度の厚さにスライスされる．また，スライシング加工でウェーハ表面の面方位が決定されてしまうので，ブロックの結晶面を測定して切断方向を決める必要がある．

---

[3] 口径とは，本来大砲の内径をさす言葉であり，ウェーハの直径に対し用いるのは間違いである．しかしながら，古くから使用されてきたため，間違いが定着してしまった．

(a) オリフラ   (b) ノッチ

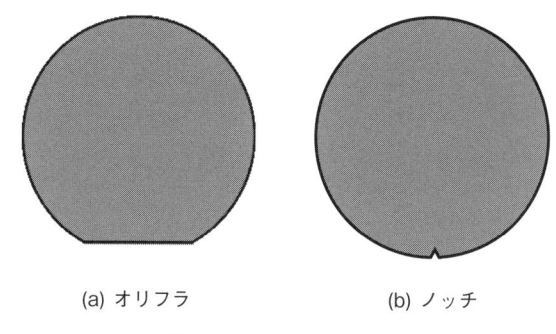

図 10.6 オリフラとノッチ

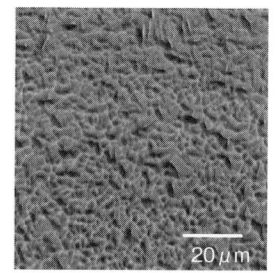

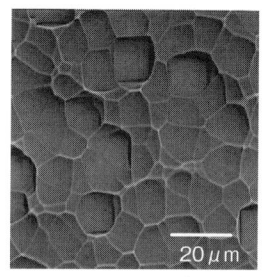

(a) 酸エッチング後の表面状態   (b) アルカリエッチング後の表面状態

図 10.7 エッチング後の面状態

ウェーハ端面が角ばった状態では，この後のウェーハ製造工程およびデバイス製造工程での衝撃に耐えられない．そのため，ウェーハ端面の面取り（ベベリングともいう）加工が必須である．面取り加工は，回転する所望の形状の砥石にウェーハを回転させながら接触させることにより行う（図 10.5(c)）．

シリコンウェーハは高精度な平坦性が要求される．スライシングでの厚さばらつきをなくす目的もあり，ウェーハは機械的な平坦加工を行う．この工程はラッピングとよばれ，上下の定盤の間にウェーハをはさみ，表裏両面同時に平坦化する（図 10.5(d)）．ウェーハはラッピング後が最も平坦である．

デバイスの微細化とウェーハの大口径化は同時に進行してきており，300 [mm] ウェーハを用いてデザインルール 10 [nm] のデバイスを製造する状況になってきた．これを実現するためには，さらに高平坦なウェーハが要求される．そのため，数 10 枚のウェーハをバッチ処理するラッピングから，枚葉の研削による超平坦化も検討されている．

機械的な加工を施したシリコンウェーハの最表面には，加工歪や微小なキズが存在している．これらの機械的ダメージは，ウェットエッチングにより除去される（図 10.5(e)）．エッチングは酸またはアルカリ溶液，あるいはそれらの混合液を用いて行われる．

ここで注意を要するのは，酸とアルカリエッチングで，面状態が大きく異なることである．図 10.7 に，酸エッチングとアルカリエッチングしたシリコン表面の状態を示す．アルカリエッチングによるウェーハは，酸エッチングによるウェーハと比較して，ウェーハ全面のうねりは少

ないがミクロに見ると大きな凹凸が存在している．

通常，直径 200 [mm] 以下のウェーハでは，出荷段階のウェーハの裏面は，エッチング面の状態である．デバイス製造もこの裏面状態で進められる．酸エッチング面とアルカリエッチング面でプロセス装置のステージへの密着性が異なり，冷却効果に違いが現れるという不具合が発生する場合があるので，注意が必要である．一方，300 [mm] ウェーハの標準仕様は表裏両面が鏡面であるため，エッチングの面状態は保持されない．

最終的なウェーハ表面は鏡面仕上げである．鏡面状態は，化学的機械的研磨である CMP (Chemical Mechanical Polishing) で実現される（図 10.5 (f)）．発塵防止のため，直径 200 [mm] 以上のウェーハでは，端面も鏡面で仕上げられる．鏡面加工はポリッシングとよばれることが多い．

ウェーハ表面の CMP は，通常 2 段階ないし 3 段階で実施され，後段の CMP 程化学的研磨の割合が高い．この状態が出荷時の表面状態であり，デバイス製造におけるリソグラフィの良し悪しに直結するため，最も重要なプロセスである．従来から鏡面研磨は，ウェーハ裏面にワックスを塗布し，セラミックスやガラス板に固定して行われているが，300 [mm] ウェーハの標準仕様が両面鏡面仕上げであるため，両面同時研磨も行われている．鏡面研磨工程では，スラリーと研磨布が重要である．スラリーには研磨材が含まれており，研磨後の洗浄で完全に除去しなければならない．

ウェーハ加工工程では，各プロセスで様々な検査が行われる．通常，酸素濃度や抵抗率等は抜き取りで検査される．最終の出荷前には，パーティクルや平坦度等の検査（ウェーハごとに値が異なるので全数検査の場合が多い）を行う（図 10.5 (g)）．なお，最終の出荷検査は非接触で行う必要がある．また，ウェーハが大口径化されると，人的なハンドリングが難しくなるため，検査工程の自動化が要求される．

その後，クリーンな環境で梱包されて出荷される（図 10.5 (h)）．ウェーハはこの状態で輸送される．輸送時には，その環境により温度が変化し，また空輸の場合は気圧の変化も伴う．したがって，結露防止のための窒素置換等が必要である．

10.4　シリコンウェーハの種類

古くから半導体集積回路用としては，CZ 法で製造した結晶を用いた鏡面研磨ウェーハ（ポリッシュドウェーハ）が用いられてきた．CZ 結晶には，COP (Crystal Originated Particle) とよばれる結晶欠陥が存在する．COP は，結晶の冷却過程で原子空孔（Vacancy）が凝集して，結晶中で内面に酸化膜[4]を有する八面体状の空洞欠陥（欠損，ボイド）となったものである．COP がウェーハ表面に露出するとピットとして顕在化する．COP のサイズは，$0.1 \sim 0.2$ [μm] 程度で一定しており，デザインルールが 0.5 [μm] 以上のデバイスまでは全く問題とならなかった．しかしながら，デザインルールが 0.35 [μm] となり，COP サイズとデザインルールが同程度となった時点で，当時最先端デバイスであった MOS 型集積回路の一種である DRAM (Dynamic Random Access Memory) で大問題となった．その時，全ての DRAM メーカーが COP レ

---

[4] CZ 結晶中の空洞である COP の表面に酸化膜が形成されるのは，石英るつぼから溶け出した酸素による

表 10.1 シリコンエピタキシャル成長装置

形式	ベルジャー型（縦型）	シリンダ型	クラスタ型	枚葉型
構造				ガス流 →
加熱	高周波誘導加熱	赤外ランプ加熱 高周波誘導加熱	赤外ランプ加熱 抵抗加熱	赤外ランプ加熱 抵抗加熱
長所	・構造簡単，保守容易 ・スループット良好	・膜厚，抵抗率均一性有 ・転位発生少ない ・スループット良好	・全自動可，量産化志向 ・膜厚，抵抗率均一性良好 ・転位発生少	・全自動 ・品質最良
短所	・パーティクル多い（大気暴露） ・転位多い（温度分布大）	・構造複雑，保守困難 ・パーティクル多い（大気暴露）	・枚葉型と比較すると品質劣る	・スループット低い ・装置価格高い
適用	150 [mm] 以下	150 [mm] 以下	150～200 [mm]	150～300 [mm]

スウェーハに切り替えた．

CZ法において，結晶の引き上げ速度 v と固液界面の温度勾配 G が COP 発生に大きく関係しているとされている．v の制御と温度環境の最適化により COP の発生を抑制する技術が確立し，改善 CZ 法結晶を用いたポリッシュドウェーハが COP レスウェーハの一種として用いられている．なお，パワーデバイス用としては，多くのデバイスで，FZ 法で製造された結晶を用いたポリッシュドウェーハが使用されている．ちなみに，FZ 結晶には大きなサイズの COP は存在しない．

エピタキシャルウェーハは，CZ ウェーハ上に，CVD により CZ 結晶と同じ結晶方位の結晶成長を行ったウェーハである．エピタキシャルの語源は，"配置された" を意味するギリシャ語である．表 10.1 に，シリコンエピタキシャルウェーハの製造に用いられる装置をまとめて示した．150 [mm] 以下の小口径ウェーハに対しては，ベルジャー型やシリンダ型の装置が用いられてきた．これらの装置は，装填枚数が多くスループットは大きいが，大気暴露状態でウェーハの交換を行うため異物対策が不十分で品質が劣る．一方，200 [mm] 以上の大口径ウェーハに対しては，枚葉型やクラスタ型の装置が用いられている．これらの装置は，スループットは劣るが，ウェーハの交換は真空を破らず行うことが可能であり，品質は良好である．

エピタキシャルウェーハには COP は存在しない．MOS 型集積回路で COP レスウェーハが必要になった時点で用いられていたのは，200 [mm] ウェーハが主であった．したがって，多くのデバイスメーカーが，枚葉型装置で製造したエピタキシャルウェーハを適用して，COP 対策を実施した．また，p^+ 基板を用いたエピタキシャルウェーハは，CMOS で問題となるラッチアップ現象の対策にも有効であり，一石二鳥の効果がある．

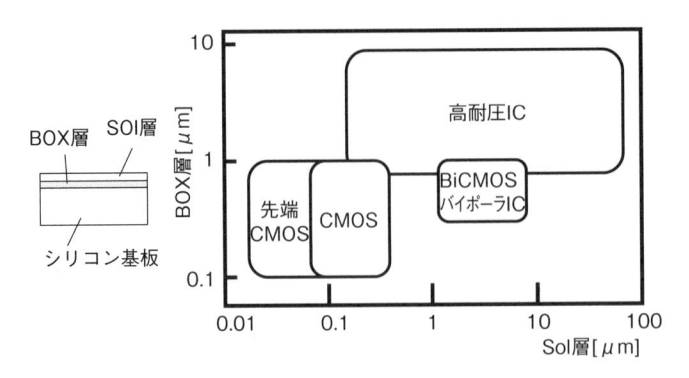

図 10.8　SOI ウェーハのデバイス適用

　MOS 型集積回路の一種であるイメージセンサーでは，シリコンウェーハの抵抗率の面内不均一性 (ストリエーションとよばれる) が画像の不均一となって現れる．そのため，イメージセンサー用のウェーハとして，抵抗率の面内均一性の良好なエピタキシャルウェーハが広く用いられている．イメージセンサー用のエピタキシャルウェーハでは，光電変換をエピタキシャル層で行うため，長波長の光 (赤色光) を確実に吸収するため，最低 10 [μm] 程度の厚さが必要である．

　バイポーラ IC においては，COP が問題となる以前からエピタキシャルウェーハが用いられてきた．第 3 章 3.3.3 項で説明したように，トランジスタのコレクタの抵抗を下げるため，n^+ 型の埋め込み層を有するエピタキシャルウェーハ (埋め込み拡散エピタキシャルウェーハとよばれる) にデバイスを形成している．

　CZ ウェーハの最表面の COP は，水素中やアルゴン中での 1200 [℃] 程度の高温アニールで消滅させることができる．ウェーハ深部に COP が残留しても，デバイス特性には大きな問題はない．エピタキシャルウェーハと比較して低コストで製造可能なため，COP レスウェーハとして高温アニールウェーハを採用したデバイスメーカーもある．

　シリコン基板上に，0.1～10 [μm] の酸化膜と 0.01～100 [μm] のシリコン層を形成したウェーハを SOI (Silicon On Insulator) ウェーハとよぶ．通常，埋め込み酸化層を BOX (Buried OXide) 層，シリコン層を SOI 層とよぶ．図 10.8 に，SOI ウェーハが適用されるデバイスとそれぞれのデバイスにおける BOX 層と SOI 層の厚さを示す．高性能 CMOS デバイスには，BOX 層および SOI 層ともに薄い SOI ウェーハが用いられる．逆に，高耐圧デバイスには，BOX 層および SOI 層ともに厚い SOI ウェーハが用いられる．

　図 10.9 に，SOI ウェーハの製造方法を示す．BOX 層および SOI 層ともに厚い SOI ウェーハとしては，図 10.9 (a) の貼り合せと研磨による SOI ウェーハが用いられる．通常 3 [μm] 以上の熱酸化膜の形成は難しい．そのため，厚い BOX 層を有する SOI ウェーハの製造には，ともに厚い酸化膜を有するウェーハの酸化膜-酸化膜の貼り合せを用いる場合もある．

　BOX 層および SOI 層ともに薄い SOI ウェーハとしては，酸素のイオン注入と高温アニールを利用した SIMOX (Separation by IMplanted OXygen) 法やシリコンの多孔質化とエピタキシャル成長を利用した ELTRAN (Epi-Layer TRANsfer) 法等が検討されたが，図 10.9 (b)

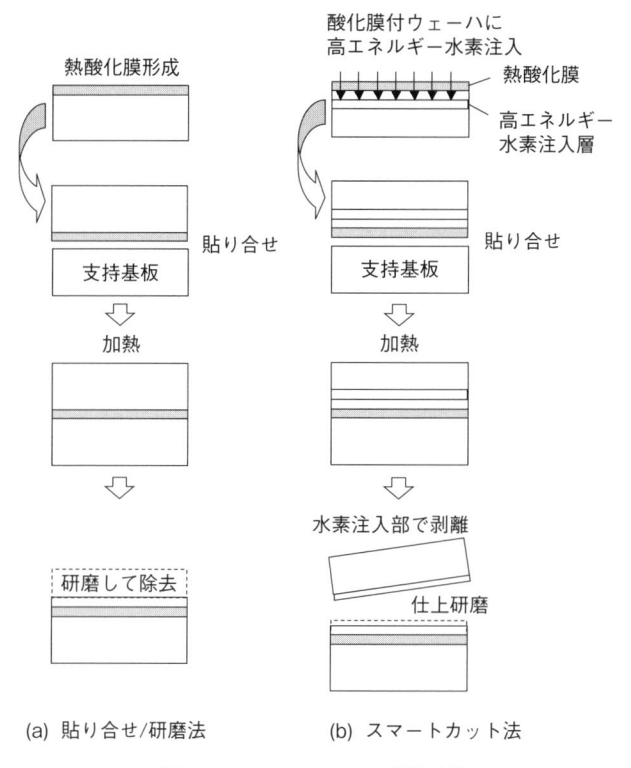

図 10.9 SOI ウェーハの製造方法

(a) 貼り合せ/研磨法　(b) スマートカット法

のスマートカット法が生き残った．スマートカット法では，水素の高エネルギー注入を行ったウェーハの貼り合せと水素注入部での剥離により SOI ウェーハを製造している．

耐圧が数 1000 [V] のパワーデバイスには，スタートウェーハとして，FZ 結晶に数十〜数百 [μm] の不純物を拡散したポリッシュドウェーハを用いるものがある．このようなウェーハは拡散ウェーハとよばれる．不純物の拡散には，1300 [℃] 程度で数日を要する．拡散ウェーハでは，スループットを確保するため，1000 枚程度のバッチ処理を行う．現状，最大 150 [mm] までの拡散ウェーハが製造，販売されている．

10.5 ウェーハ仕様

10.5.1 ウェーハ仕様とウェーハエンジニアリング

表 10.2 に，一般的にウェーハ仕様として規定されている項目と，それらのデバイスへの影響を，形状に関する項目と品質に関する項目に分けて示した．ウェーハ仕様の最適化により，デバイス特性および歩留りの向上が可能であり，"ウェーハエンジニアリング" とよべる技術である．以下に，各仕様項目の詳細を説明する．

ウェーハの大口径化は，ウェーハ 1 枚からのデバイスチップの取れ数を増やし，チップコストを下げる目的で継続的に行われてきた．図 10.10 に，CZ ウェーハと FZ ウェーハの大口径化の歴史を示した．現在，CZ ウェーハは直径 300 [mm] が主流であり，450 [mm] の検討も始

表 10.2 ウェーハ仕様とウェーハエンジニアリング

ウェーハ仕様		ウェーハエンジニアリング内容
形状	ウェーハ直径	ウェーハ1枚当りの取れ数増によるコスト低減
	ウェーハ厚さ	ウェーハ強度の確保
	ノッチ (オリフラ) 方位	製造装置への適応, チャネルの方向
	ベベリング	製造装置への適応, 発塵抑制
	表面仕上げ	平坦性確保
	裏面処理	ゲッタリング, エピタキシャル成長のオートドープ抑制 (酸化膜), 300 [mm] から鏡面仕上げ
	GBIR(TTV)	近接露光装置の性能を確保, おおまかな平坦性の確保
	サイトサイズ, PUA	ステッパーの性能確保
	サイトフラットネス	
	反り	露光機への吸着, 製造装置への適応
品質	結晶製造方法	欠陥 (COP) 対策, デバイス特性実現
	導電型	デバイス特性実現
	結晶面方位	
	抵抗率, 抵抗変化率	
	パーティクル	デバイス歩留まり確保
	ライフタイム	内部汚染有無の確認
	酸化誘起積層欠陥 (OSF)	表面汚染有無の確認
	酸素濃度	基板内部析出物の密度管理 (適度な IG の実現)

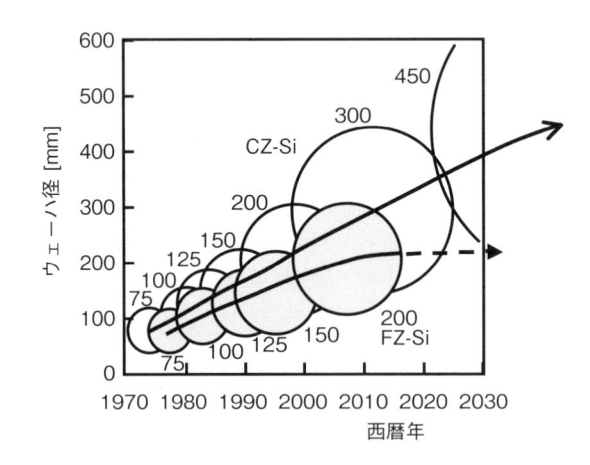

図 10.10 ウェーハの大口径化

まっている.一方,FZウェーハの大口径化は技術的に難しいが,200 [mm] 化までは実現された.ただし,これ以上の大口径化のハードルは非常に高い.

ウェーハは大口径化する程自重による反りが大きくなる.したがって,ウェーハの機械的強度を保つため,ウェーハの厚さは大口径化に従って厚くしてきた.200 [mm] ウェーハで 725 [μm],300 [mm] ウェーハで 775 [μm] の厚さが標準である.

図 10.11 に示したように,ウェーハ端面の面取り (ベベリング) 形状にはいくつかのパターン

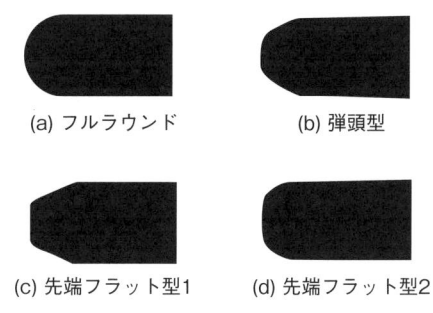

(a) フルラウンド　　(b) 弾頭型

(c) 先端フラット型1　　(d) 先端フラット型2

図 10.11　ウェーハ端面形状

表 10.3　各種ウェーハの反り

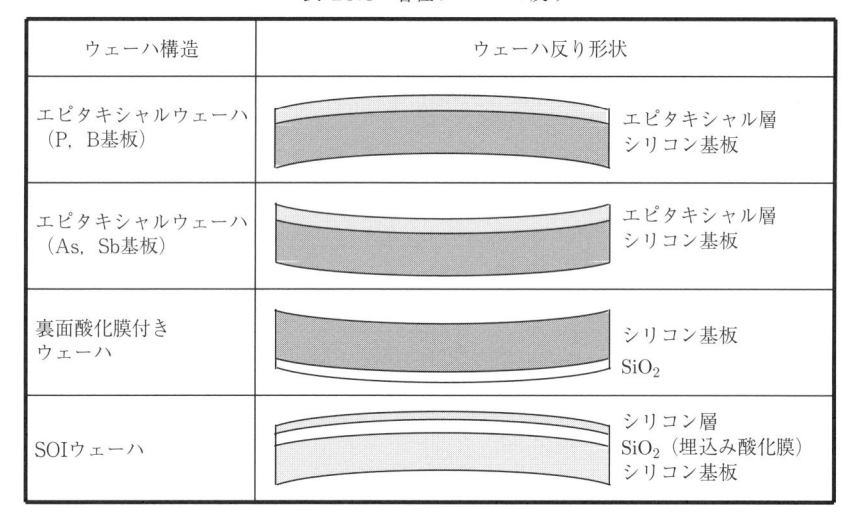

ウェーハ構造	ウェーハ反り形状	
エピタキシャルウェーハ（P, B基板）		エピタキシャル層 シリコン基板
エピタキシャルウェーハ（As, Sb基板）		エピタキシャル層 シリコン基板
裏面酸化膜付きウェーハ		シリコン基板 SiO_2
SOIウェーハ		シリコン層 SiO_2（埋込み酸化膜） シリコン基板

がある．ウェーハ端面が装置やケースに当たった場合のチッピング防止が最大の目的であるが，製造装置への適応を考慮して規定される．そのため，デバイスメーカーごとに異なる仕様を要求することがある．

ウェーハの反りは，デバイス製造装置からの要求で決まる．ウェーハの反りが大きいとウェーハの搬送に問題が発生したり，場合によっては真空吸着ができなくなったりする．最大でも $100\,[\mu m]$ 以下に抑える必要がある．表 10.3 に様々なウェーハの反りの方向を示す．エピタキシャルウェーハの高不純物濃度基板が，結合半径の小さいリンやボロンを多量に含む場合は，表面側に凸の形状となる．逆に，結合半径の大きいヒ素やアンチモンを多量に含む場合は，裏面側に凸の形状となる．図 10.12 に各種原子の結合半径を示した．SOI ウェーハの反りは，シリコンとシリコン酸化膜の熱膨張係数の違いによって発生する．

ウェーハの平坦度は，リソグラフィの方式に密接に関係している．表 10.4 に，ウェーハ平坦度の様々な規格を示した．平坦度規格は，基準面と保証すべき領域のマトリックスで定義される．実際のウェーハ仕様ではこれらにサイトサイズが加わる．デバイスの集積度を上げるためにはチップ面積が大きくなり，保証すべきサイズも大きくなる．

保証領域は，リソグラフィ工程の露光方式に対応している．グローバルは一括露光装置対応

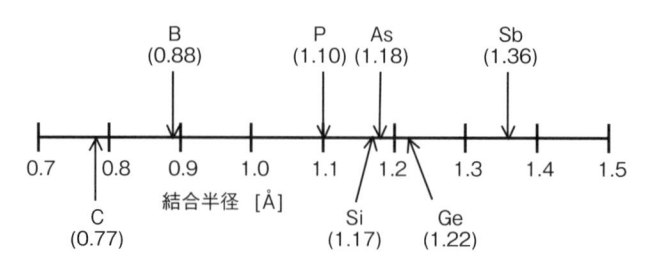

図 10.12　各種原子の結合半径

表 10.4　ウェーハの平坦度規格

		基準面	
		裏面基準	表面基準
保証領域	グローバル	GBIR (Global Back Ideal Range)	GFLR (Global Front Least squares Range)
	サイト	SBIR (Site Back Ideal Range)	SFQR (Site Front least sQuares Range) SFQD (Site Front least sQuares Deviation)
	スキャナ対応	−	SFSR (Site Front least squares (Subsite) Range)

であり，ウェーハ全面での平坦度である．微細化にともないステッパが使用されるようになり，露光サイトごとでの保証が必要になった．さらにスキャナ (第 11 章 11.2.2 項参照) 対応の規格が定義されるようになった．基準面は裏面基準と表面基準があり，表面基準はチルティング機構を有する露光装置対応の規格である．PUA (Percent Usable Area) は，サイトフラットネスにおける，測定サイトの合格割合を全測定サイトに対するパーセント値で表したものである．通常，95〜100%の値である．当然値が大きい程厳しい要求である．

　図 10.13 に，ウェーハの表面形状 (平坦性) を表すパラメータを，空間周期と凹凸量の関係で示した．最も空間周期の大きい平坦性は，フラットネスとよばれるウェーハ全体の平坦性である．一方，最も周期の小さい平坦性は，マイクロラフネスとよばれるもので，シリコン原子レベルの凹凸である．その中間に位置する平坦性は，ナノトポグラフィとよばれている．大まかに，フラットネスはリソグラフィプロセスの精度に影響を与え，ナノトポグラフィは平坦化のための CMP プロセスに影響を与える．一方，マイクロラフネスは，キャリア移動度や酸化膜耐圧特性等のデバイス特性に影響を与える．

　ウェーハ平坦性の簡便な評価法は静電容量による．空気を挟んだ電極間にウェーハを挿入し，静電容量の変化からウェーハの厚さ変化を介して平坦度を評価する．この測定法はスループットが高いため，広く用いられている．ただし，電極面積が数 mm と大きいため，空間分解能が高くない．そのため，光学式の平坦度測定も行われている．

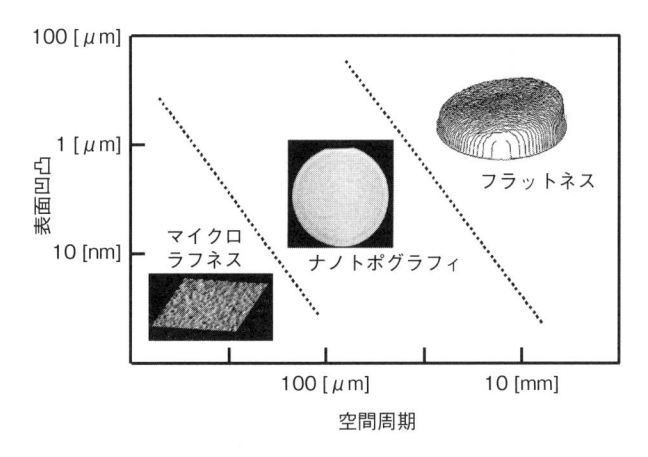

図 10.13 ウェーハ表面形状を表すパラメータ

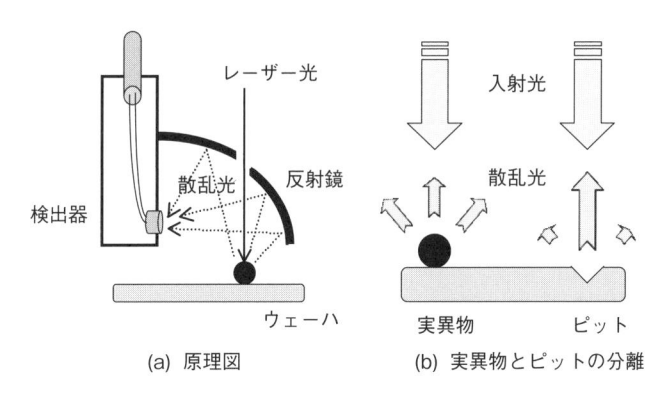

図 10.14 光散乱方式によるウェーハ上の異物検査

10.5.2 ウェーハ評価技術

ウェーハ製造工程におけるパーティクル評価は，通常光散乱方式の測定器で行われている．図 10.14 (a) に，光散乱方式でのパーティクル評価の原理の一例を示す[5]．異物による光の乱反射を検出して，異物の存在を特定する．ウェーハ表面には，実異物とピットが存在する．ピットは前述の COP がウェーハ表面に現れた場合に顕在化する．図 10.14 (b) に示したように，実異物とピットでは光の反射が方向により異なる．それをうまく利用すると，実異物とピットを分離することが可能である．COP が問題となった際には，実異物との分離が重要であり，パーティクル検出技術が飛躍的に向上した．

実異物やピットの影響が実際のデバイスにどのように影響するかを知るには，デバイス製造プロセスにおける追跡が重要である．デバイスプロセスでは，表面にパターンが形成されるため，光散乱方式のパーティクル測定が難しくなる．その場合は，図 10.15 に示した画像比較方式によるパーティクル測定が有効である．一般には，パターニングを施したウェーハのチップ間の画像を比較することにより異物検出を行うが，ベアウェーハにおいては，仮想チップ間の

---

[5] この他に，斜め方向から光照射して，様々な方向への乱反射を計測する方法がある．

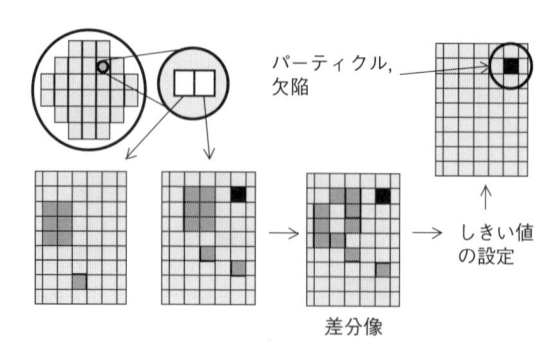

図 10.15　画像比較による異物検査

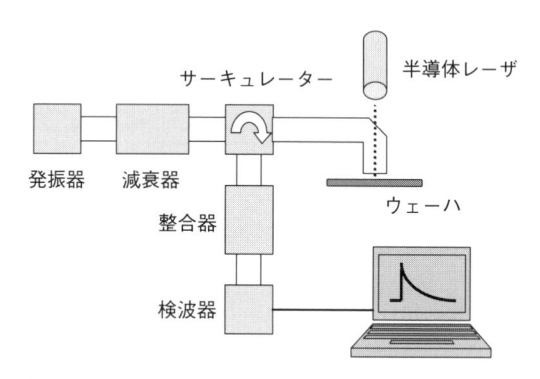

図 10.16　μPCD 法によるウェーハライフタイムの測定

画像を比較して異物を検出する．画像比較を行う際に，適当なしきい値を設定することにより，微小パーティクルの評価が行える．画像比較方式は，SOI ウェーハのパーティクル測定に非常に有効である．

　ウェーハ製造において不純物汚染の管理が非常に重要である．ウェーハに導入された場合にデバイス特性に影響する可能性のある不純物は，重金属，アルカリ金属，酸素，炭素，ドーパント不純物，有機物等多岐に渡る．鉄や銅等の重金属はデバイスのリーク電流増加を引き起こすため，確実な管理が要求される．ナトリウムやカルシウム等のアルカリ金属は，シリコン酸化膜中で可動イオンとなるため，MOS デバイスの不良につながる．MOS デバイスの実用化初期には大問題となった．ドーパント不純物は，デバイス特性そのものに直結する．ただし，もし不具合があれば，ウェーハの抵抗率の評価で検出可能である．酸素や炭素は次節で述べるゲッタリングに係わる．酸素および炭素の評価は，通常赤外吸収法で行われる．ただし，赤外吸収法では高濃度のドーパント不純物を含むウェーハの評価は行えないため，特殊な評価が必要である．

　金属汚染の評価には，図 10.16 に示した μPCD (Micro Wave Photoconductive Decay) 法によるウェーハライフタイム評価が広く用いられている．シリコンウェーハにパルス光を照射すると，ウェーハ中に電子-正孔対が生成される．これらの過剰キャリアは，基板のライフタイムで決まる速度で再結合して消滅していく．過剰キャリアの挙動は基板の導電率を変化させるが，この導電率変化をマイクロ波の反射率から測定するのが μPCD 法である．重金属不純物汚染

が存在すると再結合ライフタイムが短くなるため，この値から汚染評価が可能である．μPCD法により，重金属不純物汚染を簡便に高感度で評価可能である．表10.2に示したウェーハ仕様におけるライフタイムは，通常μPCD法により評価したライフタイム値である．

不純物汚染の抑制としては，製造ラインの管理も重要である．クリーンルーム環境や使用する処理液等の分析は定期的に実施されている．通常，モニターウェーハのライフタイム測定や各種の物理的・化学的分析によりライン管理を行っている．

表10.2のOSF (Oxidation induced Staking Fault：酸化誘起積層欠陥) は，ウェーハ表面汚染の評価に用いられる．表面汚染が存在すると，酸化により発生した余剰の格子間シリコンにより，汚染原子を核とした積層欠陥が成長する．この現象を利用して表面汚染が評価できる．ただし，この評価は破壊検査であるため，抜き取りで評価される．

10.6 ゲッタリング技術

10.6.1 シリコン中の不純物の挙動

ドーパント不純物は，導電性の制御のため意図的に導入される．その他に，ウェーハおよびデバイス製造プロセス中に様々な予期せぬ不純物が導入される．一般的に，これらの不純物がデバイス活性領域に存在すると，デバイス特性を劣化させる．

ゲッタリングとは，このような不必要な不純物をデバイス活性領域から排除するための手法である．ゲッタリングは，デバイス活性領域とは別領域に，不純物がエネルギー的に安定に存在できる領域を形成し，そこに不純物を追い込む (熱拡散を利用) ことで行う．通常，ゲッタリングの対象となる不純物は，重金属である．

ゲッタリングを効果的に実施するには，シリコン中の不純物の挙動を把握する必要がある．図10.17は，様々な不純物のシリコン中でのエネルギー準位の報告例である．重金属不純物は，禁制帯中央付近に準位を形成するため，リーク不良を引き起こす．なお，図中には酸素がドナーであることも示されている．

図10.18(a)は様々な不純物のシリコン中での固溶度，図10.18(b)は拡散係数である．これらより，ドーパント不純物であるIII族のボロン，アルミニウム，ガリウムやV族のリン，ヒ素はシリコンに溶けやすいが動きにくいことが判る．この性質は，ドーピング量を増やし，浅い接合を形成するには好都合である．一方，重金属不純物は，シリコンに溶けにくいが動きやすいことを示している．この性質は，ゲッタリングを行う上では好都合である．

シリコンウェーハにおけるゲッタリング手法には，IG (Internal Gettering or Intrinsic Gettering) と EG (External Gettering or Extrinsic Gettering) がある．以下，それぞれの詳細を個別に説明する．

10.6.2 IG

IGは，図10.19に示したように，一連の熱処理プロセスにより，シリコンウェーハ内部に酸素析出による結晶欠陥を形成し (局所的にシリコン酸化物が形成される)，この欠陥をゲッタリ

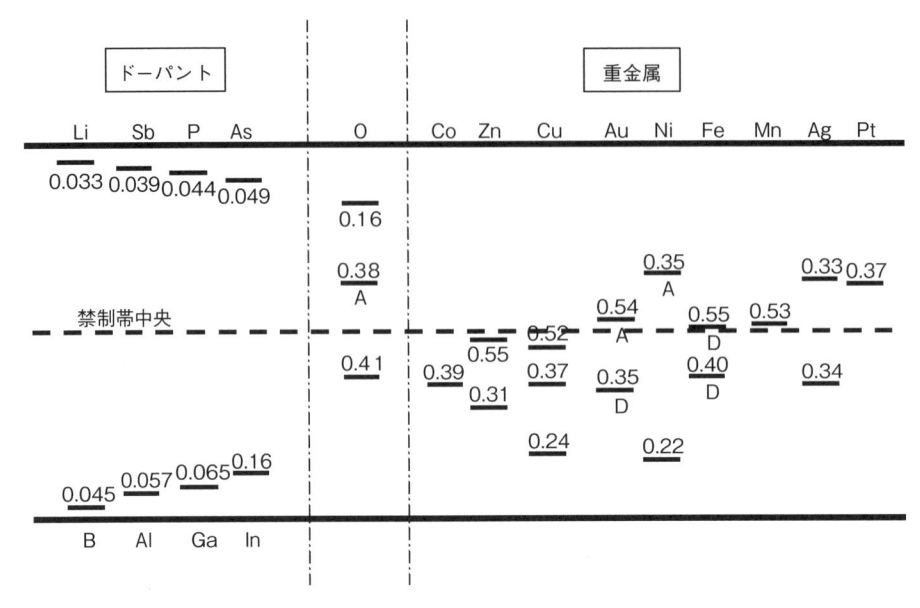

図 10.17 様々な不純物のシリコン中でのエネルギー準位

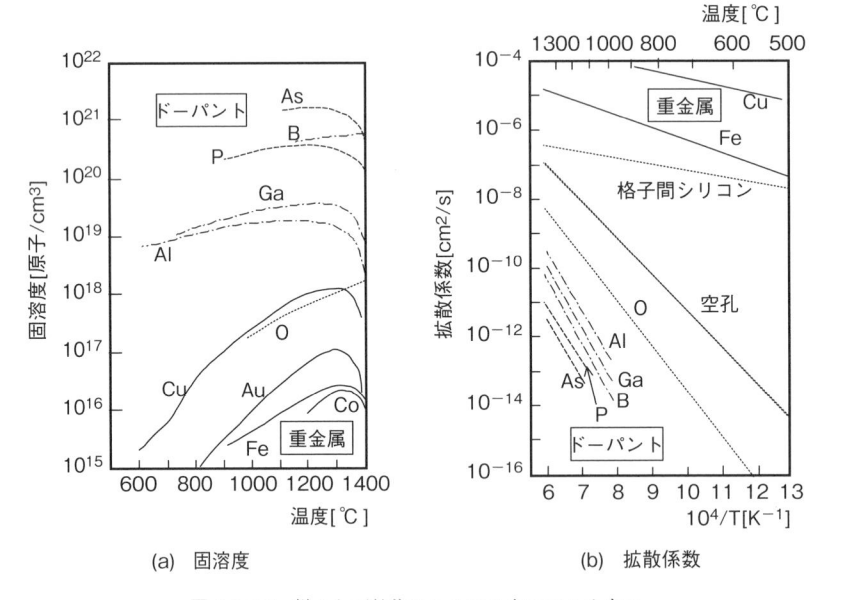

(a) 固溶度

(b) 拡散係数

図 10.18 様々な不純物のシリコン中でのふるまい

ングサイトとする手法である．したがって，IG が可能なのは，基板中に酸素を含む CZ 結晶である．IG では，最初に，高温の熱処理により，ウェーハ表面近傍の酸素をウェーハ表面から外方拡散させる (図 10.19(a))．これにより，ウェーハの表面のみ酸素の存在しない領域が形成される．

次に，中高温の熱処理により，酸素起因の欠陥核を，その後の高温熱処理で成長可能な大きさ (臨界サイズ) まで成長させる (図 10.19(b))．その後は，デバイス製造の各プロセスの熱

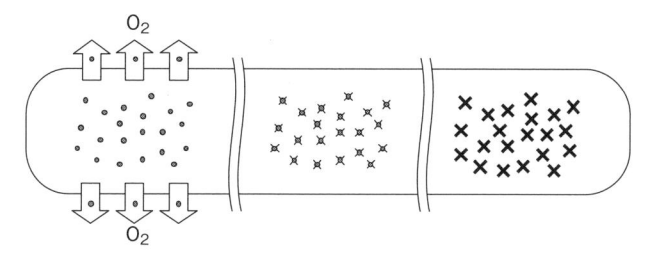

(a) 酸素の外方拡散 → (b) 析出核の形成 → (c) 析出物の成長

図 10.19 IG プロセス

表 10.5 種々の EG 方法の比較

EG 手法	形成方法	特徴
サンドブラスト	裏面への SiO_2 の吹きつけ	・効果が持続しない ・異物発生
リンゲッタ	裏面リン拡散	・リン拡散プロセスが必要
裏面多結晶シリコン (PBS)	CVD による裏面ポリシリコンの形成	・ポリシリコンの CVD が必要
p/p^+ エピタキシャルウェーハ	高濃度ボロン基板へのエピタキシャル成長	・近接ゲッタリング

処理により，欠陥が成長しゲッタリングサイトを形成する (図 10.19 (c))．通常これらの熱処理は，半導体デバイス製造工程における熱処理をモディファイして構築される．ただし，デバイス製造工程の熱処理は低温化傾向にあり，IG プロセスの構築が難しくなってきている．最近は，ウェーハ製造工程で高温の熱処理を行うアニールウェーハがあり，その熱処理プロセス中に IG のための欠陥核を形成したウェーハが提供されている．IG の実用化により，安定して製造歩留りの高いシリコン集積回路が製造可能となった．

10.6.3 EG

一方，EG はウェーハ裏面にポリシリコン層を形成する，裏面にリンを拡散させて欠陥を形成する，高濃度ボロン基板上にエピタキシャル層を形成しボロン基板をゲッタリングサイトとする等により重金属不純物をトラップする手法である．表 10.5 は種々の EG 手法を比較したものである．

サンドブラストは，以前は良く用いられた手法であるが，発塵の原因となるため，デバイスの微細化に伴い使用されなくなった．リンゲッタは有効なゲッタリング手法であるが，リン拡散の工程が必要である．デバイスの製造プロセスにリン拡散工程のある 150 [mm] 以下のウェーハプロセスでは適用が容易であるが，イオン注入が主の 200 [mm] 以上のウェーハプロセスでは，使用しづらいゲッタリング手法である．PBS (Polysilicon Backside Sealing) は，ウェーハ裏面に堆積したポリシリコンをゲッタリングサイトにするゲッタリング手法である．サンドブラストや PBS 形成は，ウェーハ製造プロセス中に行う[6]．

p/p^+ エピタキシャルウェーハの p^+ 基板は強力なゲッタリングサイトとして働く．裏面に

---
[6] 通常は，エッチング工程とポリシング工程の間に行う．

ゲッタリングサイトを形成する他の EG と比較して，ゲッタリングサイトをデバイス活性領域の近傍に形成する近接ゲッタリングが可能であり，熱処理温度が低温化する微細化 MOS-LSI のゲッタリング手法として有効である．p 型不純物であるアクセプター（ボロン）は，マイナスにイオン化している．そのため，シリコン中でプラスにイオン化する重金属は，イオン化した高濃度アクセプターでゲッタリングすることが可能である．実際に，鉄や銅に関しては p^+ 基板が強力なゲッタリングサイトとなる．一方，ニッケルやコバルトはシリコン中で中性であり，p^+ 基板ではゲッタリングできない．

10.6.4 ゲッタリングメカニズム

ゲッタリングは，そのメカニズムにより緩和型 (relaxation type) ゲッタリングと偏析型 (segregation type) ゲッタリングに分類される．緩和型ゲッタリングは不純物の過飽和状態での欠陥への析出であり，IG およびサンドブラストやリンゲッタによる EG がこの範疇に入る．過飽和状態を連続かつ安定に作り出すためには，高温熱処理後の徐冷[7]が必須である．

一方，偏析型ゲッタリングは無欠陥層とゲッタリング層での不純物の固溶度の差によるゲッタリングであり，PBS や p/p^+ エピウェーハの p^+ 基板による EG がこの範疇に入る．偏析型ゲッタリングは過飽和を必要としないゲッタリングである．ただし，固溶度の差は低温ほど大きいので，やはり徐冷の効果がある．

---

[7] 高温処理後の温度降下をゆっくり行うこと．ただし，その後に別の高温処理があると，効果はリセットされる．そのため，最終の高温処理での徐冷が有効である．

演習問題

設問1 下表に，シリコン単結晶育成における，平衡偏析係数 (同一温度における液相の不純物濃度に対する固相の不純物濃度の比) と蒸発速度を示す．p 型と n 型のどちらが製造しやすいかを検討せよ．

導電型	p 型	n 型		
不純物	ボロン (B)	リン (P)	ヒ素 (As)	アンチモン (Sb)
平衡偏析係数	0.8	0.35	0.3	0.023
蒸発速度 [cm/s]	8.0×10^{-6}	1.6×10^{-4}	4.7×10^{-4}	1.3×10^{-1}

設問2 MCZ 法における磁場印加による対流制御とその効果について述べよ．

設問3 COP レスウェーハに関する以下の説明に関し，() に当てはまる語句を答えよ．
COP レスウェーハは，(①) と固液界面の (②) の制御により COP の発生を抑制した改善 CZ 法により製造できる．CZ ウェーハの最表面の COP は，(③) 中や (④) 中での 1200 [℃] 程度の高温アニールで消滅させることができる．また，(⑤) には COP は存在しない．(⑤) はイメージセンサーやバイポーラ IC にも用いられている．

設問4 シリコンウェーハの加工に関する以下の説明に関し，() に当てはまる語句を答えよ．
シリコンウェーハの加工工程では，最初外形研削，(①) を施し，ブロックに切断する．内周刃またはワイヤーソーによる (②) 後，端面加工，(③) を行う．その後，機械的なダメージ除去のため，酸またはアルカリ溶液で (④) し，最終的に (⑤) により鏡面に仕上げる．

設問5 シリコン結晶中のドーパント不純物と重金属不純物の挙動の違いを述べよ．

第11章
微細パターン形成技術

LSIの技術世代がパターン寸法で代表されるように，LSIの製造のキー技術は微細パターンの形成技術にある．本章では，微細パターン形成に主要な役割を担うフォトマスク作製技術，リソグラフィ技術，そしてエッチング技術および洗浄技術について，その基本を解説するとともに最新の技術も紹介していく．

▢ 本章のねらい

- 微細パターン形成技術動向の概要を理解する
- LSIのフォトマスク作製技術についての基本を理解する
- リソグラフィとその技術についての基本を理解する
- エッチングとその技術についての基本を理解する
- 洗浄とその技術についての基本を理解する

▢ キーワード

微細パターン，フォトマスク，レティクル，リソグラフィ，レジスト塗布，PEB，露光，現像，ステッパ，スキャナ，解像度，DOF，エッチング，プラズマエッチング，ドライエッチング，ウェットエッチング，等方性エッチング，異方性エッチング，洗浄，前処理洗浄，RCA洗浄

11.1 フォトマスク作製技術

フォトマスクは，微細パターンをウェーハ上に転写するフォトリソグラフィにおいて，形成するパターンの型紙として用いられる．そのため微細パターン形成には不可欠のものであり，作製技術的にもリソグラフィ技術とは相互に強く関連する技術になる．ここでは，フォトマスク作製の基本のみを解説し，先端技術に関わるところは，リソグラフィ技術との関連で扱う．

フォトマスクは，初期にはウェーハ全面に一括で露光されていたため，ウェーハと同等のサイズで，1枚のマスクにウェーハ上の全チップに対応したパターンを持っていた．しかし，パターンの微細化とともに部分露光となり，1枚のマスク上に形成されるパターンはせいぜい数チップとなっている．後者の場合は縮小露光がされるので，実際のパターンの数倍 (4～5倍) のパターンがマスク上に形成される．このようなフォトマスクは特にレティクルとよばれている．

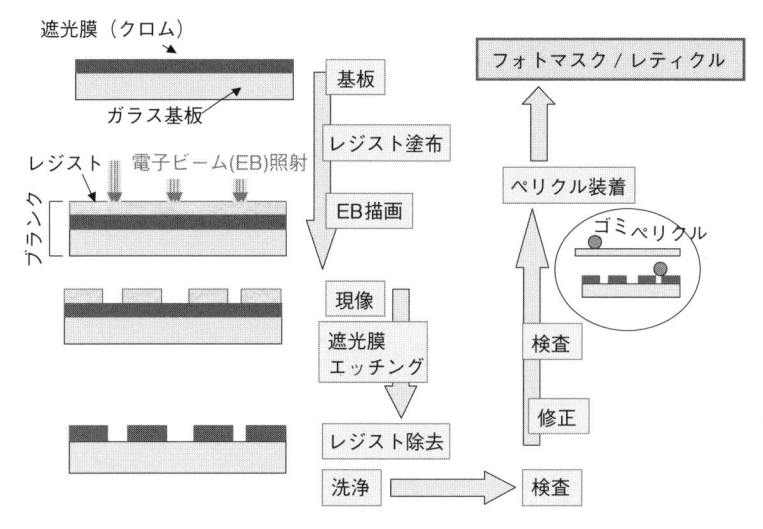

図 11.1 フォトマスク作製フロー

フォトマスクの製造フローを図 11.1 に示す．目的の機能を実現する回路設計とパターン設計が完了すると，そのデータからマスク作成用のデータを作る．これは，電子ビーム描画 (EB 描画) 装置を用いてマスク上に設計されたパターンを描くためのデータとなる．

作製工程としては，まず基板としてマスクブランクス基板上に遮光膜のクロムが形成されたものを用いる．マスクブランクスは合成石英素材のガラスで，高い平坦度とともに露光に用いられる短波長領域の光に対する高い透過率や低熱膨張係数が要求される．

その基板のうえに電子ビーム用レジストを塗布し，電子ビーム描画装置でマスク作成用データを用いて，パターンを描画する．それを現像するとレジストパターンが出来上がる．そのレジストパターンをマスクに遮光膜のエッチングを行い，レジストを除去すれば，遮光膜のパターンが形成される．

洗浄後にマスク検査として，パターンの寸法検査，パターン欠陥検査および異物検査等の諸々の検査が行われる．検査に用いられる技術の多くは，ウェーハプロセスでの検査技術 (第 15 章 15.1.3 参照) と類似の技術が用いられる．欠陥検査は，あらかじめ準備してある検査データとの比較が行われる．欠陥がある場合には，修正が行われる．修正にはレーザービームや集束イオンビームが用いられ，余分な部分の削除や欠けた部分への局所的な膜形成が行われる．

検査・修正後に再び検査を行って問題がなければ，ペリクルが装着される．ペリクルは透明なメンブレンの薄い膜をマスク (レティクル) 上に，マスクパターン面から離して貼ってある．これにより，マスク表面はこの後のごみ付着から保護される．また，ペリクルの高さは露光機の焦点から外れるために，この表面に小さな異物が付着したとしても，ウェーハ表面では結像せず，欠陥としての転写は行われない．

11.2 リソグラフィ技術

11.2.1 フォトリソグラフィとは

フォトリソグラフィとは，設計された LSI 回路のパターンデータに従ってフォトマスク上に形成された微細パターンを，ウェーハ上のレジストに転写するプロセス工程である．

リソグラフィの基本は，当然，マスクパターンに忠実なパターンを形成することである．何枚ものマスクを用いて何層ものパターンを重ねて形成していくため，前の工程のパターンとの重ねあわせの正確さが求められる．また，レジストで形成されたパターンは，レジストの下地膜をエッチングするときのマスク (遮蔽保護) やイオン注入時のマスクとして用いられるため，レジストが一緒にエッチング除去されてしまったり，注入イオンが突き抜けたりすることなく，所望のマスクとしての機能を果たすことが要求される．

リソグラフィ工程フロー図を図 11.2 に示す．基本はレジスト塗布，露光，そして現像からなる．レジスト塗布は，スピンコータを用いて行う．感光性の樹脂からなるフォトレジストをノズルから一定量滴下して高速回転したウェーハ上に均一にスピンコートする．塗布膜厚はレジストの粘度や回転スピードで決まる．次にレジスト中の塗布溶媒の揮発や密着性向上などを目的として露光前加熱 (プリ・ベーク，PB：Pre-Bake) を実施する．次に，露光機でフォトマスクを用い，設定された時間だけ露光を行う．露光後に露光後加熱 (PEB：Post Exposure Bake) が行われる．この工程は，感光剤の拡散，パターン寸法の線形関係の確保，寸法のレジスト膜厚依存性ならびに定在波の影響の消去などの効果がある．現像には，通常，スピン・デベロッパが用いられ，回転しているウェーハ上に現像液が滴下される．現像が行われるとレジストパターンが形成される．現像液には TMAH (テトラメチルアンモニウムハイドロオキサイド) 等の有機アルカリ水溶液が用いられる．現像で決定されたレジストパターンを固定・焼き締めるために，現像後にポスト・ベークとよばれる加熱処理が行われる．これは，下地との密着性強

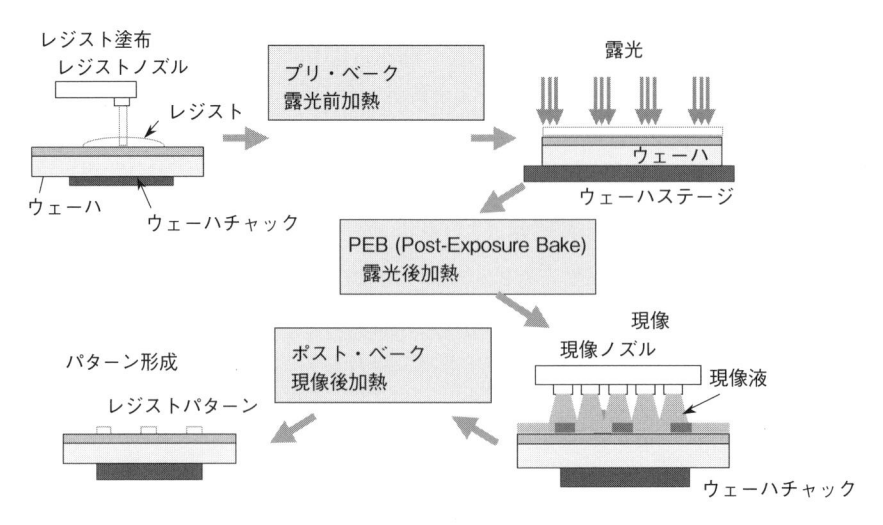

図 11.2 リソグラフィ工程フロー

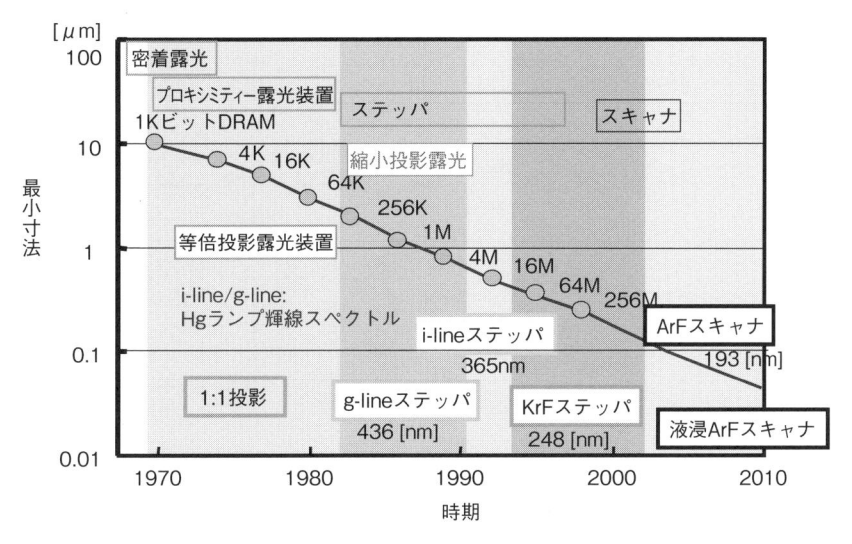

図 11.3 LSI の寸法推移とリソグラフィー技術

化やエッチング耐性向上にも効果がある．

一般に，塗布と現像は，コータ・アンド・デベロッパと呼ばれる両機能を持った複合装置が使用される．

11.2.2 フォトリソグラフィにおける露光技術の変遷

形成されるパターン寸法とともに露光技術も変遷してきている．寸法の推移と露光技術との関係を図 11.3 に示す．最初はウェーハと同じサイズのマスクをウェーハ上に直接接触させる密着露光方式が採られ，ウェーハ全面の一括露光が行われていた．その後，マスクの損傷など密着による影響を防止するためにウェーハとマスクを数十 μm 離したプロキシミティ露光となる．この方式の解像度はせいぜい 4～5 [μm] 程度までであったため，さらにパターンが微細化すると，反射レンズ（ミラー）を用いて解像度を向上させた等倍投影露光方式が用いられるようになる．この方式では，マスクとウェーハを同期させて移動させながらウェーハ全面を露光する．

パターンサイズが数 μm 以下になると，等倍露光から縮小露光 (1/4～1/5) が用いられるようになる．そして，ウェーハ全面ではなく部分露光方式となる．そのため，それまでのウェーハの全面一括露光では不可欠であったウェーハ全面の平坦度確保・管理から，部分的な平坦度の確保で十分となる．この方式では，せいぜい数チップ分のパターンの載ったレチクル（マスク）を用いてステップ・アンド・リピートを行いながら数チップずつ順番にウェーハ上の全チップを露光していく．この露光に用いられる装置はステッパとよばれる．ステッパには屈折式の光学レンズが用いられ，反射型では困難であった高 NA（レンズの開口数：第 11 章 11.2.4 節参照) を実現している．縮小露光になるため，レチクル上に形成されるパターンは，実際ウェーハ上に形成しようとするパターン寸法の 4 倍または 5 倍の大きさで形成すればよいことになる．逆にマスク上のパターン欠陥はウェーハ上では 1/4 または 1/5 に縮小されることになる．

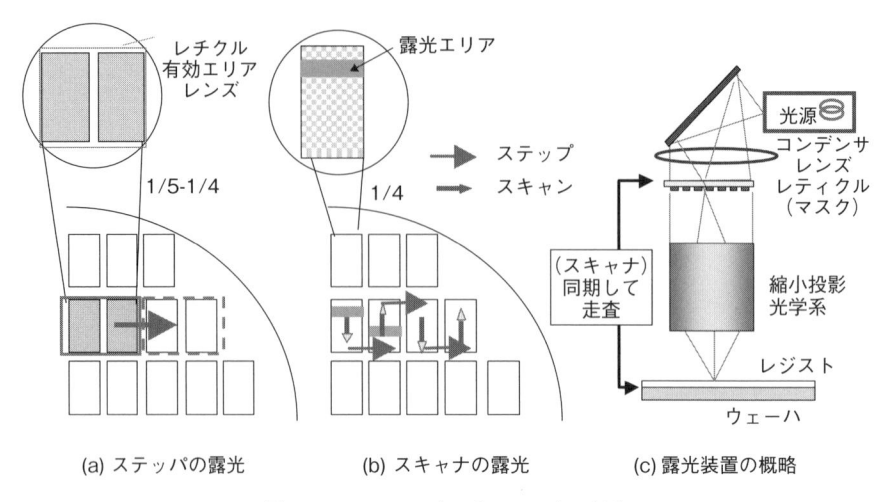

図 11.4　ステッパとスキャナによる露光

(a) ステッパの露光　　(b) スキャナの露光　　(c) 露光装置の概略

　ステッパによる露光もさらなる寸法の微細化につれて，光源が短波長化していく．最初はレンズの硝材の関係から水銀ランプの輝線スペクトルのg線 (波長 436 [nm]) が光源として用いられていたが，寸法が 1 [μm] を切った 4MDRAM あたりからは，波長の短い i 線 (波長 365 [nm]) が光源として用いられるようになる．さらに，微細化が進んだ 16MDRAM 以降になるとさらなる短波長の光源を求めて，ステッパ光源に KrF (クリプトン・フロライド) エキシマレーザ (波長 248 [nm]) が用いられる (KrF ステッパ)．パターン寸法が百数十〜百 [nm] を切る領域になる光源としては，さらに短波長の ArF (アルゴン・フロライド) エキシマレーザ光 (波長 193 [nm]) が用いられるようになるが，露光方式もステッパからスキャナ (ArF スキャナ) 方式に移行する．レンズの硝材としては，KrF レーザ光には石英が，ArF レーザ光には蛍石が用いられている．

　ステッパとスキャナの露光のやり方を示したものが図 11.4 である．この図ではステッパの方は 2 チップレチクルとしている．図のように 2 チップを一括露光すると，さらに隣に移動し次の 2 チップを露光する．これを繰り返して (ステップ・アンド・リピート) ウェーハ全面に露光する．これに対して，スキャナでは，チップ全体を一括露光することはせず，部分的な露光エリアに限られる．ウェーハとレチクルを同期させてスキャン (走査) することでレチクル全体に対応した露光が完了する．

　スキャナ方式では，ウェーハの平坦度を確保する必要のあるエリアをより小さくできるため解像度向上に繋がる高 NA 化が可能となる．投影レンズ径を小さくできるため低収差レンズも実現できる．また，リアルタイムでのフォーカス位置が確認できることやショット内補正の自由度も大きい等のメリットがある．

　スキャナでさらに解像度を上げるために，結像空間媒体を屈折率の大きな液体で満たした，液浸リソグラフィ (原理については 11.2.4 節で述べる) といわれる露光方式が用いられてくる．

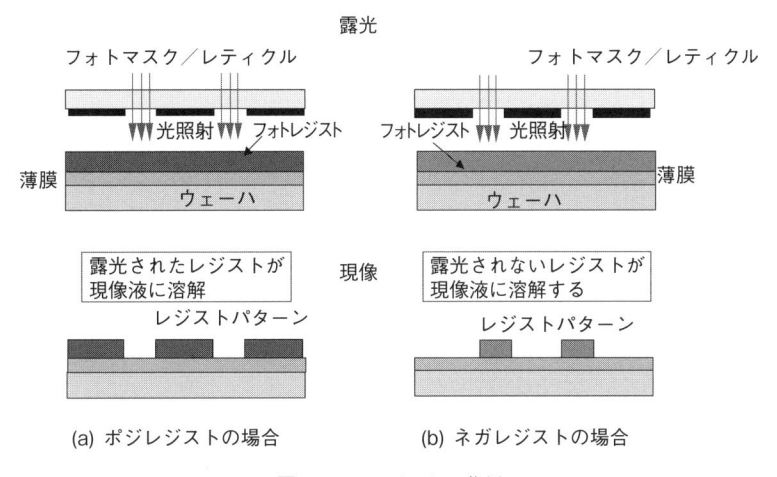

図 11.5 レジストの作用

11.2.3 フォトレジストとその作用

フォトレジストは感光性の樹脂からなっており，その作用によってポジレジストとネガレジストがある．その作用の模式図を図 11.5 に示す．ポジレジストは光を照射された部分が現像によって溶け出して，光の当たらない部分のみがレジストパターンとして残る．すなわち，マスクパターンと同じレジストパターンが形成されるのがポジレジストである．ポジレジストでは露光部が酸性となり現像液に溶けやすくなる．

ネガレジストでは，逆に光のあたった部分が現像後にレジストパターンとして残り，マスクパターンを反転させたレジストパターンが残る．もともと現像液に溶けやすいレジストが，光照射された部分での架橋反応等により現像液に不溶になるためである．

レジスト材料はノボラック系樹脂が主に用いられてきたが，KrF エキシマレーザから化学増幅型レジストが採用されてきている．これはポリヒドロキシスチレン (PHS) 樹脂に保護基がついているものと感光性成分である光酸発生剤からなる．光照射によって光酸発生剤が酸を放出する．これが露光後加熱 (PEB) 時に保護基を脱離させるため樹脂はアルカリに溶解するようになる．

ポジレジストの場合の一般的な溶解特性とパターン形成の模式図を図 11.6 に示す．溶解のしきい値以上の十分な露光エネルギーを得た領域は完全に溶解し，不溶のしきい値以下の露光量の場合にはレジストは解けずに残る．しかし，その中間領域では中途半端な溶解が生じる．そのためレジストパターンのエッジは急峻な形状にはならず，テーパを持ったり裾を引いたりして微細なパターン形成を阻害することになる．

露光時に，レジストへの入射光とレジストの下の基板からの反射光との干渉により定在波が発生する．光の強度はレジストの深さ方向に光の半波長周期の波を持つため，そのまま現像するとレジストパターンの側壁形状には縦方向にこの波が現れる．

レジスト塗布時の厚さむらの防止，ならびに現像やエッチング時に特に下地との接地面積が小さな微細レジストパターンの剥離防止のために，ウェーハ表面を疎水化する密着強化処理が

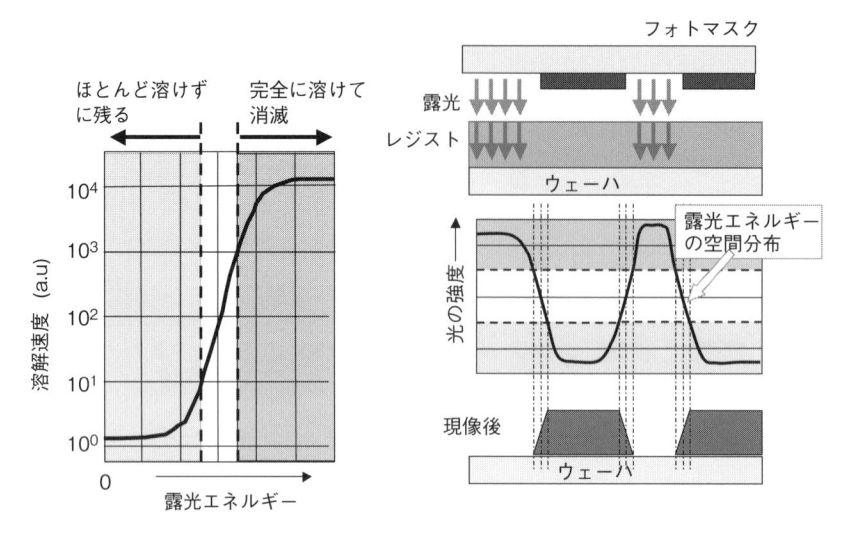

図 11.6 レジストの溶解特性とパターン形成

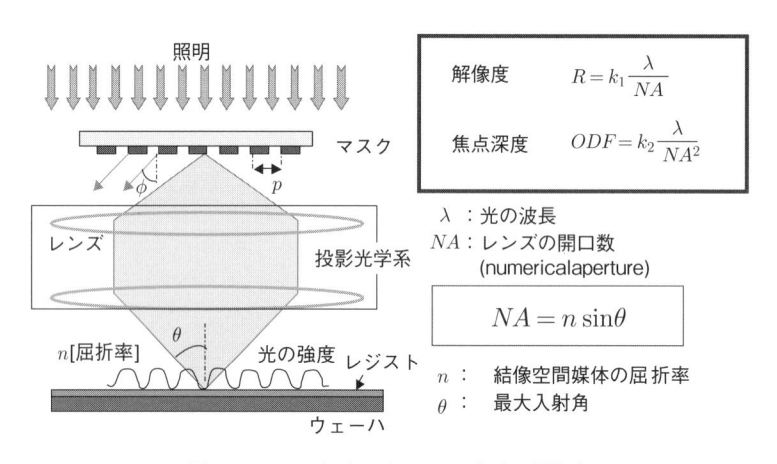

図 11.7 フォトリソグラフィにおける解像度

$$R = k_1 \frac{\lambda}{NA}$$

$$ODF = k_2 \frac{\lambda}{NA^2}$$

$$NA = n\sin\theta$$

行われる．シリコンやシリコン酸化膜と有機材料であるレジストとの密着強化剤として，一般的にはシランカップリング剤 HMDS (Hexa-Methyl-Disilazne) などが用いられている．

なお，露光時にレジストの下部構造 (配線金属パターンなど) から反射してきた光の影響で，レジストの露光エネルギーが局所的に変化すると，レジストパターン寸法に変動が生じる．このような場合には，下地からの反射をなくすために反射防止膜 (ARC：Anti-Reflection Coating) が用いられる．反射防止の色素を入れたもので，その位置がレジストの上 (Top) か下 (Bottom) かで TARC または BARC とよばれる．

11.2.4　フォトリソグラフィの解像度とその解像度向上

フォトリソグラフィでは，図 11.7 に示すように，マスク (レティクル) を通り，マスクから出た光がウェーハ上で干渉しあって光学像を結ぶ (結像)．たとえば，マスク上でピッチ p を持つパターンから光が ϕ の角度に出たとすると，隣どうしのパターンからそれぞれ出た光の光路

差が波長の整数倍のとき,すなわち $p \cdot \sin\phi = m\lambda$ を満たすときに回折光は極大になる.この関係からは,微細化,すなわち p が小さくなると,λ を小さくしないかぎり ϕ は大きくなる.像として明暗が形成できるピッチの限界が解像度であり,その明暗が維持できる高さが焦点深度に対応する.

リソグラフィの解像度はレーリーの式に従う.光の波長 λ,レンズの開口数 NA (numerical aperture) とすると,解像度 R と焦点深度 DOF (Depth of Focus) は,それぞれ (11.1) 式,(11.2) 式のように表される.

$$R = k_1 \frac{\lambda}{NA} \tag{11.1}$$

$$DOF = k_2 \frac{\lambda}{NA^2} \tag{11.2}$$

式中の k_1 と k_2 はプロセス他様々な要因に依存した比例定数である.NA は,図示している最大入射角 θ と,結像空間媒体屈折率 n を用いて,$NA = n \cdot \sin\theta$ で表される.解像度 R は (λ/NA) に比例するので,より微細パターンを形成するためには,波長 λ を小さくしていくか,NA を大きくする必要がある.これまでは,微細化は光源の短波長化と θ を大きくすることで微細化が図られてきているが,$\sin\theta$ は原理的に 1 以上にはならないので,微細化の大きな進展は主として短波長化に負っている.寸法推移とリソグラフィ技術の関連を示した図 11.3 にも記載されているように,光は,水銀ランプ輝線の g 線 ($\lambda = 436$ [nm]),同 i 線 ($\lambda = 365$ [nm]),そして KrF エキシマレーザー ($\lambda = 248$ [nm]),ArF エキシマレーザー ($\lambda = 193$ [nm]) と,光源の短波長化を推し進められてきている.

しかし,高解像度化の一方では焦点深度 (DOF:depth of focus) がますます小さくなってきている.(11.2) 式が示すように,DOF は λ に比例して小さくなるが,NA の 2 乗に反比例するため,高解像の進展にも増して小さくなっていく.このため,微細化とともにシリコンウェーハに極めて高い平坦度が要求されることになる.さらなる微細化に対応した光源としては,ArF レーザ光 ($\lambda = 193$ [nm]) の次に,レーザプラズマを光源とした極端紫外線 EUV (Extreme Ultra Violet) ($\lambda = 13.5$ [nm]) が候補となっている.ただ,EUV 技術の実用化時期と微細化のロードマップの間にはギャップがあり,その間を繋いでいる技術が,ArF エキシマレーザ液浸リソグラフィ (Immersion Lithography) である.

液浸リソグラフィの概略模式図を図 11.8 に示す.この技術は,結像空間を屈折率が 1 より大きな液体で満たすことでさらなる微細化に対応しており,パターン寸法 (ハーフピッチ) 55 [nm] 以降からのリソグラフィに用いられている.NA は最大入射角 θ のほかに屈折率 n にも依存する.n の大きな材料を用いることで 1.0 を越える大きな NA を実現することができる.また,図中の解像度 R の式にも示しているように,R は (λ/n) に比例する形になるため,結像空間媒体の屈折率が大きくなると波長が ($1/n$) になったことと等価になる.たとえば,ArF レーザの波長は空気中 ($n = 1.0$) では 193 [nm] であるが,水 ($n = 1.44$) で結像空間が満たされていれば,空気中で波長 134 [nm] の光源を用いているのと等価になる.DOF も n 倍に緩和される.

短波長化や高 NA の取り組み以外でも微細化技術が開発されてきている.そのうち超解像技術といわれるものに位相シフトマスクや変形照明などがある.これらは解像度の (11.1) 式の k_1

(a) スキャナ　　　　(b) 液浸スキャナ

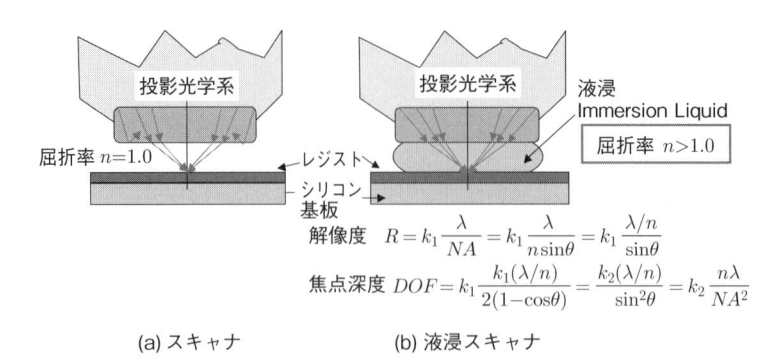

解像度 $R = k_1 \dfrac{\lambda}{NA} = k_1 \dfrac{\lambda}{n\sin\theta} = k_1 \dfrac{\lambda/n}{\sin\theta}$

焦点深度 $DOF = k_1 \dfrac{k_1(\lambda/n)}{2(1-\cos\theta)} = \dfrac{k_2(\lambda/n)}{\sin^2\theta} = k_2 \dfrac{n\lambda}{NA^2}$

図 11.8　液浸リソグラフィ

(a) 通常マスク　　　　(b) レベンソンマスク

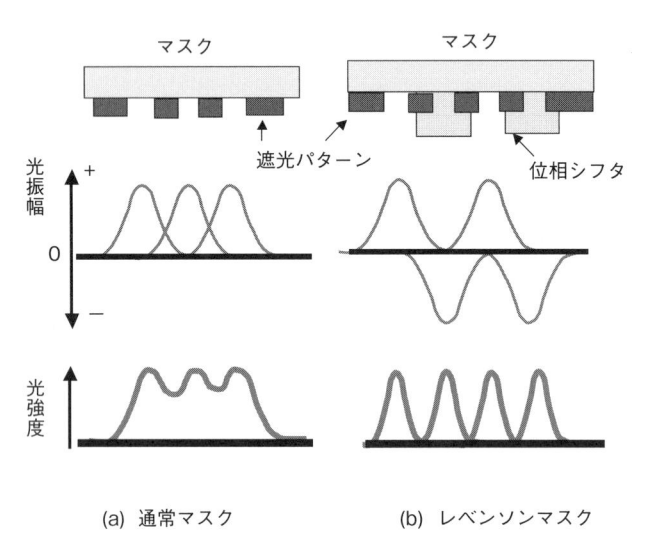

図 11.9　位相シフトマスク

に寄与している．

　変形照明は変形照明アパーチャにより二次光源面の形状を変えている．そうしてマスクに入射する照明光の角度分布調整することで，高さ方向での結像範囲 (DOF) を広げている．

　位相シフトマスクはレジストの解像力や焦点深度などを向上させるのに役立っており，マスク上に位相シフタを形成することでマスクを通過する光の位相を制御している．位相シフトマスクの代表的なものであるレベンソンマスクについて図 11.9 に示す．パターンが微細化すると回折光の影響で光のコントラストが低下する．このとき隣り合う透明部分で光の位相を反転させて逆位相にすると境界で回り込んだ光がお互いに相殺される．電磁波である光の強度は 2 乗で効くので光学像のコントラストが格段に向上することになる．

　マスク作製時には近接効果補正 (OPC：Optical Proximity Correction) が加えられる．OPC の有無によるマスクパターンとウェーハ上への転写パターンの模式図を図 11.10 に示す．パターンが微細化すると近接効果により，マスク上のパターン形状はそのまま同じ形でウェーハ上に転写されない．このため，ウェーハ上に所望のパターンが形成されるように，あらかじめ光の

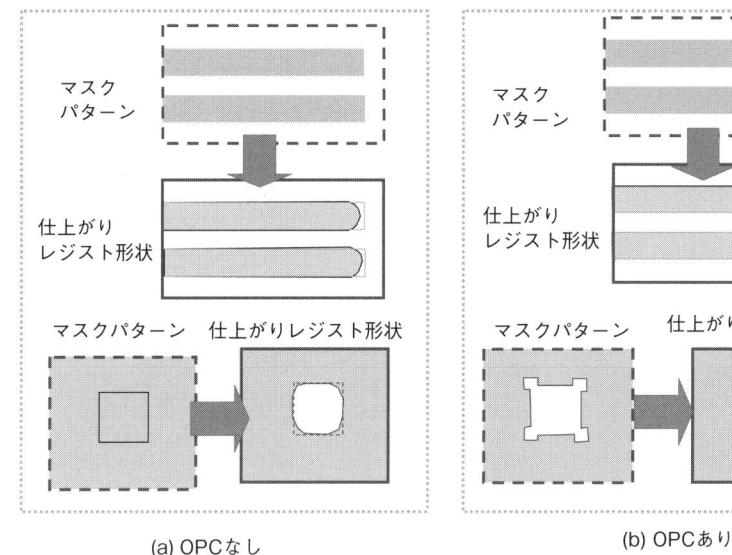

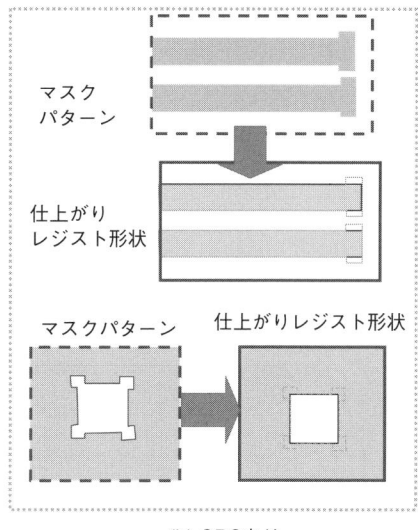

図 11.10　近接効果補正 (OPC)

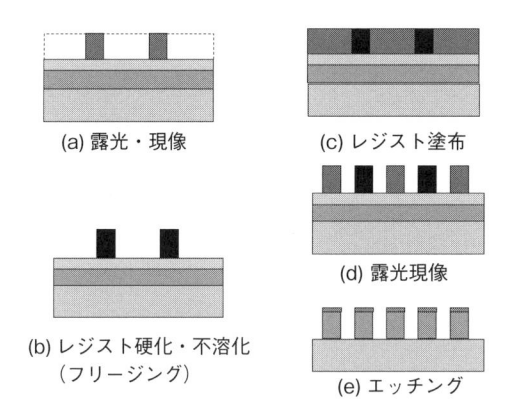

図 11.11　ダブル露光による狭ピッチパターン作成

近接効果の影響を考慮したマスクパターンが形成されている．

その他にも，パターンピッチそのものを縮小することはできないものの，レジストパターン形成後にさらにレジストを細らせる方法や，レジストのホールパターンに反応層を付けてさらにホール径を小さくする方法など，露光技術以外での微細化支援技術がある．

その時点の露光技術では解像不可能な狭ピッチを持つパターンに対して，それを実現する1つの手法としてはダブル露光がある．その手法の概要を図 11.11 に示す．まず，2 倍のピッチでレジストパターンを形成し，それをフリージングにより硬化・不溶化する．その後，再びレジストを塗布し，また 2 倍のピッチで残りを埋めるレジストパターンを形成することで，狭ピッチのパターニングが可能となる．類似の手法として露光とエッチングを 2 回入れるダブルパターニング技術がある．

その他に，光を用いない技術として電子ビーム (EB) リソグラフィがある．この技術はすで

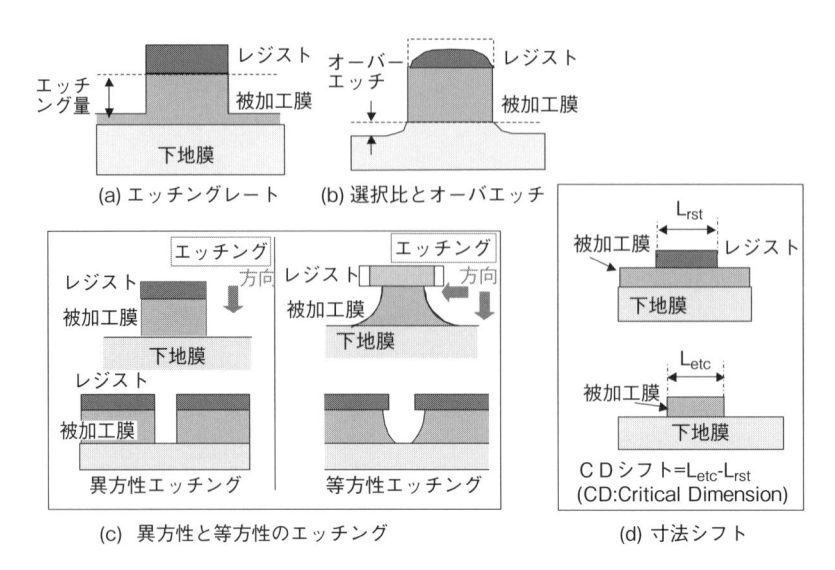

図 11.12 エッチングの概要

にフォトマスクの描画や一部の少量（多品種）品の加工に用いられているが，処理速度（スループット）の問題があり量産対応への検討が行われている．

さらに，従来型のフォトリソグラフィを用いない技術で，微細化に対応できる技術として検討されているものに，ナノインプリント技術がある．これは等倍の型板（テンプレート）を用いてウェーハ上にパターンを転写する手法である．型板には電子線描画によって微細なパターンが作製される．ウェーハにあらかじめ塗布したレジストにこの型板を押し付ける．そうするとレジストは型板の溝パターンの中に充填される．この状態でレジストの硬化処理を行ったのちに型板を剥離するとウェーハ上にパターンが転写される．

11.3 エッチング技術

11.3.1 エッチングとは

エッチングは，フォトレジストや耐エッチング性の薄膜材料であらかじめ形成されたパターンをマスクとして，そのパターンどおりに被加工膜や基板を加工し，被加工膜や基板のパターンを形成することである．

LSI の微細パターンを形成するために，エッチングにはいくつかの要件が要求される．エッチングの概要を描いた図 11.12 を用いて解説していく．まず，第一に高いエッチングレートが要求される．エッチングレートは (a) 図中に示すエッチング量をエッチングに要した時間で割った値である．エッチングに長時間要すると，スループットを悪くして製造コストを上げるだけでなく，エッチング時に生じる温度上昇など付随的現象がデバイスに悪影響を及ぼす可能性がある．

次に，ウェーハ全面にわたる高いエッチング均一性が必要となる．ウェーハ上の位置によってエッチングレートが異なる場合には，一定時間処理した段階で，(a) 図のように被加工膜がま

だ残った状態 (アンダーエッチ) と (b) 図のように被加工膜の下地まで削ってしまっている状態 (オーバーエッチ) が混在することになる．僅かな寸法変動が影響を及ぼす微細パターンではパターンのエッジライン均一性の確保も重要となる．この不均一さは，ラインエッジラフネス (LER：Line Edge Roughness) とよばれ，管理されている．

さらに，エッチング時にマスクとなるレジストまたは薄膜材料ならびに被加工膜の下地材料に対してエッチングの高選択性が必要となる．選択比は＜被加工膜のエッチングレート＞を＜マスクまたは下地膜のエッチングレ-ト＞で割った値となる．選択比は大きければ大きいほどよい．レジストに対する選択比が小さい場合には，(b) 図のようにエッチング時にレジストそのものもエッチングされていき，最終的にマスク機能が失われて被加工膜パターンのエッジだれなどに繋がる可能性がある．また，下地膜に対する選択比がかなり大きければ，エッチングレートに多少のウェーハ面内不均一性が存在しても，エッチング時間を追加または長めにとることができる．それでも，(b) 図のように基板が削られることはなく，アンダーエッチで局所的に残っていた被加工膜の残膜を完全に消すことができる．

次に (c) 図のように，エッチングには一方向 (縦方向) のみにエッチングレートを持つ異方性エッチングと，全ての方向に同じエッチングレートを持つ等方性エッチングがある．用途によってそれぞれメリット，デメリットはあるが，等方性エッチングでは被加工膜厚の 2 倍以下の寸法のパターン形成は困難であり，微細パターン形成のエッチングには，高異方性が必要となる．

さらに，微細パターン形成には寸法 (CD: Critical Dimension) の管理が重要となる．寸法 (CD) はレジストパターンの寸法と被加工膜のパターン寸法とは同じあることが望ましい．これらの間の寸法のずれは CD シフトとよばれ，被加工膜パターンの寸法 (L_{etc}) からレジストパターン寸法 (L_{rst}) を差し引いた値で示される．低 CD シフトはパターン形成の重要な要素である．

また，エッチングにおいて，目的の加工以外のデバイスへの影響を極力さけることが重要であり，低ダメージ (損傷) プロセスが必須となる．特に，プラズマを用いるプロセスでは，絶縁破壊や結晶欠陥ならびに不純物汚染などを引き起こす可能性がある．

エッチング手法には大きく分けて，ウェットエッチングと，ドライエッチングがある．

ウェットエッチングは半導体産業の初期から使われている手法で，液体の化学薬品 (薬液) を用いる．この薬液とウェーハ側との間の液相-固相界面での化学反応を利用して，被加工薄膜 (または基板) を溶解・除去する方法である．

ウェットエッチングの概略と主な薬液を図 11.13 に示す．ウェットエッチングは選択比が高く，薬液槽に数十枚を同時にいれるバッチ式では処理能力も高い．また，デバイスへのダメージも少なく，安価なプロセスであるなどのメリットがある．しかし，等方性エッチングとなるために，微細パターンのエッチングには不向きであり，ウェーハ全面の膜の剥離や洗浄用途で活躍している．

一方，ドライエッチングは，ガスプラズマ等を用いて，主として気相-固相界面での化学反応を利用している．液体を使わないため"ドライ"エッチングの呼び名がある．ドライエッチン

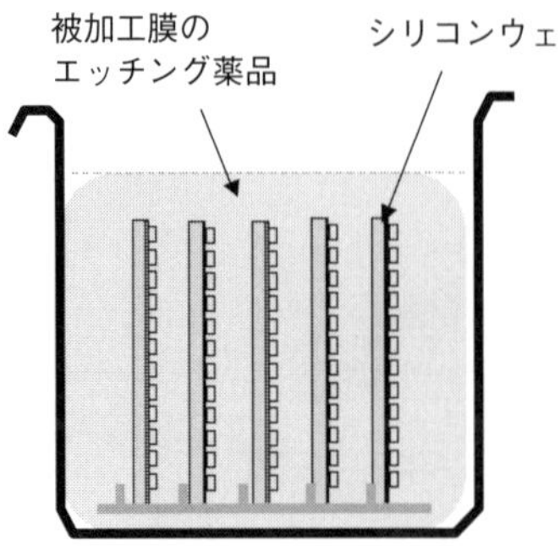

被エッチング膜	エッチング液
シリコン酸化膜(SiO$_2$)	希釈沸酸(DHF：HF+H$_2$O) バッファード沸酸(BHF:NH$_4$F+HF)
窒化膜(Si$_3$N$_4$) 酸化窒化膜(SiON)	リン酸(H$_3$PO$_4$)，HF，BHF
単結晶シリコン 多結晶シリコン	フッ硝酸(HF+HNO$_3$) KOH，NH$_4$OH
アルミ(AlCu)	混酸(H$_3$PO$_4$+HN$_3$O+H$_2$O)

(a) 薬液槽でのバッチ式エッチング　　(b) 主なエッチング薬液

図 11.13　ウェットエッチング

グは，ウェット処理のようなメリットを備えていないものの，加工精度が高く微細パターンの加工が可能であることに加え，プロセス制御がし易いというメリットによって，現在の微細パターン加工のほとんどはドライエッチングで行われている．

11.3.2　ドライエッチング技術

ドライエッチングは，気相－固相界面での化学反応のほか物理的反応を利用して被加工膜をエッチングする．最も一般的に用いられているドライエッチング技術には，プラズマエッチング技術と反応性イオンエッチング (RIE：Reactive Ion Etching) 技術がある．いずれも基本的には反応性ガスプラズマを利用しているが，前者は化学反応のみを用いた等方性エッチングであり，後者は，物理反応も利用して異方性エッチングを可能としている手法である．

ガスプラズマ中には，電離によって生じた電子や正イオン，負イオンの荷電粒子のほか，励起されて活性な多くの中性粒子や分子，すなわち，ラジカルが存在している．プラズマエッチングでは，これらのラジカルが試料表面に吸着し，化学反応を起こした後に脱離することでエッチングが生じている．この一連の現象は方向性を持たないため等方性エッチングとなる．

物理的な反応の代表的なものに，運動エネルギーを持った粒子によるスパッタリングがあるが，この物理的な反応によるイオンアシストが，気相-固相の化学反応に加わったものが RIE であり，イオンの運動に方向性があるためエッチングに異方性がでる．

プラズマエッチングの基本的な原理を図 11.14 に示す．ラジカル種が固体表面に吸着した場合に，固体の構成原子どうしの結合が強固な場合に反応は生じないが，ラジカル種と固体の構成原子との結合が優勢な場合には，固体の構成原子と化学反応を起こし反応生成物ができる．この反応性生成物が揮発性のものであれば固体表面には残らず，エッチャのプラズマチャンバーからポンプによって外部に放出される．反応で削られた面では次々にこの化学反応が進行する．したがって，プラズマエッチングの最も基本的な条件には，プラズマ中に被エッチング膜との反応性が高い元素が含まれること，そしてその被エッチング膜との反応で生成される物質の揮発性が高いことが不可欠になる．たとえば，図に示すように，Si-Si の結合エネルギーは Si–Cl 結合のそれよりは小さいので，シリコン表面吸着した Cl ラジカルは容易に固体表面の Si-Si の

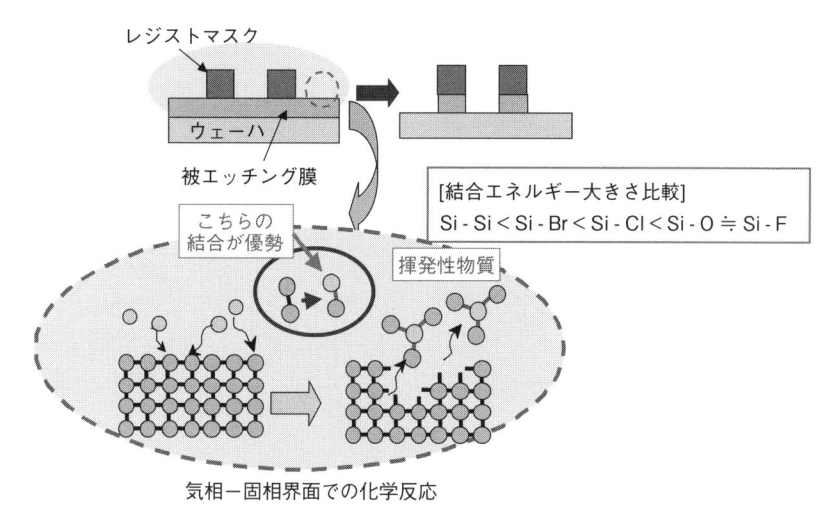

図 11.14 プラズマエッチングの原理

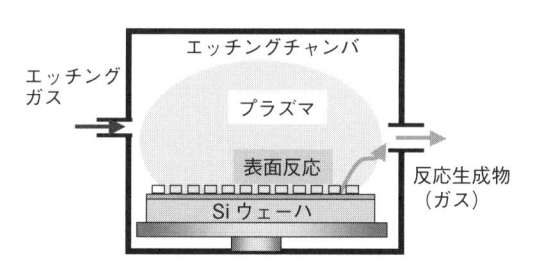

[結合エネルギー大きさ比較]
Si - Si < Si - Br < Si - Cl < Si - O ≒ Si - F

被エッチング膜	使用ガス
SiO_2	CHF_3, CF_4, C_4F_8, C_5F_8
Poly-Si, Si sub	Cl_2, HBr
アルミ配線	Cl_2, BCl_3
レジスト	C_2, N_2, H_2,
W, TiN, WN	Cl_2, SF_6

図 11.15 ドライ (プラズマ) エッチング装置

結合を切って Si–Cl 結合を造る．$SiCl_4$ は蒸気圧が高いので揮発し，シリコンのエッチングが生じる．しかし，シリコン酸化膜 (SiO_2) の場合には，Si–O 結合エネルギーは Si–Cl 結合のそれより大きいので Cl との反応は生じない．ゆえに，SiO_2 のエッチングは Cl ではできないことになる．また，Si–O 結合エネルギーは Si-Si の結合より大きいので，シリコンは酸素とは反応しやすいが，SiO_2 は蒸気圧が低いため，シリコン表面は酸化膜で覆われることになる．それゆえ，酸素はシリコンのエッチングには適さない．

プラズマを用いたドライエッチング装置 (エッチャ) の概略と使用される反応性ガスの代表的なものを被エッチング膜と対照させて図 11.15 に示す．

ウェーハを入れたエッチャーのチャンバー (反応室) は，真空ポンプで排気された後に，反応性ガスを含むガスが導入され，プラズマが発生させられる．プラズマの発生方法として，電極タイプは平行平板型が主流となっているが，直流放電と高周波放電がある．さらに陽極結合

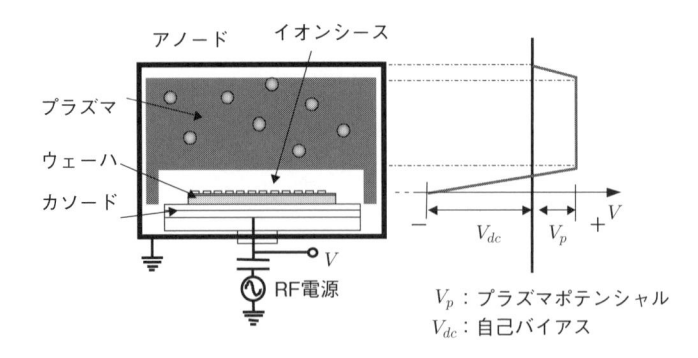

図 11.16 イオンシースの形成

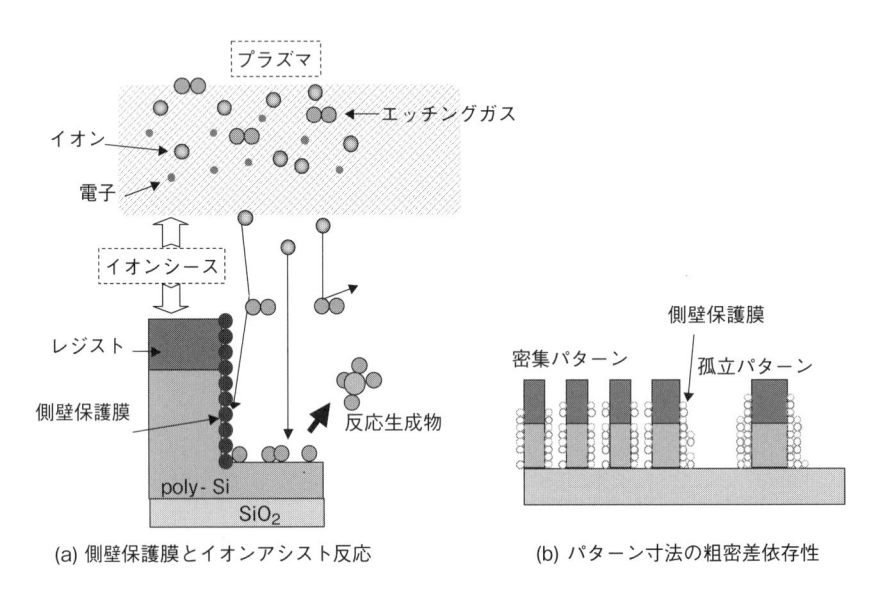

図 11.17 異方性エッチング
(a) 側壁保護膜とイオンアシスト反応
(b) パターン寸法の粗密差依存性

型，陰極結合型，2 周波印加型，誘導結合型プラズマ，および有磁場型などがあり，それぞれに特徴がある．

　反応性イオンエッチング (RIE) では，高周波 (RF) 放電が用いられ，高周波電界によって加速された電子と中性粒子の衝突によってプラズマが生成される．RIE では，陰極の上にイオンシースとよばれるほとんど正イオンのみの空間電荷領域が生じる．その概略図を図 11.16 に示す．電子の移動度はイオンに比べるとはるかに大きいので，陰極に印加された RF 信号の正の周期のときと負の周期のときでは，陰極に流れる込む電子の量とイオンの量は非平衡となる．これに伴い，陰極は負に自己バイアス (V_{dc}) された状態になる．プラズマ電位 (V_p) は僅かに正になる．プラズマ中からイオンシースに引き出されたイオンは，この電位差によって加速され，陰極 (ウェーハ表面) に衝突することになる．

　このイオンシースで加速されたイオンの物理反応や化学反応によるスパッタリングが異方性エッチングに寄与している．異方性エッチングの様子を図 11.17 に示す．エッチングを通じて化学反応で生成される不揮発性の物質が，エッチングの進行しているパターン側壁に付着する

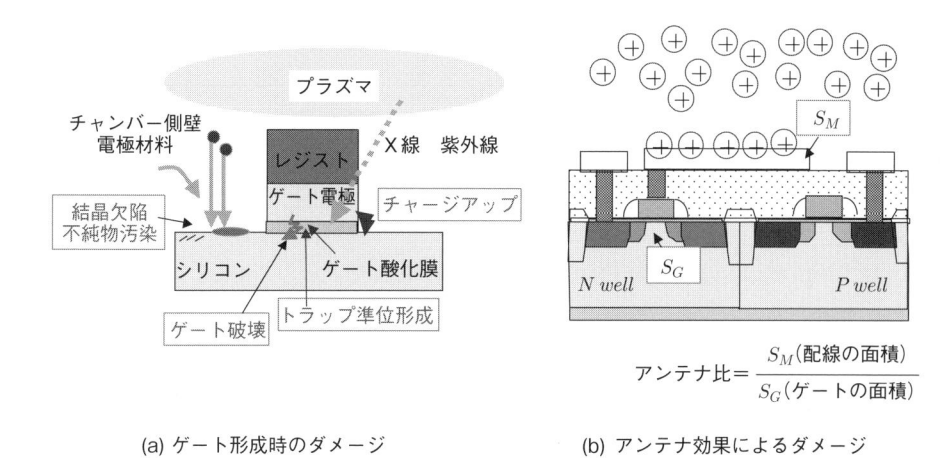

(a) ゲート形成時のダメージ (b) アンテナ効果によるダメージ

アンテナ比 $= \dfrac{S_M(配線の面積)}{S_G(ゲートの面積)}$

図 11.18　プラズマダメージ

と側壁保護膜として働き，側壁での化学反応は停止するのでそれ以上のエッチングは進まなくなる．しかし，底面はイオンシースで加速されたイオン入射によって，この保護膜が除去されるため，縦方向にはエッチングが進行する．側壁保護膜は，たとえば Cl_2 プラズマで多結晶シリコンをエッチングする場合には，レジストからの C と Si と O，そして Cl の重合物，フッ化炭素系のプラズマを用いて SiO_2 等をエッチングする場合にはフロロカーボン系の重合膜が側壁保護膜になる．

微細な密集パターンになると，単位平面面積当たりの側壁面積が大きくなり，この側壁保護膜の形成が不十分になる．このため，横方向へのエッチングも生じパターンは細ることになる．その結果，同じレジスト寸法でも，(b) 図に示すように，密集パターンと孤立パターンでは被加工膜のパターン寸法が異なるという粗密差依存性がでる．

プラズマを用いるドライエッチングでは，プラズマダメージも考慮する必要がある．プラズマダメージのいくつかを模式的に示したものが図 11.18 である．プラズマで発生する X 線や紫外線によるデバイスへの影響のほか，不純物による汚染等がある．さらに，プラズマの空間的に不均一な分布やイオンと電子の運動量の違いなどによって引き起こされるチャージアップ (帯電) も様々な影響を与える．空間的不均一分布の影響の一例に"アンテナ効果"がある．配線層のエッチング時に配線がアンテナの役割をして電荷を誘導し，その配線に接続されているゲート電極を通じてデバイスを破壊する場合もある．そのため，アンテナ比 (ゲートと配線の面積比または長さの比) を考慮した設計などが行われている．チャージアップの例としては"電子シェーディング効果"がある．これは電子がレジストパターンの表面に帯電した電子によって遮蔽され，高アスペクト比の微細パターンの深いところまで到達できなくため，電子とイオンの流れの非平衡からパターンの底部でイオンによるチャージアップが生じる現象である．これによって形成された電界によりイオンの軌道が曲げられ，側壁保護膜に衝突するため，パターン底部で横方向に望ましくないエッチング (ノッチング) が進むことになる．

11.4 洗浄技術

11.4.1 洗浄とは

LSIはマイクロメータからナノメータサイズの微小片で構成される表面・界面の集合体ともいえる．そのため，プロセス途上でのウェーハ表面への極微量の汚染原子・分子や微粒子の付着も，デバイスにとって致命的なものになる可能性を含んでいる．しかし，スーパークリーンルームの中で細心の注意を払ったとしても，製造プロセスそのものが発生させるものもあり，完全にその混入を防ぐことはできない．そのために，それらを完全に除去していくための洗浄が重要な役割を果たす．

洗浄には，前処理洗浄と後処理洗浄がある．前処理洗浄は，酸化，拡散，化学気相成長 (CVD) やスパッタリングによる薄膜堆積などの前に行われる洗浄である．もし，汚染原子等を表面に残したままで，高温の熱処理や薄膜の堆積プロセスを経れば，その汚染原子等は拡散または上面を膜で覆われることによって内部に取り込まれることになる．これらは，結晶欠陥や望ましくない表面・界面準位を形成したり，堆積された薄膜に局所的膜厚異常や膜質異常を生じさせたりすることになる．したがって，特に，ゲート酸化 (ゲート絶縁体膜の堆積) 前は，トランジスタの品質を決める最も重要な洗浄となる．

後処理洗浄は，主にドライエッチングを用いたレジスト除去 (アッシング；灰化) 後やイオン注入で変質したようなレジストの除去後に残る残渣物の除去など，プロセスで発生した余分なものの除去に用いられる洗浄となる．

洗浄の対象となる主なものには，パーティクル (微粒子)，金属原子ならびに有機物に加え，プロセスの残渣物のほか，室温でも表面に形成されてしまう自然酸化膜がある．

一般にパーティクル除去には，アルカリ洗浄や物理洗浄が用いられる．物理洗浄には，高速の流体や粒子 (氷の粒等) を衝突させる手法や超音波の印加 (メガソニック)，ブラシを使用する方法等がある．金属に対しては主に酸洗浄が用いられ，有機物に対しては酸洗浄のほかに，オゾン等が用いられる．プロセス残渣物には有機剥離液他が用いられる．自然酸化膜は基本的にはシリコン酸化物を示しており，希釈フッ酸 (DHF：Diluted HF) や NH_4F とフッ酸 (HF) との混合液であるバッファードフッ酸 (BHF：Buffered HF) が用いられる．

洗浄装置としては，25枚や50枚をバッチとして洗浄槽の中で一括で処理するバッチ式と，ウェーハ1枚ごとに薬液処理-水洗-乾燥を順番に行う枚葉式がある．バッチ式にも複数の洗浄槽を備えて順番に浸漬していく多槽ディップ式と，1つの洗浄槽で液を入れ替えながら薬液処理-水洗-乾燥を行うワンバス (単槽) ディップ式がある．また，ディップ (浸漬) ではなくスプレー処理で一連の洗浄を行うバッチ式もある．バッチ式はスループットに優れるが，枚葉式は低スループットながら制御性が高く，微細パターンに対応している大口径 (300 [mm]) ウェーハでは枚葉式が主流となっている．

11.4.2 前処理洗浄技術

現在のウェット洗浄の技術は，1970年にKernらが発表したRCA洗浄が基盤となっている．

11.4 洗浄技術

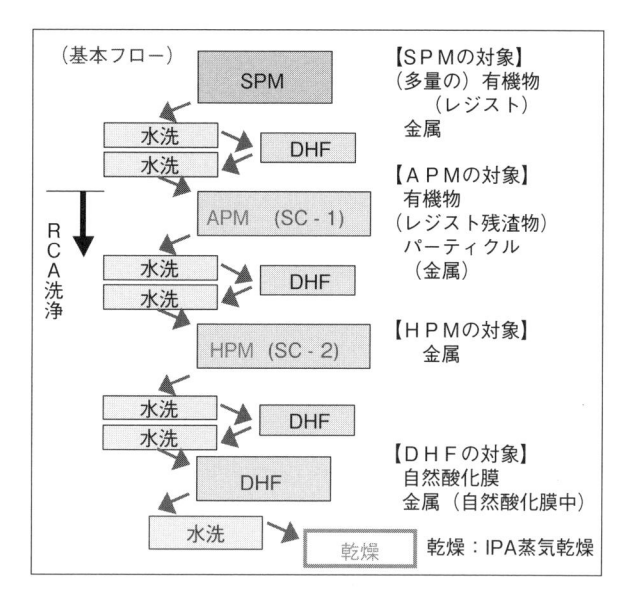

図 11.19 標準的な前処理洗浄

RCA 洗浄は，アンモニアと過酸化水素水と水との混合液 APM (Ammonium Hydroxide Hydrogen Peroxide Water Mixture)，そして塩酸と過酸化水素水と水との混合液 HPM (Hydrochloric Acid Hydrogen Peroxide Water Mixture) と希釈フッ酸 DHF (Diluted HF) の組合せを基本としている．現在で標準洗浄法として APM は SC-1 (Standard Clean 1)，HPM は SC-2 とよばれている．

現在は，この RCA 洗浄に加え，APM の前に多量の有機物や金属を除去する目的で，硫酸と過酸化水素水との混合液 SPM (Sulfuric Acid Hydrogen Peroxide Water Mixture) が追加される場合が多い．レジストなどの剥離には通常，酸素プラズマなどを用いたアッシングや SPM が用いられるが，高いドーズ量のイオン注入を受けたレジストなどは硬化してアッシングでの除去は困難になるので，SPM が用いられる．

RCA 洗浄を基本した一般的な前処理洗浄フロー例を図 11.19 に示す．まず，レジストなどの多量の有機物などがある場合には SPM により除去を行う．その後，水洗をして，DHF に浸漬，そして水洗をしてから APM (SC-1) 洗浄に入る．ここでは主にレジスト残渣物などの有機物やパーティクルを除去する．次に，水洗–DHF–水洗を実施した後，HPM (SC-2) 洗浄を行う．HPM は主に金属を除去する．その後，水洗–DHF–水洗を実施する．DHF は自然酸化膜の除去を目的としており，自然酸化膜中に取り込まれている金属も一緒に除去できる．プロセスの直前，たとえば酸化工程では，再度 DHF 中でそれまでに形成された自然酸化膜を除去し，水洗，乾燥を行ってから酸化炉に入れる．

APM でのパーティクル除去の模式図を図 11.20 に示す．NH_4OH / H_2O_2 / H_2O の混合液である APM は，80 [℃] 前後で用いられる．H_2O_2 が Si 表面を酸化するとパーティクルと基板界面にも SiO_2 膜が形成される．NH_4OH がその SiO_2 膜を僅かにエッチングすると，パーティクルは付着力が弱まり表面から離脱する．このときに超音波（メガソニック）を用いるこ

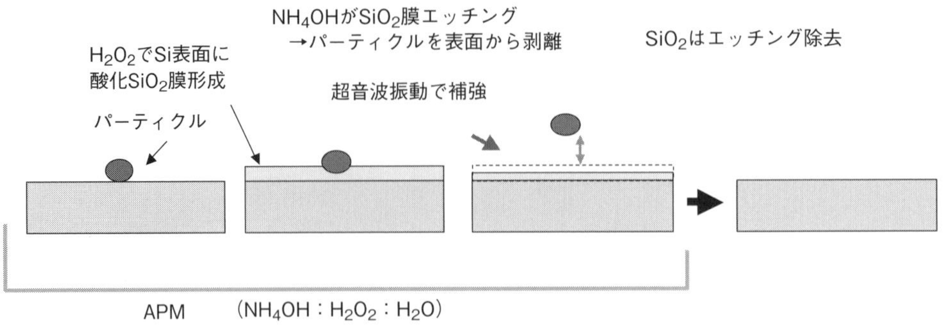

図 11.20 APM(SC-1) でのパーティクル除去

とでこの離脱を加速することができる．離脱後に表面にできる酸化膜は再付着防止の保護膜になる．

HCl / H_2O_2 / H_2O の混合液である HPM は，強い酸化力で金属を溶解させる．酸化還元電位は H_2O_2 濃度で制御される．SPM (H_2SO_4 / H_2O_2) も同様に金属の溶解能力を持つが，有機物の強い分解能力も持っている．

一般に金属は，SPM や HPM 等の低 pH で酸化還元電位の高い溶液中ではカチオンとなって溶解されている．金属汚染の洗浄については，金属の溶解能力はもちろんのこと，一旦溶液中に溶解した金属がウェーハ表面に再付着するのを防止することも重要となる．さらに，自然 (化学) 酸化膜中に金属が含まれる場合や，ドライエッチング等によって膜中に金属がノックオンされた場合などは，この膜自体を DHF や APM 等でエッチングする必要がある．

ウェーハ表面へのパーティクルの付着は，パーティクルがブラウン運動や拡散泳動等でウェーハ表面までの移動・到達する過程と表面でのパーティクルの付着・保持過程からなる．パーティクル付着力には，ファン・デル・ワールス力ならびにパーティクルおよびウェーハ表面の帯電による静電気力がある．溶液中ではファン・デル・ワールス力はパーティクルとウェーハ表面の距離が小さくなるほど引力が増大するが，静電気力は帯電の状態によって斥力にも引力にもなる．帯電は溶液中で帯電した固体表面にイオンが吸着することで電気二重層が形成される．たとえば固体表面が正に帯電すると表面には負イオンが吸着して電気二重層を形成する．この固体表面を覆ったイオンの外側がすべり面となる．電気二重層の電位はゼータ電位 (すべり面の電位) とよばれ，一般的には，溶液中でパーティクルとウェーハ基板とのゼータ電位が異符号なら付着しやすく，同符号なら付着しにくい．アルカリ溶液中では，多くの材料はゼータ電位が負であるため，パーティクルが付着しにくく，APM 洗浄でも一旦離脱したパーティクルは再付着しにくいとメリットがある．

DHF やバッファードフッ酸 BHF は自然酸化膜の除去と酸化膜中に含まれる金属の除去の役割をする．DHF 処理後に水洗を行って乾燥工程に入る．この乾燥は，初期の段階では，スピンドライヤーを用いてウェーハを高速回転させ，遠心力で水分を除去する方法が採られていた．しかし，この方法では，発塵やウェーハの縁が欠けるチッピングの問題のほかに，特に，シリコンウェーハ上に"ウォーターマーク"とよばれる乾燥後のしみが発生する．微細パターンにな

るとそのしみの影響が無視できなくなってきたため,現在ではイソプロピルアルコール (IPA：Isopropyl Alcohol) 乾燥が用いられている.ウォーターマークは,水洗直後にウェーハ全面を覆っていた水が,酸化膜が除去され疎水性になったシリコンウェーハ表面でその体積を縮小していくときに発生する.この水には,溶け込んだ残留物が含有されているほか,酸素の溶解により生成されるシリコンの水和物が含まれており,乾燥とともに徐々に濃縮されてしみとなる.IPA 乾燥では,水を IPA で置換して乾燥することでウォーターマークの発生を防止している.

演習問題

設問1 ウェーハには微粒子などが付着すると欠陥になることがあるが,マスクにおける欠陥は全く許容されない.その理由を述べよ.

設問2 フォトリソグラフィにおいて解像度向上に効果のある手法を 4 つ以上挙げよ.

設問3 フォトリソグラフィでは,微細化とともにマスクによるウェーハ一括露光から,ステッパー,スキャナーと変遷してきている.なぜそうしてきたのか,そこに共通する理由を述べよ.

設問4 ドライエッチングにおいて,等方性エッチングと異方性エッチングを決めるのは,基本的に何かを答えよ.

設問5 シリコン表面の洗浄では,ほとんどの場合,最後に DHF 洗浄を入れるが,それはなぜか,理由を述べよ.

第12章
トランジスタ形成技術

　LSI の最も基本となる素子がトランジスタであり，LSI の性能や機能を決定する主要な要素となっている．微細化・高集積化とは1つのチップにどれだけトランジスタを詰め込めるかということ意味している．本章では，そのトランジスタの形成技術について，ゲート電極形成の基本と最新電極形成技術動向，ゲート絶縁膜形成の基本から High-k 膜技術，さらに浅い接合形成おけるイオン注入技術や最新の熱処理技術を解説する．

□ 本章のねらい

- トランジスタの構造とその製造方法についての概略を理解する．
- トランジスタのゲート電極構造とその形成技術についての基本を理解する．
- ゲート誘電体膜構造ならびにその形成技術についての基本を理解する．
- 拡散層の構造とその役割の基本部分を理解する．
- イオン注入技術と浅い接合形成技術，ならびに熱処理技術の基本を理解する．

□ キーワード

　トランジスタ，拡散層，浅い接合，イオン注入，p 型ドーパント，n 型ドーパント，RTP，RTA，熱処理技術，ランプアニール，酸化，ゲート絶縁膜，EOT，High-k 膜，ゲート電極，シリサイド，ポリサイド，サリサイド，メタルゲート，デュアルゲート，マルチゲート

12.1　トランジスタの構造

　LSI に搭載されるトランジスタ種としては高集積化に向いていることから，市場に出ている LSI の中では圧倒的に MOSFET を用いたものが多い．そのトランジスタの作製において，求められるものは，性能と微細化である．第8章 LSI の性能では，CMOS 回路の遅延時間や高速化のための要件について詳細に解説している．ここではまず，それらが LSI 製造におけるトランジスタの構造と形成技術にどのように関わってくるかを単純化しておさらいしておく．

　単純化すると，回路での信号伝達における遅延時間 τ は，たとえば次段への入力電圧レベルが次段の動作するしきい値 V_{BO} まで到達する時間になる．そのしきい値電圧まで上げるのに必要な充電電荷量を Q_o とし，トランジスタが動作時に流せる電流を I_{on} とすれば，τ は (Q_o/I_{on})

となる．このとき容量をC_cとすれば，Q_oは$C_c \times V_{BO}$である．したがって，高速動作をさせるためにはトランジスタのオン電流I_{on}が大きいほどよいことになる．このことは，遅延時間を扱った第8章の(8.13)式および(8.14)式も示している．

MOSFETの電流は，第3章3.5.3節で記述されているように(3.17)式ならびに(3.18)式で表され，トランジスタの電流I_Dは，$\{(\mu C_{ox} W_G)/L_G\}$に比例する．ゲート幅W_Gを大きくすることは微細化に逆行するので，電流I_Dを大きくできる項目としてはゲート長L_Gを小さくすることと，ゲート酸化膜容量C_{ox}を大きくすることである．ゲート酸化膜厚をt_{ox}，ゲート面積をS，酸化膜の誘電率をε_{ox}とすると，ゲート酸化膜容量C_{ox}は$\varepsilon_{ox} \times (S/t_{ox})$で表されるが，面積$S$を大きくすることは微細化の流れに反するので，誘電率の大きな材料に替えるか，材料を替えずにできるのはt_{ox}を小さくすることである．そのため，集積回路の当初から専らゲート長L_Gと酸化膜厚t_{ox}を縮小し続けてきている．しかし，酸化膜厚t_{ox}が物理的限界に近づいてきたために，ゲート絶縁膜材料もシリコン酸化膜から誘電率の大きな材料，すなわちHigh-k膜 (kは誘電率の記号) へと移ってきた．

ソース・ドレイン高濃度拡散層もその構造を変えてきている．トランジスタの微細化によりショート (短) チャネル効果が顕著になってくる．ショートチャネル効果は，ゲート長 (L) が短くなることにより，トランジスタのしきい値電圧の低下やソース/ドレイン間の耐圧低下，パンチスルーによるリーク電流のほか，ドレイン近傍での高い電界によるホットキャリアの発生とそれに伴うトランジスタ特性の劣化などの望ましくない現象を引き起こす．トランジスタのリーク電流は8.3節で扱われているスタテック電力の増大の要因にもなる．拡散層周りの横方向電界を緩和するために用いられたのが，LDD (Lightly Doped Drain) 構造である．これはソース・ドレイン周りの拡散層不純物濃度を薄くして傾斜を持たせた構造となっている．しかし，抵抗の高くなる薄い不純物濃度を用いることは，電流駆動能力を低下させることにもなる．このLDDに替わって採用されたのがソース・ドレインエクステンション (Source Drain Extension : SDE) である．不純物濃度を高くして電流駆動能力を向上させるとともに，拡散層を浅くすることでショートチャネル効果も防止している．

このような技術的取り組みの中で，トランジスタの基本構成は変わらないものの，微細化の進展とともに詳細構造ならびに用いられる材料も進化し続けてきている．シリコン基板の表面に形成される典型的なnチャネルMOSトランジスタ (バルク・プレーナー型) の断面構造を図12.1に示す．基本的にはシリコン基板にはソースとドレイン拡散層を形成，チャネル領域の上部にはゲート絶縁膜，そしてゲート電極となる．

図のように "エクステンション" とよばれる浅い拡散層をチャネル領域に向かって伸ばしている．さらにそのエクステンションからの空乏層の広がりを抑える目的でその下に "ハロー" 呼ばれるp型ドーパントの濃度を高くした層を形成している．ここでは基板となるウェル領域は，パンチスルーストップなどを含め深さ方向にコントロールされたドーパントプロファイルを持ち，さらにチャネルの領域には所望のしきい値を得られるようにドーパントが注入・濃度調整されている．微細化につれ年々これらの形状寸法も微細化してきている．ちなみに，MPUの物理的ゲート長 (L) は2010年では27 [nm] (ITRS2009)であるが，2010年時点ではエクステンションの深さは10 [nm] 程度でその後さらに縮小していっている．配線のコンタクトに接

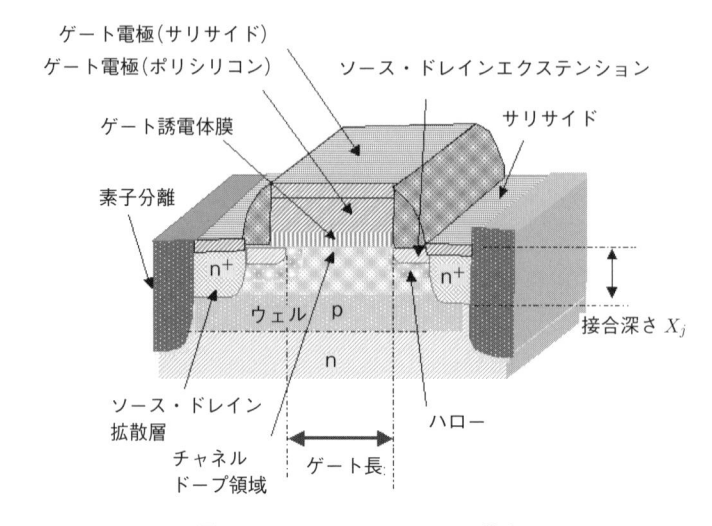

図 12.1　MOS トランジスタの構造

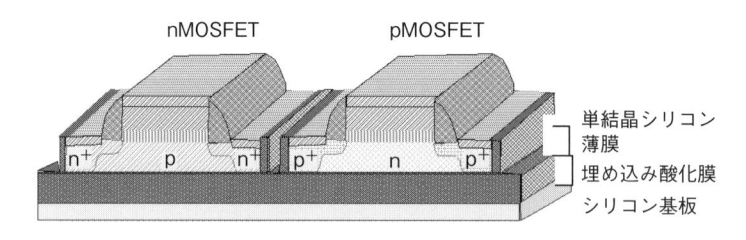

図 12.2　SOI-CMOS 断面構造

続されるソース・ドレイン拡散層の深さ (コンタクト X_j) も 20 [nm] 程度である．

このように，トランジスタの接合形成においては，極めて浅い接合の形成と複雑で微細な構造を持った拡散層の制御が求められる．

ゲート絶縁膜は，シリコン酸化膜から，シリコン酸窒化膜，そして先端デバイスでは High-k 膜が用いられる．

ゲート電極は，最初は Al から始まり，高濃度ドープのポリシリコン (Poly-Si；多結晶シリコン) になり，次には，ゲート電極の抵抗を下げるためにポリシリコンの上に金属シリサイド (silicide) 膜を載せたポリサイド (polycide) 構造になっている．さらに，全体を完全にシリサイドのみにしたものから，金属膜のみを使うメタルゲートが開発されている．

基板からの取り組みが行われているものには，SOI (Silicon on Insulator) 技術と歪シリコン技術がある．

SOI-CMOS 構造の模式図を図 12.2 に示す．シリコン基板の上に絶縁層である埋め込み酸化膜をそしてその上に単結晶シリコン薄膜を持った SOI 基板を用いて，最上層の単結晶シリコン層のうえにトランジスタ素子が形成されている．埋め込み酸化膜の存在により素子は完全に下地シリコンから分離されるため，低接合容量となり低消費電力での高速動作が実現できる．さらに低基板バイアス効果により低電圧動作が可能となる．さらに，その多くが下地基板内で発

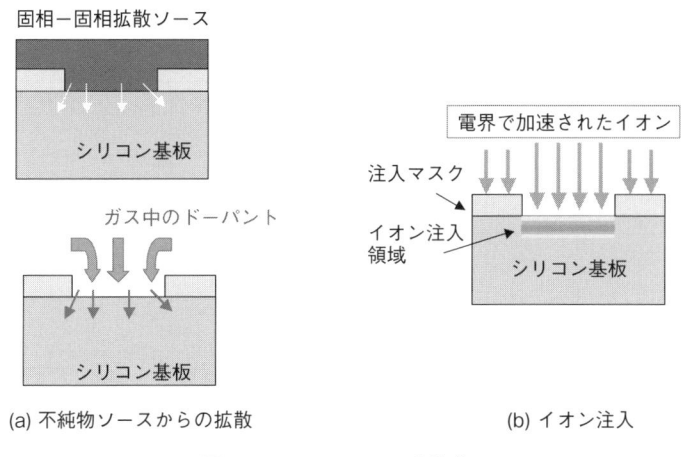

図 12.3 ドーパント不純物導入
(a) 不純物ソースからの拡散
(b) イオン注入

生してデバイスの誤動作に繋がるソフトエラー現象やラッチアップ現象も，埋め込み酸化膜により防止されるなどの利点がある．SOI 技術は低消費電力が要求されるモバイル機器用の LSI に活用されている．また，高周波・高速デバイス用にも注目されている．

歪シリコン技術はキャリアの移動度 μ を大きくするための手法として用いられる．これは，シリコン結晶に応力をかけ歪ませることによって，エネルギーバンド構造を変化させてキャリアの移動度を変える技術である．nMOS に対してはチャネル方向に引っ張り歪みを与えると電子の有効質量が小さくなり，電子の移動度が大きくなる．正孔の場合は電子とは逆になるので，pMOS に対してはチャネル方向に圧縮歪みを与えることで正孔の有効質量を小さくする．この効果により高いキャリア移動度が得られる．歪みの形成には，応力の大きな膜を形成して歪ませる方法や，シリコン結晶の下に SiGe や SiC など格子間隔がシリコンのそれとは異なるものを埋め込む方法などがある．

12.2 接合形成技術

p 型半導体と n 型半導体の領域を形成する，すなわち pn 接合形成は，半導体デバイスの特性を決めるきわめて重要な要素となる．接合形成とは，シリコン中の所望の領域にドナーやアクセプタとなるドーパント不純物を導入し活性化することであり，ドーパントの 3 次元的空間分布の緻密な制御が求められる．ドーパント不純物の導入には，主としてイオン注入，そして不純物ソースからの拡散が用いられる．そしてドーパント不純物の活性化には熱処理 (アニール) が用いられる．

12.2.1 ドーパント不純物導入とイオン注入技術

ドーパント不純物の導入には，不純物ソースから熱を加えて拡散させる方法とイオン注入による手法がある．ドーパント不純物導入についての両者の模式図を図 12.3 に示す．

不純物ソースからの拡散には不純物を含む固体から直接拡散させる固相-固相拡散によるもの

図 12.4 のイオン注入機と代表的な注入イオン種

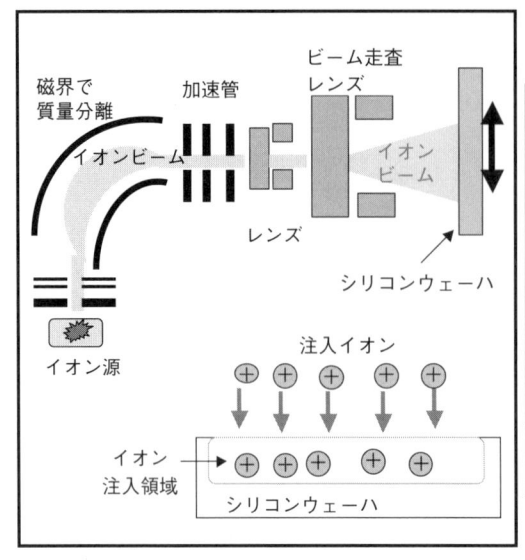

	（イオン種）		（質量）
p型ドーパント	B^+	ボロン	11
	BF_2^+	二フッ化ボロン	49
	In^+	インジウム	115
	$B_{10}H_{14}^+$	デカボラン	124
n型ドーパント	P^+	リン	31
	As^+	ヒ素	75
	Sb^+	アンチモン	122
プリアモルファス	Si^+	シリコン	28
	Ge^+	ゲルマニウム	74

(a) イオン注入機　　　(b) 代表的な注入イオン種

図 12.4　イオン注入機と代表的な注入種

と，ガス中にドーパントを含ませて試料表面から拡散させる方法がある．いずれも高温で熱エネルギーを与え，拡散させている．固相-固相拡散には，リンガラス (PSG) や砒素ガラス (AsSG)，ボロンガラス (BSG) などがある．ガス中のドーパントの拡散の拡散ソースとしては，気体ソース (PH_3, B_2H_6 等) や液体ソース ($POCl_3$, BBr_3, PBr_3 等)，固体ソース (As_2O_3, Sb_2O_3, B_2O_3, P_2O_5 等) がある．

拡散による不純物導入は半導体の初期から用いられている手法であり，簡便な設備でも容易にできる反面，導入する不純物量の正確な制御や昨今のデバイスに求められる浅い接合形成が困難であるというデメリットがある．

イオン注入は，注入原子をイオン化したものを電界で加速し，試料表面に衝突させて内部に注入させる方法である．イオン注入はイオンが方向性を持っているために，等方性のある拡散のように拡散マスクエッジから不純物が横方向に広がることもなく，注入電流と注入時間を制御すれば不純物量の正確な制御ができるほか，加速電圧によって注入深さを変えることできるため，正確な深さ方向の分布を制御することができる．このため，浅い接合形成を始め，LSI の製造においてはほとんどの接合形成にイオン注入法が用いられている．

イオン注入機の模式図と代表的な注入イオン種を図 12.4 に示す．イオン注入機では，まずイオン源から出たイオンは質量分解され注入に用いられるイオンのみが選別される．このイオンは加速管で目的とされるエネルギーに加速される．レンズならびにイオンビーム走査レンズを経てシリコンウェーハ表面に照射・注入される．

イオン源には主として電子衝突型イオンソースが用いられる．これはフィラメントから出た熱電子を加速して不純物ガスに衝突させてイオン化している．イオンを作る材料は，アルシンガス (AsH_3)，ホスフィンガス (PH_3)，三フッ化ホウ素 (BF_3) ガス等のガスのほか，固体砒素

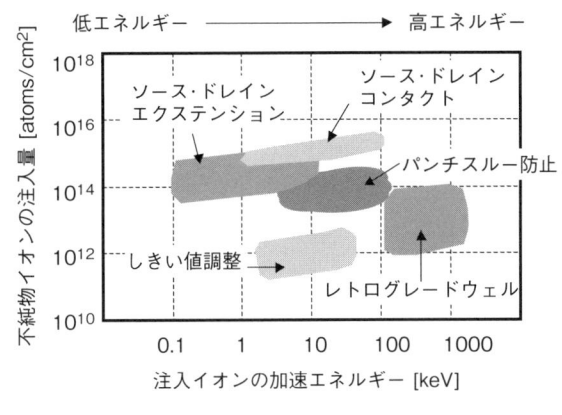

図 12.5 注入エネルギーと用途

や固体リンが用いられる.

　イオン注入機には,それぞれの特性によって中電流注入機や,低エネルギー高電流注入機,大(高)電流注入機,高エネルギー注入機などに分類された呼称が用いられる.

　p 型ドーパントとして注入イオンの代表的なものに B^+ がある.B は Si に対して大きな固溶度を持つため高濃度のドーピングが可能であるが,拡散係数が大きい.また,軽元素のため注入深さ(平均射影飛程)が大きく,チャネリングも発生しやすい.チャネリングとは,結晶の場合に構成原子が整然と並んでいるために原子列の隙間を奥まで見通せる方向が存在し,これが注入方向と一致するとイオンが想定外に奥深くまで注入されてしまう現象である.このため,注入エネルギーを小さくしても,浅い接合を形成することは難しい.B^+ より質量が大きく浅い注入ができるものとして BF_2^+ が用いられる.In^+ は急峻な注入分布が得られるが拡散係数は小さい.さらに,浅い接合形成のために質量を大きくして浅い注入を目論んだデカボロン ($B_{10}H_{14}^+$) 等がある.

　n 型ドーパントとしての注入イオンの代表的なものには,P^+,As^+,および Sb^+ がある.P は Si に対して大きな固溶度を持つので高濃度ドーピングが可能であるが,拡散係数は As より大きい.As も Si に対して大きな固溶度を持ち高濃度ドーピングが可能であるが拡散係数が小さいため,浅い n 型拡散層形成には As が用いられる.Sb も前者 2 つに比べれば小さいものの Si に対して大きな固溶度を持ち,拡散係数は小さい.

　浅い注入を実現させるために,ドーパントイオン注入前に,あらかじめシリコンの結晶構造を破壊してアモルファス化(イオン注入時のチャネリング防止)する方法も用いられる.これには Si^+ や Ge^+ のイオン注入が用いられる.

　イオン注入エネルギーと用途との関係の模式図を図 12.5 に示す.注入イオンの加速電圧はエクステンションなどの浅い接合を作るための数百 V から深いウェル形成のための数 MV までが用いられる.一般にウェルは高いエネルギーで深くまで注入し,レトログレードウェルといわれるように深い領域での濃度を濃く,表面に近づくにつれて濃度が低くなる分布を形成している.

　固体表面からイオン注入された原子の分布の模式図を図 12.6 に示す.固体中に入射したイオ

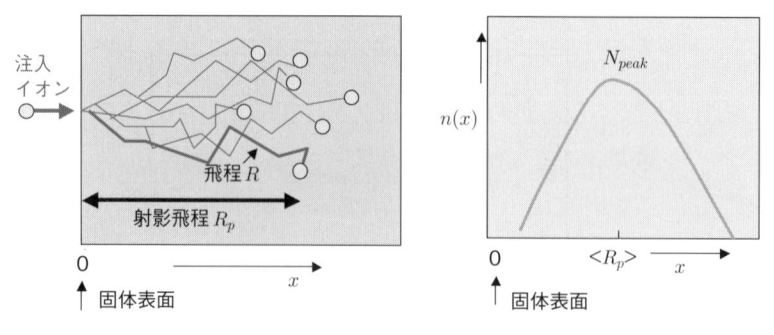

図 12.6 注入された原子の分布

ンは，固体中の原子と衝突を繰り返しながら進入し，次々にエネルギーを失って最後に静止する．エネルギーを失う過程は電子との衝突 (電子阻止) と原子核との衝突 (核阻止) からなる．前者の電子阻止は散乱角が小さくエネルギー損失が小さい．H，He，のように比較的軽いイオン，もしくは高エネルギーイオンの場合に生じ易い．後者の核阻止は散乱角が大きくエネルギー損失も大きい．As，Sb のような質量の大きなイオンでこの影響が大きい．

注入元素の分布すなわち静止点は統計的ばらつきを持つが，非晶質時の注入元素濃度分布 (射影飛程分布) はガウス分布で近似可能である．その深さ方向分布は，LSS 理論に基づく (12.1) 式で簡便に求めることができる．式中の射影飛程の平均値 ($\langle R_p \rangle$) や射影飛程の標準偏差 (ΔR_p) はすでに計算されたテーブルがあるので，加速電圧やビーム電流，注入時間が判れば，その分布を簡便に求めることができる．

$$N(x) = N_{peak} \exp\left[-\frac{(x - \langle R_p \rangle)^2}{2\Delta R_p^2}\right] \quad (12.1)$$

$$\text{ここで } N_{peak} = \frac{N_i}{\sqrt{2\pi}\Delta R_p}$$

R_p (平均射影飛程：ProjectionRange)

$\langle R_p \rangle$ (射影飛程の平均値)

ΔR_p (射影飛程の標準偏差)

N_i (単位面積あたりのドーズ量)

なお，イオンの注入量 (ドーズ量) と濃度の関係を図 12.7 に示す．ドーズ量は単位面積当たり注入されたイオン (ドーパント原子) 数で示される．したがって，深さ方向の分布関数が $N(x)$ で表されるとき，単位面積あたりの総ドーズ量 (N_i) は，$N(x)$ を表面 ($x = 0$) から深さ方向に ∞ まで積分した値になる．

イオン注入時のウェーハ表面単位面積当たりのイオン電流密度を J で t 秒間照射した場合には，単位面積あたりの注入電荷量は $J \times t$ [C：クーロン] となるので，一価のイオンならそれを電荷素量 q [C] で割ればイオンの個数，すなわちドーズ量が得られる．

ドーパント不純物濃度は単位体積 (通常 1 [cm^3]) 当たりの原子の個数で表されるので，同じドーズ量でも注入エネルギーやその後の拡散によって深さ方向への広がりが異なれば自ずと濃

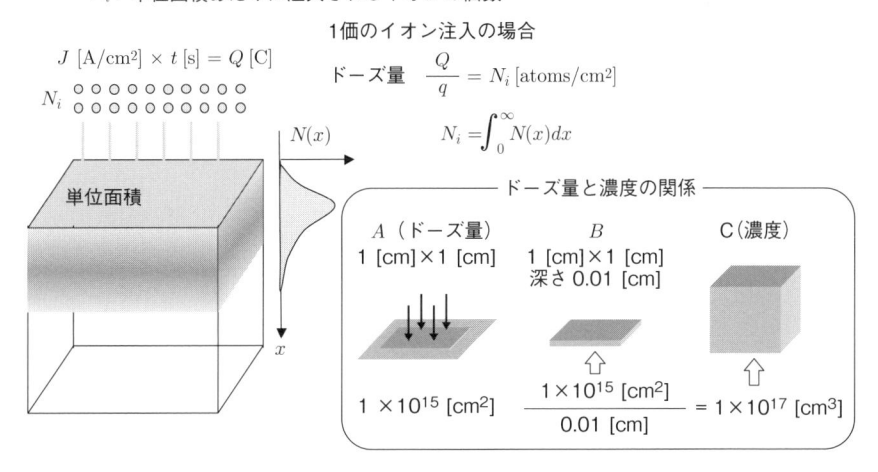

図 12.7 注入量 (ドーズ量) と濃度

度は異なる．

　イオン注入プロセスには，特有の問題点もある．主なものとしては，チャネリング現象や，ノックオン現象，エネルギーコンタミネーション現象，静電破壊現象，およびシャドーイング現象等がある．これらの問題に対しては様々な対策がとられている．

　チャネリング現象はイオンビームが整然と原子の並んだ結晶格子内のすきまを進む現象なので，これについては，角度をつけた注入方向をとるとか，前もって結晶を Si イオン注入などでアモルファス化しておくことで防止できる．

　ノックオン現象は入射イオンが基板原子や上部に薄膜がある場合にはその構成原子と衝突し，これを弾き飛ばす (ノックオン) 連鎖衝突の結果，原子が押し込まれ，格子欠陥や他原子の混入などの結晶欠陥が発生する現象である．

　エネルギーコンタミネーション現象はイオン注入機内でイオン残留ガスとの衝突により，注入対象外のイオンが発生して混入する現象で，最終的に注入されるエネルギーが変わってくる現象である．

　静電破壊現象は絶縁物や絶縁物領域が大きいウェーハにイオン注入したときの帯電現象であり，レジストで覆われたゲート酸化膜などは注入による帯電で絶縁破壊を起こす．イオン注入機に電子シャワー等を備えることで帯電防止が図られている．

　シャドーイング現象は，イオンビームが一方向からのみの場合に注入マスクの形状によって影の領域ができ，イオン注入されない領域が発生する現象である．ウェーハを回転させながら様々な方向から入射することで対処される．

12.2.2　熱処理技術

　熱処理は原子が全体的に移動できるためのエネルギーを与えたり，化学反応を起こさせるためには不可欠なものである．半導体プロセスにおいては，熱処理は，酸化やシリサイド反応などのほか，各種成膜後の焼き締めや，狭いところへの埋め込みや表面のなだらかさを出すため

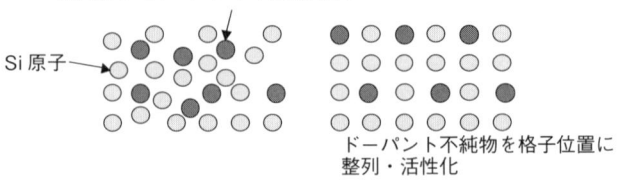

図 12.8 ドーパント不純物の活性化と結晶性回復

の層間絶縁膜のリフロー (熱軟化流動) などに熱処理が用いられるが，接合の形成過程においては，直接不純物の拡散ならびにイオン注入等で導入された不純物原子のさらなる拡散やドーパント不純物の活性化，そしてイオン注入等によるダメージの回復のための結晶性回復・結晶成長に不可欠のプロセスとなる．

ドーパント不純物の活性化と結晶性回復について，イオン注入直後と熱処理 (アニール) 後の原子配列の模式図を図 12.8 に示す．注入量やエネルギーにも依存するが，イオン注入直後では，結晶は損傷を受け結晶性は破壊された状態になっている．

イオン注入によって受けたダメージは，熱処理によって回復させ，ドーパント不純物を格子位置に整列・活性化しないかぎりドナーやアクセプタとしては働かない．また，結晶欠陥のまま残れば，pn 接合での電流リーク等の原因となる．結晶性の回復やドーパント活性化は，熱処理 (アニール) 時の雰囲気ガス種や温度にも大きく依存する．

不純物の拡散は (12.2) 式に表されるフィックの第 2 法則に従う．シリコン表面からの熱拡散モデルによる不純物原子の分布を考える．

$$\frac{\partial C}{\partial t} = D\frac{\partial^2 C}{\partial x^2} \tag{12.2}$$

C：不純物濃度　D：拡散係数

x：距離　t：時間

表面の不純物濃度 C_S が一定に保たれる場合，その分布は (12.3) 式で表される補誤差関数で示される．不純物総量が一定と想定した場合はガウス分布となる．不純物総量を一定値 Q とすると，その分布は (12.4) 式で表される

$$C(x,t) = C_S \ erfc\left(\frac{x}{2\sqrt{Dt}}\right) \tag{12.3}$$

$$C(x,t) = \frac{Q\exp(-x^2/4Dt)}{\sqrt{\pi Dt}} \tag{12.4}$$

$$\left[\begin{array}{l} \text{※誤差関数 } erf(\eta) = \frac{2}{\sqrt{\pi}}\int_0^\eta e^{-t^2}dt \\ \text{補誤差関数 } erfc(\eta) = 1 - erf(\eta) = \frac{2}{\sqrt{\pi}}\int_\eta^\infty e^{-t^2}dt \end{array}\right]$$

拡散係数は不純物原子が拡散するときの目安であり，拡散係数を D として，(12.5) 式のように表される．拡散係数の値は温度に依存し，拡散の機構にも関わる元素固有の活性化エネル

(a) 空孔拡散モデル　　(b) 格子間拡散モデル　　(c) Interstitialcy 拡散モデル

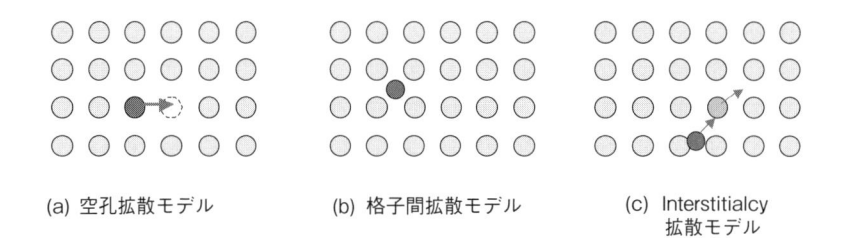

図 12.9　不純物原子の拡散機構

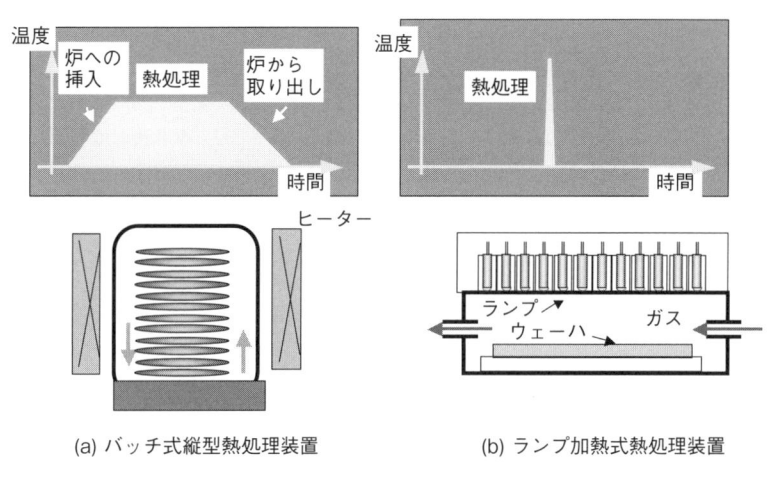

(a) バッチ式縦型熱処理装置　　(b) ランプ加熱式熱処理装置

図 12.10　熱処理装置

ギーに依存する．

$$D = D_o \exp\left(\frac{-E_a}{kT}\right) \tag{12.5}$$

E_a：活性化エネルギー　k：ボルツマン定数　D_o：拡散定数

　結晶中の不純物原子の拡散機構は，主として図 12.9 に示すような 3 つの機構がある．

　空孔 (vacancy) 拡散モデルは格子位置から格子点の空いた位置 (空孔) に原子が移動して拡散が生じる．拡散の大きさは空孔が不純物原子の近くにくる確率と不純物が空いた格子点に移る確率の積できまる．格子間 (interstitial) 拡散モデルは小さな半径の原子が格子間を通って移動する拡散となる．準格子間 (interstitialcy) 拡散モデルは格子間と格子位置とを取り混ぜながら移動する拡散である．

　熱処理装置の概略を図 12.10 に示す．熱処理装置には，一度に何枚ものウェーハの処理ができるバッチ式熱処理装置とウェーハ 1 枚ごとに処理を行う枚葉式装置とがある．枚葉式の代表的なものがランプ加熱式熱処理装置 (ランプアニール装置) になる．

　バッチ式熱処理装置は一度に大量の均一な処理が可能であり，比較的安価な装置で処理可能であるという利点のある反面，少量ウェーハの処理にも同じ処理時間が必要であるほか，炉への出し入れに時間を要し，熱処理精度が劣るという欠点がある．

　一方，ランプ加熱式熱処理装置は，速い温度動特性が得られ，精度も高く，枚数に見合った

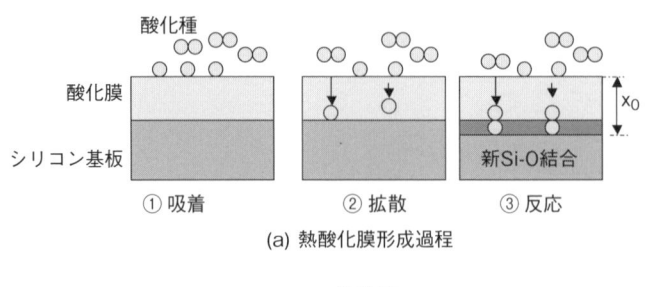

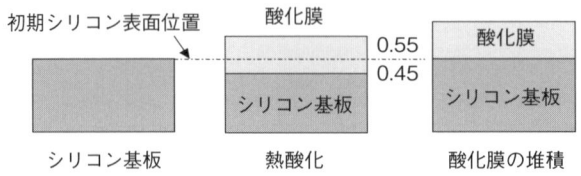

```
       酸化種
酸化膜  ○○   ○○    ○○
シリコン基板      ↓↓    ↓↓    x₀
                    新Si-O結合
  ① 吸着   ② 拡散   ③ 反応
     (a) 熱酸化膜形成過程

  初期シリコン表面位置  酸化膜
                      0.55   酸化膜
シリコン基板                  
                      0.45  シリコン基板
                  シリコン基板
 シリコン基板     熱酸化      酸化膜の堆積
     (b) 酸化膜の形成方法別比較
```

図 12.11 熱酸化膜の形成

処理時間が得られるなどの利点がある．ただ，装置は高価になる．

デバイスの微細化に伴いますます浅い拡散層形成が求められる．イオン注入で表面層に浅く不純物を注入できても，その後の熱処理によって拡散し広がってしまうと浅い接合の形成は不可となる．そのため，接合形成後の工程での熱処理は低温化が求められる．しかし，ドーパント活性化は低温では難しいので，高温でもできるだけ不純物原子の拡散しない熱処理が必要となる．このため，処理時間をきわめて短くした高速アニール (RTA : Rapid Thermal Annealing) 法が用いられている．さらに，最高温度での保持を行わない急速加熱処理のスパイクアニールがある．この技術では 1 秒間に 100〜300 [℃] の昇温レートで 1200〜1300 [℃] まで上げることができる．さらには，Xe フラッシュランプを用いて，数ミリ秒で超高速昇温・降温熱処理を実現するフラッシュアニールやレーザースパイクアニールも注目されている．

高温プロセスはウェーハの反りや転位ならびにスリップの発生に繋がる可能性があるので，ウェーハ温度の面内均一性の確保やその他応力発生要因の除去などの注意が必要となる．

12.3 ゲート絶縁膜および成膜技術

熱酸化膜は緻密で質の良い安定な膜が得られることから，始めからゲート絶縁膜には熱酸化膜が用いられてきた．熱酸化膜はシリコンウェーハを酸化性雰囲気中で高温熱処理することで形成される．シリコン基板と酸化膜界面で酸化種とシリコンが Si-O 結合を作ることで酸化膜が成長する．熱酸化膜の形成過程は図 12.11 に示すように 3 つの過程からなる．

まず，酸化種は，すでに存在する酸化膜表面に吸着する．次に，酸化種は，シリコン酸化中を拡散により通過して酸化膜とシリコン界面に到達する．その界面に到達した酸化種は，十分なエネルギー (高温) を持っていればシリコンと反応して新しい Si-O 結合を形成する．

酸化膜厚を x_0 とすると，酸化膜成長の Deal-Grove モデルによれば，x_0 は (12.6) 式のように表される．

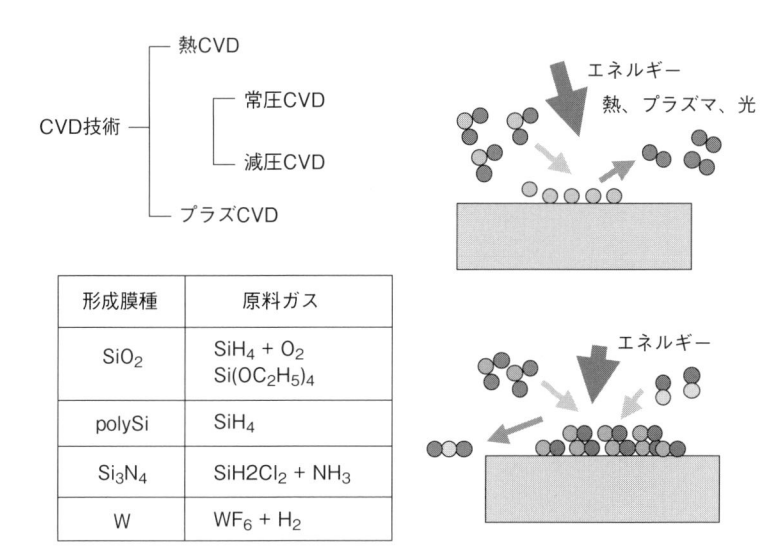

図 12.12　CVD による成膜技術

$$x_0^2 + Ax_0 = Bt \tag{12.6}$$

t：酸化時間

A, B：拡散係数や濃度と関連した定数

　酸化膜が比較的厚いときは，酸化膜は酸化時間の 1/2 乗に比例 ($x_0^2 = Bt$) して成長し，酸化膜厚が比較的薄いときには酸化時間に比例 ($x_0 = \{B/A\}t$) する．すなわち酸化膜が薄いときには反応律速となり，酸化膜が厚いときには酸化種の拡散律速となっている．

　酸化雰囲気としては，100% O_2 雰囲気中で行うドライ ($DryO_2$) 酸化と，水蒸気雰囲気中で行うウェット ($WetO_2$) 酸化がある．ウェット酸化はドライ酸化に比べ酸化速度も大きく，緻密で絶縁性の高い膜が形成できる．その他に HCl 雰囲気中で行う HCl 酸化がある．この方法は金属汚染の除去が可能と考えられており，未結合手を終端することで界面の電気特性の安定化が図れる．2 [nm] 以下の薄い酸化膜厚の場合には，高速で昇温高温が可能なランプ加熱等を用いる RTP (Rapid Thermal Process) が用いられる．

　熱酸化によって形成された酸化膜は (b) 図の中央の図のように，元の酸化前のシリコンの表面位置に対して，上に 0.55，下に 0.45 の割合で形成される．これに対して化学気相成長法 (CVD：Chemical Vapor Deposition) などにより堆積された場合は，全て表面位置から上に形成される．

　CVD はポリシリコンの上やゲートの側壁に形成する絶縁膜や電極となるポリシリコンの形成などに用いられる．CVD の概略を図 12.12 に示す．CVD は気相の化学反応を利用しており，反応のエネルギーとして熱を利用するものが熱 CVD 法でプラズマのエネルギーを利用するものをプラズマ CVD 法 (p-CVD/PE-CVD) という．熱 CVD 法には大気圧で行う常圧 CVD 法と減圧 CVD 法がある．減圧するとガスの拡散性が高くなるので均一性の良い膜が形成できる．複数のガスの反応により形成された化合物が堆積したり，特定の元素が分離されて堆積し

たりするが，ポリシリコン膜形成のようにシランガスのみから分解されるものもある．

微細化に伴い酸化膜の薄膜化が進行すると，ゲート電極であるポリシリコン層からのボロン(B)がゲート絶縁膜を突き抜けてチャネル領域に達し，絶縁性の経時劣化やホットキャリア劣化に繋がってくるようになる．そのため，使用されるゲート絶縁膜は熱酸化膜からシリコンの酸窒化膜(SiON)が使用されるようになる．熱酸化膜は酸化膜形成に続いて窒化性雰囲気(NO等)で熱処理・窒化することで形成される．この膜は界面未結合種などをSi-N結合とすることで膜質の改善に繋がったが，一方ではNによる正の固定電荷発生によりpMOSではNBTI (Negative Bias Temperature Instability)といわれる信頼性劣化現象を顕在化させることになった．

システムLSI (SoC)になると，1つのチップに様々な役割のトランジスタが載せられ，トランジスタの電圧も異なってくる．そのため，部分的に酸化速度を変えるなど，同一チップ内でも膜厚の異なるゲート酸化膜を形成するマルチオキサイド技術が必要になってきた．

ゲート絶縁膜がシリコン酸化膜から他の材料に替わっても膜厚を表すときには，シリコン酸化膜と等価な厚さとして酸化膜換算膜厚EOT (Effective/Equivalent Oxide Thickness)が用いられる．プレーナ型のバルクトランジスタでのEOTは2007年で1.1 [nm]で，(ITRS2009によれば) 2009年で1.0 [nm]，2012年で0.75 [nm]，2014年では0.55 [nm]と予想されている．シリコン酸化膜では厚さ数nmからトンネル電流が支配的になるが，物理的膜厚が1 [nm]を切るとSiON膜でも，トンネル電流の増加によりゲートチャネル間のリーク電流は急激に増加する．そのため，物理的な膜厚を稼いで，かつEOTを下げるためには，ゲート絶縁膜に高誘電率(High-k)材料が必要となってくる．High-k材料としては，HfO_2，HfSiO，HfSiON，HfAlONなどハフニウム(Hf)系材料が主流になっている．HfO_2ではSiO_2に比べ5～6倍以上の高い誘電率が得られる．

これらのHigh-k膜の形成方法としては，膜厚や組成制御が容易な原子層成長法，ALD法(Atomic Layer Deposition)が開発されている．この方法は1原子層ずつ積み上げていく方法である．Hf酸化膜の場合の一例を図12.13に示す．まずOH終端基板に$HfCl_4$ガスを流すとHClが脱離しO原子に$HfCl_3$が吸着する．次にH_2Oを流すと HClが脱離して，Hf原子にOH基が吸着する．このようにガスの吸着と反応を繰り返していくことで1原子層ずつ精度良く積み上げることができる．

12.4 ゲート電極形成技術

ゲート電極構造の変遷を図12.14に示す．ゲート電極はAl電極から始まったが，その後，シリコン基板との整合性やプロセス的な安定性から基板と同じ材料である多結晶シリコン（ポリシリコン）がゲート電極に用いられてきた．ポリシリコンは高濃度にドーピングされて抵抗率は小さくなっているものの，電極の微細化とともに電極配線は高抵抗となる．このゲート電極配線の低抵抗化のために，ポリシリコンの上にシリサイドを載せたポリサイド電極構造がとられるようになる．このシリサイド材料としては$MoSi_2$やWSi_2が用いられた．ポリシリコンの上にスパッタリング等で金属とシリコンの層を堆積し，熱処理することで形成される．両者ともシリサイド形成時の拡散種はSiであり，酸化しても表面にはSiO_2のみが形成され，金属

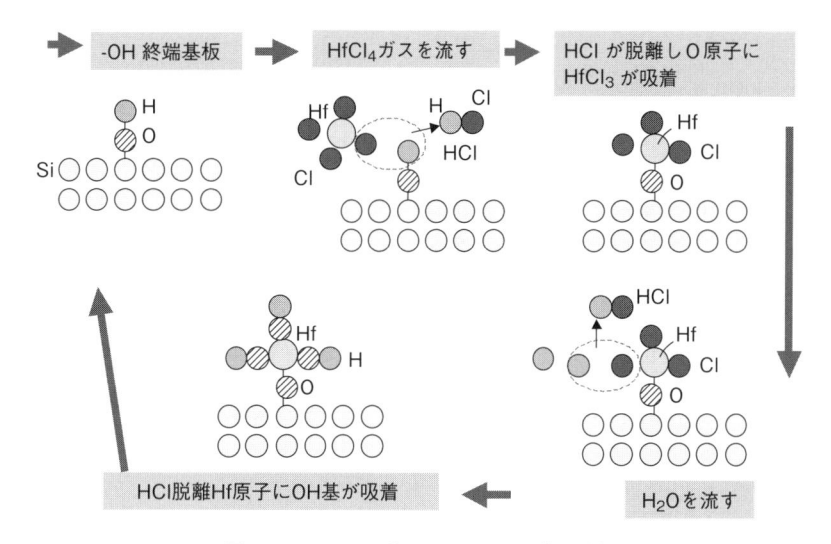

図 12.13 ALD 法による high-k 膜の形成

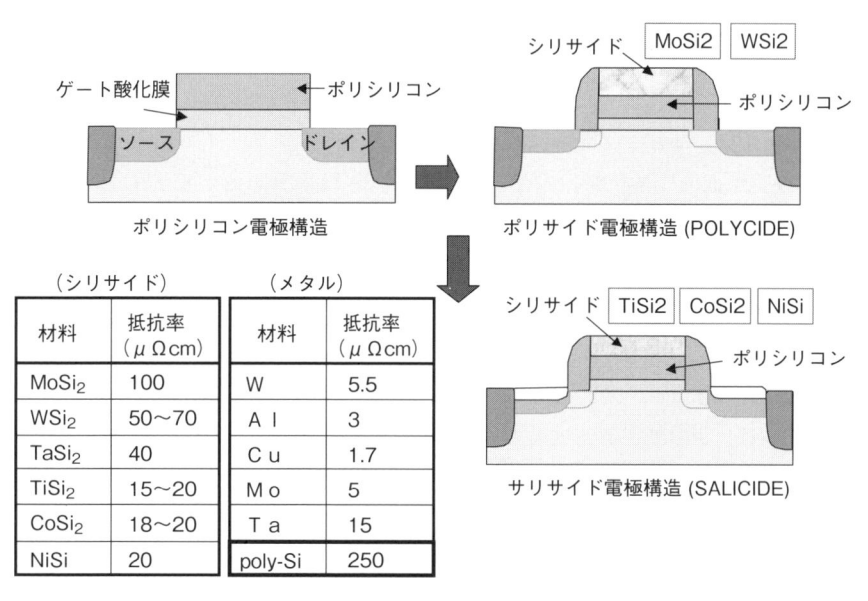

図 12.14 ゲート構造の変遷

材料	抵抗率 ($\mu\Omega$cm)
$MoSi_2$	100
WSi_2	50〜70
$TaSi_2$	40
$TiSi_2$	15〜20
$CoSi_2$	18〜20
NiSi	20

材料	抵抗率 ($\mu\Omega$cm)
W	5.5
Al	3
Cu	1.7
Mo	5
Ta	15
poly-Si	250

酸化物は一切形成されないので化学的にも安定で，耐熱性も優れている．WSi_2 では 1000 [℃] 以上の熱処理でも安定である．

その後，さらに低抵抗を求めて，シリサイド材料は $TiSi_2$ や $CoSi_2$，NiSi へと移ってくる．これらは自己整合的にシリサイドを形成するサリサイド (SALICIDE：Self-Aligned Silicide) 電極構造となり，ゲート電極に加え，ソース，ドレインの拡散層の上にもシリサイドが形成されるのでコンタクト抵抗の低減にも効果がある．

サリサイドプロセスを Ti サリサイドの場合を例にとって図 12.15 に示す．基本的にはゲート電極のポリシリコン構造までを形成したところで，Ti 金属膜を全面に堆積させる．その後，

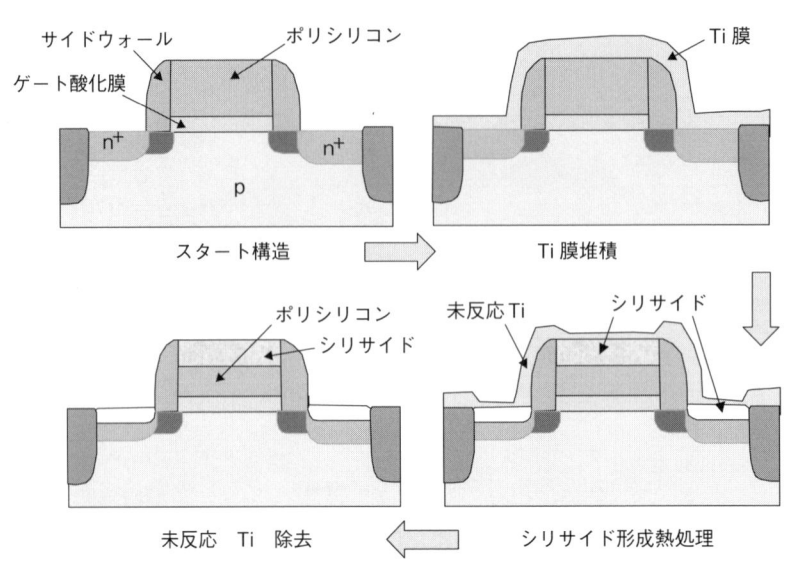

図 12.15 Ti サリサイドプロセス

熱処理によりシリサイド反応を起こすと，シリコンと Ti が直接接触している領域，すなわちゲートのポリシリコン部分とソース，ドレイン領域でのみでシリサイド反応が生ずる．その後に金属 Ti のみを選択的にエッチングすると，未反応の Ti のみが消えてシリサイドが残る．これにより，新たなフォトマスクを用いたリソグラフィを必要とせず，自己整合的にシリサイドを形成することができる．

$TiSi_2$ もシリサイド形成時の拡散種は Si で，耐熱性も 800〜850 [℃] であるが，0.18 [μm] 世代以降は局所的に細って (凝集して) 高抵抗となる細線効果が顕著になってくる．この $TiSi_2$ に替わって比較的細線効果が生じ難い $CoSi_2$ が次に採用され，90 [nm] 世代までは $CoSi_2$ が用いられてきている．シリサイド形成時の拡散種は Co で，耐熱性は 700〜800 [℃] あるが，結晶欠陥や応力により Si 基板に Co スパイクやシリサイド欠陥が発生し易い．65 [nm] 世代以降になってさらに浅い接合の形成が求められると，低温で形成できる NiSi が用いられるようになる．500 [℃] 程度の低温でシリサイドが形成され，かつモノシリサイドであるため Si の消費は少なく浅い接合形成に有利である．この膜の耐熱性はおよそ 600 [℃] 程度であり，そこでは凝集が生じるが，そこまでの高温処理はその後の工程では行われない．シリサイド形成においてシリコンリッチな $NiSi_2$ が形成されると抵抗の高い膜となり，膜厚も増大して接合リーク等を引き起こす可能性がある．このため，低温での RTA 熱処理で Ni_2Si を形成した後に，高温で NiSi に相を変化させる 2 段階処理によって Ni がシリコン中に拡散するのを抑えている．

ポリサイド電極構造もサリサイド電極構造も，ゲート絶縁膜に接する部分はポリシリコンとなる．CMOS 構造において，nMOS も pMOS もゲートのポリシリコン層は n 型のドーピングのみを行ったシングルゲートが当初から用いられてきたが，微細化とともに，nMOS と pMOS のゲートを作り分けるデュアルゲート構造が用いられるようになってきた．シングルゲートとデュアルゲートとの比較を図 12.16 に示す．図のエネルギー帯図からも判るように，nMOS で

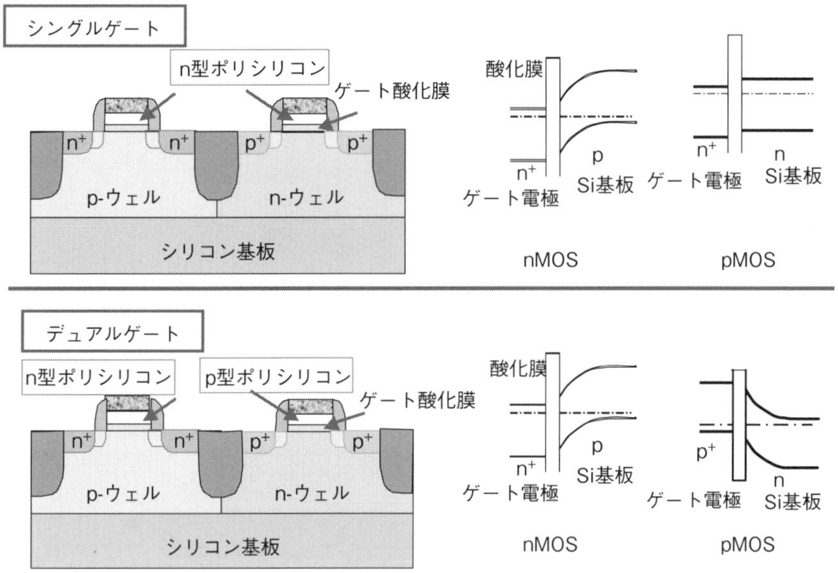

図 12.16 デュアルゲート形成

は基板が p 型でゲートが n 型のため，基板のバンドはゲート電圧を印加しなくても曲がっており，僅かなゲート印加電圧で反転層が形成される．しかし，シングルゲートの pMOS では基板が n 型でゲートも n 型のため，ゲート電圧を印加しない状態では，基板のバンドはフラットになっている．ここにバンドを大きく曲げて反転層を形成するためには大きなゲート電圧を必要とする，すなわち，トランジスタのしきい値が 1 [V] 程度大きくなってしまうため，表面に p 型を挟んだ埋め込みチャネル構造がとられてきた．しかし，ゲートの微細化によりこの構造も困難になってきたため，nMOS には n 型ポリシリコンゲートを pMOS には p 型ポリシリコンゲートと作り分けるデュアルゲート構造が必要になってきた．

ゲート絶縁膜と接する材料がポリシリコンであるかぎり，図 12.17 に示すように，高濃度にドーピングしても電圧を印加されたときにバンドが曲がり，界面では僅かに空乏領域ができる．この空乏領域の容量 (EOT でおよそ 0.4 [nm]) が加わって，EOT は実効的に大きくなる．ゲート絶縁物の膜厚 (EOT) が小さくなると，このゲート空乏化の影響が無視できなくなる．さらに，ボロン (B) を高濃度にドーピングした p 型ポリシリコンを用いるために，チャネル領域への B の突き抜けの問題も生じる．

金属ゲートを用いれば空乏化や B 突き抜けの問題は生じない．そのため，ゲート電極については，金属ゲート (メタルゲート) への移行が検討されている．いくつかの構造例と形成方法について図 12.18 に示す．ピュアメタルのほかに金属層を挟んだ金属挿入型 poly-Si スタックゲートや完全にシリサイドで埋めたフルシリサイドゲート (FUSI：Fully-Silcided Gate) なども検討されている．また，図中のダマシンメタルゲートプロセスのように，メタルゲートの形成方法も検討されている．

様々な取り組みがなされている一方で，従来の平面型トランジスタでの微細化には限界が見えてきている．これを超えるための有望な方法として，マルチゲート電界効果トランジスタが

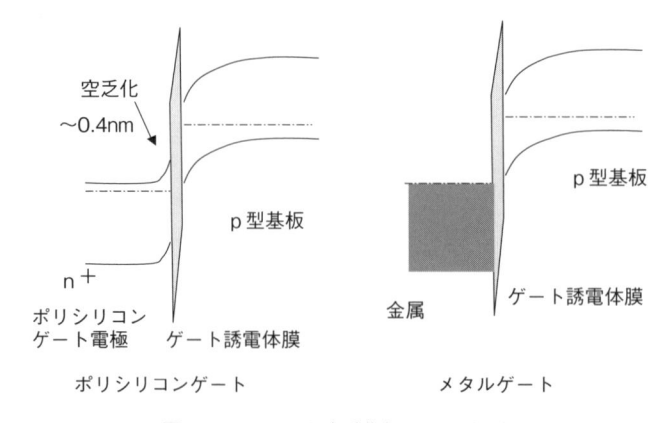

図 12.17 ゲート空乏化とメタルゲート

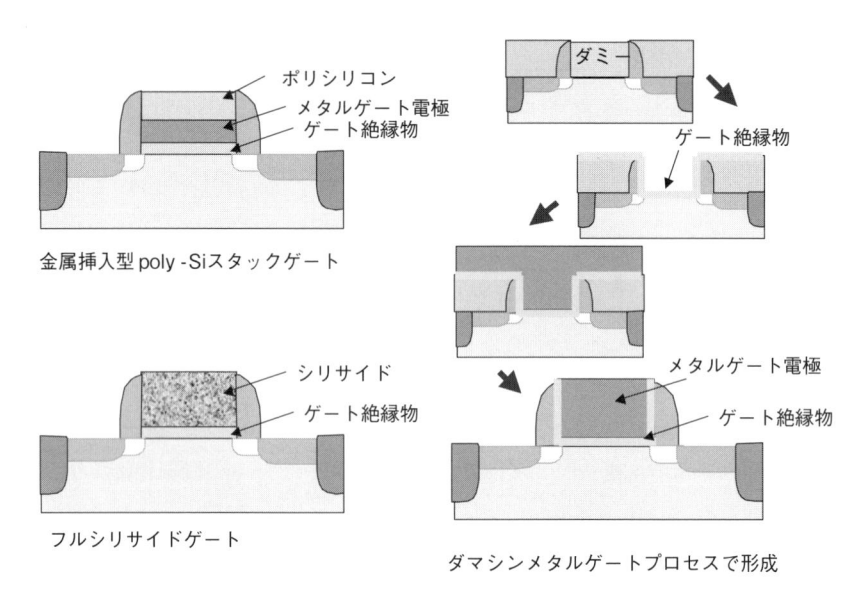

図 12.18 メタルゲート電極構造と形成フロー例

検討されている．1面からのみゲート電極でチャネルを制御する平面型トランジスタでは，微細化に伴う短チャネル効果によりオフ電流が増大し，トランジスタのオン/オフ制御が困難になってきている．またこの対策のためにチャネルの不純物濃度を増やし続けると，キャリア移動度の低下が問題となる．そのため電源電圧の低電圧化にも限度があり，この電圧のスケーリングの飽和は消費電力の増大に繋がる．この解決策として有望視されているのが，マルチゲート構造である．マルチゲート電界効果トランジスタの一例を図12.19に示す．マルチゲートトランジスタは複数の面にゲートを設けて，ゲートの静電的制御能力を増大させるものである．2面にゲートを持つものがダブルゲート型である．ひれ状に立ったチャネル形状のダブルゲートは，フィン型マルチゲート電界効果トランジスタまたはフィンFETとも呼ばれる．さらに3面を用いたものはトリプルゲート型，チャネルをゲートで覆い囲んだものはゲートオールアラウンド型とよばれる．

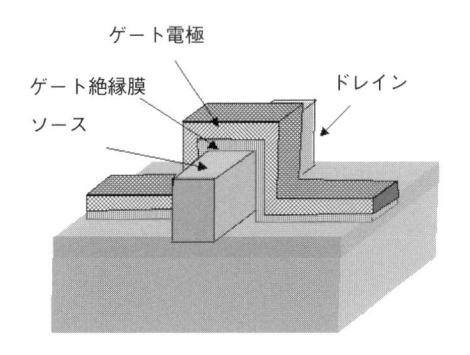

図 12.19 マルチゲート電界効果トランジスタ

　微細化はドーパント不純物濃度のばらつきを顕在化させて，トランジスタの特性のばらつきにつながる．そのため不純物を入れないでマルチゲートで制御する方法も考えられている．その場合のしきい値制御は，チャネル領域に不純物を入れて調整する方法に替わり，適当な仕事関数を持つゲート電極の選択が 1 つの解になる．

演習問題

設問 1 浅い接合を作るために，イオン注入技術で取り組める方策を 2 つ以上挙げて説明せよ．

設問 2 ドーパントの活性化とはどういうことか説明し，さらに短時間熱処理の必要性について説明せよ．

設問 3 ゲート絶縁膜に High-k 膜を用いる必然性を述べよ．

設問 4 ゲート電極に NiSi を使うことと，浅い接合形成との関係を説明せよ．

設問 5 微細化したトランジスタにメタルゲートを必要とする理由を述べよ．

第13章
配線形成技術

　LSIの集積度や性能は主にトランジスタのゲート長やその搭載数を用いて表される．しかしその膨大な数のチップ上のトランジスタを電気的に繋ぐのは金属配線であり，配線なくしてはいかに高性能な能動素子も活躍することはできない．配線形成はトランジスタ形成と並ぶ重要な技術の1つである．LSIの性能を決める項目の1つである遅延時間も，トランジスタに替わり現在では配線での遅延が主要な律速要因になっている．配線は多層配線化が進行し，その層数は2桁に届いており，LSIの信頼性に配線部分が関わる割合も大きい．ここでは，配線に関する技術動向を含め配線形成技術の基本を解説する．

□ **本章のねらい**
- LSIで用いられる配線の役割とその技術課題について理解する．
- 多層配線形成の基本と形成技術について理解する．
- 配線金属とその特徴ならびに金属薄膜形成技術 (PVD, CVD, CMP 等) を理解する．
- 層間絶縁膜形成の基本および最新の Low-k 膜技術の概略を理解する．

□ **キーワード**

多層配線，電極，コンタクトホール，ビア，配線遅延，カバレッジ，Al 配線，Cu 配線，めっき，CMP，バリアメタル，スパッタリング，マグネトロンスパッタ，CVD，PE-CVD，Low-k 膜，低分極誘電体，多孔質誘電体

13.1　LSIにおける配線形成

　配線はトランジスタやダイオード，抵抗などの素子と電気的接続を形成するとともに，これらの素子間の電気的相互接続を行っている．配線は基本的には，トランジスタのソース・ドレイン・ゲートなどの電極と，それらと最初に接続するコンタクトとよばれる部分，そこを介して素子間を接続する配線，そしてその間を埋める絶縁物領域からなる．その配線層は通常複数の層からなる多層配線となっている．多層配線において下の配線層と上の配線層を接続する接続孔を埋める配線部分はビア (via) とよばれる．配線の間の絶縁物は層間絶縁膜 (ILD : Inter/Intra-Layer Dielectrics) とよばれている．

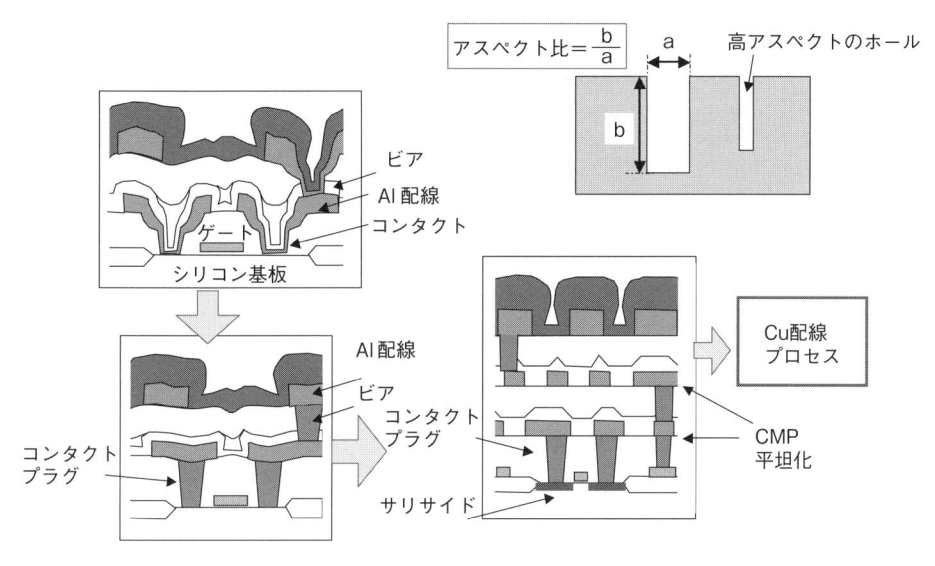

図 13.1 配線構造の変遷

　配線に求められるものは，ビアも含めて相互接続の観点から，低抵抗と長期間動作させても断線や抵抗上昇が生じない高信頼性である．コンタクト部分では低抵抗でかつオーミック性の接触（抵抗性接触；オーミックコンタクト）が得られること，そして高信頼性であることが重要となる．さらに層間絶縁膜に関しては，十分な絶縁耐圧と経時的に絶縁劣化しない高信頼性ならびに配線間容量の低容量化が図れることが重要である．

　まず，これまでの配線構造の変遷について図 13.1 を用いて解説する．デザインルールが 1 μm を切ったあたりまでは，配線はコンタクトも含め基本的には Al 配線で形成されてきた．コンタクト部分でも，コンタクトホールとして開口された部分に第 1 層の Al 配線がそのまま置かれてシリコン基板に接する構造をとってきた．基板シリコンと Al との反応防止やコンタクト抵抗低減のためにバリアメタルを用いたり，配線の信頼性向上のために Al 配線の下に TiW や TiN など別な金属層を敷く構造もとられたりしてきているが，それらの構造は基本的には Al 配線プロセスの一環として形成されてきた．配線材料としては，下地シリコンとの反応防止目的で Al に固溶度を若干越えた Si を混ぜたものや信頼性向上のためにさらに Cu を若干加えたものが用いられてきたが，コンタクトにバリアメタルを用いられてからは，配線の信頼性向上のために Al に Cu を数%加えたものが主流となってきている．この最初の構造では微細化が進んでコンタクトホールのアスペクト比（※図のように孔の深さを孔の開口部分の径で割った値）が大きくなると，コンタクトホールの側壁や底部での Al 金属の被覆性（カバレッジ）が問題となってきた．カバレッジの悪いところでは配線の膜厚が極端に薄くなって，電流密度の上昇や局所的な抵抗増加に繋がるので，デバイス特性や配線の信頼性に深刻な影響を及ぼすようになる．そのため，デザインルールが 0.5 μm ぐらいの世代になると，コンタクトやビアは，配線とは切り離した形成方法となり，コンタクト孔（コンタクトホール）には CVD 法で W（タングステン）を埋め込み，コンタクトプラグ（または W プラグ）を形成するようになる．これにより，配線の Al でコンタクトホールを埋める必要がなくなり信頼性ならびに性能の向上が

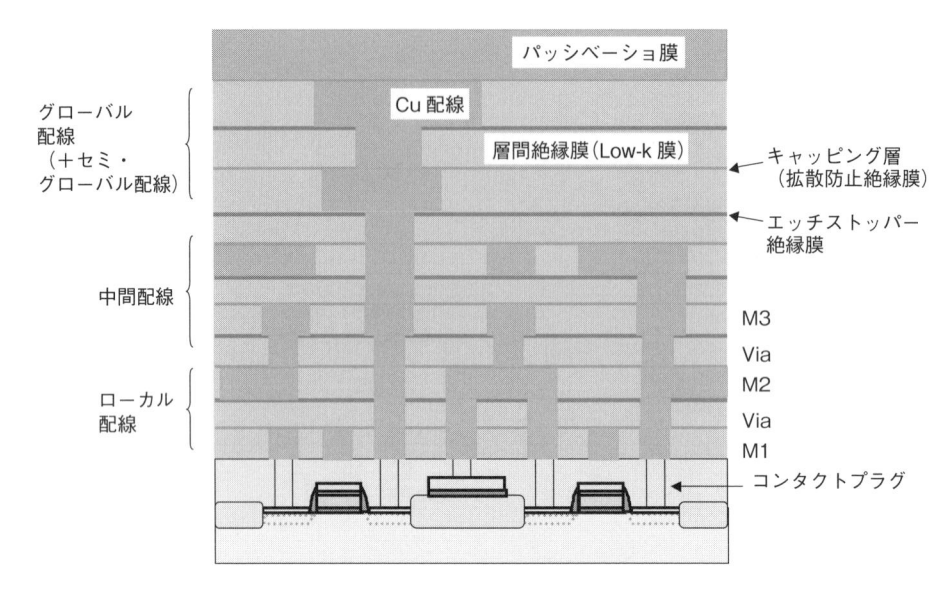

図 13.2 Cu 配線断面模式図

図られた．ビアにも同じように W の埋め込みが行われた．さらに微細化が進むと微細パターンのリソグラフィの観点から，表面での高い平坦性が必要になってくる．それまで行われていた絶縁膜の成膜手法における取り組みや熱による絶縁膜の流動 (リフロー) では対処しきれなくなってくる．そこで新たな手法として，化学的機械的研磨手法 CMP (Chemical Mechanical Polishing) による平坦化が行われるようになってくる．そして，0.13 μm 世代以降になって，Cu (銅) 配線技術が用いられるようになると，この CMP 技術は不可欠なものとなってくる．

Cu 配線技術を用いた多層配線構造の模式図を図 13.2 に示す．Cu 配線では配線材料が Al から Cu に替わっただけではなく，配線の形成プロセスも大きく変わってくる．Cu 配線層の堆積はそれまで，Al 配線で行われていたスパッタリングを用いた堆積ではなく，めっき (電界めっき；EP: Electro Plating/ECD: Electrochemical Deposition) によって形成される．また，配線パターンの形成には，従来のレジストパターンをマスクに金属薄膜をエッチングする手法ではなく後述するダマシンプロセスが用いられている．このプロセスにより配線層の各層には CMP による平坦化が必然的に入り，多層配線の層数の増加を支えている．さらに，配線の寄生容量低減のために層間絶縁膜は低誘電率膜 (Low-k (ろーけい) 膜) が用いられる．

配線層は図のように一番下の数層の配線層がローカル配線として最もピッチの小さい微細化した信号伝達用の配線になる．このハーフピッチがデバイス世代に対応する．その上の中間配線，グローバル配線となるにつれて，ピッチも大きく幅の広い配線となり，電源線やグランド線にも用いられる．

13.2 配線構造とデバイス性能

配線の微細化は配線どうしが近づくことでもある．配線の模式図を図 13.3 に示す．1 つの配線は左右隣ならびに上下の配線と層間絶縁膜を介して対向した電極としてキャパシタを形成し

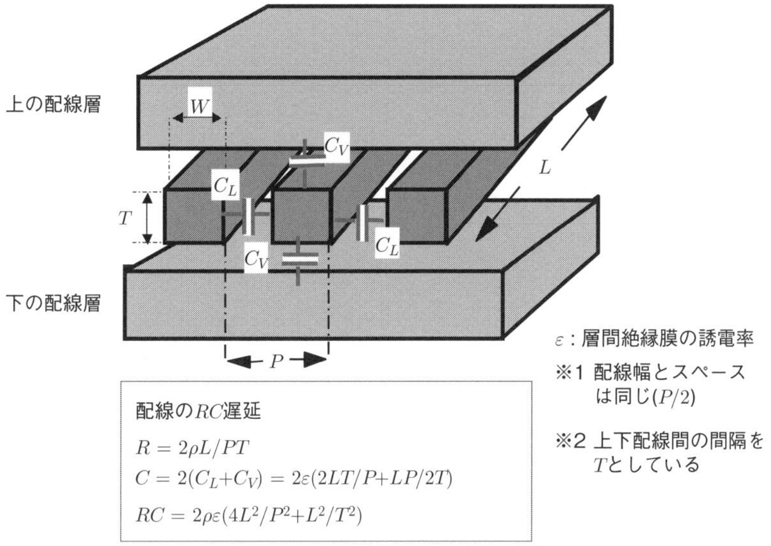

13.2 配線構造とデバイス性能

上の配線層

下の配線層

ε：層間絶縁膜の誘電率
※1 配線幅とスペースは同じ$(P/2)$
※2 上下配線間の間隔をTとしている

配線のRC遅延
$R = 2\rho L / PT$
$C = 2(C_L + C_V) = 2\varepsilon(2LT/P + LP/2T)$
$RC = 2\rho\varepsilon(4L^2/P^2 + L^2/T^2)$

図 13.3 多層配線の RC 遅延

ている．配線ピッチを P，配線幅とスペースは同じとし，配線高さを T，上下配線間の間隔を T，長さを L，そして層間絶縁膜の誘電率 ε としたとき，この配線による RC 遅延は

$$RC = 2\rho\varepsilon(4L^2/P^2 + L^2/T^2) \tag{13.1}$$

となる．

　微細化は電極間の距離を縮めることになるので配線の高さと長さが同じならば単純には，右辺の第1項の $(1/P^2)$ が効いて容量増による遅延が増加していく．また，ピッチ P 縮小による配線幅の減少は必然的に進むが，配線の高さ T の減少も加われば，配線断面積が減少して配線抵抗の上昇に繋がる．このため，微細化は配線による RC 遅延を大きくしていくことになる．

　トランジスタによる遅延は，トランジスタ形成技術でも述べたように，微細化によって短縮され，速度は高速化してきている．トランジスタならびに配線の遅延時間と微細化との関係を図 13.4 に模式的に示している．まだ，デザインルールの緩い時代には，トランジスタの動作速度に比べ，配線遅延には格段のゆとりがあったが，微細化の進展に伴い，トランジスタは高速化の道をたどり，配線遅延はますます大きくなってきている．0.25 μm 世代辺りでこの2つの線は交差し，現在の最先端デバイスの遅延はほとんど配線遅延によって決められている．

　配線による信号伝達遅延を大きくすることなく微細化と高集積化を進める解決策の1つは，多層配線化である．配線層を1層追加することは，チップ表面の面積に相当する領域が配線のために新たに使えることになる．そのため多層配線の層数は微細化とともに増加してきている．しかし，層数を増やすことは機械的な応力などの問題のほか，製造工程数の増加によって欠陥の混入する確率が大きくなり，製造歩留りを低下させる要因にもなる．そのため，これまでも単純に配線層数を増やしてきたわけではない．たとえば，2005年にはすでに11層になっているが，もし配線に Al を用いて従来どおりの絶縁膜を用いていたなら，すでにその時点でも11層をはるかに越える大きな配線層数を必要としていた．

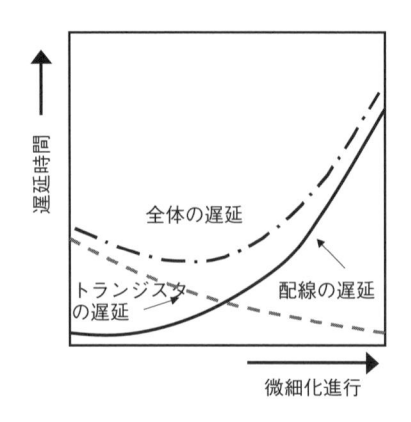

図 13.4　微細化と遅延時間

この対策として，導入されたものが Cu 配線／Low-k という新しい材料である．配線の RC 遅延を減らすために，抵抗の面からは，抵抗率の小さい Cu が採用される．Cu の抵抗率は Ag に次ぐ 2 番目の低さを持ち，バルクでの抵抗率は 1.72 [$\mu\Omega\cdot$cm] (20 [℃]) であり，Al の 2.75 [$\mu\Omega\cdot$cm] (20 [℃]) に比べおよそ 2/3 と小さい．

層間絶縁膜については，シリコン酸化膜にフッ素導入した SiOF 膜に始まり，誘電率の低い絶縁膜，すなわち Low-k 膜の材料の開発ならびに膜形成プロセス技術の開発が続けられてきている．

Cu 配線／Low-k の効果としては，たとえば，従来の Al 配線から Cu 配線にして，層間絶縁膜にシリコン酸化膜のおよそ半分の比誘電率 2.0 の材料を用いると，多層配線の層数はおよそ半分で同等の配線遅延を維持できることになる．

13.3　配線形成プロセスとダマシンプロセス

高集積度の先端ロジックデバイスには，Cu 配線プロセスが用いられるが，LSI の用途によってはそれほど先端プロセスを必要とせず，むしろ低コストを要求されものも多い．そのような製品では，Al 配線が用いられている．メモリデバイスでも Cu 配線が検討されているが，まだ Al 配線が主となっている．Al 配線のパターンニングは，図 13.5 に示すように，通常の他の層のパターンニングと同じである．まず，多くの場合 Al の前にバリアメタルまたはライナーとして Ti や TiN などの金属薄膜が堆積された上に Al や Al に数％程度の Si や Cu をいれた AlSi や AlCu などが堆積される．これらの堆積は，通常スパッタリングを用いた堆積 (スパッターデポジション) によって行われる．コンタクト埋め込みの場合の Ti や TiN 膜は CVD で形成されることが多い．スパッタリング技術も進展し，指向性の強いスパッタリングや Al 原子の拡散などを用いることで Al プラグも形成されている．

Al 膜は融点 (660.37 [℃]) が低く，成膜時やその後の熱処理で容易に結晶成長をし，応力緩和の過程で成長するヒロック (表面にでる突起状のもの) や結晶粒の影響で表面の凹凸は激しい．その影響によって微細パターンのリソグラフィは難しくなる．リソグラフィでのレジストパターン形成後にドライエッチングによる Al 膜のエッチングが行われる．エッチングは Cl 系のガス

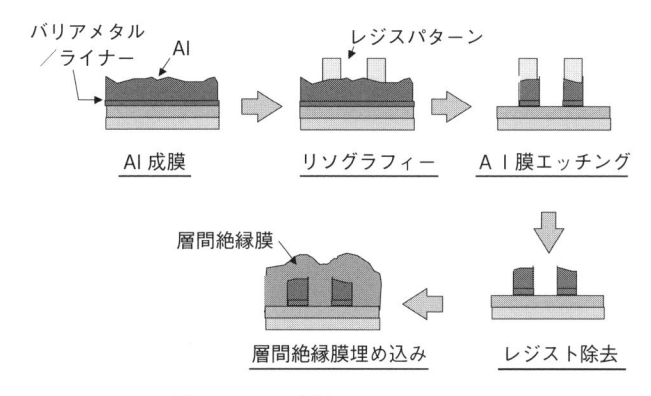

図 13.5 Al 配線のパターンニング

を用いたドライエッチング (RIE) によって行われる．後処理を完全にしないで Cl が残ると Al 腐食の原因にもなる．また，Al にはエレクトロマイグレーション (EM：Electro Migration) やストレスマイグレーション／ストレス(誘起)ボイディング (SM：Stress Migration／SIV：Stress Induced Voiding) による信頼性上の問題も残る．また，微細化が進行すると配線間のスペース部に残渣が残りショートを引き起こす要因にもなる．さらに，配線間の狭いスペースに絶縁膜を埋め込むことも厳しくなってくる．

いずれにしろ金属膜自体のエッチングによる微細パターン形成は，様々な面で限界に来ている．これに対して新たな解決策を与えたのが，Cu ダマシン (Damascene) プロセスである．ダマシンプロセスでは Cu のドライエッチングを用いないで配線パターンを形成している．基本的にドライエッチングプロセス適用が難しい Cu に対して，ダマシンプロセスが LSI の Cu 配線を実現させている．

Cu 配線のダマシンプロセスは，層間絶縁膜に溝 (トレンチ) や孔を掘り，そこに Cu を埋め込んだのちに，CMP で研磨して余分な Cu を取り除くことで，Cu 配線やビアが出来上がる．層間絶縁膜のリソグラフィもエッチングも Al のそれよりはましなので，微細配線が形成できる．Cu 配線のダマシンプロセスには，配線とビアを別々に形成するシングルダマシンと，配線とビアを同時に形成するデュアルダマシン (DD：Dual Damascene) がある．Cu 配線デュアルダマシンフローの一例を図 13.6 に示す．図はビアを最初に形成する方式 (ビア・ファースト) であり，ここでは 1 層配線上のビアと 2 層配線の形成の工程を示している．まず，(a) 図のように 1 層配線を形成後にビアの層と 2 層配線の層の層間絶縁膜を形成する．両層の間にはエッチングのストッパ層が挟まれている．次に (b) 図のように最初にビアに対応するパターンの加工を行う．リソグラフィでビアのレジストパターンを形成し，絶縁膜のエッチングを行う．層間絶縁膜のエッチング後にストッパ膜のエッチングを行う．次に，2 層配線パターンに対応するレジストパターンを形成し，層間絶縁膜のエッチングを行うと，配線のみの部分はエッチングストッパー膜のところでまでエッチングされて，配線に対応する絶縁膜のトレンチ (溝) が形成される．ビアに対応する領域はすでに層間絶縁膜もその下の配線層のストッパもなくなっているので，その下のビア層の層間絶縁膜がエッチングされる．この段階では (c) 図のように，ビアのホール部分と配線のトレンチが同時に形成される．次に (d) 図のように，バリアメタル

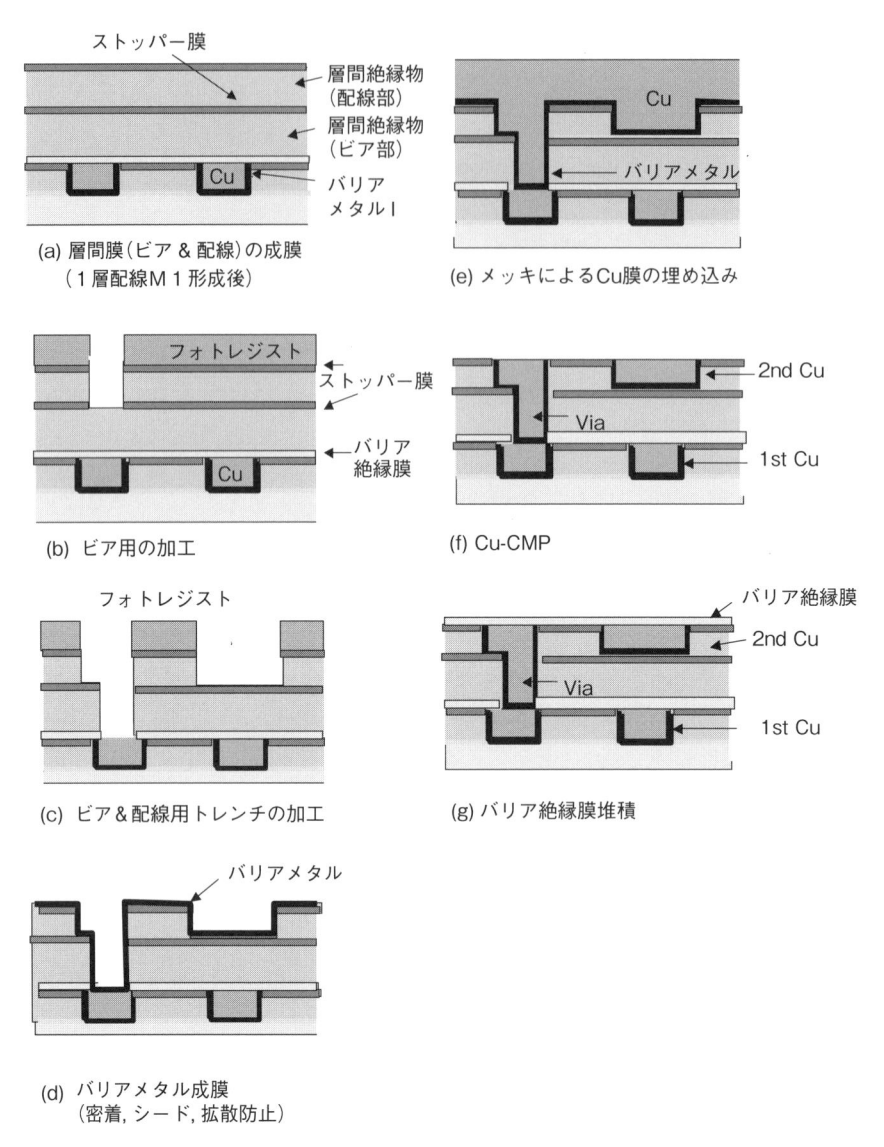

図 13.6 デュアルダマシンのフロー

(/ライナー) を形成する．この層は Cu が層間絶縁膜中に拡散するのを防止する役割と，配線と絶縁膜との密着性を向上させる役割を持つ．この層の形成にはスパッタリングや CVD などが用いられる．続いて Cu メッキのシード (種) 層が形成される．この層は通常スパッタリングで薄く形成される．その後に (e) 図のように，Cu メッキにより Cu 膜を成長させる．この Cu 層を CMP を用いて研磨して (f) 図のように絶縁膜が露出したところで止めると，絶縁膜のトレンチに埋まった Cu 配線と，その下に Cu ビアが形成される．そして，最後の (g) 図のようにその Cu 表面にバリア絶縁膜をかけることで Cu 表面の安定化を図る．

Cu は常温でも非常に動きやすい金属であり，酸化膜との間の相互拡散も生じ Cu の酸化等も生じるので，バリアメタルが不可欠になる．バリアメタルとしては Ta, TaN, TiN, Ti など

が用いられている．そのため，Cu 配線の断面構造は Cu の周囲をバリアメタルで囲まれた形になっている．微細化により配線ピッチが縮小すると，全体の配線幅も縮小することになるが，バリアメタルにはその効果を発揮する一定程度の膜厚が必要なので，配線断面における Cu の領域が極端に小さくなる．そうなるとせっかくの低い抵抗率の Cu の効用が台無しになる．そのため，バリアメタルの薄膜化の検討が行われている．また，配線の寸法が，電子の数十 nm の平均自由工程に近づくと，電子の表面や界面での散乱が無視できなくなり，その結果，配線の抵抗増加にも繋がる．

Cu 配線の信頼性に関わる課題としては，Al 配線でも発生していた EM や SM または SIV，さらに配線間の経時絶縁破壊 (TDDB: time dependent dielectric breakdown) などがある．Cu の拡散はバルク拡散や粒界拡散より表面拡散が大きく Cu とバリア膜 (バリア絶縁膜) との界面などが拡散経路になるので，Cu 配線表面のしっかりしたキャッピングが重要になる．

(※ 信頼性に関する項目の詳細については，本シリーズの「品質・信頼性技術」を参照)

13.4 金属膜形成技術

金属は，LSI 構造の中では一般に薄膜の形で用いられ，各種金属配線を始めトランジスタのゲートやショットキーダイオードなどの素子の電極にも用いられる．金属薄膜の形成技術としては，気相を利用したものとしては，化学気相蒸着 (CVD: Chemical Vapor Deposition) 法と物理的蒸着 (PVD: Physical Vapor Deposition) 法がある．さらに PVD 法には真空蒸着法，スパッタリング法，そしてイオンプレーティング法などがある．

真空蒸着法は，固体ターゲットを加熱蒸発させて一定温度に保持した基板上に堆積させる手法であり，加熱方法には抵抗加熱から電子ビーム照射，レーザー照射などがある．

イオンプレーティング法は，蒸発した粒子をイオン化した後に電界で加速して基板上に堆積させるものである．真空蒸着法で蒸発した粒子が 0.1 [eV] 程度の小さなエネルギーであるのに対して，イオンプレーティング法では電界加速により数 eV 以上の高エネルギー粒子となるため，基板への密着性や結晶性の向上が期待される．この方法の 1 つにクラスターイオンビーム法がある．

金属薄膜の作製にはこれらの気相を利用したもののほかに，メッキ法に代表される液相を利用したものと，固相拡散や固相反応など固相を利用したものがある．

LSI 製造においてもっとも利用されているのがスパッタリング法と化学気相成長 (CVD) 法である．そして Cu 成膜にはメッキ法が用いられている．

13.4.1 スパッタリング法

スパッタリング法は，基本的には，蒸着しようとする元素または混合物，化合物からなるターゲットに，加速されたイオンを衝突させ，その結果ターゲット表面から弾き出される (スパッタリング) 原子や分子を基板に堆積させる方法である．通常は不活性ガスである Ar ガスでプラズマ放電させ，Ar イオンを電界加速させて利用する場合が多い．イオン銃を用いたスパッタリングも用いられている．スパッタリングは，真空加熱蒸着では困難な，融点の高い W や M o

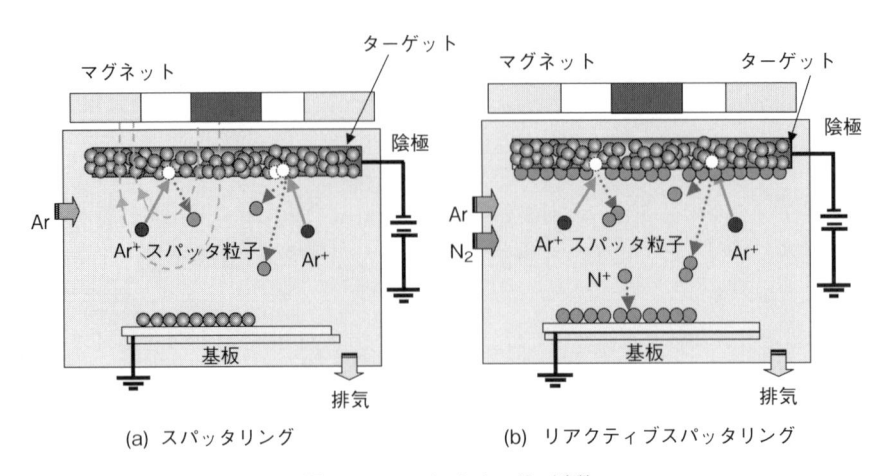

図 13.7 スパッタリングの原理

などの高融点材料，また合金ターゲットなど，ターゲットさえあればあらゆる材料の成膜が可能というメリットがある．さらに，付着強度の大きな膜が得られ，不純物の混入も少なく，大きな成膜速度が得られるほか，膜厚制御が容易で組成の制御が容易であるいう利点がある．このようなメリットからスパッタリング法は薄膜形成に広く用いられている．

スパッタリング装置の原理図を図 13.7 に示す．最も単純なものが 2 極スパッタリング装置であり，Al など堆積しようする元素からなるターゲットを陰極，ウェーハを陽極側にして，真空装置の中に Ar ガスなどを導入しプラズマを発生させる．直流方式 (DC スパッタリング) の場合は陰極と陽極の間に高電圧を印加してグロー放電を起こさせる．ターゲットが絶縁物材料の場合は直流では放電が起こらないので高周波 (RF) を印加する方式が用いられる．電極に印加される電圧は交流となるが，ターゲット側の電極に流れ込む電子の量とイオンの量の非平衡により，ターゲットは負にバイアスされ，イオンが衝突する．

これらの方式は成膜速度が遅く，温度も高くなるなどの欠点があるため，現在はマグトロンスパッタリング法が広く用いられている．この方式は図のように DC スパッタ装置のターゲットの裏面に磁石を設置し，試料表面からの二次電子をサイクロトロン運動で表面に留めている．そのため，ターゲット表面での電子による Ar ガスのイオン化を促進し，低温で高速の成膜速度を実現している．

化合物の成膜では，たとえば TiN のような化合物の薄膜を堆積する場合には，(b) 図に示すような反応性スパッタリング (リアクティブスパッタリング) 法が用いられる．ターゲットは Ti にしておいて，不活性ガスである Ar ガスとともに N_2 ガスも導入すると窒素イオンがスパッタ原子と結びついて TiN 膜が堆積する．トータルのガス圧力やそれぞれのガスの割合によって堆積される膜質も変わる．

スパッタリング法とそれによって形成された薄膜のカバレッジ (被覆性) の模式図を図 13.8 に示す．スパッタされた粒子は，ターゲット上のもともと存在していた場所から飛び出してくる．そのため基板ウェーハ上のある点から見た場合にスパッタされた粒子は様々な方向から飛び込んでくることになる．その方向の分布はウェーハ上の位置によっても異なる．ウェーハ周

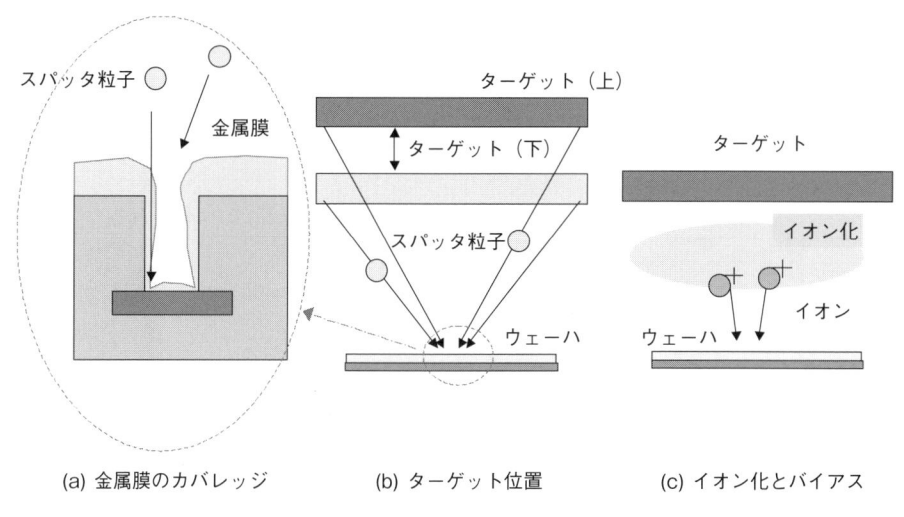

(a) 金属膜のカバレッジ　　(b) ターゲット位置　　(c) イオン化とバイアス

図 **13.8**　スパッタリングと金属膜のカバレッジ

辺の場所ではかなり偏ることになる．たとえば (a) 図のようにアスペクトの大きいホールや溝がある場合に，直上から基板に垂直な方向で飛んでくる粒子はホール底まで到達するが，斜めに入射してくる粒子は届かない．そのため，アスペクト比の大きなホールの底や側壁のカバレッジは悪くなる．スパッタリング法では，この特性を改善するため，様々な取り組みがされてきた．その 1 つは (b) 図のようにターゲットとウェーハの距離を大きくする方法である．これにより粒子の方向は狭められることになる．現在では (c) 図のように，スパッタされた粒子をイオン化して，それに電界を印加して引き込むことで粒子の方向を揃えるイオン化スパッタリング法が主流になっている．

13.4.2　CVD 法

化学気相成長 CVD (Chemical Vapor Deposition) 法は，第 12 章 12.3 節でも触れているが，気相 (ガス) での化学反応を利用しており，反応のエネルギーとして熱を利用するものが熱 CVD 法で，プラズマのエネルギーを利用するものがプラズマ CVD (PE-CVD：Plasma-enhanced CVD/ p-CVD：Plasma CVD) 法である．プラズマ CVD では熱 CVD のように高温を必要とせずに反応を起こさせることができる．CVD 法は適当な反応ガスを選択することでシリコンから絶縁膜，金属膜まで形成することができる．CVD は空間での反応によって堆積する場合と，表面に吸着して生じる表面反応があるが，表面反応を利用すると高アスペクトのホールの側壁でも良好なカバレッジの膜を形成することができる．

メタルの CVD では，減圧の熱 CVD が最もよく使用される．常圧の熱 CVD の場合は，反応ガスの不均一な供給が生じると膜厚に不均一さができるが，減圧 CVD (LPCVD：Low Pressure-CVD) では，分子の平均自由工程が大きくなり不均一な膜形成は行われない．

メタル CVD による膜は PVD に比べカバレッジが極めてよいため，コンタクトやビアなどの高アスペクトのホールのバリアメタル形成や埋め込みに使われている．CVD では W, WSi_2, Ti, TiN, W N などの薄膜形成に用いられている．Al や Cu 膜などの CVD 用材料ガスもある．

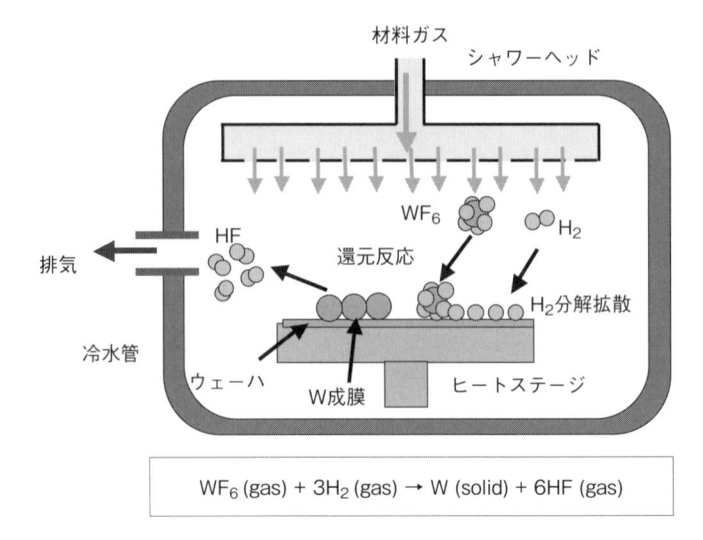

図 13.9 W–CVD の原理

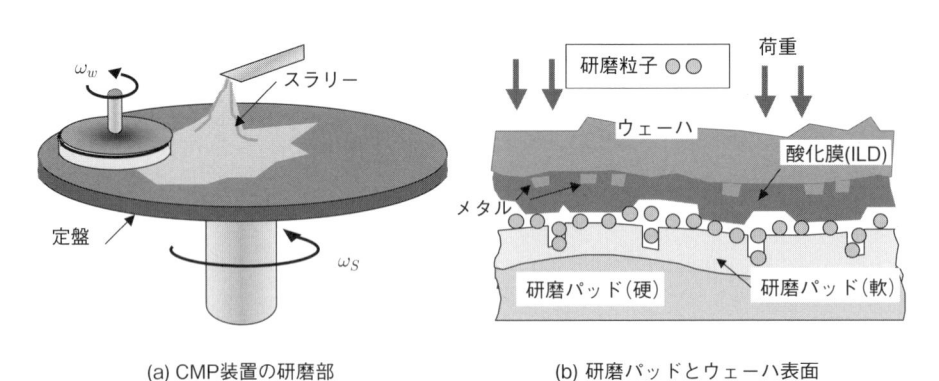

$$WF_6\,(gas) + 3H_2\,(gas) \rightarrow W\,(solid) + 6HF\,(gas)$$

図 13.10 CMP の原理と装置

(a) CMP 装置の研磨部　　(b) 研磨パッドとウェーハ表面

タングステン (W)–CVD の原理図を図 13.9 に示す．W–CVD は基本的には WF_6 ガスを水素で還元することで W 膜を成長させている．シャワーヘッドからガスを均一に流して，表面を 400〜500 [℃] にして反応させている．

13.5　CMP 技術

化学的機械的研磨 (CMP：Chemical Mechanical Polishing) は化学的なエッチング作用と機械的 (メカニカル) な研磨とを相互作用させた複合研磨技術で，ウェーハの表面における微小領域からチップ上の比較的広い範囲までの段差を低減できる超精密平坦化技術であり，研磨後の平坦度はナノメータレベルに達する．素子分離の STI から多層配線形成におけるダマシン工程まで，高平坦性の確保に加え，微細パターン形成の主役としても活躍している．

CMP の原理図を図 13.10 に示す．研磨パッドの上にスラリーとよばれる化学的研磨剤を流しながら，ウェーハ表面を研磨して平坦化する．(a) 図は CMP 装置で，一般的なものとして

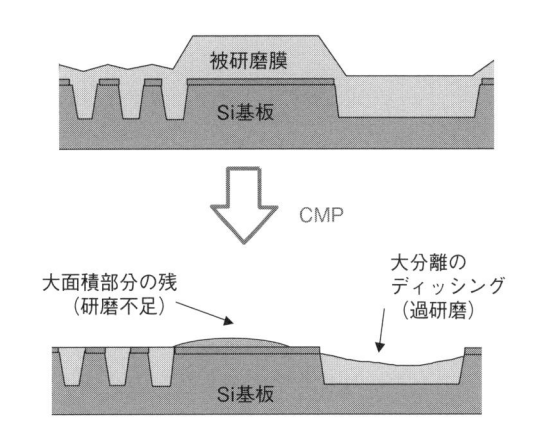

図 13.11 CMP による残とディッシング

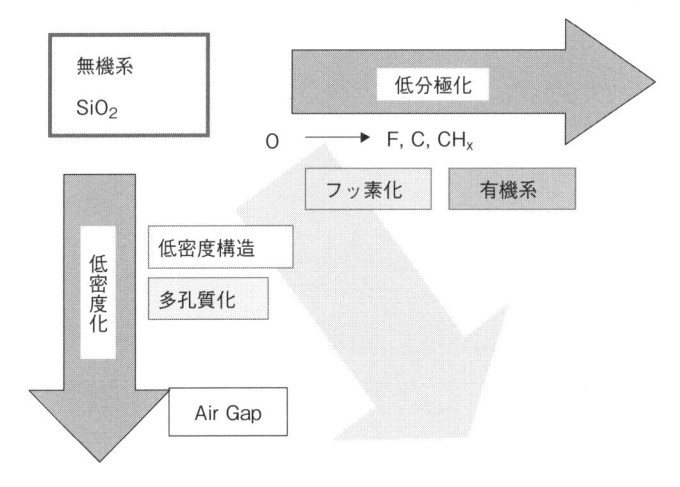

図 13.12 Low-k 層間絶縁膜

は，荷重をかけ，ウェーハの自転と研磨パッドを持つ定盤の公転とを同時に行い，平坦性を出している．適当なスラリーを選択することで，絶縁膜の研磨から金属の研磨までが可能である．

CMP ではパターンによって平坦化精度にばらつきがでる．図 13.11 にその一例を示す．微細パターンでは精度のよい研磨を実現するが，除去されるべき膜が広いパターンの場合には一部に研磨残が生じたり，研磨で残すべき領域が広い場合にはディッシングすなわち過剰研磨が生じたりする．これらに対しては，補助的なパターン（ダミーパターン）の活用や，スラリーの改善などによる対策がとられている．

13.6 層間絶縁膜と形成技術

微細化する Cu 配線の寄生容量増大を防止するために，層間絶縁膜の低誘電率化が求められてきている．Low-k 膜の実現，すなわち層間絶縁膜の低誘電率化は，図 13.12 の模式図に示すように，基本的には 2 つの原理に基づく手段で進められてきている．1 つは低分極の材料の選

択であり，もう1つは，膜の低密度化である．

低分極化の方法としては，それまで広く用いられてきたシリコン酸化膜系からの改良と，α-CF膜などのように低分極の元素構成による全く異なる低誘電率材料の開発が行われてきている．前者は，電子分極の大きな酸素 (O) の割合を減らして，低分極の原子に置き換えていくことで誘電率の低い膜を得る方法であり，O に替わり，フッ素 (F) や，炭素 (C)，そして炭化水素 (CHx) などによる置き換えが行われてきた．最初は F を入れた SiOF 膜 (FSG：Fluorinated Silicate Glass) が用いられた．シリコン酸化膜 (比誘電率 $k = 3.9 \sim 4.6$) に比べ，低い誘電率 ($k = 3.4 \sim 3.8$) が実現できている．90 nm 世代以降では，OSG (Organo Silicate Glass) 膜の SiOC が用いられている．さらに，低い誘電率のものとしての候補に SiOCH などがある．

低密度化としては，膜に隙間を作ることであるが，典型的なものには多孔質 (ポーラス) 化が挙げられる．空孔部分の k は 1.0 であり，この領域を増すことで低誘電率が得られる．この究極が層間物質のないエアーギャップになる．

多孔質化は，一般には膜を形成したのちに，膜中に含まれる気泡のような脱離成分を抜け出させることで多孔質な膜が形成される．

また，HSQ (水素化シルセスキオキサン) や MSQ (メチルシルセスキオキサン) などは，Si-O 構造にメチル基などの置換基を入れることで立体構造的に低密度化を生じさせる方法で低い誘電率 ($k = 2.8 \sim 3.2$) が得られている．

低分極化と多孔質化は一方のみで行われるわけではなく，両者を組み合わせることで，さらなる低誘電率化が進められいる．

低分極化の膜としては，熱安定性が低くなる傾向を持つ．一方，多孔質化では，空隙率が上がるほど機械的強度は低下する．不均一な強度低下は CMP 工程で膜剥離などを生じる可能性があり，空孔のサイズ分布の制御などが重要となる．

層間絶縁膜の形成方法には，CVD 法と塗布法がある．CVD 法には熱 CVD 法とプラズマ CVD (PE-CVD/P-CVD) 法がある．塗布は一般にスピン塗布 (SOD：Spin-on-Dielectrics, SOG：Spin-on-Glass) 法が用いられる．

CVD 法は，原料ガスを流して，化学反応により膜を堆積させる方法であるが，反応のためのエネルギーを熱で与えるのが熱 CVD であり，プラズマで与えるのがプラズマ CVD である．熱 CVD 法も 450 [℃] 以下の低温でシリコン酸化膜等の形成可能であるため，層間絶縁膜形成に用いられてきているが，膜質や埋め込み特性の良さからプラズマ CVD がよく用いられる．

プラズマ中の電子温度が高いため，プラズマ CVD は熱 CVD に比べ低温での化学反応が進行する．そのため，低温 (金属配線形成後に高温は使えない) での熱 CVD より，良好な膜質が得られる．また，膜のカバレッジも改善されよくなっている．高密度プラズマ CVD は狭いギャップの埋め込み特性にも優れており，STI の埋め込みや配線工程前の埋め込み絶縁膜にも用いられている．

プラズマ CVD の原料ガスとしては，シリコン酸化膜の場合の代表的なものとしては TEOS (テトラエトキシシラン；$Si(OC_2H_5)_4$) と酸素 (O_2) の組合せがある．SiOF 膜の場合には，これに NF_3 ガスまたは C_2F_6 ガスが添加される．SiF_4 と O_2 との組合せも用いられる．シリコン窒化膜形成には，SiH_4 と NH_3 のガスの組合せが用いられる．

多層配線工程においては，プラズマCVD法は，拡散バリア絶縁膜などの膜とLow-k膜との連続処理が可能となることや，密着性改善のための界面清浄化処理が可能であることのほか，成膜後の高温での焼き締め処理（キュア）が不要であるなどのメリットがある．

塗布法は，高分子材料を有機溶剤に溶かしたものを回転塗布し，焼結することで薄膜が形成される．多種多様な材料の薄膜形成が可能であり，膜組成や空孔などの制御がし易いというメリットがある．また，平坦性とギャップの埋め込み特性は，他の技術に比べて極めて優れている．一方，密着性や熱膨張係数差の大きさから熱ストレス耐性では劣る傾向がある．

演習問題

設問1 先端LSIに関してのLSIの性能と配線との関係を，配線技術の方向性を含めて説明せよ．

設問2 Alを用いた配線パターンの微細化は，なぜ困難さが伴うのか，その理由を述べよ．

設問3 従来の薄膜パターン形成プロセスを考慮して，ダマシンプロセスのメリットを述べよ．

設問4 金属膜形成におけるカバレッジについて，スパッタリング法とCVD法を比較してその違いを述べよ．

設問5 層間絶縁膜のLow-k化を進める2つの基本的な方策を述べよ．

第14章
パッケージング技術

　新しい機能や応用を加える付加価値の源泉として，あるいはその機能の心臓部として，LSI チップを搭載した電子機器は幅広い分野への広がりを見せている．そのため LSI チップと電子機器システムとのインタフェースとなるパッケージングに対する要求も，多様性を増してきている．また，LSI チップのスケーリングによる微細化もかなり限界に近づき，ムーアの法則に従ってさらに微細化を推し進める"モア・ムーア (More Moore)"と，別の方向での付加価値を求める"モア・ザン・ムーア"(More than Moore) の 2 つの流れの中で，後者に対して大きな役割を期待されているのがパッケージング技術である．これまで様々な技術が実用化され，そして現在もますます活発な研究・開発がされている．本章では，パッケージング技術の基本について技術動向も含めて解説する．

□ **本章のねらい**
- パッケージングの役割を理解する．
- パッケージングの技術動向を理解する．
- パッケージング技術の基本を理解する．

□ **キーワード**

　高密度実装，QFP, SiP, CSP, BGA, 3 次元実装，積層チップ，WLP, モールド，ワイヤボンディング，バックグラインディング，ダイシング，樹脂封止，リードフレーム，TSV, KGD

14.1　実装とパッケージング技術について

　半導体チップ・LSI は電子情報機器や様々なシステムの中で用いられるときに，これらと物理的にも電気的にも繋がる必要がある．これらの繋がりを形成するのが組み立て技術・実装 (JISSO) 技術になる．これらには，半導体の再配線技術からパッケージング技術，さらにそれらをプリント配線基板等に搭載する技術，そして電子機器筐体への組み立てがある．この中でパッケージング技術は，半導体チップを直接パッケージに収納する技術である．

　パッケージの役割は，まず，LSI チップと外部との電気的接続を確保することである．LSI 内部の回路は微細なため外部と直接接続することは困難であり，パッケージを介すことで LSI

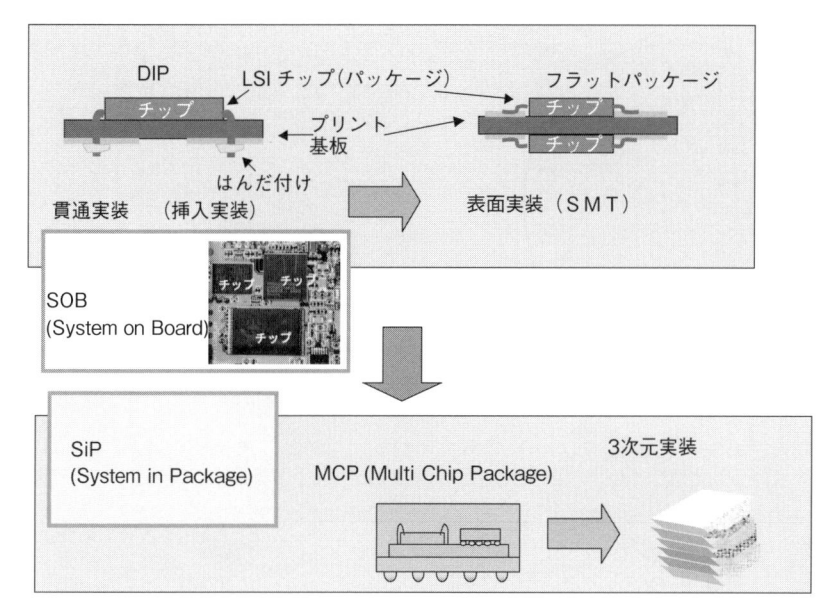

図 14.1 プリント基板実装とパッケージでのシステム化

チップと外部への接続端子が結ばれる．これにより，外部からの電源の供給ならびに接地，信号の授受が可能となる．次に外部環境からの LSI チップの保護の役割がある．裸の状態の LSI チップは，外部環境の湿度や汚染や機械的引っかき，エネルギー粒子などの影響を受けるため，これらからの保護が必要となる．放熱設計などを含め内部環境を LSI の動作に最適な状態に維持する役割も重要である．さらに，安全性を確保したうえでの機器への取り付け容易さを提供する役割も持つ．ハンドリングが難しい裸のチップ状態を改善するだけでなく，たとえばモバイル機器の狭い空間への多機能・大容量チップの組み込み等，LSI の応用分野の多様化に伴って，パッケージへの要求も機器の用途に依存して，多様化・高度化している．

　チップ実装の形態や搭載機器からのその時々の要求と LSI チップ技術の進展に合わせて，パッケージング技術も進化してきている．図 14.1 に示すように，当初はプリント基板への半導体チップの取り付けは，プリント基板の孔に外部ピンを差し込んで裏面ではんだ付けをする貫通実装 (挿入実装) がとられていた．そのためパッケージも DIP (Dual Inline Package) を代表とする貫通実装型パッケージが用いられていた．その後，プリント基板への実装密度の向上のため，表面実装技術 (SMT：Surface Mount Technology) が取り入れられると，LSI のパッケージも表面実装型となる．抵抗など他の素子も同じく表面実装タイプとなる．SMT によってプリント基板の両面使用が可能となり，デバイスの小型化も加わって実装密度はさらに高くなってくる．LSI パッケージそのものもますます高密度実装を実現しながら進化してきている．

ここまでが，基板 (ボード) の上に LSI を始め，様々な電子部品を搭載して 1 つのシステムを構築するシステム・オン・ボード (SOB：System on Board) の概念となる．次に，パッケージの中で 1 つのシステムを丸ごと入れるという SiP (System in Package) の概念が入ってくる．SoC は 1 つの LSI チップに必要な機能全て，すなわちシステムを作り込むという概念で

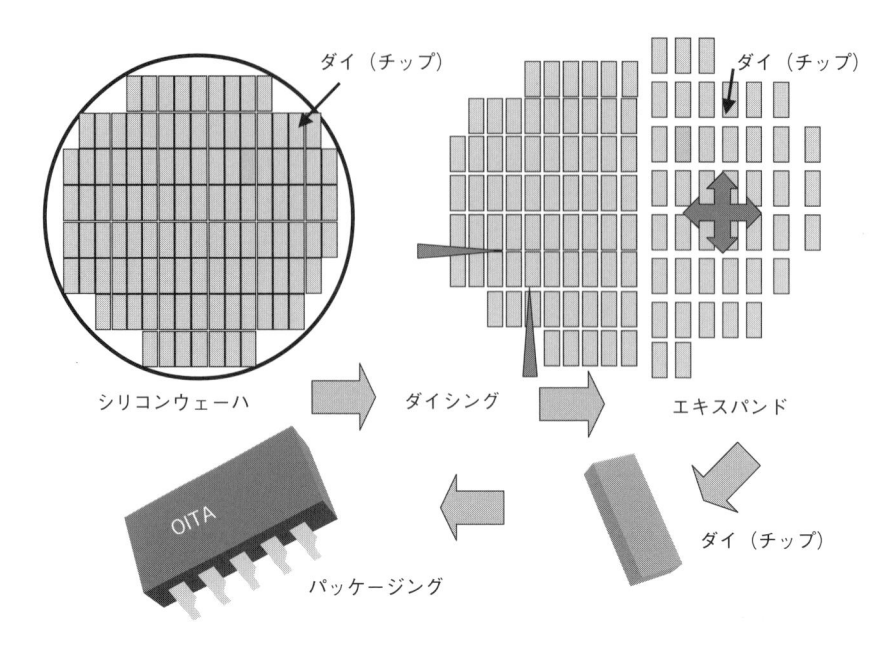

図 14.2 ウェーハからパッケージングまで

あるが，SiP はそのパッケージ版といえる．SiP は，1 つのパッケージに複数チップを搭載する MCP (Multi Chip Package) 技術からの流れであり，さらに 3 次元実装の概念へと繋がっていく．

14.2 ウェーハからパッケージングまで

　一般的な樹脂封止パッケージに LSI チップを入れる場合について説明する．まず，大まかには図 14.2 に示すように，シリコンウェーハからひとつひとつのチップを分離して，パッケージングすることになる．シリコンウェーハ状態でそれぞれのチップは機能テストされ，正常動作をする良品チップと機能動作しない不良品のチップが識別される．ウェーハプロセス中のウェーハは，熱処理やハンドリング時の割れや反りなどを防止するために一定程度の厚さが必要とされる (第 10 章参照) が，パッケージングに要求されるシリコンチップの厚さは薄くなる．それゆえ，もともと薄い小口径ウェーハを除き一般的には，ウェーハは裏面を研磨して薄くするバックグライディング工程を経て，所望の厚みにされる．

　その後ダイシングにより個々のチップに切り離される．ダイシングは一般的にはダイヤモンドブレードを使うブレードダイシングが用いられる．Low-k 膜など機械的強度が脆弱な構造を持つものに対しては，パターン剥がれなどが生ずる可能性があるため，レーザーによる加工が行われる．ウェーハはもともと伸ばすことのできる膜状のエキスパンダーに載っているので，切断された後にエキスパンダーを伸ばせば個々のチップはばらばらになる．こうしてばらばらになった LSI チップ (ダイ) は，ウェーハテストで良品と判断されたもののみが選別されて，パッケージングされる．

　多くの場合は，パッケージは樹脂材料を用いて金型で成型するモールド樹脂タイプが用いら

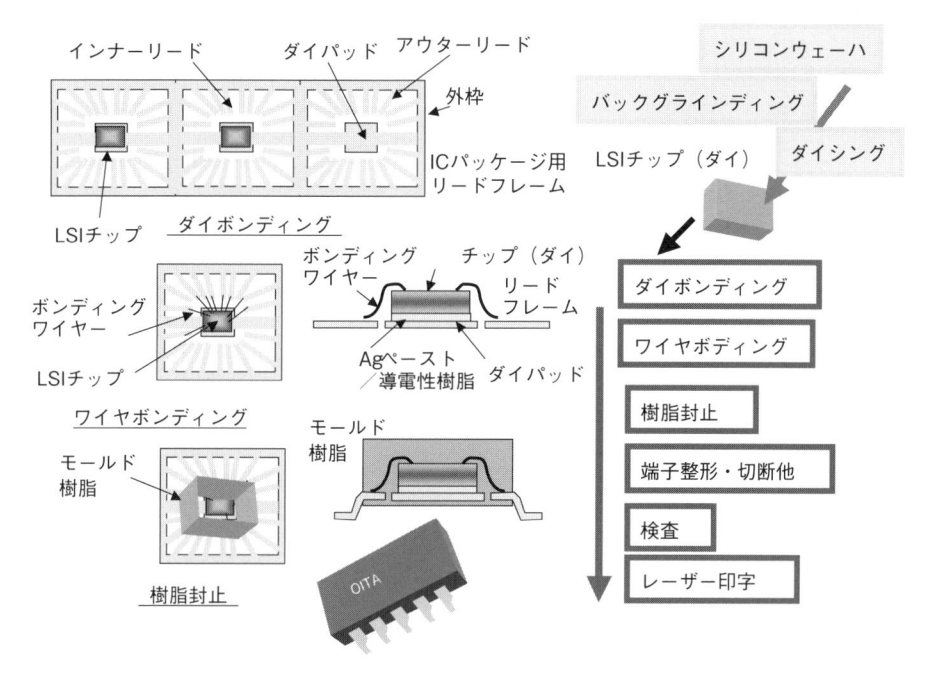

図 14.3 リードフレームとパッケージングの流れ

れている．このタイプは低コストではあるが，非気密封止となる．通常使用環境下で信頼性上の問題は生じないが，さらに高信頼性を必要とする用途では気密封止が用いられる．こちらはセラミックや金属材料をベースにしたものになる．内部は中空になっており，蓋をはんだや溶接で密封したり，低融点ガラス等で張り合わせた完全気密型になっている．

樹脂封止タイプのパッケージングの概略的流れを図 14.3 に示す．まず，バックグライディングの後にダイシングされたチップ（ダイ）は，ダイボンディング工程に入る．IC パッケージ用のリードフレームのダイパッドの上にチップが接着される．この接着材料としては銀ペーストや導電性樹脂が用いられる．リードフレームはパターンの形成された Cu 合金や Fe-Ni 合金の金属板からなり，パッケージ内での電気的接続の主要回路を構成する基になるとともに，チップ動作時の発熱に対する放熱の役割を果たすものである．また，パッケージング工程のチップの保持や保護の役割も持つ．

ダイパッドにチップ（ダイ）を取り付けたのちは，ワイヤボンディング工程となる．ワイヤボンディングは，LSI チップ上に窓を開けて金属配線（多くの場合は Al で Cu もある）が露出しているボンディングパッドとリードフレームのインナーリード（パッケージの内側になる部分）間を，金属ワイヤ（Au が広く用いられている．Al や Cu もある）で結ぶ工程である．アウターリードは外部電極端子を形成する部分になる．

ワイヤボンディング完了後は，樹脂封止になる．160〜180 [℃] に加熱されたモールド金型でリードフレームとチップを挟んで金型で形成された隙間に樹脂を充填させ，圧力をかけながら樹脂を硬化させる．モールド樹脂の主材料は一般的にエポキシ樹脂が使われている．この樹脂の中には，高い割合で充填材としてのフィラーが添加されている．このフィラーは SiO_2 のか

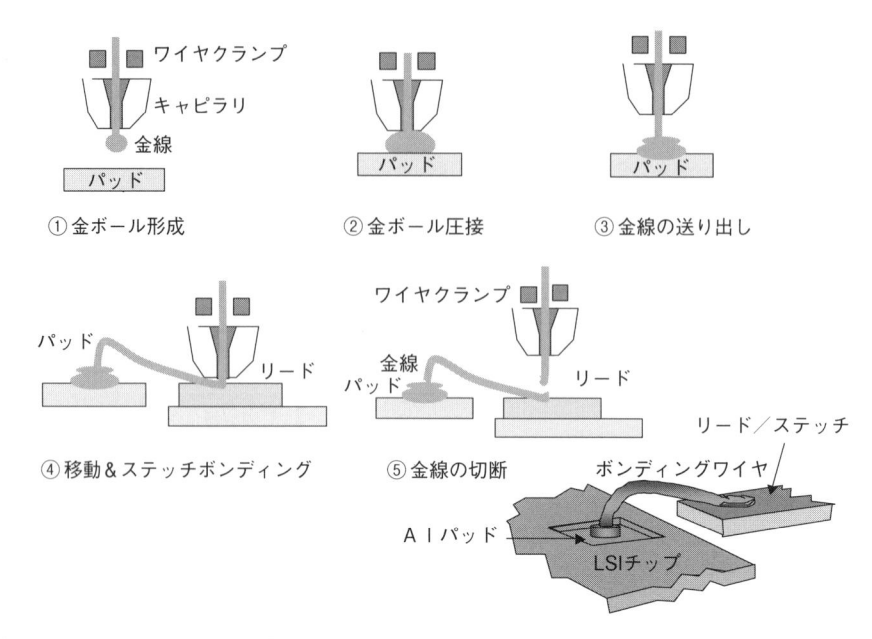

図14.4 ボンディングプロセスフロー

けらや，高熱伝導率のアルミナ，窒化アルミなどが用いられ，樹脂とシリコンとで大きく異なる熱膨張率の調整や，耐熱性ならびに耐湿性の向上に効果がある．また，難燃性を確保するために，難燃剤としてハロゲン系の臭素化エポキシ樹脂が，難燃助剤としてアンチモン化合物が主に使用されてきているが，環境への影響からハロゲンフリーの材料開発が行われている．

樹脂封止後にばり（金型の隙間からもれた樹脂の薄片）取りを行い，リードにはんだめっき（防錆）を行う．こちらも環境対応で鉛フリー化に動いている．その後，外枠を切断して，リードをパッケージの種類に応じた形に曲げるリードフォーミング（端子整形）を行うと，外形的には完成形になる．さらに，これらのチップの機能・動作のテスト・検査を行い，合格したものはパッケージの表面に印字され，梱包・出荷される．

ワイヤボンディングには主にAuワイヤに用いられているボールボンディング方式と主に大電力用やセラミックパッケージで用いられるAlワイヤに適用されるウェッジボンディング方式がある．ボールボンディング方式は高速性や制御のし易さでは優れており，主流のボンディング方式となっている．

ボールボンディング方式は基本的には熱圧着である．融点以下の温度でも，圧力をかけることにより金属の表面には塑性変形が起こる．こうして新たに露出した金属の清浄面どうしが接触することで固相拡散が生じて，互いの面は接着する．このときに超音波を併用することで，より低温での接着が実現できる．Cuワイヤを使用する場合には，酸化を防ぐために窒素ガス雰囲気中で行われる．

ワイヤボンディングの主流となっているボールボンディング方式によるAuワイヤのワイヤボンディングの流れを図14.4に示す．ワイヤの先端に金ボール（イニシャルボール）がついた①図の状態から，②図ではキャピラリでボールをボンディングパッドに圧接している．ここ

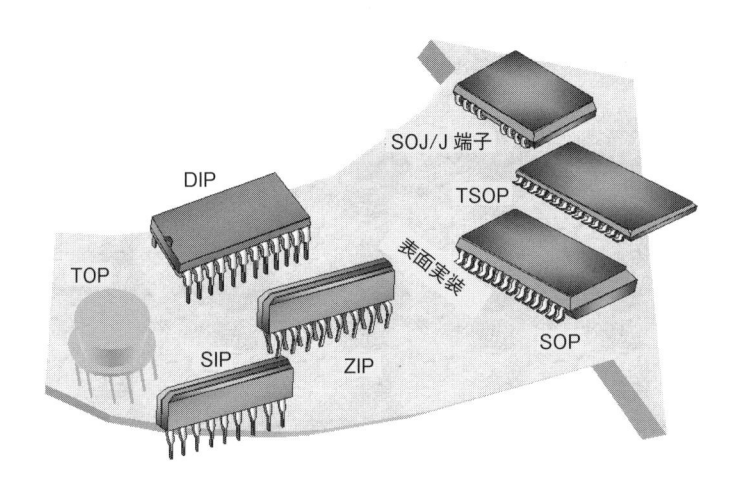

図 14.5 表面実装パッケージタイプへ

TOP:Transistor Outline Package　DIP:Dual Inline Package　SOP:Small Outline Package
SIP:Single Inline Package　TSOP:Thin Small Outline Package
ZIP:Zigzag Inline Package　SOJ:Small Outline J-leaded Package

で適当な加重と超音波が加えられて接着が完了する．次に金線を送り出し（③図），横方向に移動した後に，④図のように金線をリード上に降ろして，パッドの場合と同じように加重と超音波を印加して接着する．さらに，次のボンディングに必要な長さの金線を送りだして，金線を切断する．金線の先端をトーチ電極で加熱・溶解してイニシャルボールを形成すると，①図と同じ状態になる．

14.3 パッケージの種類と進化

パッケージは高密度化実装に向けてその形を変えてきている．前述のように，まずはボード上へ高密度実装に向けて表面実装タイプパッケージへの変遷である．図14.5に示すように最初はIC用にもトランジスタ用のものと同じタイプのTOP (Transistor Outline Package) が使用されたが，その後は貫通実装タイプとして代表的なDIP (Dual Inline Package) やSIP (Single Inline Package)，そしてSIPのピン数の少なさを補ったZIP (Zigzag Inline Package) が使われるようになる．

表面実装技術SMTが導入されてくるとパッケージも外部リード線をガルウイング状に曲げて短くした形態のSOP (Small Outline Package) が出てくる．このパッケージを薄くしたものがTSOP (Thin Small Outline Package) である．さらに実装面積を小さくするためにリードをJ型に曲げて下で基板と接するJ端子を持ったSOJ (Small Outline J-leaded Package) も現れる．

LSIの高機能化の進展に伴い，LSIの外部端子数も増加してくる．パッケージもそれまでの2辺を使ったものでは対応できなくなり，図14.6に示すように，パッケージの4辺全てを使ったフラットパッケージQFP (Quad Flat Package) が出てくる．また，端子部分の面積を小さくする

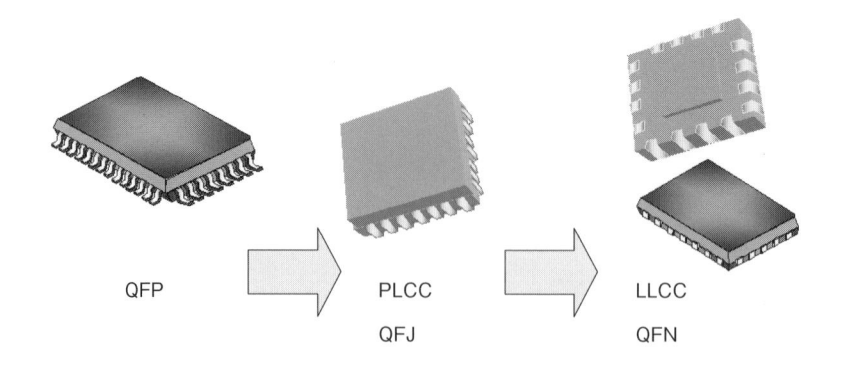

図 14.6　端子数の増加するフラットパッケージ

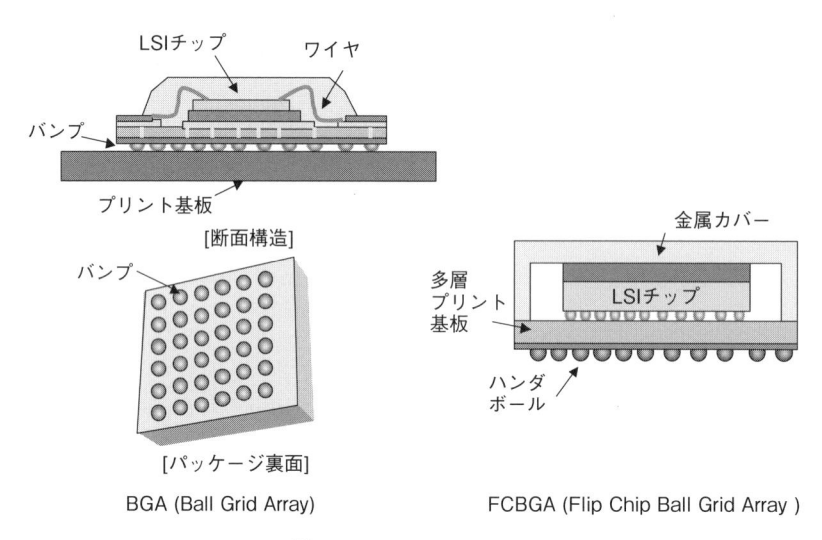

図 14.7　BGA パッケージ

ために J 端子を用いた PLCC (Plastic Leaded Chip Carrier) ／ QFJ (Quad Flat J-leaded Package) が，さらには，外部端子の飛び出し部分をなくした LLCC (Leadless　Chip Carrier) ／ QFN (Quad Flat Non-leaded Package) へと発展していく．

　ここまではパッケージの周辺，2 辺または 4 辺にのみ端子を持ったペリフェラル型パッケージといわれるものであり，少ピン（リード）のメモリデバイスや比較的多ピンのロジックデバイスには向いている．しかし，格段にピン数が増加してくると周辺長をかなり大きく，つまりパッケージを大きくしなければならなくなる．これを解決したのが，エリアアレイ型パッケージで，周辺ではなく面配列のマトリックス型端子配置をしたパッケージである．

　エリアアレイ型パッケージの代表的なものに BGA (Ball Grid Array) がある．BGA を模式的に図 14.7 に示す．ボールが面配列端子を保有しており，多ピンへの対応が可能となっている．フリップチップ接合による BGA パッケージ FCBGA (Flip Chip BGA) も用いられている．

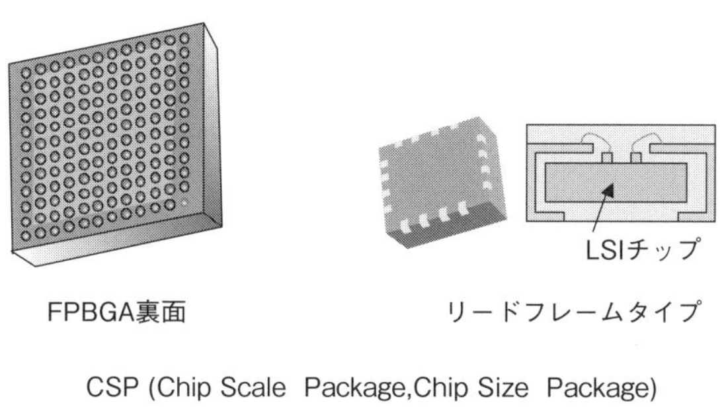

CSP (Chip Scale Package, Chip Size Package)

図 14.8 チップスケールパッケージ-CSP

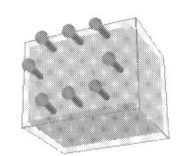

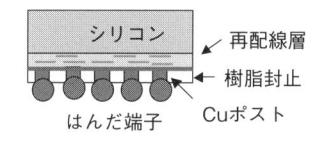

図 14.9 ウェーハレベルパッケージ-WLP

　フリップチップはボンディングワイヤを使わずにチップ表面に形成した面配列の突起状の端子，バンプを通してパッケージ基板と接続される．そのため，チップ表面は下向き（フェースダウン）で実装される．ワイヤボンディングに比べ基板との接続距離が短いので電気特性に優れる．また，バンプの周り，チップと基板の空間はアンダーフィル材（接着剤）で充填して保護するのみで，全体の樹脂封止は不要となる．

　モバイル機器などへの超小型実装の要求の中で，チップの大きさに近いところまでパッケージを小さくすることが可能であるとの概念で生まれたのが CSP (Chip Scale Package, Chip Size Package) である．図 14.8 にいくつかの CSP の例を示す．BGA を小さくしていったものには，FBGA (Fine Pitch BGA) があり，端子ピッチが 1 [mm] を切っている．リードフレームタイプでチップの大きさに近づけたものなど，小型化への様々な工夫がなされてきている．

　CSP を究極まで求めたものがウェーハレベルパッケージ WLP (Wafer Level Package) である．WLP を図 14.9 に示す．WLP の手法はウェーハ状態のままでパッケージ処理を行い，最後に個々のチップとして切り出すというものである．ウェーハ状態でチップの金属配線を用いて再配線を行い，絶縁膜でカバーする．この絶縁膜を貫通しているポスト（電極）の上にはんだボールを形成し，最後に切断してチップをとり出せば完了する．

　CSP も WLP も，パッケージにチップを収納した上でプリント基板に搭載するという概念そのものは，それまでのパッケージと変わらない．しかし直接 LSI チップをプリント基板に実装しようというのが，COB (Chip on Board) である．裸のチップをプリント基板上に接着した後，基板との間でワイヤボンディングを行い，保護のために表面に液状の封止材（シリコン樹脂）かける方法を用いている．信頼性は高くはないが低コストの簡便な技術となる．これを，プリント基板の代わりフレキシブル基板の上で行うものが COF (Chip on Film/Flex) である．

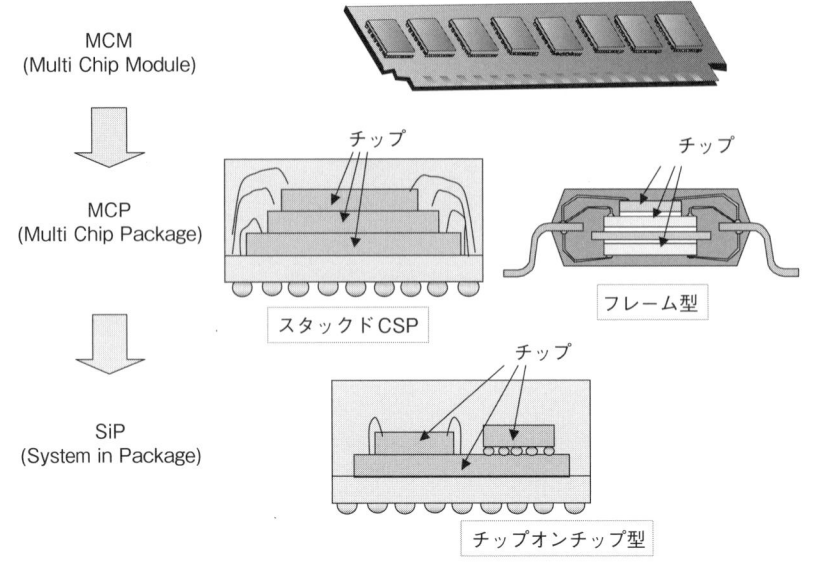

図 14.10　MCP と SiP

14.4　マルチチップパッケージと SiP そして 3 次元実装へ

　電子機器の目覚しい進展，特にモバイル機器の超小型化や薄型化の中で，電子デバイスの高密度実装が求められ，CSP や WLP などのパッケージング技術の出現が 2 次元的な実装密度を極限まで向上させてきた．しかし，さらに高密度化する方法として，1 つのパッケージに 1 つの LSI チップではなく，複数個のチップを搭載するマルチチップパッケージ MCP (Multi Chip Package) の概念が出てくる．これはちょうどプリント基板の上に複数のチップを搭載した MCM (Multi Chip Module) と同じ考え方で，このパッケージ版になる．

　MCP は，図 14.10 に示すように，チップを重ねるスタックド・パッケージやチップの上にチップを接着したチップ・オン・チップ型ようなものが開発されてきた．チップの接続はワイヤーボンディングで相互の接続を行うものや，フリップチップで接続されるものがある．

　MCP は，1 つのパッケージに全く種類の異なる LSI や IC を搭載することが可能である．それをさらに進めて，システムを 1 つのパッケージにそのまま収納してしまうという概念が SiP (System in Package) である．1 つのシリコンチップ上で一つのシステムを実現する SoC (System on a Chip) と類似の概念である．大量に市場に出る電子機器対応の場合は SoC はコストや性能など様々な面で有利となるが，マスクの作製やウエーハプロセスに膨大なコストのかかる SoC は少量の生産には向いていない．また，SoC に搭載される一部の機能領域に不具合があっても，その SoC チップそのものが不良品となる．これに対して，SiP の場合は個別にその機能を持つ良品の LSI チップが調達できるという利点がある．

　SiP では，複数個のベアチップを 1 つのパッケージに搭載するため，一般のベアチップ実装におけるパッケージングなしのベアチップ (ベアダイ) 出荷と同じように，出荷前に初期故障のスクリーニングにより品質保証された良品チップ，すなわち KGD (Known Good Die) が必要

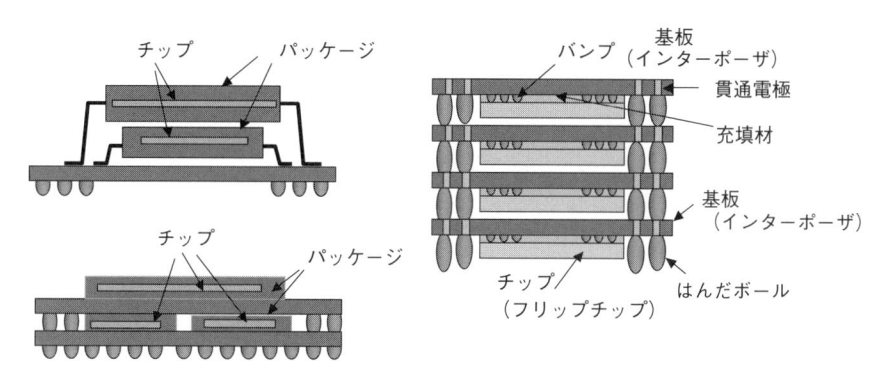

図 14.11 PoP（パッケージ・オン・パッケージ）

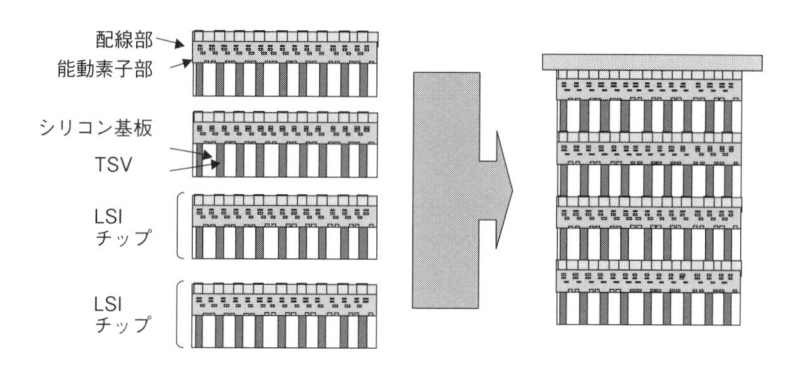

図 14.12 3 次元実装-TSV

とされる．KGD の割合が低いほど SiP の歩留りと信頼性は低下することになる．

KGD は一般に，ウェーハレベルでの高温での信頼性試験 WLB (Wafer Level Burn-in) で初期故障スクリーニングが行われたものになるが，ウェーハレベルの試験では様々な制約から全ての項目を網羅するのは難しい．

これに対して最初からパッケージ品を用いれば，個々の状態で信頼性試験がなされているので，このような問題は生じないことになる．複数のチップをそれぞれパッケージ状態で一体化したものに，図 14.11 に示すような PoP (Package on Package) やパッケージの中にパッケージが含まれた形の PiP (Package in Package) がある．チップの種類やベンダーの組合せにおける自由度も高い．ただ，お互いを結ぶ配線の長さや個別にパッケージングされていることにより，電気特性や実装密度は SiP よりは劣る．

SiP での搭載メモリの大容量化や高速化などのさらなる高性能化を目指して，注目されているのが，3 次元実装技術である．将来を有望視されているその代表的なものに，図 14.12 に示すシリコン貫通ビア (TSV；Through silicon Via) 技術がある．プリント基板のインターポーザを用いずに，積層にしたチップをシリコン基板の貫通ビアを用いてチップどうし直接接続している．この技術はデバイス間の接続を距離の伸びる横方向を使わずに，垂直に行うことで遅延を抑えることができる．

TSV の形成方法には，ウェーハ上にデバイスを形成する前に貫通ビアを形成する方法 (ビア

図 14.13 TSV の形成方法

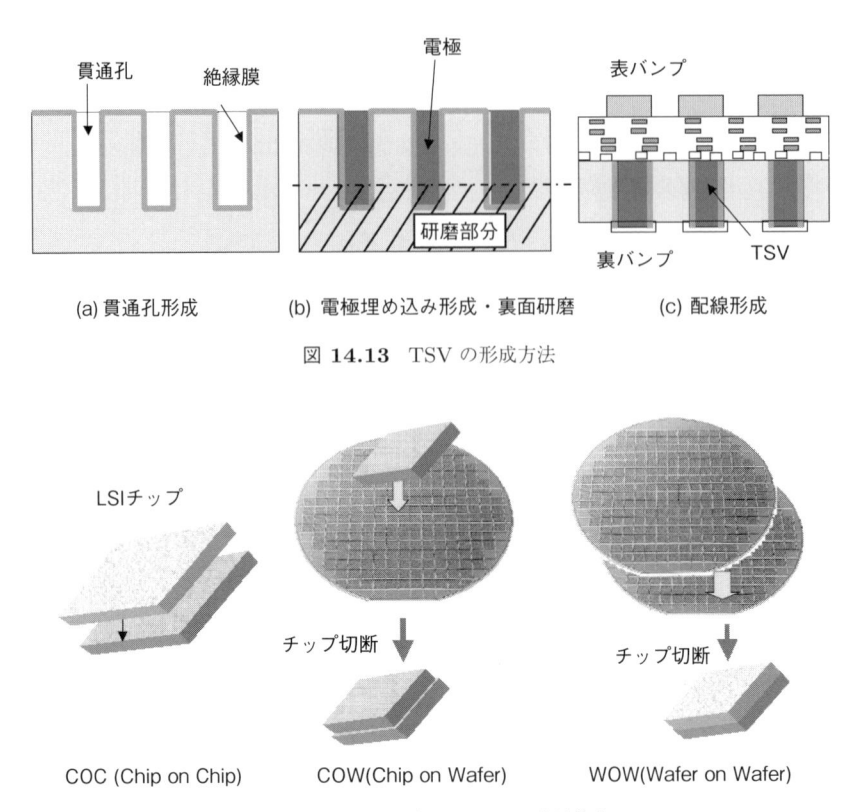

(a) 貫通孔形成　(b) 電極埋め込み形成・裏面研磨　(c) 配線形成

図 14.14 TSV を用いた LSI 積層技術

COC (Chip on Chip)　COW(Chip on Wafer)　WOW(Wafer on Wafer)

ファースト;Via First) とデバイス形成に貫通ビアを形成する方法 (ビアラスト;Via Last) がある．貫通ビアの電極材料としては，その後にトランジスタ形成などで高温処理が入るビアファーストでは多結晶シリコン (ポリシリコン) が，ビアラストでは Cu, W, Al などが候補となる．

TSV の形成方法をビアファースト法の場合を例にとって，図 14.13 に示す．まず，異方性エッチング等を用いてビアを開口して貫通孔を形成する．その貫通孔の内壁に絶縁膜 (酸化膜) を酸化または CVD 法で形成する．次に電極 (ポリシリコン) を埋め込み，表面を研磨して電極を形成する．シリコンウェーハ上にトランジスタや配線を形成し，配線層の上に表バンプを形成する．裏面研磨でシリコンを薄化し，裏バンプを形成する．こうして形成したチップを積層にして表・裏のバンプどうしを接着すれば 3 次元実装ができあがる．

TSV を用いた実装には図 14.14 に示すようないくつかの方式が検討されている．切り出したチップどうしを張り合わせる COC (Chip on Chip) や，効率を考慮してウェーハ上に個別チップを合わせる COW (Chip on Wafer)，さらにチップサイズは同じものどうしに限られるがウェーハどうしを重ね合わせた後にチップを切り出す WOW (Wafer on Wafer) がある．いずれにしろウェーハは 30〜100 [μm] 程度に薄くする必要がある．

―― 演習問題 ――――――――――――――――――――――――――――――

設問 1　LSI のパッケージの役割を挙げなさい．

設問 2　モールド樹脂の中にフィラーは何のために入れるのか，その理由を述べなさい．

設問 3　MCP と SiP ならびに PoP との関係を述べなさい．

設問 4　KGD とはなにか，そしてそれが必要な理由を述べなさい．

第15章
計測・検査・評価技術とクリーン化技術

　LSIの製造においては，形を作り上げていくために直接必要な技術のほかに，その製造を補助する計測・検査や様々な評価技術が大きな比重を占める．これは，他の製品の製造とは異なる大きな特徴の1つである．それは製造されるものが，ナノメータ領域の構造物であり，作るものの形や色が日常生活感覚で捉えられるものからは大きくかけ離れていることに起因している．そして，そのようなものを作る環境では，全てにおいて極微小な粒子や極微量の汚染をも排除した超清浄(スーパークリーン)度が要求される．本章では，LSI製造における補完技術として重要な役割を持つ計測・検査・評価技術とクリーン化技術について解説する．

― □ 本章のねらい ―
- LSI製造における歩留り向上について，その概念を理解する．
- LSIの製造と周辺技術との関連を総合的に捉えて理解する．
- インライン (製造ラインの中での) 計測・検査とその技術の基本について理解する．
- クリーン化技術の基本について理解する．

― □ キーワード ―
　歩留り，ランダム不良，システマテック不良，クリティカルエリア，SPC，工程能力指標，寸法測定，CD-SEM，レビューSEM，欠陥検査，クリーンルーム，クリーン度，ミニエンバイロメント，無塵衣，超純水

15.1　LSIの製造における歩留り向上と製造管理

15.1.1　ウェーハプロセスにおける歩留りについて

　一般の製品の製造に関しては，ほとんどの場合"不良率"という概念が用いられているが，LSI製造においては，"歩留り"という概念が重要な意味を持つ．一般の製品の場合は，製造された製品の中で，不良になるものはごく僅かであり，良品ができて当たり前の世界である．したがって，その製造においては，不良率という極めて小さなその値の管理で済む．しかし，LSIの製造においてそれは当たり前ではなく，不良率とは相補関係にある歩留りという概念を用いる．"歩留り"は製造したものの中に設計どおりの機能・動作をする良品の割合がどれだけある

のかを意味する．歩留りにも，投入したウェーハ枚数に対して無事にウェーハプロセスの完了したウェーハ枚数を表すライン歩留りなど様々な範疇のものがあるが，最も重要視されるのはチップ歩留りである．LSI のチップ歩留りは (15.1) 式で表される．

$$\text{チップ歩留り} = \frac{\text{良品チップ}}{1 \text{ ウェーハ上のテストチップ数}} \quad (15.1)$$

LSI の歩留りは，量産の成熟期になると 100%近くになるものもあるが，開発品の初期では数十%から始まるものが多い．通常は計画歩留りによって製造が進められるが，計画歩留りも製品の種類，生産数量，生産期間などに依存して異なる．汎用メモリのように大量に生産され続けられ，厳しい価格 (売値) 競争にさらされる製品については，できるだけ歩留りを 100%に近づける努力が払われる．

1 枚のウェーハがウェーハプロセスを完了するまでのコスト (製造にかかる費用) は同じなので，チップ歩留りが高いほど，1 チップのコストは低くなることになる．そのため，高歩留りは価格競争を有利にする．また，低い歩留りは出荷される製品の信頼性とも関連するので，歩留りはできるだけ高いほうが良い．ただ，かなりの資源 (リソース) を注ぎ込んで歩留りを上げたところで，その製品の生産終了時期が迫っているようでは意味がないように，歩留り向上にどれだけの人的ならびに金銭的なリソースを費やすのかは，その効果との兼ね合いになる．

デバイス構造設計や製造プロセス開発が用意周到に行われていたとしても，LSI 製造においては不良品が発生する．この歩留りに影響する歩留り不良は，その要因によって，ランダム不良とシステマテック不良に分類される．

ランダム不良は，ウェーハプロセス途上で微小異物 (パーティクル) や汚染などが原因となって，偶発的かつチップ上のランダムな位置に発生する不良である．パーティクルには，空気中の浮遊粒子や製造装置そのものから発生するもの，作業者の人体から発生するもの，ウェーハプロセス中に発生するもの，ウェーハを搬送する部品から発生するものなど様々である．製造空間やウェーハハンドリング環境などの清浄度向上や製造装置の十分な管理によって，この不良をできるだけ低減することはできるが，完全に抑えることは困難である．

これに対して，システマテック不良は，特定のパターンや回路に発生する不良となる．この不良はデバイスの構造設計上のマージン (裕度) に関わり，一部にマージンの小さい構造 (パターン形状・寸法等) が存在すると，その場所が不良発生点となる確率が格段に上昇する．たとえば，90 [nm] 世代対応の製造ラインを用いて製造する製品において，配線密度の最も高い 1 層配線で隣り合うパターンどうしの間隙が 80 [nm] しかない部分がたまたま見逃されて存在したような場合には，高い確率でここにシステマテック不良が起こる．他の箇所では不良に至らない 85 [nm] サイズのパーティクルもたまたまこの場所に付着すればショートに繋がるし，パターン形成プロセス的にもかなりの確率でパターンを分離して形成できなくなる可能性を持っている．

システマテック不良は，デバイス設計の手直しによりマージンが確保されれば解決できる．現在は，デバイス設計時にコンピュータによるデザインチェックが行われるので，上記の例のような単純な事例は防止できているが，デバイス構造が複雑化するにつれて様々な部分のマージンの確保が難しくなってきている．

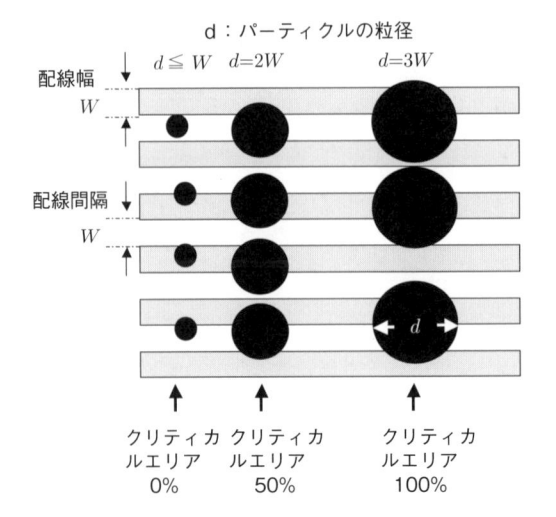

図 15.1 パーティクル径と配線のクリティカルエリア

このほかに，パラメトリック不良がある．これはトランジスタなどの特性に関係した不良として分類されている．ウェーハプロセスの揺らぎによるゲート長のばらつきや拡散層の抵抗のばらつきなどに起因して発生する．基本的にはデバイス構造とプロセスのマージンで決まるものであるが，デバイスが微細化するほど顕在化する関係でもある．

ここで，パーティクルの粒径とそれが付着した場合の不良発生について考える．パーティクル径と配線の関係を図 15.1 に示す．図では，配線幅 W で配線間隔も W の配線を設定している．パーティクルの粒径 d が W より小さい場合には，図の左の列のように，パーティクルが配線上のどの位置に付着しても不良にはならない．欠陥が発生したときに動作不良になる領域の面積はクリティカルエリア (critical area) とよばれるが，このときはクリティカルエリアは 0% となる．しかし中央列の粒径 d が W の 2 倍に等しい場合には，パーティクルの付着位置によって配線のショートが発生する．このクリティカルエリアはちょうど 50% になる．さらに，d が W の 3 倍に等しくなると，パーティクルがどの位置に付着しても必ず配線ショートが起きるので，クリティカルエリアは 100% となる．ある大きさのパーティクルが歩留りにどの程度影響を及ぼすのかは，デバイス上のクリティカルエリアの割合に依存する．

ランダム不良において，ウェーハ内で欠陥の位置分布が完全にランダムと仮定した場合は，ポアソンモデルが適用できる．ウェーハ上に形成されるチップ数は N 個で，ウェーハ上に欠陥が M 個存在すると仮定すると，あるチップに欠陥が発生しない確率 (= 歩留り) Y は

$$Y = \left(\frac{N-1}{N}\right)^M \tag{15.2}$$

と表される．

1 チップあたりの平均欠陥数 (M/N) が十分小さいとしたこのポアソンモデルの近似形に，欠陥密度とクリティカルエリアを用いた場合，このサイズの欠陥による i レイヤーの歩留り Y_{ri} は，単位面積あたりの平均欠陥密度 (defect density) を D_i とし，クリティカルエリア (critical area) を A_i とすると

$$Y_{ri} = \exp(-D_i A_i) \tag{15.3}$$

となる.当然欠陥密度が小さいほど,クリティカルエリアが小さいほど,歩留りは高くなる.ただ,実際にはウェーハ面内で欠陥密度一定ではなく偏在している.偏在領域では同一チップに欠陥が集中する確率が高くなる.そのため欠陥密度分布を考慮したモデルが検討されてきた.その1つに負の二項分布モデルを入れた歩留り式が (15.4) 式である.

$$Y_{NBi} = \left(1 + \frac{D_i A_i}{\alpha}\right)^{-\alpha} \tag{15.4}$$

α はクラスタリング (偏在) パラメータで,α が小さいほど偏在が強いことを示し,$\alpha = \infty$ ではポアソンモデルと同じになる.

15.1.2 ウェーハプロセスにおける製造管理と制御

製品の分野や種類に関わらず,信頼性の高い製品を高い歩留りで生産することは,製造の基本である.LSI 製造においては,これらの実現のために,特に綿密なモニタリングと製造の制御・管理が行われている.

一旦高い歩留りが実現できても,その状態が永続するわけではない.経時的な製造装置パラメータの変動や装置内のパーティクル・汚染蓄積などにより突発的な歩留り低下を招く可能性もある.また,数百から千以上にも及ぶ膨大な数のステップを経る LSI のウェーハプロセスにおいては,それぞれの工程での欠陥の蓄積が歩留りに影響してくる.このため,途中工程でもいろいろな検査や計測と管理が必要になってくる.

LSI の製造プロセス,特にウェーハプロセスにおける製造制御・管理と歩留り管理の概念を図 15.2 に示す.ウェーハプロセスではシリコンウェーハが投入されて,ウェーハ上に電気的に動作可能な LSI チップが形成されるまでの処理が行われる.各工程では,まず,製造の基本である処理結果の評価が行われる.たとえば,形成したレジストパターンの寸法は設計値どおりに仕上がっているのか,また,コンタクトホールのエッチングでは完全に開孔して全てのコンタクトが孔の底まで到達しているのか,スパッタリングで堆積した金属膜の膜厚は設計値どおりか,ウェーハ面内で均一にそうなっているのか,エッチングの後のパターンの側壁形状に問題はないかなどの,寸法,膜厚,形状などの計測・評価がそれぞれ必要な工程に入る.そして,そこで問題が発覚した場合には,対応するプロセス装置にフィードバックがかけられ,修正が施される.また,各プロセス装置はその都度,処理条件などのデータが収集・記録されるとともに,装置自体の状態が把握できる各種装置パラメータもモニター・管理される.

たとえば,ドライエッチングを一例とすれば,ウェーハ上で計測・評価されるものとしては,パターンの寸法や加工された形状,エッチング速度,マスクや下地との選択比,そしてそれらの値のウェーハ面内分布や均一性,さらにはプラズマダメージ等も含まれる.

プロセス装置であるエッチング装置の管理面からみると,注入するガス種と流量,高周波電力,周波数,チャンバー壁温,ウェーハ温度,プラズマの電子温度やエネルギー分布,電子密度,ラジカルとその密度,進行している反応状態などであり,プラズマ発光スペクトル計測などにより必要な情報の収集と制御が行われる.

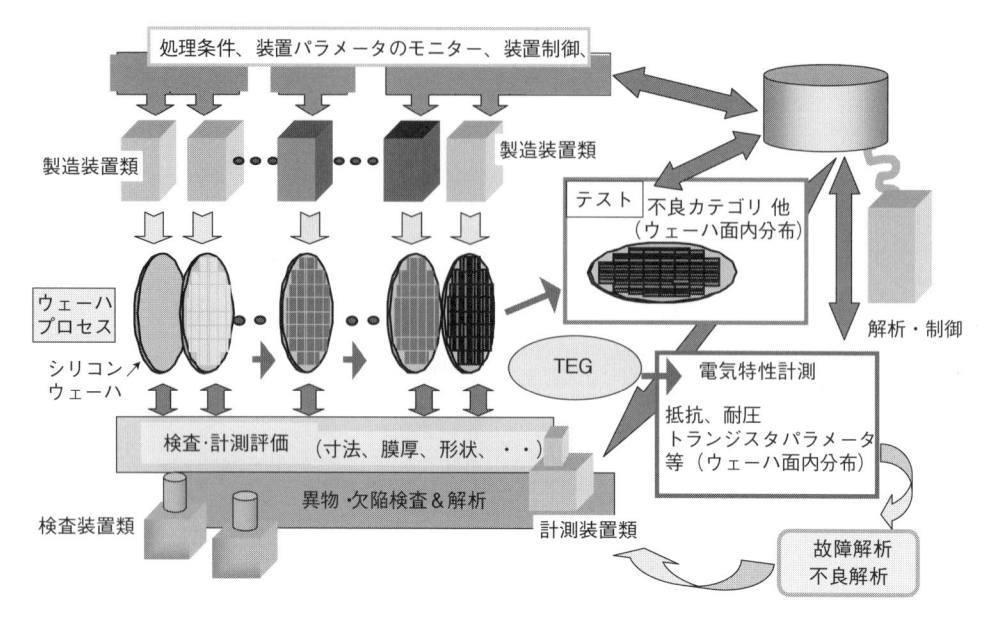

図 15.2 製造プロセス・歩留りの管理

　各プロセスでの処理結果の計測・評価とプロセス装置の管理・制御に加え，ウェーハ上での欠陥発生の監視のために，適当な複数の工程には異物・欠陥検査が入る．これにより，プロセスの変動により徐々に増加する，または偶発的・突発的に発生するパーティクルなどの欠陥発生を早急に捉えることができ，早急な対策をうつことで大量の不良品の発生を防止することができる．検出された欠陥は必要に応じて発生原因を突き止めるために解析も行われる．異常が発生してから何らかの対策がとられるまでの間に処理されたウェーハは全て大量の欠陥を持つことになるので，この期間が短ければ短いほど被害は極小に抑えることができる．

　また，電気的特性の把握や特定のプロセスの管理には，必要に応じてTEG (Test Element Group)が用いられる．これは，実際の製品デバイスではなく，一般には必要なプロセスのみの短い工程を通って処理がされるテスト構造デバイスである．そのため，短い時間で必要な目的の情報を得ることができる．たとえば，トランジスタの特性を測定するには，トランジスタと測定用の電極が形成されていれば多層配線全てを形成する必要はなく，配線のビアの抵抗や絶縁耐圧を計測するのならば，配線工程のみでトランジスタの形成工程は不要となる．通常TEGは開発時に主に活用されるが，場合によっては量産の立ち上げ時や製造ラインの管理にも用いられる．

　究極の確認はウェーハプロセス完了後に行われるウェーハテストになる．ここではウェーハ上の各チップに対して，LSIテスタに接続されたプローブカードのプローブニードル(針)を，チップ上のプロービングパッド(本来ワイヤーのボンディングパッドとして準備されている電極露出部分)に電気的に接触させて動作・機能テストが行われる．このテストをパス(合格)したチップの割合がチップ歩留りとなる．ここではパスしなかったテストモードごとの不良カテゴリとそれらの割合，ウェーハ面内の不良分布などの情報も同時に得られる．

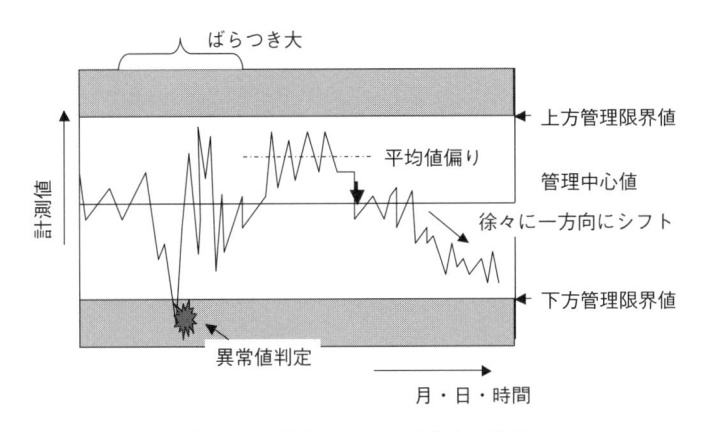

図 15.3 製造プロセス・歩留りの管理

　寸法など計測・評価，プロセス装置からの情報ならびに異物・欠陥検査の結果などは，多くの場合はデータベース化されているので，ウェーハテストの結果とこれらのデータは総合的に関連させて解析がなされ，さらなる歩留り向上のために対策すべき工程や内容が提示される．未知の不良については，別途不良解析 (本シリーズの「品質・信頼性技術」の故障解析を参照) によって原因解明が行われる．

　製造の管理において，多くの場合は統計的な管理手法 SPC (Statistical Process Control) が用いられている．これはプロセスのばらつきを抑えて，平均値を安定させるために用いられる．簡単なものとしては，寸法など計測値で管理する方法がある．図 15.3 の例に示すように，計測値を時系列的にグラフ化して管理することで，管理限界値の範囲に入っているかどうか，ばらつきが大きくなっていないか，平均値が管理範囲の中央から大幅にずれていないか，また，数値は十分管理範囲内でも徐々に一方向に移動する傾向を持っていないかなどを把握して，管理限界の外に出て不良品が生産されるのを事前に防止することができる．

　SPC における品質管理の指標に，個別の工程 (プロセス) の能力を評価する指標として用いられている工程能力指標がある．この指標は，許容される規格範囲とそのプロセスの能力との関係を示すものであり，製造の観点からはそのプロセスの安定性を示すことになる．

　工程能力について図 15.4 に示す．エッチング速度でもその結果としてのパターン寸法でも，また堆積した薄膜の膜厚でもプロセスは必ずいくらかのばらつきを持つ．その値が正規分布をとるとすれば，(a) 図のような分布をとる．標準偏差 σ とすれば，平均値から $\pm\sigma$ の範囲をとればその範囲には 68.27% が含まれる．$\pm 2\sigma$ の範囲なら 95.45%，そして $\pm 3\sigma$ の範囲なら 99.73% がその範囲に含まれることになる．工程能力指数 C_p は，プロセス能力で $\pm 3\sigma$ すなわち 6σ の範囲に対して許容される規格範囲が何倍程度かという指標であり，プロセス能力に比べてその許容範囲が広いほど，すなわち工程能力指数が大きいほど不良品を出さない安定した生産ができることを示す．6σ の範囲と規格範囲がちょうど一致するとき，すなわち工程能力指数 C_p が 1 のとき，チップの 99.73% が良品になることを意味する．(b) 図のように規格範囲がプロセス能力に対して十分広ければ問題はないが，(c) 図のように規格範囲が同じでも，プロセスそのもののばらつきが大きくなると，不良品の出る確率は増加する．また，プロセスの能力は変わら

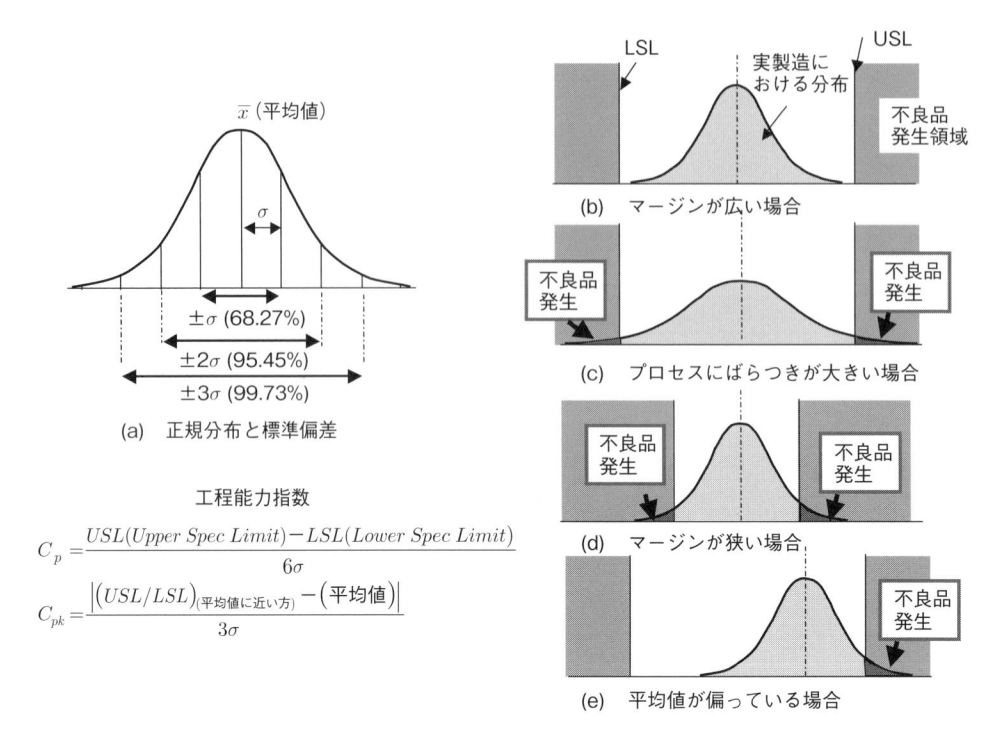

図 15.4 工程能力

なくても (d) 図ように許容範囲が狭くなっても不良品の確率は大きくなる．さらに，(b) と変わらぬ規格範囲とプロセス能力であっても,(e) 図のように平均値が上限または下限規格値のどちらか一方に偏ると不良品の確率は増加する．そのため通常は工程能力指数はこの偏ったものに対する工程能力指数 C_{pk} が用いられる．上限規格値を USL，下限規格値を LSL とすると，C_p と C_{pk} は次のように定義される．

$$C_p = \frac{\text{USL(Upper Spec Limit)} - \text{LSL(Lower Spec Limit)}}{6\sigma} \tag{15.5}$$

$$C_{pk} = \frac{|(\text{USL/LSL})_{(平均値に近い方)} - (平均値)|}{3\sigma} \tag{15.6}$$

一般には，製品企画が 8σ になるときの値に対応する C_{pk} が 1.33 以上が安定と判断される．このときにこの工程で不良品を出す確率は 10 万分の 6 になる．σ 値を小さくするのはプロセスのばらつきを小さくすることである．規格範囲を大きくすることはデバイス設計において，多少プロセスがばらついても不良にならないようにマージンを十分に確保することであり，ロバスト (robust) 設計とよばれる．

15.1.3 検査技術

製造管理のためには様々な検査技術が用いられる．微細パターンの形成にとって重要な寸法検査 CD (Critical Dimension) 計測は，通常 CD–SEM (走査電子顕微鏡) を用いて行われる．CD–SEM による寸法測定について図 15.5 に示す．基本的に寸法はライン上で計測した SEM

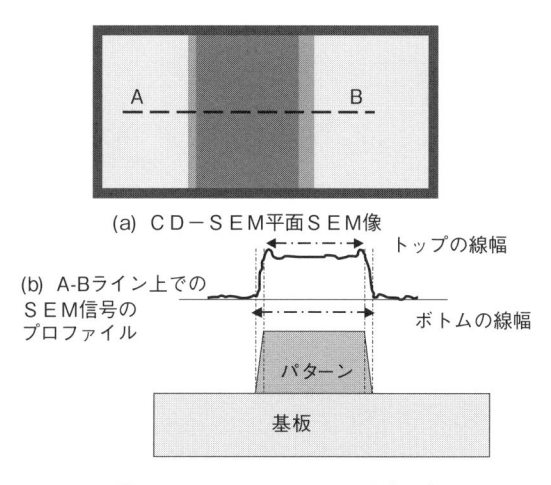

図 15.5 CD–SEM による寸法測定

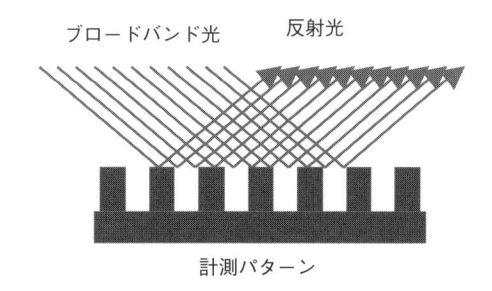

図 15.6 スキャットロメトリによる光波散乱計測

信号のプロファイルから判断される．ラインエッジラフネス (LER；パターンの縁の直線性の乱れ) が問題になる微細パターンでは，1 ライン上の寸法ではなく 2 次元的な評価が求められる．

光を使って微細パターンの寸法を高速で計測する方法としては光波散乱計測 (スキャットロメトリ；Scatterometry) がある．この方法は光の散乱から計測対象の形状を把握する方法である．図 15.6 に示すように，周期性を持った数十 μm 角の計測パターンをあらかじめウェーハに作りこんでおいて，これを回折格子として用いる．これにブロードバンド光を照射すると，パターン周期の高調波にあたる波長成分が増幅され，反射光が形状に応じて変化する．この反射光のスペクトルを，モデルに基づいた理論値と比較することで形状・寸法が得られる．

パーティクル (異物)・欠陥検査についても，微細化につれ高度な技術と専用の装置が用いられる．欠陥には，それによって不良につながるキラー欠陥とよばれるものと，欠陥は存在してもデバイス不良には至らないものがある．欠陥検査ではこのキラー欠陥の検出が重要となる．また，キラー欠陥の中でも，検査装置でその存在を確認できる欠陥；VD (Visible Defect) と，検出・確認のできない "見えない欠陥；NVD (Non-Visible Defect)" がある．この見えない欠陥には，内部に埋もれてしまって表面には出ていない欠陥のほか，粒子にはならない汚染類，結晶欠陥，プラズマダメージ，ドーパント不純物分布の局所的異常などがあり，欠陥検査を難し

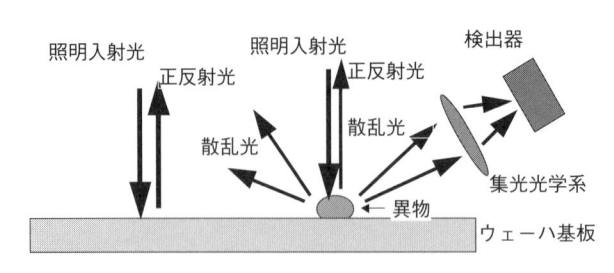

図 15.7 異物検査装置

くしている.

異物・欠陥検査は検査対象とそれに伴う検査手法の違いから，異物検査とパターン欠陥検査に分類される.

異物検査はベアシリコンウェーハ (モニターウェーハ) や薄膜形成後のパターンのないウェーハ (成膜ウェーハ) 上の異物や成膜異常の検査を行うものである．主な用途は，プロセス装置の管理やプロセス管理，装置開発・プロセス開発時のチェック，そして製造ラインの定期検査ならびトレンド管理　などに用いられる.

パターン欠陥検査は実際にパターンが形成されたウェーハのパターン欠陥，すなわち設計形状からの形のずれを検査するものである．主として製品ウェーハを用いた欠陥検査に用いられる.

異物検査装置はウェーハに光を照射して，付着している異物からの散乱光により，異物の数，サイズ，位置を検出している．検査の概念を図 15.7 に示す．ウェーハ表面に垂直または斜方から短波長の検査光を入射 (図は垂直入射の場合) させる．異物が存在すると光が散乱される．この散乱光を集光して検出，しきい値以上のピークを計数することで異物数をカウントする．検査用光源としては，Ar (488 [nm]) レーザーがよく用いられる.

パターン欠陥検査装置には，光を用いたものとしては，画像を取得し，正常なものと比較することでパターン欠陥を検出する画像比較方式のものとレーザー散乱方式がある．レーザー散乱方式のものは，偏光フィルタリングや空間フィルタリングの技術を用いてパターン信号を除去して欠陥のみを検出する方法である．そのため，メモリデバイスのような繰り返しパターンのある領域に適用される．ランダムなパターンのロジックデバイスなどには画像比較方式が用いられる．光の場合の場合には空間分解能の面で微細パターンには適用が難しい．このため電子ビーム式の欠陥検査装置が用いられる．パターン欠陥検査は SEM 画像での画像比較方式となるが，検査速度では光学式に劣る.

15.2　クリーン化技術

LSI の歩留りや信頼性に影響与える欠陥の発生源となる汚染 (コンタミネーション) は，プロセス中に発生する汚染の他に，環境からの汚染も大きな影響を与える．環境からの汚染には気中の分子状汚染や無機ならびに有機パーティクルがある．そして洗浄に用いられる超純水など液中の分子やイオン，パーティクルなども欠陥の発生源となる.

一般に，気中に出現する微粒子には，外部からのもの，作業員由来のもの，そして装置およ

びプロセス由来のものがある．

外部からのものには大気塵がある．これには，砂塵や自動車の排気ガスに含まれる微粒子，磨耗により発生する塵，焼却煙，花粉，川や海から風に運ばれる液体飛沫などある．

作業員由来のものは，作業員からでるごみや埃になる．繊維くずや代謝による皮膚片，咳・くしゃみによる飛沫，喫煙による煙粒子，化粧品の剥離粒子など，作業員自体が大きな微粒子発生源となっている．

装置およびプロセス由来のものには，プロセス中での凝集や化学反応による生成物の微粒子などがあり，装置からの発生には，駆動部・摺動部からの金属・樹脂などの磨耗片，経時的な蓄積 (堆積) がごみ化したもの，オイルミストなどがある．

LSI の製造においては，これらがウェーハに付着して欠陥の発生に繋がらないように，超清浄な環境の構築と不要な不純物を極限まで取り除いた材料の使用に注力されている．

超清浄空間の構築に不可欠で最も主要な環境が，LSI の開発，製造が行われているクリーンルームである．現在，世界中のいずれにおいても LSI の製造は全てクリーンルームの中で行われている．

しかし，クリーンルームのみでは万全ではない．なぜなら，作業員由来の微粒子や，装置・プロセス起因の微粒子はクリーンルームの中で発生する．そのため，多くの製造者は，微粒子・汚染に対しては，まず発生させない，持ち込まない，蓄積させない，発生微粒子は速やかに除去を基本に清浄度の維持を図っている．

クリーンルームとは，コンタミネーションコントロールが行われている限られた空間で，浮遊微小粒子の流入，生成，および停滞が最小限になるように設計され，温度，湿度，圧力などの環境条件が必要に応じて管理されている空間である (JIS Z 8122 参照)．

クリーンルームの起源は，米国において電気・精密機器の製造に清浄な空気が必要になったことから，微粒子を除去するフィルタ；HEPA (high efficiency particulate air) フィルタが開発され，空気の清浄化に用いられたところにある．その後，原子力関連での放射性粉塵用エアフィルタや NASA の宇宙開発，そして半導体産業での需要によってクリーンルーム技術は進歩してきている．日本も 1980 年代に国内の LSI 産業が隆盛になってくるとクリーン化技術の進展に大きな貢献をしてくる．

クリーンルームは清浄度 (クリーン度) のレベルによってクラス分けがされ，LSI の微細化世代や個々の作業の要求にあったレベルでの運用がなされている．クリーンルームの清浄度規格を図 15.8 に示す．最初は米国連邦 (FED) 規格のクリーンルーム清浄度が適用され，長い間用いられてきた．FED 規格では，1 立方フィート (1 [ft]=30.48 [cm]) 中に 0.5 [μm] 粒径の粒子がいくつあるかで表される．1000 個ならばクラス 1000，1 個ならばクラス 1 となる．ちなみに，一般の日中のまちなかでは場所にもよるがクラス数十万にもなる．最先端の LSI の製造ラインは，この規格ではクラス 1 のスーパークリーンルームが用いられている．

微細化に伴い，FED 規格が現実に合わなくなってきたこともあり，1999 年には新しい国際規格である ISO 規格 (ISO14644-1) が制定された．この規格には日本の規格 (JIS B 9920) が参考になっている．図に示すように，この規格は，複数の粒子サイズに分類して 1 立方メートル中に存在するそれぞれのサイズに対応する粒子数を定義している．たとえば ISO クラス 1 は

FEDクラス	(個/Ft³)	相当クラス
クラス1	1	ISOクラス3
クラス10	10	ISOクラス4
クラス100	100	ISOクラス5
クラス1000	1000	ISOクラス6
クラス10000	10000	ISOクラス7
クラス100000	100000	ISOクラス8

(a) 米国連邦（FED）規格クリーンルーム清浄度

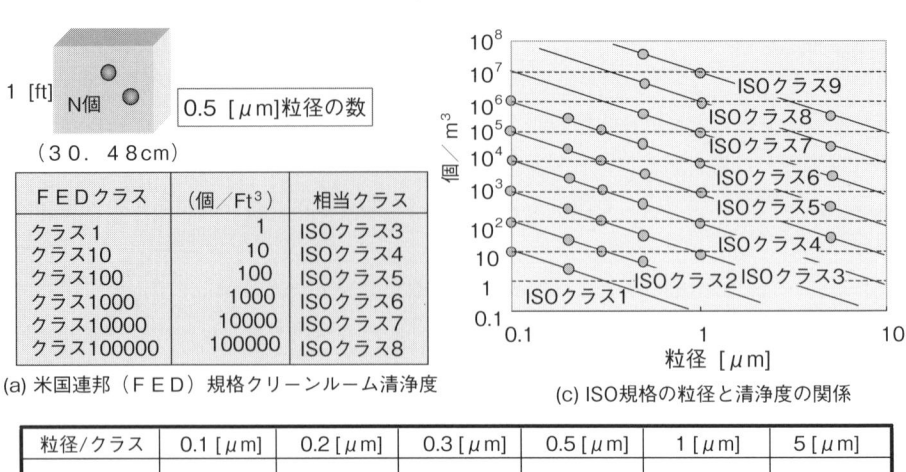

(c) ISO規格の粒径と清浄度の関係

粒径/クラス	0.1 [μm]	0.2 [μm]	0.3 [μm]	0.5 [μm]	1 [μm]	5 [μm]
ISOクラス1	10	2				
ISOクラス2	100	24	10	4		
ISOクラス3	1,000	237	102	35	8	
⋮	⋮	⋮	⋮	⋮	⋮	⋮
ISOクラス9				35,200,000	8,320,000	293,000

(b) ISO規格クリーンルーム清浄度

図 15.8　クリーンルーム清浄度規格

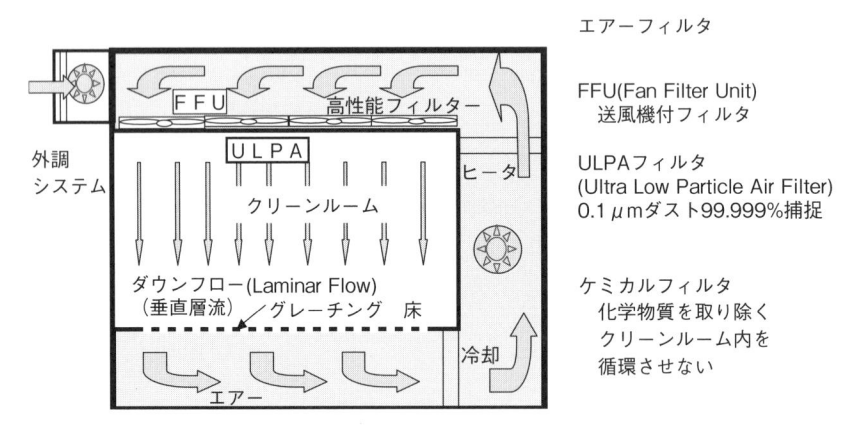

図 15.9　クリーンルームと循環空調システム

0.1 [μm] 径の粒子が 10 個，0.2 [μm] 径粒子が 2 個になる．FED 規格のクラス 1 は ISO クラス 3 に相当する．

クリーンルームの構造と循環空調システムについて図 15.9 に示す．空気は天井から送風機付フィルタ FFU (Fan Filter Unit) を通して送られる．フィルタには ULPA (Ultra Low Particle Air Filter) フィルタが用いられている．このフィルタは 0.1 [μm] の微粒子を 99.999% 捕捉できる能力を持っている．フィルタを通過して微粒子の除去された極めて清浄な空気はダウンフローの層流 (Laminar Flow) で床に向かって流れていく．層流が乱れて乱流が生じると，床や装置の上に積もった微粒子が巻き上げられて，その空間のクリーン度は低下することになる．

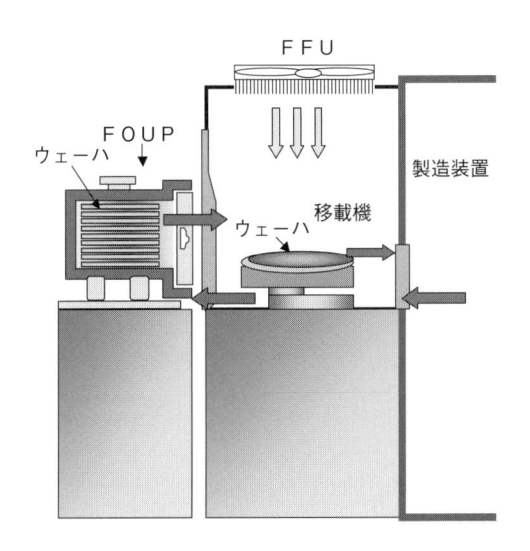

図 15.10　ミニエンバイロメント

そのため，穴の開いたパンチング床を用いて流れが床下に抜けるようにして層流を維持している．FED クラス 100 以上のクリーン度を必要とする LSI を製造には，このタイプのクリーンルームが使用されてきている．床の下もクリーンルームの高さに匹敵する程度のゆとりのある高さを持っている．こうして床に抜けた空気はリターン経路で天井に戻されて，再び FFU を通過してダウンフローとなる．プロセスで使用される化学薬品やガスなどからの微量の化学物質は，化学増幅型レジストの解像性能などに影響を及ぼすため，化学物質除去用にはケミカルフィルタが用いられている．また，静電気を帯びやすいものは，静電気によってごみや埃が付着しやすくなるため，クリーンルーム内ではイオナイザーを設置して帯電防止を図っている．さらに，ウェーハケースなどが帯電しないように使用材料面からの帯電防止も図られている．

温度変化に伴う熱膨張による部材の僅かな寸法変動や僅かな結露も微細パターンを持つ LSI にとっては大敵である．そのため，クリーンルームは温度や湿度も完全に制御されている．湿度は室内での帯電にも関係している．

大きなクリーンルームでかぎりなくクリーン度上げていくことは，建設費用に加え運転時の使用電力も大きくなりコスト高となる．そこで出てきたのが，ミニエンバイロメント (mini enviroment) の概念である．それはクリーンルーム全体ではなくウェーハの表面が曝される最小限の空間のみを超クリーンにして，それ以外の空間のクリーン度を落とすことで，コストを下げるという概念である．300 [mm] ウェーハでは，ウェーハは FOUP (Front Opening Unified Pod；フープ) とよばれる密閉された容器に収納され，搬送される．ミニエンバイロメントとして FOUP と製造装置との関係を図 15.10 に示す．密閉状態で FOUP に入れられ運ばれてきたウェーハは，FFU の付いたクリーン度の高い製造装置の移載機に接続されて，FOUP の前面が開けられる．そして，製造装置に移されてプロセス完了後には，完了ウェーハ用の FOUP に入れられていく．この間，ウェーハがクリーンルームの空気に曝露されることはないので，クリーンルームに高いクリーン度は必要とならない．

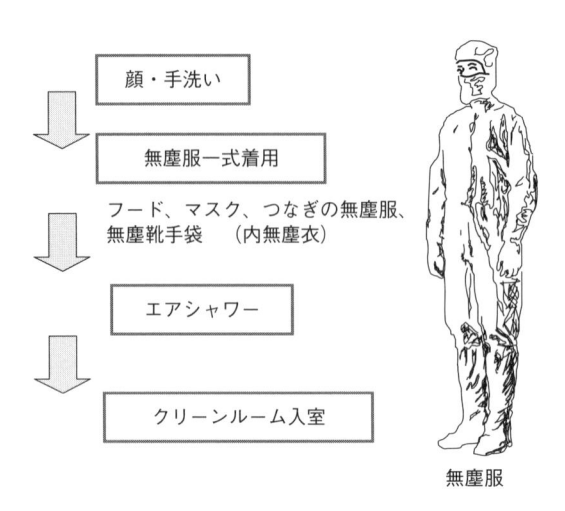

図 15.11　クリーンルームへの入室と無塵服

　量産工場のクリーンルーム内では，多くの場合，ウェーハは自動搬送される．製造装置で処理されたウェーハは一旦ストッカーに送られ，次の処理の順番がくると，次の製造装置に運ばれていく．このウェーハすなわち FOUP の搬送には，OHT (Over Head Transfer) や AGV (Automated Guided Vehicle) が用いられる．OHT は天井に設置したモノレールを利用したもので，FOUP を吊り上げて移動し，処理装置の上で FOUP をつり下ろして，装置にセットする．AGV は床を移動する搬送車で床に引かれたレール上で動く．

　人体からのごみや埃も多く出るため，無用な多人数の入室は控えなければならないが，作業者や関係する技術者は入室しなければならない．クリーンルームに入室する場合には，クリーンルームにごみや埃を持ち込まないために，そしてクリーンルーム内でごみや埃を発生させないための対策がとられる．クリーンルームへの入室について図 15.11 に示す．入室前にはまず顔や手を洗って汚れを十分に落とす．その後，埃の出ない素材でできた無塵服一式を着用する．超清浄度を必要とするところでは，この無塵服の下にさらに内無塵衣を着用する場合も多い．この状態でエアーシャワーを浴びて埃やごみを落として，クリーンルームに入室することになる．

　クリーンルームの中では，薬液処理などの後の洗浄に超純水が用いられる．超純水は裸のウェーハに触れるために，それからのパーティクル付着や汚染がないように細心の管理がされる．純水の比抵抗の理論値は 18.24 [MΩ·cm] であるが，LSI の製造においては，18 [Ω·cm] 以上の高抵抗値で管理されている．水中の全有機炭素 (有機物) TOC (Total Organic Carbon) や水中の 50 [nm] 以下の微粒子も管理されている．水中のバクテリアも滅菌洗浄のうえ増殖防止がされているほか，好気性菌の増殖防止のために溶存酸素も抑制される．そのほかに，全シリカの濃度やボロン，重金属，陰／陽イオンの濃度などが管理される．水温の安定性も ±1 [℃] に抑えられている．

　純水中の金属濃度については，2010 年以降，特にデバイスに深刻な影響を与えるクリティカル金属 (critical metals；Ag, Au, Ca, Cu, Fe, Na, Ni, Pt) に対しては，1 [ppt] 以下，非クリティカル金属 (non-critical metals；Al, Ba, Co, Cr, Ga, Ge, Hf, K, Li, Mg, Mn, Mo, Sr,

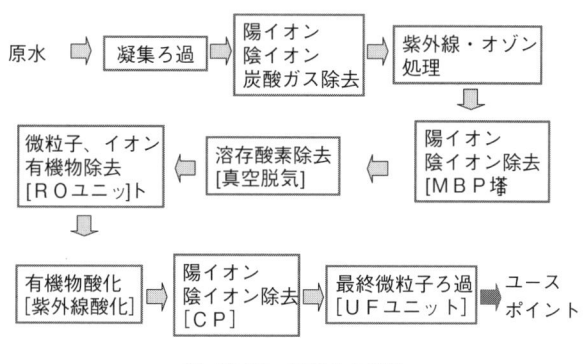

図 15.12 超純水の製法

Ti, Zn) に対しては 10 [ppt] 以下が要求 (ITRS2009) されている．

　超純水の製法は様々で一律ではないが，大まかな流れの一例を図 15.12 に示す．まず原水から凝集ろ過を行った後に，イオン交換樹脂を用いて陽イオン/陰イオンの除去と脱炭酸塔での炭酸ガスの除去を行う．次に紫外線・オゾン処理工程で，酸化剤としてオゾンを用いて紫外線照射することでコロイダルシリカをイオン化する．それを後段の MBP 塔 (Mixed Bed Polisher) で除去する．MBP 塔は陽イオン交換樹脂と陰イオン交換樹脂を混合した混床式ポリッシャーで両イオンを効果的に除去できる．さらに，真空脱気塔で溶存酸素を除去したのち，逆浸透膜を用いた RO ユニット (Reverse Osmosis Unit) で水中の微粒子やイオン，有機物を除去する．次に紫外線酸化により有機物酸化を行ったのちカートリッジポリッシャー (CP：Cartridge Polisher) で最終のイオン除去を行う．CP は陽イオン交換樹脂と陰イオン交換樹脂が混合されている．最後に中空糸膜の限外ろ過膜の UF ユニット (Ultra Filteration Unit) によって有機物微粒子や生菌などの最終微粒子ろ過を行い，ユースポイントに送る．そこで超純水として用いることができる．

演習問題

設問1 あるLSIの1層配線はL（ライン幅）/ S（スペース）が0.1 [μm] / 0.1 [μm] 領域が20%，0.15 [μm] / 0.15 [μm] の領域が40%，0.35 [μm] / 0.35 [μm] の領域が40%ある．粒径0.3 [μm] のパーティクルに対して，このデバイスの1層配線のクリティカルエリアの割合を求めよ．

設問2 汎用メモリデバイスに対しては歩留まり向上に大きな力は注ぐが，出荷数量が決まっているロジックデバイスに対しては，比較的それほど歩留まり向上に力を入れないのは，なぜか説明せよ．

設問3 工程能力指数を大きくして歩留まり向上をするためには，設計技術者とプロセス技術者のそれぞれがどのように関わることができるのか，述べよ．

設問4 異物・欠陥において，異物検査とパターン欠陥検査の違いはなにか，また画像比較方式の必要性について述べよ．

設問5 クリーンルームの中でウェーハの清浄度を保つための4つの心構えを述べよ．

付録　短周期律表

周期＼族	I a	I b	II a	II b	III a	III b	IV a	IV b	V a	V b	VI a	VI b	VII a	VII b	VIII			0
1	H																	He
2	Li		Be			B		C		N		O		F				Ne
3	Na		Mg			Al		Si		P		S		Cl				Ar
4	K		Ca		Sc		Ti		V		Cr		Mn		Fe	Co	Ni	
		Cu		Zn		Ga		Ge		As		Se		Br				Kr
5	Rb		Sr		Y		Zr		Nb		Mo		Tc		Ru	Rh	Pd	
		Ag		Cd		In		Sn		Sb		Te		I				Xe
6	Cs		Ba		ランタノイド		Hf		Ta		W		Re		Os	Ir	Pt	
		Au		Hg		Tl		Pd		Bi		Po		At				Rn
7	Fr		Ra		アクチノイド		Rf		Db		Sg		Bh		Hs	Mr	Ds	
		Rg		Cn		Uut		Uup		Uup		Uuh		Uus				Uuo

付録　物理定数表

物理定数	記号	数値	単位
プランク定数	h	6.626×10^{-34} 4.136×10^{-15}	[J・s] [eV・s]
ボルツマン定数	k	1.381×10^{-23} 8.617×10^{-5}	[J・K^{-1}] [eV・K^{-1}]
アボガドロ数	N_0	6.022×10^{23}	[mol^{-1}]
光速	c	2.998×10^{8}	[m・s^{-1}]
電気素量	q	1.602×10^{-19}	[C]
電子の静止質量	m_0	9.109×10^{-31}	[kg]
真空の誘電率	ε_0	8.854×10^{-12}	[F・m^{-1}]
真空の透磁率	μ_0	1.257×10^{-6}	[H・m^{-1}]

付録　長周期律表

周期 / 充足電子軌道	1族	2族	3族	4族	5族	6族	7族	8族
1	1 H 水素 1.008 $1s^1$							
2 / 1s	3 Li ヘリウム 6.941 $2s^1$	4 Be ベリリウム 9.012 $2s^2$		原子番号　元素番号 元素名 原子量 電子配置				
3 / $1s^22s^22p^6$	11 Na ヘリウム 22.99 $3s^1$	12 Mg マグネシウム 24.31 $3s^2$						
4 / $1s^22s^22p^6$ $3s^23p^6$	19 K カリウム 39.10 $4s^1$	20 Ca カルシウム 40.08 $4s^2$	21 Sc スカンジウム 44.96 $3d^14s^2$	22 Ti チタン 47.87 $3d^24s^2$	23 V バナジウム 50.94 $3d^34s^2$	24 Cr クロム 52.00 $3d^54s^1$	25 Mn マンガン 54.94 $3d^54s^2$	26 Fe 鉄 55.85 $3d^64s^2$
5 / $1s^22s^22p^6$ $3s^23p^63d^{10}$ $4s^24p^6$	37 Rb ルビジウム 85.47 $5s^1$	38 Sr ストロンチウム 87.62 $5s^2$	39 Y イットリウム 88.91 $4d^15s^2$	40 Zr ジルコニウム 91.22 $4d^25s^2$	41 Nb ニオブ 92.91 $4d^45s^1$	42 Mo モリブデン 95.94 $4d^55s^1$	43 Tc テクネチウム (99) $4d^55s^2$	44 Ru ルテニウム 101.1 $4d^75s^1$
6 / $1s^22s^22p^6$ $3s^23p^63d^{10}$ $4s^24p^64d^{10}4f^{14}$ $5s^25p^6$	55 Cs セシウム 132.9 $6s^1$	56 Ba バリウム 137.3 $6s^2$	57～71 ランタノイド	72 Hf ハフニウム 178.5 $4f^{14}5d^26s^2$	73 Ta タンタル 180.9 $4f^{14}5d^86s^2$	74 W タングステン 183.8 $4f^{14}5d^46s^2$	75 Re レニウム 186.2 $4f^{14}5d^56s^2$	76 Os オスミウム 190.2 $4f^{14}5d^66s^2$
7 / $1s^22s^22p^6$ $3s^23p^63d^{10}$ $4s^24p^64d^{10}4f^{14}$ $5s^25p^65d^{10}6s^26p^6$	87 Fr フランジウム (223) $7s^1$	88 Ra ラジウム (226) $7s^2$	89～103 アクチノイド	104 Rf ラザフォニウム (261) $5f^{14}6d^27s^2$	105 Db ドブニウム (262) $5f^{14}6d^37s^2$	106 Sg シーボーギウム (263) $5f^{14}6d^47s^2$	107 Bh ボーリウム (264) $5f^{14}6d^57s^2$	108 Hs ハッシウム (277) $5f^{14}6d^67s^2$

ランタノイド $1s^22s^22p^6$ $3s^23p^63d^{10}$ $4s^24p^64d^{10}4f^{14}$ $5s^25p^6$		57 La ランタン 138.9 $5d^16s^2$	58 Ce セリウム 140.1 $4f^25d^06s^2$	59 Pr プラセオジム 140.9 $4f^35d^06s^2$	60 Nd ネオジム 144.2 $4f^45d^06s^2$	61 Pm プロメチウム (145) $4f^55d^06s^2$	62 Sm サマリウム 150.4 $4f^65d^06s^2$
アクチノイド $1s^22s^22p^6$ $3s^23p^63d^{10}$ $4s^24p^64d^{10}4f^{14}$ $5s^25p^65d^{10}6s^26p^6$		89 Ac アクチニウム (227) $6d^17s^2$	90 Th トリウム 232.0 $6d^27s^2$	91 Pa プロトアクチニウム 231.0 $5f^26d^17s^2$	92 U ウラン 238.0 $5f^36d^17s^2$	93 Np ネプツニウム (237) $5f^46d^17s^2$	94 Pu プルトニウム (239) $5f^56d^17s^2$

9族	10族	11族	12族	13族	14族	15族	16族	17族	18族
									2 He ヘリウム 4.003 $1s^2$
				5 B ホウ素 10.81 $2s^22p^1$	6 C 炭素 12.01 $2s^22p^2$	7 N 窒素 14.01 $2s^22p^3$	8 O 酸素 16.00 $2s^22p^4$	9 F フッ素 19.00 $2s^22p^5$	10 Ne ネオン 20.18 $2s^22p^6$
				13 Al アルミニウム 26.98 $3s^23p^1$	14 Si シリコン 28.09 $3s^23p^2$	15 P リン 30.97 $3s^23p^3$	16 S 硫黄 32.07 $3s^23p^4$	17 Cl 塩素 35.45 $3s^23p^5$	18 Ar アルゴン 39.95 $3s^23p^6$
27 Co コバルト 63.55 $3d^74s^2$	28 Ni ニッケル 58.69 $3d^84s^2$	29 Cu 銅 63.55 $3d^{10}4s^1$	30 Zn 亜鉛 65.39 $3d^{10}4s^2$	31 Ga ガリウム 69.72 $3d^{10}4s^24p^1$	32 Ge ゲルマニウム 72.61 $3d^{10}4s^24p^2$	33 As ヒ素 74.92 $3d^{10}4s^24p^3$	34 Se セレン 78.96 $3d^{10}4s^24p^4$	35 Br 臭素 79.90 $3d^{10}4s^24p^5$	36 Kr クリプトン 83.80 $3d^{10}4s^24p^6$
45 Rh ロジウム 102.9 $3d^85s^1$	46 Pd パラジウム 106.4 $4d^{10}5s^0$	47 Ag 銀 107.9 $4d^{10}5s^1$	48 Cd カドミウム 112.4 $4d^{10}5s^2$	49 In インジウム 114.8 $4d^{10}5s^25p^1$	50 Sn スズ 118.7 $4d^{10}5s^25p^2$	51 Sb アンチモン 121.8 $4d^{10}5s^25p^3$	52 Te テルル 127.6 $4d^{10}5s^25p^4$	53 I ヨウ素 126.9 $4d^{10}5s^25p^5$	54 Xe キセノン 131.3 $4d^{10}5s^25p^6$
77 Ir イリジウム 192.2 $4f^{14}5d^76s^2$	78 Pt 白金 195.1 $4f^{14}5d^26s^1$	79 Au 金 197.0 $4f^{14}5d^{10}6s^1$	80 Hg 水銀 200.6 $4f^{14}5d^{10}6s^2$	81 Tl タリウム 204.4 $4f^{14}5d^{10}6s^26p^1$	82 Ph 鉛 207.2 $4f^{14}5d^{10}6s^26p^2$	83 Bi ビスマス 209.0 $4f^{14}5d^{10}6s^26p^3$	84 Po ポロニウム (210) $4f^{14}5d^{10}6s^26p^4$	85 At アスタチン (210) $4f^{14}5d^{10}6s^26p^5$	86 Rn ラドン (222) $4f^{14}5d^{10}6s^26p^6$
109 Mt マイトネリウム (278) $5f^{14}6d^77s^2$	110 Ds ダルムスタチウム (281) $5f^{14}6d^27s^1$	111 Rg レントゲニウム (284) $5f^{14}6d^{10}7s^1$	112 Cn コペルニジウム (288) $5f^{14}6d^{10}7s^2$	113 Unt ウンウントリウム (293) $5f^{14}6d^{10}7s^27p^1$	114 Unq ウンウンクワジウム (289) $5f^{14}6d^{10}7s^27p^2$	115 Unp ウンウンペンチウム (288) $5f^{14}6d^{10}7s^27p^3$	116 Uuh ウンウンヘキシウム (289)(292) $5f^{14}6d^{10}7s^27p^4$	117 Uus ウンウンセプチウム (310) $5f^{14}6d^{10}7s^27p^5$	118 Uuo ウンウンオキシウム (293) $5f^{14}6d^{10}7s^27p^6$

	63 Eu ユウロビウム 152.0 $4f^95d^06s^2$	64 Gd カヂリニウム 157.3 $4f^95d^16s^2$	65 Tb テルビウム 158.9 $4f^95d^06s^2$	66 Dy ジスプロシウム 162.5 $4f^{10}5d^06s^2$	67 Ho ホルミウム 164.9 $4f^{11}5d^06s^2$	68 Er エルビウム 167.3 $4f^{12}5d^06s^2$	69 Tm ツリウム 168.9 $4f^{13}5d^06s^2$	70 Yb イッテルビウム 173.0 $4f^{14}5d^06s^2$	71 Lu ルテチウム 175.0 $4f^{14}5d^16s^2$
	95 Am アメリシウム (243) $5f^96d^07s^2$	96 Cm キュリウム (247) $5f^96d^17s^2$	97 Bk バークリウム (247) $5f^96d^07s^2$	98 Cf カリホルニウム (252) $5f^{10}6d^07s^2$	99 Es アインスタイニウム (252) $5f^{11}6d^07s^2$	100 Fm フェルミウム (257) $5f^{12}6d^07s^2$	101 Md メンデレビウム (258) $5f^{13}6d^07s^2$	102 No ノーベリウム (259) $5f^{14}6d^07s^2$	103 Lr ローレンジウム (262) $5f^{14}6d^17s^2$

索　引

記号・数字

μPCD 法	192
λ ルール	126
3 次元構造	3
3 端子表記	54
4 端子表記	54
6 進カウンタ	95, 116
8 進カウンタ	94, 115

A

AGV	274
ALD 法	230
APM	215
ARC	204
ArF スキャナ	202
ASIC	2
AV 機器	9

B

BARC	204
BEOL	167
BGA	256
BHF	214, 216

C

CAD	98
CD	209
CD–SEM	268
CD 計測	268
CER 素子	166
CMOS	51
CMOS インバータ	59
CMP	238, 246
COB	257
COC	260
COF	257
COP	184
COW	260
C_p	267
C_{pk}	268
CPU	7, 104
CSP	257
Cu 配線	238
CVD	229, 243, 245
CZ 法	178

D

DFF	87
DHF	214, 215
DIP	251, 255
DOF	205
DRAM	7, 108, 164
DRC	129
D フリップフロップ	87

E

EB 描画	199
EB リソグラフィ	207
EG	195
EM	241
EOR	72
EOT	230
EUV	205

F

FBGA	257
FCBGA	256
FEOL	167
FeRAM	165
FOUP	273
FPGA	8
FSG	248
FUSI	233
FZ 法	180

G

GIDL	154
GPS	9

H

High-k	152, 158, 220
High-k 膜	230
HMDS	204

I

- HPM 215

I

- i-mode 9
- I/O パッド 102
- IC 1, 2
- IG 193
- ILD 236
- ULPA フィルタ 272
- IP 3

J

- JISSO 250

K

- KGD 258
- KrF ステッパ 202

L

- Large Scale IC 1
- Large Scale Integration 1
- LDD 219
- LER 209, 269
- Low-k 152, 238, 247
- LPE 138
- LSS 理論 224
- LVS 129

M

- MCP 252, 258
- MCU 7
- MCZ 法 179
- More Moore 250
- More than Moore 250
- MOS 型 2
- MOS 型 FET 47
- MOS 構造 43
- MPU 7
- MRAM 165
- MT-CMOS 158
- MTJ 165

N

- *NA* 205
- NA 201
- NBTI 230
- n 型ドーパント 223
- n 型半導体 21

O

- OHT 274
- OPC 206
- OSF 193

P

- p-CVD 229
- PE-CVD 229
- PEB 200, 203
- PiP 259
- PLCC 256
- pn 接合 33
- pn 接合ダイオード 33
- PoP 259
- PRAM 166
- PVD 243, 245
- p 型ドーパント 223
- p 型半導体 22

Q

- QFJ 256
- QFN 256
- QFP 255

R

- RAM 7
- RCA 洗浄 215
- RIE 210
- ROM 7
- RRAM 166
- RTA 228
- RTL 100
- RTL 設計 109

S

- SC-1 215
- SC-2 215
- SDE 219
- SiC 221
- SiGe 221
- SIP 255
- SiP 251, 258
- SIV 241
- SM 241
- SMT 251, 255
- SOB 251
- SoC 3
- SOD 248
- SOG 248
- SOI 151, 220
- SOI ウェーハ 186, 189

SOJ	255
SOP	255
SPC	267
SPM	215
SRAM	107, 164
STI	171
S 値	50

T

TARC	204
TDDB	243
TEG	175, 266
TMR	165
TOC	274
TOP	255
TSOP	255
TSV	259, 260

U

ULSI	3

V

Verilog HDL	100
VHDL	100
VLSI	3

W

WLP	257
WOW	260

Z

ZIP	255

あ行

アーキテクチャ記述	111
アウターリード	253
アクセプター	22
アスペクト比	237, 245
圧電効果	13
後工程	168
後処理洗浄	214
アナ・デジ混載LSI	8
アバランシェ降伏	36
オフリーク電流	57
アルカリエッチング	183
アンテナ効果	213
イオナイザー	273
イオン化スパッタリング法	245
イオン結合	16
イオンシース	212

イオン注入	173, 222
位相シフトマスク	205
一括消去	7
移動度	56, 152
イニシャルボール	254
異物・欠陥検査	266
異物検査	270
異物検査装置	270
異方性エッチング	209, 212
インターネット	9
イントリンシック遅延	148
インナーリード	253
インバータ	51
ウェーハテスト	266
ウェーハプロセス	170
ウェッジボンディング	254
ウェル	172
ウォーターマーク	216
液浸リソグラフィ	202
エクステンション	173, 219
エッチング	208
エネルギーコンタミネーション現象	225
エネルギーバンド	19
エピタキシャルウェーハ	185, 189
エポキシ樹脂	254
エリアアレイ型パッケージ	256
エレクトロマイグレーション	241
エンティティ記述	111
オーム性接触	40
オリフラ	181

か行

開口数	201
外挿法	57
化学気相成長法	229
拡散機構	227
拡散長	35
拡散電流	30
化合物半導体	13
ガスドーピング法	181
画像比較方式	191
カップリング容量	146
価電子帯	20
家電製品	10
カバレッジ	237
加法標準形	68, 79
カルノー図	78
貫通実装	251
希釈フッ酸	214
寄生容量	138, 146
機能記述	98
基本ゲート	61
気密封止	253
逆方向飽和電流密度	34, 41

キャッシュメモリ	105
キャピラリ	254
キャリア	21
キャリア連続の式	30
鏡面加工	184
共有結合	16
許容帯	19
キラー欠陥	269
キルビー特許	2
禁制帯	19
近接効果補正	206
空間電荷層	34
空乏状態	43
空乏層	34
組合せ回路	78
クリーン度	271
クリーンルーム	271
クリーンルーム清浄度	271
クリティカルエリア	264
クリティカル金属	274
クリティカルパス	160
クロックスキュー	132, 139
クロック分配	133
携帯端末	9
携帯電話	9
ゲーティッドクロック	157
ゲート長	5
ゲート幅	124
ゲートリーク	154
ゲートレベル	100
ゲーム機	10
ゲッタリング	193
ゲルマニウム	2
原子	14
現像液	200
元素	14
元素半導体	13
高性能化	3
高選択性	209
構造化記述	113
高速アニール	228
高速化	2, 4, 151
工程能力指標	267
小型化	3
コンタクト	237
コンタクトプラグ	237
コンタクトホール	173
コンタミネーション	270
コンタミネーションコントロール	271
コントロールゲート	164

さ行

再結合	30
サブスレショルド特性	50
サブスレショルド電流	57
サブスレショルドリーク	154
サリサイド	231
サリサイドプロセス	231
酸エッチング	183
酸化	225
酸化物半導体	13
酸窒化膜	230
しきい値電圧	44, 56
シグナル・インテグリティ設計	146
システマテック不良	263
システムLSI	3, 99
実装	250
自動車	10
シャドーイング現象	225
集積回路	1
自由電子	21
充放電	144
縮小露光	201
樹脂封止	253
順序回路	86
状態遷移図	90
状態遷移表	90
状態密度関数	24
状態割り付け	91
冗長項	96
焦点深度	205
消費電力	4, 153
乗法標準形	69
ショート	125
ショットキー接触	40
シリコンインゴット	179
シリコンウェーハ	120
シリコン貫通ビア	259
シリコン融液	178
シリサイド	225, 231
真空管	2
真性半導体	25
信頼性	2
真理値表	64
スキャットロメトリ	269
スキャナ	202
スケーリング則	4
スタックドキャパシタ	164
スタティック電力	156
ステッパ	202
ストレスマイグレーション	241
ストレス(誘起)ボイディング	241
スパイクアニール	228
スパッタリング	243
スピンコート	200
スライシング	181
スラリー	247
スレーブラッチ	88

正孔 21
整流性 35
ゼーベック効果 13
石英るつぼ 178
設計フロー 98
セットアップタイム 140
セルライブラリ 102
セレクタ 85
遷移確率 157
全加算器 83
線形領域 56
センスアンプ 106
層間絶縁膜 236
相互コンダクタンス 50
総配線長 133
増幅 2
相補的 53
側壁スペーサー 173
側壁保護膜 213
素子分離 172

た行

ダイ 252, 253
大規模集積回路 1
ダイシング 252
帯電防止 273
ダイナミック電力 154
ダイパッド 253
ダイボンディング 253
タイミング検証 137
タイムチャート 88
ダイヤモンド構造 18
ダウンフロー 272
多層配線 239
種結晶 178
ダブルパターニング 207
ダブル露光 207
ダマシンプロセス 241
端子整形 254
断線 126
断面構造 120
遅延時間 4, 144
蓄積状態 43
知識集約型 1
チップ歩留り 263
チャネリング現象 225
中性子照射法 180
超純水 274
ツェナー降伏 36
低消費電力化 2, 153, 156
低電圧化 158
定電流法 57
低誘電率材料 248
テクノロジードライバー 164

デザインルール 125
デュアルゲート 232
デュアルダマシン 241
電子シェーディング効果 213
伝導帯 20
電流増幅率 37, 38
電力密度 4
動作周波数 4, 157
動作率 156
動的基板制御 159
等倍露光 201
等方性エッチング 209
ドーズ量 224
ドーパント 172
ドーパント不純物 221
ドーパント不純物の活性化 226
特殊ルール 128
ドナー 21
ド・モルガンの法則 73
トランスミッションゲート 72
ドリフト電流 28
トレンチキャパシタ 164
トレンチ分離 171
トンネル電流 154

な行

内蔵電位 33
ナノトポグラフィ 190
ネガレジスト 203
熱酸化 228
ネットリスト 119, 131
ネットワーク 9
ノックオン現象 225
ノッチ 181
ノッチング 213

は行

パーティクル 191
ハードウエア記述言語 100
配線アルゴリズム 135
配線設計 133
配線遅延 239
配線容量 138
排他的論理和 72
配置アルゴリズム 133
配置設計 131
バイト 107
バイポーラ型 2
バイポーラデバイス 34, 39
バイポーラトランジスタ 36
パターン欠陥検査 270
パターン欠陥検査装置 270
バックエンドプロセス 167

バックグライディング 252
パッケージ 250
パッケージ呼び出し 110
パッシベーション膜 174
発生 30
バッチ式熱処理装置 227
バッファードフッ酸 214, 216
パラメトリック不良 264
バリアメタル 237, 240
ハロー 219
パワーゲーティング 158
半加算器 83
反射防止膜 204
反転状態 44
反転信号 80
反転論理 63
半導体産業 162
半導体素子 1, 2
反応性イオンエッチング 210
反応性スパッタリング 244
反復改善法 134
ビア 237
ビアホール 173
比較器 86
光散乱方式 191
引き剥がし再配線 136
微細化 5
歪 (ひずみ) シリコン 152, 221
ビヘイビアレベル 100
標準セル 102
表面実装技術 251
ピンチオフ 49
ファンアウト 147
フィラー 253
フェルミ準位 24
フェルミ―ディラックの分布関数 24
フォトマスク 120, 198
フォトリソグラフィ 200
深い空乏 46
負荷容量 144
複合型LSI 7
複合ゲート 69
複合論理 67
不純物の拡散 226
不純物半導体 27
不定項 96
歩留り 262
プラズマCVD 229, 245
プラズマエッチング 210
フラッシュアニール 228
フラッシュメモリ 7, 108, 164
フラットネス 190
フラットバンド電圧 47
プリ・ベーク 200

不良率 122, 129
フリンジング容量 146
フロアプラン 130
フローティングゲート 108, 164
プロービング 266
プログラマブルLSI 8
プロセスフロー 171
フロントエンドプロセス 167
分布関数 24
平坦度 189
ペリフェラル型パッケージ 256
ペルチェ効果 13
飽和領域 56
ホール効果 13
ホールドタイム 140
ボールボンディング 254
ポジレジスト 203
ポリイミド樹脂 175
ポリッシング 184
ボンディングパッド 253

ま行

マイクロプロセッサ 7
マイクロラフネス 190
マイコン 7
前工程 168
前処理洗浄 214
マスクROM 7, 108
マスタラッチ 88
マルチオキサイド 230
マルチ・オキサイド技術 160
マルチゲート 233
マルチコア技術 3
マルチ・スレショルド技術 160
マルチチップ実装技術 3
マルチチップパッケージ 258
マルチプレクサ 85
見えない欠陥 269
ミニエンバイロメント 273
ムーアの法則 6
無塵服 274
迷路法 135
メガセル 102
メタルゲート 233
めっき 238
メモリ 7, 106
メモリセル 106
面取り 183, 188
モア・ザン・ムーア 250
モア・ムーア 250
モールド樹脂 252
モニターウェーハ 270

や行

- ユニポーラデバイス................ 41, 48
- ユビキタス・コンピューティング......... 8
- ユビキタス・ネットワーク社会.......... 8

ら行

- ライナー........................... 240
- ライフタイム評価................... 192
- ラッチアップ........................ 52
- ランダム不良....................... 263
- ランプアニール..................... 227
- リードフォーミング................. 254
- リードフレーム..................... 253
- リピータ........................... 153
- リフレッシュ....................... 108
- リフロー........................... 226
- レイアウト設計.............. 101, 119
- レイヤ............................. 120
- レーザースパイクアニール........... 228
- レジスタトランスファレベル......... 100
- レジスト塗布....................... 200
- レティクル......................... 198
- レトログレードウェル............... 223
- 論理記号............................ 64
- 論理ゲート.......................... 61
- 論理合成........................... 100
- 論理しきい値........................ 75
- 論理シミュレーション............... 100
- 論理等価............................ 71

わ行

- ワイヤボンディング................. 253

Memorandum

Memorandum

著者紹介

牧野博之（まきの ひろし）（執筆担当章 1，4，5，6，7，8 章）

- 略　　歴：1983 年 3 月 京都大学理学部物理学科卒業
  - 1983 年 4 月 三菱電機株式会社　入社
  - 2003 年 4 月 株式会社ルネサステクノロジ
  - 2008 年 4 月より現職
  - 現在 大阪工業大学情報科学部情報知能学科 教授 博士（工学）（東京大学）
- 受賞歴：Best Paper Award (IEEE International Conference on Computer Design 1993), Best Paper Award (IEEE International Conference on Microelectronic Test Structures 2007)
- 学会等：IEEE 会員，電子情報通信学会員

益子洋治（ましこ ようじ）（執筆担当章 9，11，12，13，14，15 章）

- 略　　歴：1977 年 3 月 東北大学大学院工学研究科博士前期課程修了
  - 1977 年 4 月 三菱電機株式会社　入社
  - 2003 年 4 月 株式会社ルネサステクノロジ
  - 2005 年 4 月 大分大学工学部電気電子工学科 教授 工学博士（大阪大学）
  - 2018 年 3 月 退職
- 主　著：『品質・信頼性技術』(共著) 共立出版 (2011)
- 学会等：IEEE 会員，応用物理学会員，LSI テスティング学会員，日本信頼性学会員

山本　秀和（やまもと ひでかず）（執筆担当章 2，3，10 章，付録）

- 略　　歴：1984 年 3 月 北海道大学大学院工学研究科博士後期課程修了
  - 1984 年 4 月 三菱電機株式会社　入社
  - 2010 年 4 月より現職
  - 現在 千葉工業大学工学部電気電子工学科 教授 工学博士（北海道大学）
- 主　著：『パワーデバイス』コロナ社 (2012)
- 学会等：応用物理学会員，電気学会員，電子情報通信学会員

未来へつなぐ デジタルシリーズ 7
半導体 LSI 技術

Semiconductor LSI Technology

2012 年 3 月 15 日 初 版 1 刷発行
2023 年 2 月 10 日 初 版 5 刷発行

検印廃止
NDC 549.8
ISBN 978–4–320–12307–6

著　者　牧野博之
　　　　益子洋治　 ⓒ 2012
　　　　山本秀和

発行者　南條光章

発行所　共立出版株式会社
　　　　郵便番号 112–0006
　　　　東京都文京区小日向 4–6–19
　　　　電話　03–3947–2511（代表）
　　　　振替口座　00110–2–57035
　　　　URL www.kyoritsu-pub.co.jp

印　刷　藤原印刷
製　本　ブロケード

　　　　　一般社団法人
　　　　　自然科学書協会
　　　　　会員

Printed in Japan

JCOPY ＜出版者著作権管理機構委託出版物＞
本書の無断複製は著作権法上での例外を除き禁じられています．複製される場合は，そのつど事前に，出版者著作権管理機構（ＴＥＬ：03-5244-5088，ＦＡＸ：03-5244-5089，e-mail：info@jcopy.or.jp）の許諾を得てください．

編集委員：白鳥則郎(編集委員長)・水野忠則・高橋　修・岡田謙一

未来へつなぐデジタルシリーズ

❶ インターネットビジネス概論 第2版
　片岡信弘・工藤　司他著‥‥‥‥208頁・定価2970円

❷ 情報セキュリティの基礎
　佐々木良一監修／手塚　悟編著‥244頁・定価3080円

❸ 情報ネットワーク
　白鳥則郎監修／宇田隆哉他著‥‥208頁・定価2860円

❹ 品質・信頼性技術
　松本平八・松本雅俊他著‥‥‥‥216頁・定価3080円

❺ オートマトン・言語理論入門
　大川　知・広瀬貞樹他著‥‥‥‥176頁・定価2640円

❻ プロジェクトマネジメント
　江崎和博・髙根宏士他著‥‥‥‥256頁・定価3080円

❼ 半導体LSI技術
　牧野博之・益子洋治他著‥‥‥‥302頁・定価3080円

❽ ソフトコンピューティングの基礎と応用
　馬場則夫・田中雅博他著‥‥‥‥192頁・定価2860円

❾ デジタル技術とマイクロプロセッサ
　小島正典・深瀬政秋他著‥‥‥‥230頁・定価3080円

❿ アルゴリズムとデータ構造
　西尾章治郎監修／原　隆浩他著　160頁・定価2640円

⓫ データマイニングと集合知 基礎からWeb, ソーシャルメディアまで
　石川　博・新美礼彦他著‥‥‥‥254頁・定価3080円

⓬ メディアとICTの知的財産権 第2版
　菅野政孝・大谷卓史他著‥‥‥‥276頁・定価3190円

⓭ ソフトウェア工学の基礎
　神長裕明・郷　健太郎他著‥‥‥202頁・定価2860円

⓮ グラフ理論の基礎と応用
　舩曵信生・渡邉敏正他著‥‥‥‥168頁・定価2640円

⓯ Java言語によるオブジェクト指向プログラミング
　吉田幸二・増田英孝他著‥‥‥‥232頁・定価3080円

⓰ ネットワークソフトウェア
　角田良明編著／水野　修他著‥‥192頁・定価2860円

⓱ コンピュータ概論
　白鳥則郎監修／山崎克之他著‥‥276頁・定価2640円

⓲ シミュレーション
　白鳥則郎監修／佐藤文明他著‥‥260頁・定価3080円

⓳ Webシステムの開発技術と活用方法
　速水治夫編著／服部　哲他著‥‥238頁・定価3080円

⓴ 組込みシステム
　水野忠則監修／中條直也他著‥‥252頁・定価3080円

㉑ 情報システムの開発法：基礎と実践
　村田嘉利編著／大場みち子他著‥200頁・定価3080円

㉒ ソフトウェアシステム工学入門
　五月女健治・工藤　司他著‥‥‥180頁・定価2860円

㉓ アイデア発想法と協同作業支援
　宗森　純・由井薗隆也他著‥‥‥216頁・定価3080円

㉔ コンパイラ
　佐渡一広・寺島美昭他著‥‥‥‥174頁・定価2860円

㉕ オペレーティングシステム
　菱田隆彰・寺西裕一他著‥‥‥‥208頁・定価2860円

㉖ データベース ビッグデータ時代の基礎
　白鳥則郎監修／三石　大他編著‥280頁・定価3080円

㉗ コンピュータネットワーク概論
　水野忠則監修／奥田隆史他著‥‥288頁・定価3080円

㉘ 画像処理
　白鳥則郎監修／大町真一郎他著‥224頁・定価3080円

㉙ 待ち行列理論の基礎と応用
　川島幸之助監修／塩田茂雄他著‥272頁・定価3300円

㉚ C言語
　白鳥則郎監修／今野将編集幹事・著 192頁・定価2860円

㉛ 分散システム 第2版
　水野忠則監修／石田賢治他著‥‥268頁・定価3190円

㉜ Web制作の技術 企画から実装, 運営まで
　松本早野香編著／服部　哲他著‥208頁・定価2860円

㉝ モバイルネットワーク
　水野忠則・内藤克浩監修‥‥‥‥276頁・定価3300円

㉞ データベース応用 データモデリングから実装まで
　片岡信弘・宇田川佳久他著‥‥‥284頁・定価3520円

㉟ アドバンストリテラシー ドキュメント作成の考え方から実践まで
　奥田隆史・山崎敦子他著‥‥‥‥248頁・定価2860円

㊱ ネットワークセキュリティ
　高橋　修監修／関　良明他著‥‥272頁・定価3080円

㊲ コンピュータビジョン 広がる要素技術と応用
　米谷　竜・斎藤英雄編著‥‥‥‥264頁・定価3080円

㊳ 情報マネジメント
　神沼靖子・大場みち子他著‥‥‥232頁・定価3080円

㊴ 情報とデザイン
　久野　靖・小池星多他著‥‥‥‥248頁・定価3300円

＊続刊書名＊

・コンピュータグラフィックスの基礎と実践

・可視化

（価格，続刊署名は変更される場合がございます）

【各巻】B5判・並製本・税込価格

共立出版

www.kyoritsu-pub.co.jp